普通高等院校“十三五”规划教材

能源概论

刘建文　刘　珍　主编

中国建材工业出版社

图书在版编目（CIP）数据

能源概论 / 刘建文，刘珍主编．--北京：中国建材工业出版社，2021.1

普通高等院校“十三五”规划教材

ISBN 978-7-5160-3014-1

Ⅰ.①能…　Ⅱ.①刘…　②刘…　Ⅲ.①能源—高等学校—教材　Ⅳ.①TK01

中国版本图书馆 CIP 数据核字（2020）第 133668 号

能源概论
Nengyuan Gailun
刘建文　刘　珍　主编

出版发行：中国建材工业出版社
地　　址：北京市海淀区三里河路 1 号
邮　　编：100044
经　　销：全国各地新华书店
印　　刷：北京鑫正大印刷有限公司
开　　本：787mm×1092mm　1/16
印　　张：20.25
字　　数：440 千字
版　　次：2021 年 1 月第 1 版
印　　次：2021 年 1 月第 1 次
定　　价：**69.80 元**

本社网址：www.jccbs.com，微信公众号：zgjcgycbs

前　言

能源是人类生存和文明发展的重要物质基础。我国已成为世界上最大的能源生产国和消费国，能源供应能力显著增强，技术装备水平明显提高。同时，我国也面临着世界能源格局深度调整、全球应对气候变化行动加速、国家间技术竞争日益激烈、国内经济进入新常态、资源环境制约不断强化等挑战。新能源是世界经济发展中具有决定性影响的五大领域之一。当前，新一轮能源技术革命正在孕育兴起，新的能源科技成果不断涌现，正在并将持续改变世界能源格局。

本书编者依托30多年的矿山机械工程、洁净煤技术、环境工程、低碳工程等专业方向学习、研究经历，以及主持国有大型企业世界银行贷款项目“长株潭洁净煤工程”和地方政府“十二五”循环经济发展规划、“十三五”能源发展研究、“十三五”新能源产业发展规划、氢能源与燃料电池产业发展规划等社会实践与工程经验，结合《能源概论》本科生与研究生教学实践，充分借鉴最新研究成果和相关能源发展规划，编辑成《能源概论》一书。

本书由湖南工业大学城市与环境学院刘建文、刘珍主编。本书可供能源、环境及新能源材料与器件相关专业本科与研究生作为教学参考书、教材使用，对从事能源、环境及产业经济相关规划、研究者，也是很好的参考资料。

编　者

2020年11月

目　　录

第二篇 新能源与可再生能源

第1章　绪　　论

1.1　能源

1.1.1　基本概念

物质、能量和信息是构成自然社会的基本要素。能源就是向自然界提供能量转化的物质（包括矿物质能源、核物理能源、大气环流能源、地理性能源等）。能源是人类活动的物质基础。从某种意义上讲，人类社会的发展离不开优质能源的出现和先进能源技术的使用。在当今世界，能源的发展、能源和环境，是全世界、全人类共同关心的问题，也是我国社会经济发展的重要问题。

能源（Energy Source）也称能量资源或能源资源，是指可产生各种能量（如热量、电能、光能和机械能等）或可做功的物质的统称；是指能够直接取得或者通过加工、转换而取得有用能的各种资源，包括煤炭、原油、天然气、煤层气、水能、核能、风能、太阳能、地热能、生物质能等一次能源和电力、热力、成品油等二次能源，以及其他新能源和可再生能源。

能源为人类的生产和生活提供各种能力和动力的物质资源，是国民经济的重要物质基础，未来国家命运取决于对能源的掌控。能源的开发和有效利用程度以及人均消费量是生产技术和生活水平的重要标志。

1.1.2　能源分类

能源种类繁多，而且经过人类不断地开发与研究，更多新型能源已经开始能够满足人类需求。根据不同的划分方式，能源可分为不同的类型。主要有以下九种分法。

1. 按能源的来源分类

能源按来源分为以下3类：

（1）来自地球外部天体的能源（主要是太阳能）：除直接辐射外，并为风能、水能、生物能和矿物能源等的产生提供基础。人类所需能量的绝大部分都直接或间接地来自太阳。

（2）地球本身蕴藏的能量：通常指与地球内部的热能有关的能源和与原子核反应有关的能源，如原子核能、地热能等。温泉和火山爆发喷出的岩浆就是地热的表现。

（3）地球和其他天体相互作用而产生的能量。如潮汐能等。

2. 按能源的形成方式分类

按能源的形成方式可分为一次能源和二次能源。前者即天然能源，指在自然界现成存在的能源，如煤炭、石油、天然气、水能等。后者指由一次能源加工转换而成的能源产品，如氢能、电力、煤气、蒸汽及各种石油制品等。

3. 按能源的使用性质分类

按能源的使用性质可分为燃料型能源（如煤炭、石油、天然气、泥炭、木材等）和非燃料型能源（如水能、风能、地热能、海洋能等）；也可分为含能体能源和过程性能源。含能体能源指能够提供能量的物质能源，其特点是可以保存且可以储存运输，如煤炭、石油等。过程性能源指能够提供能量的物质运动形式，它不能保存、难于储存运输，如太阳能、电能等。

4. 按能否造成污染分为2类

按能源消耗后是否造成环境污染，可分为污染型能源和清洁型能源，污染型能源包括煤炭、石油等，清洁型能源包括水力、电力、太阳能、风能以及核能等。

5. 按现阶段使用的成熟程度分类

按现阶段使用的成熟程度可分为常规能源和新能源。利用技术上成熟，使用比较普遍的能源叫作常规能源，包括一次能源中可再生的水力资源和不可再生的煤炭、石油、天然气等资源。新近利用或正在着手开发的能源叫作新能源。新能源是相对于常规能源而言的，包括太阳能、风能、地热能、海洋能、生物能、氢能以及用于核能发电的核燃料等能源。

6. 按能源的形态特征或转换与应用的层次分类

世界能源委员会推荐的能源类型分为固体燃料、液体燃料、气体燃料、水能、电能、太阳能、生物质能、风能、核能、海洋能和地热能。其中，前三个类型统称化石燃料或化石能源。已被人类认识的上述能源，在一定条件下可以转换为人们所需的某种形式的能量。

7. 按能源的商品属性分为2类

商品能源和非商品能源。凡进入能源市场作为商品销售的能源，如煤、石油、天然气和电等均为商品能源。国际上的统计数字均限于商品能源。非商品能源主要指薪柴和农作物残余（如秸秆等）。

8. 按能源是否可再生分为2类

再生能源和非再生能源。凡是可以不断得到补充或能在较短周期内再产生的能源称为再生能源，反之称为非再生能源。风能、水能、海洋能、潮汐能、太阳能和生物质能等是可再生能源；煤、石油和天然气等是非再生能源。

9. 按能源消耗后的排碳高低分为2类

低碳能源和高碳能源。低碳能源是替代高碳能源的一种能源类型，是指二氧化碳等温室气体排放量低或者零排放的能源产品，主要包括核能和一部分可再生能源。这类能源属于清洁能源，突出的优点是减少 CO_2 对地球性的排放污染，同时也减少对社会性污染的排放。实施低碳能源需要实行低碳产业体系。其包括火电减排、新能源汽车、建筑节能、工业节能与减排、循环经济、资源回收、环保设备、节能材料等。

1.2 能源发展现状

1.2.1 世界能源发展现状

近 3 年，世界能源发展呈现与国际政治、经济、外交高度关联，且逐步加快向绿色、低碳转型的态势。从连续 3 年的《世界能源蓝皮书：世界能源发展报告》的分析即可清晰地得出这种结论。

《世界能源蓝皮书：世界能源发展报告（2016）》显示，2015 年，虽然面临低油价的不断冲击，但清洁能源和可再生能源基本继续保持良好的发展势头。

2015 年，受全球需求增长乏力等因素的影响，世界能源行业呈现出跌宕起伏的发展局面。2014 年下半年，国际油价大幅下挫，2015 年，国际油价继续震荡下行。国际油价持续低迷，虽偶有小幅反弹但仍无望在短期内有大幅回升，这令各石油输出国的财政支出和国际支付能力普遍不足。同期，全球天然气价格也大幅下跌，美国天然气价格几乎呈直线式下跌。油气价格的持续低迷影响了全球经济复苏的各个环节，包括以美国页岩气产业为代表的技术与金融等相关领域。

2015 年，虽然面临低油价的不断冲击，但清洁能源和可再生能源基本保持良好的发展势头，这对石油等化石能源形成了一定规模的替代效应。但是，短时期内经济、社会发展依然需要倚重油气能源。在全球能源市场动荡的大格局下，2015 年我国能源市场也有喜有忧。其中，在新能源利用方面取得了举世瞩目的成就，启动了电力和天然气等多个领域的体制改革。

《世界能源蓝皮书：世界能源发展报告（2017）》对全球能源现状的分析主要体现在以下几个方面：

1. 煤炭市场“黄金时期”结束

在经历了 2015 年需求的大幅下滑之后，2016 年世界煤炭市场在中国的影响下产生了较大幅度的波动，这也说明在当前重视治理空气污染和碳排放的情况下，煤炭处在一个较为矛盾的位置。一方面，作为首要的二氧化碳排放来源和空气污染物来源，多数发达国家已经大幅降低了煤炭的使用量；另一方面，由于开采成本较低且分布广泛，大量发展中国家仍然对煤炭有较高的需求，这就造成了世界煤炭市场重心向亚洲等发展中经济体和新兴市场国家继续转移，世界仍然对煤炭有着高度的依赖性。

从趋势上来讲，煤炭市场的“黄金时期”已经结束，由于可再生能源和节能技术的迅速发展，煤炭在发电以及各个领域的需求都会继续下降。但是，由于开采成本较低且分布广泛，煤炭仍将是发电、炼钢和水泥制造等产业的首选燃料。

2. 全球石油供需格局发生变化

正是在石油时代，美国确立了“石油美元”这一政治经济金融体制，凭借这一体制美国攫取了大量的利益。目前，全球能源正从石油向天然气转型。恰恰也是在这个阶段，全球政治经济体系经历着剧烈的变革。相比于石油，中美两国在天然气领域的规则竞争刚刚开始。就目前来看，中国有可能利用特殊的地缘优势掌握先机，利用亚洲在天然气消费方面的独特性，以及与天然气生产国良好的政治关系，创建区域性的、以人民币为结算和计价货币的天然气交易机制，不仅进一步夯实人民币的区域化，也可推动由中国引领的“一带一路”发展。

3. 新能源发电快速崛起

据《中国可再生能源发展报告 2017》显示，世界能源目前呈清洁化发展趋势，到 2017 年，全球可再生能源消费占比已经达到 10.4%，中国可再生能源消费占比达到 11.7%，高于全球可再生能源发展的水平。

新能源发电的快速崛起，与世界各国日益重视环境保护、倡导节能减排密切相关。风电、光伏作为清洁能源，受到全球青睐，各国纷纷出台了鼓励新能源发展的措施，促进了风电、光伏等新能源的发展。同时，由于技术的进步，新能源发电的成本也快速下降，是其崛起的另一重要推动力。从 1997—2016 年这 20 年间，全球新能源发展迅猛。风电装机从 7.64GW 增长到 468.99GW，光伏装机从 0.23GW 增长到 301.47GW，分别增长了 60 倍和 1284 倍。风电，光伏发电量快速增长，分别从 1997 年的 12TW·h、0.8TW·h 增长到 2016 年的 959.5TW·h、331.1TW·h，风电发电量增长了 79 倍，光伏发电量增长了 439 倍，已经成为电力供应中不可忽视的电源。

注：$1TW\cdot h=10^3GW\cdot h=10^6MW\cdot h=10^9kW\cdot h$。

4. 全球一次能源消费起伏

能源消费始终是伴随着经济发展的，当前全球经济不景气，2016 年全球一次能源消费仅增加了 1.0%，远低于 2010 年增长 7.5%的水平。除了 2009 年全球经济衰退为−1.2%以外，2014—2016 年是自 1998 年以来全球经济增长最低的年份，全球一次能源消费也随之减少，到 2016 年仅微增 1.0%。

5. 原油价格暴跌搅动能源结构

由于经济不景气而引发原油价格暴跌，从 2005 年起，原油在一次能源消费结构中的地位持续下滑，但自 2015 年起原油份额有所抬头，其原因是原油价格暴跌，由此天然气和再生能源的涨幅随之增大，但原煤的份额继续下跌。2016 年化石燃料仍然占主导地位，但清洁能源已达 14.6%。

6. 世界各国一次能源消费各有特色

当今全球能源仍然处于石油时代，或者说处于石油向清洁能源过渡的后石油时代，原油价格暴跌必然引发世界各地区和各国家一次能源消费结构的变动。石油进口国大量储备石油，同时也给了清洁能源发展的机会，中东地区的清洁能源所占份额极低，但原油和天然气占主导地位，而中南美洲的清洁能源所占比例最高，其原因是水力发电份额高；而欧洲和欧亚地区再生能源份额很高，其原因是光伏、生物质利用率较高。由于所处的地理位置不同、各国经济状况不同，因此各国能源使用差异很大，但总体向清洁能源发展。

2018年9月2日发布的《世界能源蓝皮书：世界能源发展报告（2018）》指出，全球能源正在向高效、清洁、多元化的特征方向加速转型推进，全球能源供需格局正进入深刻调整的阶段。世界各国对可再生能源的发展主要集中在太阳能、风能及生物质能方面，旨在加快能源转型进程、提高能源安全及减少对化石能源的依赖。

世界各国向绿色、低碳等清洁能源及可再生能源积极转型的信号主要体现在几个方面，即能源政策的积极转型、发电成本的不断下降、能源投资重心向绿色清洁化能源转移、产业结构和能源消费结构进一步优化及人工智能在可再生能源领域的开发应用等。

产业结构和能源消费结构的进一步优化调整对未来可再生能源的发展起到一定的推动作用。同时，新工业革命的爆发在将人工智能与能源体系进行充分融合过程中，人工智能技术成为电网发展的必然选择，也成为当今能源电力转型的重要战略支撑。

未来可再生能源发展潜力巨大，中国可再生能源发展的前景也十分乐观。推进能源革命及绿色低碳清洁能源体系发展，是我国未来能源发展的重要突破点。

1.2.2 中国能源发展现状

当前，一场如火如荼的能源生产和消费革命正席卷中华大地，我国能源行业站在历史转折点上，迎接从产业结构到发展路径的深度变革。能源革命所指向的是清洁低碳、安全高效的现代能源体系，也是低碳、智能、共享的能源未来。

1. 发展战略推动能源革命建多元供应体系

我国能源革命（包括能源消费革命、供给革命、技术革命和体制革命）理念的提出是在2014年，彼时能源发展进入了一个窗口期：能耗总量跳升至42.6亿t标准煤，同比增幅超过13%。这样的增速难以为继，也不利于经济转型升级。

当前，推动供给侧结构性改革、实现发展动能转换都需要从能源着手，能源已经成为我国经济转型的总抓手。而能源供给革命的核心是建立多元供应体系，形成煤、油、气、核、新能源、可再生能源多轮驱动的能源供应体系。

2. 中国能源快步走向清洁能源

2016年全球清洁能源（核能+水力发电+再生能源）平均水平为14.6%，中国清洁能源份额为13.0%，比世界平均水平低，也比美国14.7%的清洁能源份额低，但是中国清洁能源发展得很快。从2012年至2016年世界清洁能源平均水平增加了1.5%，中国增加了3.7%，而美国增加了1.2%。中国能源正在快步走向清洁能源。

3. 2017年我国消纳新能源显著改善

截至2017年12月底，国家电网经营范围中风电、太阳能发电合计装机2.4亿kW，同比增长33%；发电量3333亿kW·h，增长39.8%。风电、太阳能发电弃电量、弃电率实现“双降”。我国新能源消纳显著改善。

2018年，国家电网建成投运一批特高压工程，提升新能源跨省输出能力；推动进一步降低火电年度计划电量、加快火电机组灵活性改造，为新能源消纳争取更大空间；积极推动全国统一电力市场建设，通过市场手段打破省间壁垒，持续扩大新能源跨省跨区交易规模。

4.2017年冬季我国出现天然气“气荒”

随着2017年冬季供暖季在11月15日前后的到来，中国北方一些城乡陆续传出燃气供暖不足的消息，甚至河北某医院供气也受到限制。从11月28日0时起，河北省天然气供应进入Ⅱ级预警（橙色）。“气荒”的原因涉及天然气的生产、运输、国际贸易、外交、消费、政府计划等方方面面，任何环节出了一点小问题，汇集到一起，就成了棘手的大问题。

出现天然气“气荒”主要有以下原因：

①2017年天然气消费量呈爆发式增长。

②价格高、配套工程延后致2017年冬季天然气“气荒”。

③大型央企垄断能源市场，天然气供应结构单一。

1.2.3 全球能源发展大趋势

国际上，各能源智库分析机构对全球能源展望始于20世纪70年代初。时值中东危机导致高油价，使得主要能源消费国意识到，需要有成熟的预测模型成为制定能源规划、能源政策的依据。每年，国际能源组织、主要石油公司、能源咨询机构都会按照各自的预测模型体系发布数十份全球能源展望，在预测全球经济走势的基础上，分析中长期世界能源发展趋势。

根据国际能源署（IEA）、美国能源信息署（EIA）、欧佩克（OPEC）、BP、埃克森美孚、中国石油经济技术研究院（ETRI）、IHS、挪威船级社等相继发布的2018版全球能源展望。未来全球能源发展的大趋势主要是五个方面。

（1）能源需求增长放慢脚步。

（2）能源格局“四分天下”。

（3）石油利用加快转向非燃烧领域。

（4）天然气消费重心正在转移。

（5）制约可再生能源的瓶颈正逐一打破。

1.3 节能与应对气候变化

1.3.1 IPCC第5次气候变化评估报告

政府间气候变化专业委员会（Intergovernmental Panel on Climate Change，IPCC）于1988年由联合国环境规划署及世界气象组织共同组建，其任务是为政府决策者提供气候变化的科学基础，以使决策者认识到人类对气候系统造成的危害并采取对策。

IPCC先后于1990年、1995年、2001年、2007年和2014年完成了5次评估报告。

2014年11月2日，IPCC在丹麦哥本哈根发布了IPCC第5次评估报告的《综合报告》，指出人类对气候系统的影响是明确的，而且这种影响在不断增强，在世界各个大洲都已观测到种种影响。如果任其发展，气候变化将会增强对人类的生态系统造成严重、普遍和不可逆转影响的可能性。然而，当前有适应气候变化的办法，而实施严格的减缓活动可确保将气候变化的影响保持在可管理的范围内，从而可创造更美好、更可持续的未来。

1.3.2 2017全球气候五大变化预示环境危机或将来临

据《MIT科技评论》报道，数十年来，科学家不断发出警告，称气候变化将使得干旱、洪水、飓风和山火等极端事件更加频繁地发生，破坏性也将更加巨大。2017年，世人领略了气候变化的威力，在美国，西有火灾肆虐，东有飓风袭击，而人类社会的排放量仍在继续上升。

人们清楚地看到这些危险事件之间的关联性，不同灾害彼此联系，预示着气候临界点的到来。未来几十年，人类都将面对这些不断加剧的风险，然而我们尚未拿出有意义的对策。

2017年地球上发生了5个最令人担忧的气候变化。

（1）温室气体排放量再次上升。

（2）气候变化幅度过高。

（3）飓风活动异常活跃。

（4）北极冰川正在融化。

（5）出现大规模山火。

通过以上这份清单，我们可以清晰地看到，诸多看似互不相关的事件如何彼此联系，并共同形成一个气候变化的恶性循环系统：碳排放增加—气温升高—海冰融化—气候变暖—干旱加剧—山火频发—碳排放增加……这意味着要摆脱这一恶性循环将越来越困难，这迫切需要人们尽快行动起来。

1.3.3 全球温室气体减排进展及主要途径

1. 温室气体减排背景

20世纪后叶以来，全球气温持续上升，引起世界各国的普遍关注。气候变化已成为当前全世界关注的焦点问题，全球在应对气候变化方面已经基本达成共识，认同了温室气体减排的必要性和紧迫性，并共同努力致力于温室气体减排。尽管实现将大气温升控制在2℃还具有较大的挑战性，但在世界各国的共同努力下，温室气体减排已取得了巨大的成绩，主要发达国家已经实现温室气体排放总量下降。相比前几年出现的政策犹豫，现在各国表现得更加积极。无论是发达国家还是发展中国家，都开始着手制定2020年以后的减排目标。发达国家向联合国提交了温室气体减排目标，而发展中国家提交了限制排放增长目标。

各国积极响应温室气体减排的号召，有利于推迟世界温室气体排放达到峰值，有利于经济发展和环境发展实现良性循环。

2. 世界主要经济体温室气体减排政策、措施及经验

目前，世界主要经济体的温室气体排放占全球的80%。其中，中国、美国和欧盟在全球温室气体排放中的比重分别为24%、12%和9%。

（1）欧盟。欧盟一直是应对气候变化的主要倡导者，在各方不断的努力下，欧盟温室气体排放总量呈下降态势。根据欧洲环境署（EEA）发布的报告，2015年欧盟实现温室气体排放比1990年降低22%，提前实现了2020年的减排目标。

1990年以来，欧盟的GDP上升45%，但温室气体排放量降低19%，排放强度降低50%，人均碳排放量从1990年的12t降至9t。

欧盟温室气体排放量的下降主要归功于工业部门和交通部门的减排。由于大量采用可再生能源和应用节能低碳技术，电力和热力生产、钢铁、非钢制造业、固体废弃物处置、服务等领域，以及居民的排放量均有明显下降。

2013年，在欧盟范围内，可再生能源达到能源消耗总量的15%左右。其中，瑞典、拉脱维亚、芬兰和奥地利使用的可再生能源占总能源的比率超过1/3。

2017年12月19日，欧盟各成员国环境和能源部长就2030年可再生能源目标达成一致意见，要求到2030年实现可再生能源占比达到27%，在2020年达到20%。

在节能低碳技术的作用下，工业生产过程和废弃物部门排放下降的幅度较大，分别达到24.2%和40.5%，其排放量占排放总量的比重分别下降了1.3%和1.4%。

（2）美国。2001年，美国政府退出了《京都议定书》。但2004年美国开始实施自主减排，政府宣布了气候变化行动计划，设定的目标为2002—2012年温室气体单位GDP排放量降低18%。

主要政策措施是增加研发方面的联邦资助，通过税收促进可再生能源的投资等。此后，美国温室气体减排工作开始常态化，温室气体排放总量在2007年达到峰值（73.25亿t二氧化碳当量）。到2014年，美国温室气体排放已经下降到60亿t二氧化碳当量以下。

2015年，针对国内最大的温室气体排放源——发电厂，美国环保署（EPA）通过了清洁电力计划（CPP），确立了美国第一个国家层面的二氧化碳减排计划。预计到2025年，美国发电厂将比2005年减少二氧化碳排放28%～29%，到2030年将减排32%。在其他各领域，美国也提出了减排目标。

《巴黎协定》于2015年达成，2016年11月生效，是《联合国气候变化框架公约》下继《京都议定书》后第二份有法律约束力的气候协议，为2020年后全球应对气候变化行动作出安排。2017年6月1日，美国时任总统特朗普（Donald J. Trump）宣布美国将退出《巴黎协定》（The Paris Agreement），这一决定引发社会各界的强烈反应。虽然特朗普政府单方面宣布退出《巴黎协定》，但世界其他各国积极响应气候危机的姿态不会动摇，美国也无法真正从应对全球气候危机的行动中剥离开来。

（3）英国。英国是欧洲第二大温室气体排放国，也是世界上应对气候变化最积极的倡导者和实践者。早在2003年，英国政府就提出发展低碳经济，2005年英国实现温室气体排放总量较1990年下降15.4%，2013年下降到5.699亿t，较1990年下

降26.4%。

为了实现到2020年减排34%的目标，英国采取了一系列提高能源利用效率、降低温室气体排放的措施。其中，增加可再生能源发电是温室气体排放量下降的关键措施。在2002—2008年间英国政府每年提供5亿英镑用于可再生能源的研发。2014年，英国可再生能源发电量占总发电量的比率达到19%，发电部门二氧化碳排放较1990年降低8%。

(4) 中国。中国是世界第二大能源消费国，但二氧化碳排放总量已经超过美国，成为最大的排放国家。

中国在可再生能源利用和提高能效方面做出了巨大努力，2014年单位GDP排放的二氧化碳已经较2005年降低了33.8%。据《中国可再生能源发展报告2017》显示，到2017年年底，中国可再生能源总装机容量约6.5亿kW，占全国总装机量的36.6%，其中水电（含抽水蓄能）34119万kW、风电装机16367万kW、光伏装机13025万kW、生物质发电装机1476万kW；可再生能源发电总量占全国发电总量的26.5%，其中水力发电11945亿kW·h、风电3057亿kW·h、光伏1182亿kW·h、生物质能发电795亿kW·h。

并且，中国全面推动节能降耗，尤其是在工业、建筑、交通等领域取得了良好的效果。但中国单位GDP排放远高于美国，还需大力调整产业结构和能源结构。

3. 温室气体减排的主要途径

可再生能源利用、提高能效和二氧化碳捕集与封存（CCS）被视为应对气候变化的三大法宝。目前，已有164个国家制定了可再生能源发展目标，145个国家颁布了对可再生能源的支持政策。未来，终端用能将实现高比例电气化，风电和太阳能发电将成为未来电力供应的重要支柱。提高能源效率是应对气候变化的关键，其涵盖了电力供应脱碳、能源价值链节能、化石能源消费终端电气化三个重要领域。CCS技术在经过多年的商业化尝试后，难以取得突破，减排的经济性成为该技术的重要制约。目前，许多国家正在开展二氧化碳捕集与利用（CCU）的研究。应对气候变化的三大法宝仍然是实现世界温室气体减排远期目标的主要措施。

(1) 可再生能源利用

①全球清洁能源增长与预测。据《2017年中国清洁能源行业发展前景分析》报告，全球清洁能源市场也维持了快速增长的趋势，截至2016年年底，风电和光伏累计装机量分别达到467GW和296GW，保持了较高的增速。2017年第三季度，全球对清洁能源的总投资为669亿美元，同比增长了近40%（BNEF）。其中，清洁能源发电占比逐年稳步提升，2017年1—7月OECD国家核电发电量占总发电量的17.6%，水电发电量占总发电量的14.5%，地热、风电、太阳能等则占9.7%。其中，地热、风电、太阳能等非核新能源发展较快，1—7月发电量为594.2TkW·h，较去年同期发电量增长了12.5%，占比提高了1个百分点（IEA）。

截至2017年年底，我国可再生能源发电装机量达到6.5亿kW，同比增长14%；其中，水电、风电、光伏发电、生物质发电装机量同比分别增长2.7%、10.5%、68.7%和22.6%。可再生能源发电装机量约占全部电力装机量的36.6%，同比上升

2.1个百分点，可再生能源的清洁能源替代作用日益显现。

中国光伏发电有望以爆发式增长带动可再生能源比例大幅攀升。兼具技术优势和制造优势的中国新能源企业有望在全球市场获得更大的市场份额和发展机遇。

②全球再生能源发展进程。根据REN21的2004—2017年的报告，从2004年算起，12年间再生能源投资增长了4.4倍。2016年再生电力和再生燃料投资为2416亿美元，比2015年的投资2859亿美元减少了15.5%，但中国仍然是再生电力和再生燃料投资最多的国家。

再生能源利用可分为电力、供热和运输燃料三大类。在再生能源发电中，水力发电是主导，其次为风力发电、光伏发电，其他如生物质发电、地热发电、太阳能聚热发电和海洋能发电，仅占最次要地位。

③全球能源的消费份额。据2017年REN21报道，2015年最终能源消费中的再生能源份额比2009年有一定幅度的增长，但化石燃料仍然占据主导地位。虽然化石燃料消费逐年减低，但近几年减低幅度不大，也就是说再生能源近5年没有多大进展。另外，在再生能源的利用中有近一半仍然使用传统生物质，也就是按照原始形态使用，没有制成生物燃料利用。

④再生能源发展前5位国家。中国是再生能源发展较快的国家之一，在再生电力和燃料投资、光伏装机容量、风电装机容量、太阳能热水器等许多领域都是“世界第一”。

（2）应用高能效的节能技术

在提高能源利用效率方面，主要的节能领域包括油气开发、发电、输配电网、建筑、交通运输等，其节能潜力见表1-1。

表1-1　主要节能领域的节能潜力

行业	现能效/%	未来能效/%
油气开发	20	50
发电厂	34	46～61
输配电网	千米线损12	千米线损低于4
建筑	—	可提高20～40

注：数据来源于《世界能源远景——能源效率技术报告综述2014》

在油气开发领域，提高钻井效率是重要目标之一。水力压裂技术的技术进步（如提高测井的精确度、采收率、智能压裂技术等）不仅能够提高单井的盈亏平衡点，而且能够提高能效。在电力行业，智能电网和需求侧管理技术等将会大大提高可再生能源发电的并网电量，提高设备利用率，从而减少相应的温室气体排放。在建筑领域，除了建筑保温技术的应用，地源热泵等可再生能源的引入也是未来的趋势。在交通运输方面，汽车轻量化技术在不断提高，可以降低燃料的消耗，同时可再生材料的引入也降低了汽车制造本身的化石能源使用。

（3）CCS与CCU技术

CCS技术是目前几个主要温室气体减排技术中经济性最差的一种，各国政府对其支持的政策也较差。EU排放交易系统中1t二氧化碳的价格最近为8.5欧元（9.2美元）左右。CCS项目即使建造投资和运营成本下降，从火电厂捕集的二氧化碳1吨价格也接近50美元。目前世界范围内只有15个CCS项目在运行，且大多数有驱油设施。未来2年内将要投产的项目有7个，而大部分项目（约40个）都将被搁置或取消。

为了解决CCS技术的经济性问题，各国科学家纷纷致力于二氧化碳捕集后的利用研究。传统的二氧化碳利用包括纯碱和尿素的生产。但是，纯碱和尿素中的二氧化碳在使用过程中会重新排入大气，温室气体封存效果不够理想。目前世界范围内正在开发的CCU技术超过250种。丹麦、德国、瑞士、英国和美国等国的公司和科研机构在CCU领域处于领先地位。现阶段，二氧化碳的化工利用还存在经济性障碍。例如，采用二氧化碳生产甲醇的成本为1500美元/t，而采用天然气生产甲醇的成本仅为400美元/t。一些较有前景的二氧化碳利用技术如表1-2所示。

表1-2　较有前景的二氧化碳利用技术

序号	技术	研究机构
1	二氧化碳生产聚氨酯	德国RWTH Aachen大学、Covestro公司
2	蓝藻吸收二氧化碳生产醋酸	NREL
3	海藻制油	美国Origin Oil公司等
4	甲烷二氧化碳重整制合成气	Linde、BASF等
5	二氧化碳生产聚丙烯碳酸酯（PPC）	美国Novomer公司
6	二氧化碳与氢气转化为化学品	美国Joule公司等
7	微生物吸收二氧化碳转化为异丁烯	美国Invista、新西兰Lanza技术公司等

4. 中国温室气体减排的主要途径

根据《中国应对气候变化政策与行动2016年度报告》，“十二五”期间，中国能源活动单位国内生产总值二氧化碳排放下降20%，超额完成下降17%的约束性目标，为实现2020年比2005年下降40%～45%的目标奠定了坚实基础。

“十二五”期间，中国政府紧紧围绕“十二五”应对气候变化目标任务，通过调整产业结构、优化能源结构、节能提高能效、控制非能源活动温室气体排放、增加碳汇等，在减缓气候变化方面取得了积极成效。

（1）实施减排的主要措施

1）调整产业结构。“十二五”期间，通过加快淘汰落后产能、推动传统产业改造升级、扶持战略性新兴产业发展和加快发展服务业，调整产业结构。

2）优化能源结构。“十二五”期间，通过严格控制煤炭消费、推进化石能源清洁化利用、推动非化石能源发展和加快能源改革步伐，优化能源结构。

3）节能提高能效。“十二五”期间，通过加强节能目标责任考核和管理、完善节能标准标识、推广节能技术与产品、推进建筑领域节能、推进交通领域节能、推动公共机构节能等措施，实现节能提高能效。

4）控制非能源活动温室气体排放。“十二五”期间，通过加强非二氧化碳温室气体管理、控制农业活动温室气体排放和控制废弃物处理的温室气体排放等措施，促进非能源活动温室气体排放控制。

5）增加碳汇。“十二五”期间，通过增加森林碳汇、增加草原碳汇等措施，实现碳汇增长。

（2）实施减排的新增动力

1）能源互联网。“能源互联网”最早由美国科技财经作家杰里米·里夫金提出。其在著作《第三次工业革命》和《零边际成本社会》中从共享经济的角度出发，前瞻性地描绘了人人皆可成为“能源产消合一者（Energy Prosumers）”的能源互联网体系。

互联网已经重塑了中国多个传统产业，加之电力市场改革进程的加深，围绕能源互联网的商业预期正在提升。它们对中国未来的新能源架构产生的重大意义，包括五个方面：能源基础设施的互联、能源形式的互换、能源技术数据与信息技术数据的互用、能源分配方式的互济和能源生产与消费商业模式的互利。传统能源供应商、可再生能源生产商、能源输配优化商、终端能源解决方案集成商、系统资产运维服务商等能源互联网的参与成员都能利用数字技术不断进化，在新的商业生态中形成互利共赢的“能源产消共生系统”。

中国的能源互联网将有助于实现分布式可再生能源产消机制的合理化与能源需求侧的高度客户关怀。它会使分布在全国各地的“能源产消合一者”与能源主干管网以实时、对等的方式双向交流、相互补偿，在微观上创造卓越的能源用户体验和生活品质，在宏观上实现供需平衡和低碳能源结构，并极大地提升能源利用效率，最终使经济增长与能耗增长脱钩。

2）二氧化碳捕集与利用。二氧化碳捕集的成本过高，只有通过二氧化碳的化学利用生产高价值的产品才具有经济性。然而，打破二氧化碳的碳氧键需要大量的能量，这部分能量从哪里来是一个关键问题。如果仍然需要靠化石能源来提供能量，其温室气体减排效果必然难以实现。因此，实现二氧化碳资源化利用的关键，一是催化剂的开发，二是与可再生能源利用进行结合。目前，有望实现大规模商业化利用的途径主要有二氧化碳与甲烷重整生产合成气，进而生产化学品；以及通过藻类植物吸收二氧化碳，进而生产化学品及燃料等。

1.3.4 我国“十三五”节能与应对气候变化规划

1.《国家应对气候变化规划（2014—2020年）》

（1）指导思想和基本原则

我国应对气候变化工作的基本原则：坚持国内和国际两个大局统筹考虑；坚持减缓和适应气候变化同步推动；坚持科技创新和制度创新相辅相成；坚持政府引导和社会参与紧密结合。

（2）发展目标

到2020年，应对气候变化工作的主要目标是：

①控制温室气体排放行动目标全面完成。

②低碳试点示范取得显著进展。

③适应气候变化能力大幅提升。

④能力建设取得重要成果。

⑤国际交流合作广泛开展。

（3）控制温室气体排放重点任务

重点任务包括调整产业结构、优化能源结构、加强能源节约、增加森林及生态系统碳汇、控制工业领域排放、控制城乡建设领域排放、控制交通领域排放、控制农业、商业和废弃物处理领域排放、倡导低碳生活等几个方面。

2.《“十三五”应对气候变化科技创新专项规划》

（1）指导思想。以党的十八大和十八届三中、四中、五中、六中全会及习近平总书记的系列讲话精神为指导，全面贯彻创新、协调、绿色、开放、共享的发展理念，按照《国家应对气候变化规划（2014—2020年）》《国家中长期科学和技术发展规划纲要（2006—2020年）》和《中国应对气候变化科技专项行动》的总体部署，面向国家需求和国际前沿，聚焦战略性和前瞻性重大科技问题，大力加强气候变化科技创新工作，提升减缓和适应气候变化科技支撑能力及相关政策、策略研究水平，增强我国在国际气候变化科技领域的影响力和话语权，为推动经济可持续转型、实现绿色低碳发展和参与全球治理等提供有力的科技支撑。

（2）基本原则。面向国家需求与国际前沿；突出全球视野与原始创新；兼顾传统优势与新的生长点；基础理论创新与应对实践相互促进；强化能力建设和人才培养。

（3）规划目标

1）总体目标。全面提升我国应对气候变化科技实力，促进气候变化基础研究的深化，推动减缓和适应技术的创新与推广应用，降低气候变化的负面影响和风险，支撑我国可持续发展战略的实施；完善应对气候变化科技创新的国家管理体系和制度体系，形成基础研究、影响与风险评估、减缓与适应技术研发、可持续转型战略研究相结合的全链条应对气候变化科技发展新模式。

2）具体目标。包括科学目标、技术目标、国际战略与管理目标和能力建设目标。

（4）重点任务。包括10个方面：深化应对气候变化的基础研究、加快保障基础研究的数据与模式研发、建立气候变化影响评估技术体系、建立气候变化风险预估技术体系、推进减缓气候变化技术的研发和应用示范、推进适应气候变化技术的研发和应用示范、深化面向气候变化国际谈判的战略研究、深化面向国内绿色低碳转型的战略研究、加快基地和人才队伍建设和加强国际科技合作。

3.《“十三五”控制温室气体排放工作方案》

2016年11月，国务院印发《“十三五”控制温室气体排放工作方案》（以下简称《方案》）。《方案》明确，到2020年，单位国内生产总值二氧化碳排放比2015年下降18%，碳排放总量得到有效控制；非二氧化碳温室气体控排力度进一步加大；碳汇能力显著增强；应对气候变化法律法规体系初步建立，低碳试点示范不断深化，公众低碳意识明显提升。

《方案》从8个方面提出了“十三五”控制温室气体的重点任务。

一是低碳引领能源革命。加强能源碳排放指标控制，大力推进能源节约，加快发展非化石能源，优化利用化石能源。

二是打造低碳产业体系。加快产业结构调整，控制工业领域排放，大力发展低碳农业，增加生态系统碳汇。

三是推动城镇化低碳发展。加强城乡低碳化建设和管理，建设低碳交通运输体系，加强废弃物资源化利用和低碳化处置，倡导低碳生活方式。

四是加快区域低碳发展。实施分类指导的碳排放强度控制，推动部分区域率先达峰，创新区域低碳发展试点示范，支持贫困地区低碳发展。

五是建设和运行全国碳排放权交易市场。建立全国碳排放权交易制度，启动运行全国碳排放权交易市场，强化全国碳排放权交易基础支撑能力。

六是加强低碳科技创新。加强气候变化基础研究，加快低碳技术研发与示范，加大低碳技术推广应用力度。

七是强化基础能力支撑。完善应对气候变化法律法规和标准体系，加强温室气体排放统计与核算，建立温室气体排放信息披露制度，完善低碳发展政策体系，加强机构和人才队伍建设。

八是广泛开展国际合作。深度参与全球气候治理，推动务实合作，加强履约工作。

4. “十三五”节能减排综合工作方案

节能减排是我国推进生态文明建设的主战场，是促进经济社会可持续发展的长期优先任务。国务院印发的《“十三五”节能减排综合性工作方案》(以下简称《工作方案》)，对未来五年全国节能减排工作做了全面部署和细致安排。《工作方案》明确了“十三五”时期节能减排总体目标，并分解落实到各省（自治区、直辖市）、主要行业和部门、大气污染防治重点地区，是指导新时期全国节能减排工作深入开展的纲领性文件。

在经济新常态背景下，《工作方案》强调把节能减排作为供给侧改革的重要抓手，综合统筹节能减排、结构调整、循环经济、技术支撑、工程保障、法规标准、政策机制等各项具体任务，为实现“十三五”规划纲要提出的约束性目标奠定坚实基础，为推动生态文明建设取得切实成效提供制度保障。

《工作方案》的主要核心要点包括以下几个方面：

一是进一步突出总量和强度“双控”目标约束性作用。

二是把结构优化升级作为新时期节能减排的关键任务。

三是重点领域节能降耗要以世界先进水平为标杆。

四是主要污染物排放要全面进入“拐点”和下降阶段。

五是市场机制和经济政策成为节能减排主要手段。

六是政府绩效评价要凸显节能减排显绩和潜绩。

1.4 我国能源发展战略思路

1.4.1 “十三五”规划对未来五年能源发展的影响

如今，我国能源发展面临内外并行的“大转型期”。一方面，世界能源转型促进世界能源发展“五化”趋势明显：供求关系宽松化，供需格局多极化，能源结构低碳化，生产消费智能化，以及国际竞争焦点多元化。另一方面，我国经济新常态与能源革命推动了国内能源发展新常态。这主要表现为：能源消费增长换挡减速；能源结构双重更替步伐加快；能源发展动力加快转换；能源系统形态深刻变化；能源合作迈向更高水平。

同时，我国能源转型与发展仍面临诸多问题和挑战。比如：传统能源产能过剩严重；可再生能源发展面临多重瓶颈；天然气消费市场开拓困难；终端能源清洁替代任务紧迫艰巨；能源系统整体效率不高；适应能源转型变革的价格机制亟待完善；等等。

1.“十三五”规划对能源发展的影响

2016年两会通过的《中华人民共和国国民经济和社会发展第十三个五年规划纲要》（以下简称《规划纲要》）描绘了我国未来五年能源发展向绿色转型积极适应新常态的基本愿景。

《规划纲要》明确了未来五年能源发展的方向、主线和框架。“指导思想、主要目标和发展理念”一篇中的发展环境、指导思想、主要目标、发展理念、发展主线也将贯穿未来五年的能源发展；“实施创新驱动发展战略”“构建发展新体制”将为未来五年的能源发展提供战略导向与体制支撑。

“构筑现代基础设施网络”与未来五年能源发展紧密相关。建设现代能源体系则是“十三五”时期能源转型的目标，其中推动能源结构优化升级、构建现代能源储运网络、积极构建智慧能源系统以及能源发展重大工程等，或都将被列入能源“十三五”规划。

“完善现代综合交通运输体系”实际上强调了交通运输背后能源的消耗，绿色高效将是现代交通运输体系的标配特征。“加快改善生态环境”则强调了应对能源利用的外部性，提出全面推动能源节约，推进能源消费革命；要求积极应对全球气候变化，主动控制碳排放，落实减排承诺。

“优化现代产业体系”将着力改善重点用能产业结构及能源产业自身结构；“拓展网络经济空间”将为能源互联网提供发展契机；“推动区域协调发展”与能源平衡与协调发展密切相关。

“构建全方位开放新格局”中则提出了深入推进包括能源电力在内的国际产能合作，并要求积极参与全球经济治理。

2. 对未来五年能源发展的基本判断

首先，“推动能源结构优化升级”对主要品种一次能源的要求各有侧重。

（1）水电方面：给出发展条件、明确发展重点。强调开发与保护并重、坚持生态优先，强调以重要流域龙头项目为重点、科学开发西南水电。

（2）非水可再生方面：更加重视且地位有所提升。继续大力支持风电、光电的发展，加快发展生物质能、地热能，积极开发沿海潮汐能资源。

（3）核电方面：更加重视安全，明确建设重点，强调自主发展。强调以沿海核电带为重点，安全建设自主核电示范工程和项目。

（4）煤炭方面：空前强调清洁利用，首次提出限制开发。强调优化建设国家综合能源基地，大力推进煤炭清洁高效利用。明确提出限制东部、控制中部和东北、优化西部地区煤炭资源开发，推进大型煤炭基地绿色化开采和改造，鼓励采用新技术发展煤电。

（5）天然气方面：突出天然气开发，对非常规气的定位有微调（后置）。强调积极开发天然气、煤层气、页岩油（气）。在国际市场宽松、国内供大于求的形势下，这一调整有利于积极适应能源转型与油气体制改革。

（6）石油方面：突出炼化转型升级，强调提供清洁油品。强调推进炼油产业转型升级，开展成品油质量升级行动计划，拓展生物燃料等新的清洁油品来源。

其次，《规划纲要》中多处涉及能源传输储运基础设施并突出强调能力建设。

《规划纲要》明确提出了“构建现代能源储运网络”的发展要求。要求统筹推进煤电油气多种能源输送方式的发展，加强能源储备和调峰设施建设，加快构建多能互补、外通内畅、安全可靠的现代能源储运网络。

《规划纲要》也对油气煤电传输储运基础设施提出了重点要求。一方面，空前重视油气储运，高度前所未有。加快建设陆路进口油气战略通道。推进油气储备设施建设，提高油气储备和调峰能力。另一方面，明确煤、电输送重点。加强跨区域骨干能源输送网络建设，建成蒙西—华中北煤南运战略通道，优化建设电网主网架和跨区域输电通道。

再次，积极构建智慧能源系统是“发展现代互联网产业体系”“加快多领域互联网融合发展”在能源领域的重要实践。《规划纲要》提出，加快推进能源全领域、全环节智慧化发展，提高可持续自适应能力。适应分布式能源发展、用户多元化需求，优化电力需求侧管理，加快智能电网建设，提高电网与发电侧、需求侧交互响应能力。推进能源与信息等领域新技术深度融合，统筹能源与通信、交通等基础设施网络建设，建设“源—网—荷—储”协调发展、集成互补的能源互联网。

最后，值得注意的是，《规划纲要》明确了未来五年能源发展重大工程，包括：高效智能电力系统、煤炭清洁高效利用、重点领域和地区可再生能源、核电、非常规油气、能换输送通道、能源储备设施、能源关键技术装备。

能源发展重大工程集中于能源上中游领域，是能源领域落实供给侧改革的重点。这八大类能源重点工程中包括能源开发生产、传输转换、储运设施、技术装备等各环节，既包括国内开发、进口贸易，又包括一次能源与二次能换，涵盖了能源生产革命的主要领域，通过技术进步与能力建设有利于优化能源供给、保障供给安全。

3. 政策取向更加倾向于“六个注重”

第一是更加注重发展质量，调整存量、做优增量，积极化解过剩产能。

第二是更加注重结构调整，推进能源绿色低碳发展。

第三是更加注重系统优化，积极构建智慧能源系统。

第四是更加注重市场规律，积极变革能源供需模式。

第五是更加注重经济效益，增强能源及相关产业竞争力。

第六是更加注重机制创新，促进市场公平竞争。

1.4.2 国家能源局对《能源发展“十三五”规划》的权威解读

（1）能源消费总量和强度。实行能源消费总量和强度双控制，是党的十八大提出的大方略，是推进生态文明建设的重点任务。《能源发展“十三五”规划》（以下简称《规划》）提出“到2020年把能源消费总量控制在50亿t标准煤以内”，“十三五”期间能源消费总量年均增长2.5%左右，比“十二五”时期低1.1个百分点，“十三五”期间单位GDP能耗下降15%以上。

（2）能源结构调整。优化能源结构，实现清洁低碳发展，是推动能源革命的本质要求，也是我国经济社会转型发展的迫切需要。《规划》提出，“十三五”时期非化石能源消费比重提高到15%以上，天然气消费比重力争达到10%，煤炭消费比重降低到58%以下。按照《规划》相关指标推算，非化石能源和天然气消费增量是煤炭增量的3倍多，约占能源消费总量增量的68%以上。可以说，清洁低碳能源将是“十三五”期间能源供应增量的主体。

（3）能源发展布局。根据新形势的变化，综合考虑资源环境约束、可再生能源消纳、能源流转成本等因素，《规划》对“十三五”时期的重大能源项目、能源通道作出了统筹安排。其中，在能源发展布局上做了一些调整，主要是将风电、光伏布局向中东部转移，新增风电装机中，中东部地区约占58%；新增太阳能装机中，中东部地区约占56%，并以分布式开发、就地消纳为主。同时，输电通道比规划研究初期减少了不少，还主动放缓了煤电建设节奏，严格控制煤电规模。在《规划》实施过程中，我们将密切跟踪布局及这些调整措施的变动情况和实施效果，动态评估新变化、分析新问题、研究采取新对策。

（4）提高能源系统效率和发展质量。当前，随着能源供应出现阶段性宽松，我国能源发展不平衡、不协调、综合效率不高等问题逐步显现。突出表现在煤炭产能过剩、煤电利用小时数下降、系统调节能力与可再生能源发展不相适应等。解决好这些问题是一项长期任务，主要途径是优化能源系统，对此，《规划》提出了四个方面的对策措施：一是有效化解过剩产能；二是加快补上能源发展的短板；三是深入推进煤电超低排放和节能改造；四是严格控制新投产煤电规模，力争将煤电装机控制在11亿kW以内。

（5）提升能源安全战略保障能力。《规划》既强调要牢固树立底线思维，坚持立足国内，增强能源自主保障能力；又考虑要抓住当前国际市场供需宽松的机遇，充分利用国际能源资源。在增强国内供应能力方面，《规划》提出要夯实油气供应基础，着力提高两个保障能力。一是加大新疆、鄂尔多斯盆地等地区勘探开发力度，加强非常规和海上油气资源开发，提高资源的接续和保障能力。二是有序推进煤制油、煤制气示范工程建设，推广生物质液体燃料，提升战略替代保障能力。在利用国际资源和市场方面，《规划》提出要抓住“一带一路”建设的重大机遇，推进能源基础设施互联互通，加大技术装备和产能合作，积极参与全球能源治理，实现开放条件下的能源安全。同时，“十三五”期间还要坚持节约优先的方针，着力推进相关领域石油消费减量替代，重点提高汽车燃油经济性标准，大力推广新能源汽车，大力推进港口、机场等交通运输“以电代油”“以气代油”。

(6) 着力加强创新引领。创新是引领能源发展的第一动力。《规划》突出强调，要加快技术创新、体制机制创新和产业模式创新，进一步增强能源产业的发展活力。在技术创新方面，《规划》坚持战略导向，按照“应用一批、示范一批、攻关一批”的思路，加快推进关键领域的技术装备研发和示范。在体制机制创新方面，《规划》更加注重发挥市场在资源配置中的决定性作用，提出要完善现代能源市场，推动电网、油气管网等基础设施公平开放接入，有序放开油气勘探开发等竞争性业务，进一步提高资源配置效率。同时，也考虑更好地发挥政府的作用，科学合理地建设市场、管理市场和调控市场，提高能源行业治理能力。在产业模式创新方面，《规划》提出要积极推广合同能源管理、综合能源服务等先进市场理念和模式，推动信息技术与能源产业深度融合，增强能源供给侧、需求侧交互响应能力，构建能源生产、输送、使用和储能体系协调发展、集成互补的智慧能源体系。

1.4.3 《能源发展“十三五”规划》要点

1. 发展趋势、主要问题与挑战

(1) 发展趋势。从国际看，“十三五”时期世界经济将在深度调整中曲折复苏，国际能源格局将发生重大调整，围绕能源市场和创新变革的国际竞争仍然激烈，主要呈现以下五个趋势：能源供需宽松化、能源格局多极化、能源结构低碳化、能源系统智能化和国际竞争复杂化。从国内看，“十三五”时期是我国经济社会发展非常重要的时期。能源发展将呈现以下五个趋势：能源消费增速明显回落、能源结构双重更替加快、能源发展动力加快转换、能源供需形态深刻变化和能源国际合作迈向更高水平。

(2) 主要问题与挑战。“十三五”时期，我国能源消费增长换挡减速，保供压力明显缓解，供需相对宽松，能源发展进入新阶段。在供求关系缓和的同时，结构性、体制机制性等深层次矛盾进一步凸显，成为制约能源可持续发展的重要因素。面向未来，我国能源发展既面临厚植发展优势、调整优化结构、加快转型升级的战略机遇期，也面临诸多矛盾交织、风险隐患增多的严峻挑战。

能源主要问题与挑战是：传统能源产能结构性过剩问题突出、可再生能源发展面临多重瓶颈、天然气消费市场亟须开拓、能源清洁替代任务艰巨、能源系统整体效率较低、跨省区能源资源配置矛盾凸显、适应能源转型变革的体制机制有待完善。

2. 指导思想、基本原则与政策取向

(1) 指导思想。全面贯彻党的十八大和十八届三中、四中、五中、六中全会精神，更加紧密地团结在以习近平同志为核心的党中央周围，认真落实党中央、国务院决策部署，紧紧围绕统筹推进“五位一体”总体布局和协调推进“四个全面”战略布局，牢固树立和贯彻落实创新、协调、绿色、开放、共享的发展理念，主动适应、把握和引领经济发展新常态，遵循能源发展“四个革命、一个合作”的战略思想，顺应世界能源发展大势，坚持以推进供给侧结构性改革为主线，以满足经济社会发展和民生需求为立足点，以提高能源发展质量和效益为中心，着力优化能源系统，着力补齐资源环境约束、质量效益不高、基础设施薄弱、关键技术缺乏等短板，着力培育能源领域新技术、新产业、新业态、新模式，着力提升能源普遍服务水平，全面推进能源生产和消费革命，努力构建清洁低碳、安全高效的现代能源体系，为全面建成小康社会提供坚实的能源保障。

（2）基本原则。革命引领，创新发展；效能为本，协调发展；清洁低碳，绿色发展；立足国内，开发发展；以人为本，共享发展；筑牢底线，安全发展。

（3）政策取向。政策取向表现为六个“更加注重”，见1.4.1节。

3. 主要任务

《规划》明确了七大任务，即高效智能，着力优化能源系统；节约低碳，推动能源消费革命；创新驱动，推动能源技术革命；公平效能，推动能源体制革命；互利共赢，加强能源国际合作；惠民利民，实现能源共享发展。

1.5 能源技术革命创新行动计划

1.5.1 能源科技的发展形势

（1）世界能源科技发展趋势。当前，新一轮能源技术革命正在孕育兴起，新的能源科技成果不断涌现，正在并将持续改变世界能源格局。非常规油气勘探开发技术在北美率先取得突破，页岩气和致密油成为油气储量及产量新的增长点，海洋油气勘探开发作业水深记录不断取得突破；很多国家均开展了700℃超超临界燃煤发电技术研发工作，整体煤气化联合循环技术、碳捕集与封存技术、增压富氧燃烧等技术快速发展。燃气轮机初温和效率进一步提高，H级机组已实现商业化，以氢为燃料的燃气轮机正在快速发展；三代核电技术逐渐成为新建机组主流技术，四代核电技术、小型模块式反应堆、先进核燃料及循环技术研发不断取得突破；风电技术发展将深海、高空风能开发提上日程，太阳能电池组件效率不断提高，光热发电技术开始规模化示范，生物质能利用技术多元化发展；电网技术与信息技术融合不断深化，电气设备新材料技术得到广泛应用，部分储能技术已实现商业化应用。可再生能源正逐步成为新增电力的重要来源，电网结构和运行模式都将发生重大变化。

纵观全球能源技术发展动态和主要能源大国推动能源科技创新的举措，我们可以得到以下结论和启示：

一是能源技术创新进入高度活跃期，新兴能源技术正以前所未有的速度加快迭代，对世界能源格局和经济发展将产生重大而深远的影响。

二是绿色低碳是能源技术创新的主要方向，集中在传统化石能源清洁高效利用、新能源大规模开发利用、核能安全利用、能源互联网和大规模储能以及先进能源装备及关键材料等重点领域。

三是世界主要国家均把能源技术视为新一轮科技革命和产业革命的突破口，制定各种政策措施抢占发展制高点，增强国家竞争力和保持领先地位。

（2）我国能源科技发展形势。近年来，我国能源科技创新能力和技术装备自主化水平显著提升，建设了一批具有国际先进水平的重大能源技术示范工程。掌握了页岩气、致密油等勘探开发关键装备技术，煤层气实现规模化勘探开发，3000米深水半潜式钻井船等装备实现自主化，复杂地形和难采地区油气勘探开发部分技术达到国际先进水平，千万吨炼油技术达到国际先进水平，大型天然气液化、长输管道电驱压缩机组等成套设备实现自主化；煤矿绿色安全开采技术水平进一步提升，大型煤炭气化、液化、热解等深加工技术已实现产业化，低阶煤分级分质利用正在进行工业化示范；超超临界火电技术广泛应用，投运机组数量位居世界首位，大型IGCC、CO_2封存工程示范和700℃超超临界燃煤发电技术攻关顺利推进，大型水电、1000kV特高压交流和±800kV特高压直流技术及成套设备达到世界领先水平，智能电网和多种储能技术快速发展；基本掌握了AP1000核岛设计技术和关键设备材料制造技术，采用“华龙一号”自主三代技术的首堆示范项目开工建设，首座高温气冷堆技术商业化核电站示范工程建设进展顺利，核级数字化仪控系统实现自主化；陆上风电技术达到世界先进水平，海上风电技术攻关及示范有序推进，光伏发电实现规模化发展，光热发电技术示范进展顺利，纤维素乙醇关键技术取得重要突破。

虽然我国能源科技水平有了长足进步和显著提高，但与世界能源科技强国和引领能源革命的要求相比，还有较大的差距。一是核心技术缺乏，关键装备及材料依赖进口问题比较突出，三代核电、新能源、页岩气等领域关键技术长期以引进、消化、吸收为主，燃气轮机及高温材料、海洋油气勘探开发技术装备等长期落后。二是产学研结合不够紧密，企业的创新主体地位不够突出，重大能源工程提供的宝贵创新实践机会与能源技术研发结合不够，创新活动与产业需求脱节的现象依然存在。三是创新体制机制有待完善，市场在科技创新资源配置中的作用有待加强，知识产权保护和管理水平有待提高，科技人才培养、管理和激励制度有待改进。四是缺少长远谋划和战略布局，目前的能源政策体系尚未把科技创新放在核心位置，国家层面尚未制定全面部署面向未来的能源领域科技创新战略和技术发展路线图。

（3）我国能源技术战略需求。我国能源技术革命应坚持以国家战略需求为导向，一方面，为解决资源保障、结构调整、污染排放、利用效率、应急调峰能力等重大问题提供技术手段和解决方案；另一方面，为实现经济社会发展、应对气候变化、环境质量等多重国家目标提供技术支撑和持续动力。包括以下5个方面：

一是围绕“两个一百年”奋斗目标提供能源安全技术支撑。

二是围绕环境质量改善目标提供清洁能源技术支撑。

三是围绕二氧化碳峰值目标提供低碳能源技术支撑。

四是围绕能源效率提升目标提供智慧能源技术支撑。

五是围绕能源技术发展目标提供关键材料装备支撑。

1.5.2 《能源技术革命创新行动计划》总体要求

（1）指导思想

全面贯彻落实党的十八大和十八届二中、三中、四中、五中全会精神，深入学习贯彻习近平总书记系列重要讲话精神，坚持“四个全面”战略布局，牢固树立创新、协调、绿色、开放、共享的发展理念，主动引领经济社会发展新常态，以建设清洁低碳、安全高效现代能源体系的需求为导向，以提升能源自主创新能力为核心，以突破能源重大关键技术为重点，以能源新技术、新装备、新产业、新业态示范工程和试验项目为依托，实施制造强国战略，推动能源技术革命，实现我国从能源生产消费大国向能源技术强国战略转变。

（2）基本原则

坚持自主创新。必须把自主创新摆在能源科技创新的核心位置，加强能源领域基础研究，强化原始创新、集成创新和引进消化吸收再创新，重视颠覆性技术创新。

坚持市场导向。发挥市场在科技创新资源配置中的决定性作用，强化企业创新主体地位和主导作用，促进创新资源高效合理配置。加快政府职能从研发管理向创新服务转变。

坚持重点突破。坚持问题导向，瞄准制约能源发展和可能取得革命性突破的关键和前沿技术，依托重大能源工程开展试验示范，推动能源技术创新能力显著提升。

坚持统筹协调。健全“政产学研用”协同创新机制，鼓励重大技术研发、重大装备研制、重大示范工程和技术创新平台四位一体创新，坚持统筹国际、国内能源科技开放式创新。

（3）总体目标

到2020年，能源自主创新能力大幅提升，一批关键技术取得重大突破，能源技术装备、关键部件及材料对外依存度显著降低，我国能源产业国际竞争力明显提升，能源技术创新体系初步形成。

到2030年，建成与国情相适应的完善的能源技术创新体系，能源自主创新能力全面提升，能源技术水平整体达到国际先进水平，支撑我国能源产业与生态环境协调可持续发展，进入世界能源技术强国行列。

1.5.3　《能源技术革命创新行动计划》主要任务

《能源技术革命创新行动计划》确定了煤炭无害化开采技术创新，非常规油气和深层、深海油气开发技术创新，煤炭清洁高效利用技术创新等15个重点技术领域、133项创新行动，系统推进能源技术革命。

延伸阅读

（提取码 jccb）

第一篇

常规能源

第2章 煤　　炭

煤炭，素有“工业”粮食之称。自第一次工业革命以来，煤炭就扮演了非常重要的角色。我国煤炭储量丰富，是世界第一生产大国，同时也是煤炭消费大国。煤炭是我国的基础能源和重要原料。煤炭工业是关系国家经济命脉和能源安全的重要基础产业。在我国一次能源结构中，煤炭将长期是主体能源。随着经济发展的绿色低碳转型和能源结构清洁、低碳升级，煤炭在我国一次能源消费结构中的比例将不断降低，煤炭消费的增速逐渐降低，但其绝对消费量仍然保持约40亿t的水平。因此，煤炭的合理开发以及高效、清洁利用对经济发展和生态文明建设、应对气候变化具有重要的意义。

2.1 煤炭在我国国民经济发展中的地位

煤炭是一种不可再生的化石能源，约占世界化石能源总储量的80%。煤炭资源分布广泛，在世界上有80多个国家已发现它的存在。2017年的世界能源统计年鉴称，2016年世界煤炭的探明储量约为11393.31亿t，储采比为153年。目前，煤炭的市场份额降至28.1%，为2004年来最低水平。

《BP世界能源展望（2017年版）》指出，未来20年，即到2035年，在基本情境中，全球GDP在展望期间几乎增加一倍，但能源需求仅增加大约30%，这主要归结于能效的大幅提升。尽管中国仍是最大能源增量市场，但由于中国经济的持续改革导致其煤炭（能源）需求增长急剧放缓，全球煤炭市场消费量可能达到峰值。

我国能源资源禀赋是“富煤、贫油、少气”，煤炭是我国能源战略上最安全和最可靠的能源。2016年探明储量为2440.1亿t，占世界煤炭探明储量的21.4%，储采比为72年，不足世界153年平均水平的一半。我国以煤炭为首的化石能源，受到能源消费向清洁化和多样化发展的影响，煤炭的需求将有所回落。IEA预测，煤炭需求的下降最初将体现在工业领域，从2030年前后开始，电力行业煤炭的需求也将减少，燃煤火电在电力总装机中的占比将从2016年的三分之二降到40%以下。而伴随燃煤火电的装机达到峰值，重工业用煤和居民供热用煤出现结构性下滑，煤炭需求未来将远低于2016年水平，煤炭在我国主要能源结构中的占比到2040年将降至45%，比现在低20个百分点。

21世纪初的煤炭投资热潮，造成我国的煤炭供应能力明显过剩。重组和强化煤炭行业是中国经济改革的重要组成部分。IEA预测，在未来的几十年内，我国仍将主导全球煤炭市场动向，而我国煤炭行业的主要挑战将是如何匹配产能和未来需求。到

2040 年，我国煤炭过剩产能将得到成功削减，煤炭消费量将比 2016 年下降约 15%，即减少约 3.5 亿 t 标准煤。鉴于采煤业属于劳动密集型产业，预计煤炭行业从业人员数量将大幅度缩减，由之引发的就业问题需要决策者高度重视。积极管理市场，采用包括关闭生产方式落后的煤矿、进行价格指导和压减煤矿产能，从而使煤炭市场重获平衡，将是我国未来几十年里煤炭行业的工作重点。

据《BP 世界能源展望（2017 年版）》中国专题报告称，煤炭需求在 2025 年达到峰值，随后在 2026—2035 年将以 1.1%的速度下降。然而，在展望期内中国仍是全球最大的煤炭消费国，占 2035 年全球煤炭需求的 47%。

煤炭的主体能源地位不会变化。我国仍处于工业化、城镇化加快发展的历史阶段，能源需求总量仍有增长空间。立足国内是我国能源战略的出发点，必须将国内供应作为保障能源安全的主渠道，牢牢掌握能源安全主动权。煤炭占我国化石能源资源的 90%以上，是稳定、经济、自主保障程度最高的能源。煤炭在一次能源消费中的比重将逐步降低，但在相当长时期内，主体能源的地位不会变化。必须从我国能源资源禀赋和发展阶段出发，将煤炭作为保障能源安全的基石，不能分散对煤炭的注意力。

2.2 煤的形成

2.2.1 煤及煤的形成

煤是植物遗体经过生物化学作用和物理化学作用而转变成的沉积有机矿产，是由多种高分子化合物和矿物质组成的混合物。煤是亿万年前大量植物埋在地下慢慢形成的。

无论是中国还是世界其他国家，通常把煤分为成因分类和工业分类（或称实用分类）两大体系。成因分类是根据成煤原始植物的不同而进行的分类。

煤是地壳运动的产物。远在 3 亿多年前的古生代和 1 亿多年前的中生代以及几千万年前的新生代时期，大量植物残骸经过复杂的生物化学、地球化学、物理化学作用后转变成煤，从植物死亡、堆积、埋藏到转变成煤经过了一系列的演变过程，这个过程被称为成煤作用。

一般认为，成煤过程分为两个阶段，即泥炭化阶段和煤化阶段。前者主要是生物化学过程，后者主要是物理化学过程。

（1）泥炭化阶段。泥炭化阶段为第一阶段，是指植物在泥炭沼泽、湖泊或浅海中不断繁殖，其遗骸在微生物参加下不断分解、化合和聚积，在这个阶段中起主导作用的是生物地球化学作用。低等植物经过生物地球化学作用形成腐泥，高等植物形成泥炭，因此成煤的第一阶段可称为腐泥化阶段或泥炭化阶段。

（2）煤化阶段。煤化阶段为第二阶段，包含两个连续的过程。

第一个过程，在地热和压力的作用下，泥炭层发生压实、失水、肢体老化、硬结等各种变化而成为褐煤。褐煤的密度比泥炭大，在组成上也发生了显著的变化，碳含量相对增加，腐殖酸含量减少，氧含量也减少。因为煤是一种有机岩，所以这个过程又叫作成岩作用。

第二个过程，是褐煤转变为烟煤和无烟煤的过程。在这个过程中煤的性质发生了变化，所以这个过程又叫作变质作用。地壳继续下沉，褐煤的覆盖层也随之加厚。在地热和静压力的作用下，褐煤继续经受着物理化学变化而被压实、失水。其内部组成、结构和性质都进一步发生变化。这个过程就是褐煤变成烟煤的变质作用。烟煤比褐煤碳含量增高，氧含量减少，腐殖酸在烟煤中已经不存在了。烟煤继续进行着变质作用，由低变质程度向高变质程度变化，从而出现了低变质程度的长焰煤、气煤，中等变质程度的肥煤、焦煤和高变质程度的瘦煤、贫煤。它们之间的碳含量也随着变质程度的加深而增大。

温度对于在成煤过程中的化学反应有决定性作用。随着地层加深，地温升高，煤的变质程度逐渐加深。高温作用的时间越长，煤的变质程度越高，反之亦然。在温度和时间的同时作用下，煤的变质过程基本上是化学变化过程。在其变化过程中所进行的化学反应是多种多样的，包括脱水、脱羧、脱甲烷、脱氧和缩聚等。

压力也是煤形成的一个重要因素。随着煤化过程中气体的析出和压力的增高，反应速度会越来越慢，但却能促成煤化过程中煤质物理结构的变化，能够减少低变质程度煤的孔隙率、水分和增加密度。

2.2.2 成因分类

煤的成因分类主要分为由高等植物生成的腐殖煤和由低等植物生成的腐泥煤，以及由上述两类混合而成的腐殖腐泥煤和腐泥腐殖煤以及残殖煤 5 大类。其中腐殖煤在地球上的比率最多，约占全部煤的 95％以上。各类煤的基本特性如下：

（1）腐殖煤。古代高等植物死亡后，其残骸堆积在空气不太充足的低地沼泽中，产生不完全的氧化分解作用（称为半败作用）。随后，由于死亡植物残骸的不断堆积，它们完全与空气隔绝，氧气停止进入，这时植物残骸依靠本身含有的氧而发生厌氧细菌的分解作用，从而开始脱水、去羧基（—COOH），放出二氧化碳、水及甲烷等气体，使残骸的碳含量相对增高，氧和氢含量则逐渐减少，形成了一种凝胶状的物质，这种物质称为泥炭。随着地壳的下沉，堆积在沼泽中的泥炭就逐渐由黏土、砂石等物质的堆积而形成了岩层。泥炭在上覆岩层的压力作用下又发生了压紧、失水、胶体老化、硬结等物理和物理化学作用，使覆盖泥炭的化学组成也不断发生变化，最后变成了碳含量更高、氧和氢含量更低而致密度更高的褐煤。褐煤在岩层压实下又经过高温（200℃左右）、高压（几千至几万大气压）作用下而逐渐演变成烟煤和无烟煤。

地球上真正由高等植物形成的腐殖煤从泥盆纪开始。世界的煤炭资源中有 95％以上为腐殖煤。腐殖煤的原始成煤物质为高等植物中的纤维素、半纤维素和木质素等主要成分，它们是在植物死亡后逐渐形成的。

（2）腐泥煤。腐泥煤是由细胞中含有的大量原生质的古代菌藻类低等植物和浮游生物，死亡后堆积在湖沼、海湾等水体底部的缺氧环境中，经过腐败作用和物理作用及物理化学作用（即煤化作用）后转变而成的煤。腐泥煤在自然界很少，它常以薄层状或透镜状夹于腐殖煤中。腐泥煤的挥发分高，相当于褐煤阶段的腐泥煤的挥发分(干燥无灰基)，常高达 80%～95%，而由腐殖煤形成的褐煤的挥发分一般只有40%～65%。

腐泥煤的主要特点是呈灰黑色，结构较均一，致密块状，硬度和韧性都较大，同时光泽暗淡，贝壳状断口，且氢含量高，焦油产率也高。这一类煤包括了藻煤、胶泥煤和藻烛煤。

(3) 腐殖腐泥煤和腐泥腐殖煤。腐殖腐泥煤是以古代低等植物和高等植物一起作为原始成煤物质而形成的煤。它是一种介于腐泥煤与腐殖煤之间而以腐泥煤为主的过渡型煤。这一类煤包括烛煤和藻烛煤，其外观多呈灰黑色或灰色，致密而坚硬，其中烛煤的韧性较大，贝壳状断口，块状结构，在显微镜下常见较多的小孢子和黄色或橙黄色的腐泥基质。其氢含量、焦油率和挥发低于腐泥煤而高于腐殖煤。当煤中的腐殖成分高于腐泥成分时就叫作腐泥腐殖煤，其各种性质接近于腐殖煤。

(4) 残殖煤。也称“树皮煤”或“树皮残殖煤”，它是由古代高等植物死亡后，其残骸中的树皮、蜡、树脂、孢子、花粉等对化学物质比较稳定的一些组分经过生物化学、物理和物理化学作用后形成的煤。其特点是挥发分、氢含量、焦油产率等都比相同煤化度的腐殖煤高。中国江西的乐平鸣山矿、桥头丘矿和浙江长广等矿区的煤都属于残殖煤。由于这些煤在显微镜下常可见到大量黄色或红色的树皮，故也称作树皮残殖煤。

2.3 煤的组成结构与品质

2.3.1 煤的结构

煤炭不同于一般的高分子有机化合物或聚合物，它具有特别的复杂性、多样性和非均一性，即使在同一小块煤中，也不存在统一的化学结构。迄今为止，尚无法有效分离出或鉴定出构成煤的全部化合物。人们对煤结构的研究，还只限于定性地认识其整体的统计平均结构，定量地确定一系列“结构参数”，如煤的芳香度，以此来表征其平均结构特征。为了形象地描述煤的化学结构，许多学者提出了各种分子模型，但距完全揭示煤的真实化学结构，仍然存在相当大的距离。

(1) Fuchs 模型，是 20 世纪 60 年代以前的代表模型。由 W. Fuchs（德）提出，1957 年经 Van Krevelen 修改。当时煤结构的研究主要是用化学方法进行的，得出的是一些定性的概念，可用于建立煤化学结构模型的定量数据还很少。Fuchs 模型就是基于这种研究水平而提出的，该模型将煤描绘成由大量的环状芳烃通过各种桥键相连缩合在一起的，其中还夹杂着含 S 和 N 的杂环，包含的缩合芳香环数平均为 9 个。缩合芳香环数很高，是 60 年代以前经典结构模型的共同特点。由于煤中夹杂着含 S 和 N 的杂环，煤在燃烧的过程中会有硫或氮的氧化物产生，从而污染空气。该模型比较片面，不能全面反映煤结构的特征。

（2）Given模型。1960年，P. H. Given（英）首次提出当时公认的“结构单元”模型。这是一种低煤化程度烟煤的结构，是由环数不多的缩合芳香环在这些环之间以氢化芳香环相互联结（芳环的双键还原为饱和的环烷烃），分子呈线性排列，构成折叠状的、无序的三维空间大分子。氮原子以杂环形式存在，其上连有多个在反应或测试中确定的官能团，如酚羟基和醌基等。缩合芳香环结构单元之间交联键的主要形式是邻位亚甲基，模型中没有含硫的结构，也没有醚键和两个碳原子以上的次甲基桥键。

（3）Wiser模型。1975年，W. H. Wiser（美）创建。Wiser模型是针对年轻烟煤的，它展示了煤结构的大部分现代概念。该模型芳香环数分布范围较宽，包含1～5个环的芳香结构，模型的元素组成一致。

（4）本田模型。该模型考虑了低分子化合物的存在，缩合环以菲为主，由较长的次甲基键相连接，但没有考虑氮和硫的结构。

（5）Shinn模型。1984年，J. H. Shinn根据一段和两段液化产物分布提出的，又称反应结构模型，目前广为接受。

Shinn模型以烟煤为对象，分子量以万为单位。假设：芳环或氢化芳环由较短的脂链和醚键相连，形成大分子聚集体，小分子镶嵌于聚集体孔洞或空穴中，可通过溶剂溶解抽提出来。受液化过程溶剂作用的影响，没有表示出煤中存在的低分子化合物。

近代多数人所接受的煤化学结构概念可以表述如下：

①煤结构的主体是三维空间高度交联的非晶质的高分子聚合物，煤的每个大分子由许多结构相似而又不完全相同的基本结构单元聚合而成。

②基本结构单元的核心部分主要是缩合芳香环，也有少量氢化芳香环、脂环和杂环。基本结构的外围连接有烷基侧链和各种官能团，如烷基侧链主要有$—CH_2—$、$—CH_2=CH_2—$等。官能团以含氧官能团为主，包括酚羟基、羧基、甲氧基和羰基等，此外，还有少量含硫官能团和含氮官能团。基本结构单元之间通过桥键联结为煤分子。桥键的形式有不同长度的次甲基键、醚键、次甲基醚键和芳香碳-碳键等。

③煤分子通过交联及分子间缠绕在空间以一定方式定型，形成不同的立体结构。交联键除了上述桥键外，还有非化学键作用力，如氢键力、范德华力等。煤分子到底有多大，至今尚无定论，不少人认为基本结构单元数在200～400范围，相对分子质量达到数千之多。

通过对煤炭结构的研究认识，在煤燃烧前利用物理、化学或生物方法对其脱硫、脱硝、脱灰，对于合理利用煤炭资源具有重要意义。

2.3.2 煤的元素组成

煤的组成以有机质为主体，构成有机高分子的主要是碳、氢、氧、氮等元素。煤中存在的元素有数十种之多，但通常所指的煤的元素组成主要是五种元素，即碳、氢、氧、氮和硫。在煤中含量很少、种类繁多的其他元素，一般不作为煤的元素组成，而只当作煤的伴生元素或微量元素。

（1）碳元素。一般认为，煤是由带脂肪侧链的大芳环和稠环所组成的。这些稠环的骨架是由碳元素构成的。因此，碳元素是组成煤的有机高分子的最主要元素。同时，煤中还存在着少量的无机碳，其主要来自碳酸盐类矿物，如石灰岩和方解石等。碳含量随煤化度的升高而增加。在我国，泥炭中干燥无灰基碳含量为55%～62%；成为褐煤以后碳含量就增加到60%～76.5%；烟煤的碳含量为77%～92.7%；一直到高变质的无烟煤，碳含量为88.98%。个别煤化度更高的无烟煤，其碳含量多在90%以上，如北京、四望峰等地的无烟煤，碳含量高达95%～98%。因此，整个成煤过程，也可以说是增碳过程。

（2）氢元素。氢是煤中第二个重要的组成元素。除有机氢外，在煤的矿物质中也含有少量的无机氢。它主要存在于矿物质的结晶水中，如高岭土（$Al_2O_3 \cdot 2SiO_2 \cdot 2H_2O$）、石膏（$CaSO_4 \cdot 2H_2O$）等都含有结晶水。在煤的整个变质过程中，随着煤化度的加深，氢含量逐渐减少，煤化度低的煤，氢含量大；煤化度高的煤，氢含量小。总的规律是氢含量随碳含量的增加而降低，尤其在无烟煤阶段就尤为明显。当碳含量由92%增至98%时，氢含量则由2.1%降到1%以下。通常是碳含量在80%～86%之间时，氢含量最高，即在烟煤的气煤、气肥煤阶段，氢含量能高达6.5%。在碳含量为65%～80%的褐煤和长焰煤阶段，氢含量多数小于6%。但变化趋势仍是随着碳含量的增大而氢含量减小。

（3）氧元素。氧是煤中第三个重要的组成元素。它以有机和无机两种状态存在。有机氧主要存在于含氧官能团，如羧基（—COOH）、羟基（—OH）和甲氧基（$—OCH_3$）等中；无机氧主要存在于煤中的水分、硅酸盐、碳酸盐、硫酸盐和氧化物等中。煤中有机氧随煤化度的加深而减少，甚至趋于消失。在干燥无灰基碳含量小于70%时，褐煤氧含量可高达20%以上。碳含量在85%左右时，烟煤氧含量几乎都小于10%。当碳含量在92%以上时，无烟煤氧含量都降至5%以下。

（4）氮元素。煤中的氮含量比较少，一般为0.5%～3.0%。氮是煤中唯一完全以有机状态存在的元素。煤中有机氯化物被认为是比较稳定的杂环和复杂的非环结构的化合物，其原生物可能是动、植物的脂肪。植物中的植物碱、叶绿素和其他组织的环状结构中都含有氮，而且相当稳定，在煤化过程中不发生变化，成为煤中保留的氮化物。以蛋白质形态存在的氮，仅在泥炭和褐煤中发现了，在烟煤中很少，几乎没有发现。煤中氮含量随煤的变质程度的加深而减少。它与氢含量的关系是随氢含量的增高而增大。

（5）硫元素。煤中的硫分是有害杂质，它能使钢铁热脆、设备腐蚀，其燃烧时生成的二氧化硫（SO_2）污染大气，危害动、植物生长及人类健康。所以，硫分含量是评价煤质的重要指标之一。煤中含硫量的多少，似与煤化度的深浅没有明显的关系，无论是变质程度高的煤或变质程度低的煤，都或多或少地存在着有机硫。煤中硫分的多少与成煤时的古地理环境有密切的关系。在内陆环境或滨海三角洲平原环境下形成的煤层和在海陆相交替沉积的煤层或浅海相沉积的煤层，煤中的硫含量就比较高，且大部分为有机硫。根据煤中硫的赋存形态，一般分为有机硫和无机硫两大类。各种形态的硫分的总和称为全硫分。所谓有机硫，是指与煤的有机结构相结合的硫。有机硫主要来自成煤植物中的蛋白质和微生物的蛋白质。煤中的无机硫主要来自矿物质中各种含硫化合物，一般又分为硫化物硫和硫酸盐硫两种，有时也有微量的单质硫。硫化物硫主要以黄铁矿为主，其次为白铁矿、磁铁矿（Fe_7S_8）、闪锌矿（ZnS）、方铅矿

(PbS) 等。硫酸盐硫主要以石膏($CaSO_4 \cdot 2H_2O$)为主，也有少量的绿矾($FeSO_4 \cdot 7H_2O$)等。

2.3.3 煤炭的质量及分类

煤的用途广泛，各个用户对煤质都有一定的质量要求，而各地所产的煤的性质差别很大。为了合理地使用煤炭资源，满足各种用户的质量要求，必须对煤炭进行科学分类，以指导燃煤设备系统设计、生产运行以及煤炭的清洁生产。

(1) 煤炭质量的基本指标及检验标准

水分(M)。水分的存在对煤的利用极其不利，它不仅浪费了大量的运输资源，而且当煤作为燃料时，煤中的水分会成为蒸汽，在蒸发时消耗热量；另外，精煤的水分对炼焦也产生一定的影响。一般水分每增加2%，发热量降低100kcal/kg(1cal=4.185851J，下同)；冶炼精煤中水分每增加1%，结焦时间延长5～10min。

煤的水分分为两种，一种是内在水分(Minh)，是由植物变成煤时所含的水分；另一种是外在水分(Mf)，是在开采、运输等过程中附在煤表面和裂隙中的水分。全水分是煤的外在水分和内在水分的总和。一般来讲，煤的变质程度越大，内在水分越低。褐煤、长焰煤的内在水分普遍较高，贫煤、无烟煤的内在水分较低。

灰分(A)。煤在彻底燃烧后所剩下的残渣称为灰分，灰分分为外在灰分和内在灰分两种。外在灰分是来自顶板和夹岩中的岩石碎块，它与采煤方法的合理与否有很大关系。外在灰分通过分选大部分能去掉。内在灰分是成煤的原始植物本身所含的无机物，内在灰分越高，煤的可选性越差。灰是有害物质，动力煤中灰分增加，发热量降低，排渣量增加，煤容易结渣；一般灰分每增加2%，发热量降低100kcal/kg左右。冶炼精煤中灰分增加，高炉利用系数降低，焦炭强度下降，石灰石用量增加；灰分每增加1%，焦炭强度下降2%，高炉生产能就下降3%，石灰石用量增加4%。

挥发分(V)。煤在高温和隔绝空气的条件下加热时，所排出的气体和液体状态的产物称为挥发分。挥发分的主要成分为甲烷、氢及其他碳氢化合物等。它是鉴别煤炭类别和质量的重要指标之一。一般来讲，随着煤炭变质程度的增加，煤炭挥发分降低。褐煤、气煤挥发分较高，瘦煤、无烟煤挥发分较低。

固定碳含量(FC)。固定碳含量是指除去水分、灰分和挥发分的残留物，是确定煤炭用途的重要指标。从100中减去煤的水分、灰分和挥发分后的差值即煤的固定碳含量。根据使用的计算挥发分的基准，可以计算出干基、干燥无灰基等不同基准的固定碳含量。

发热量(Q)。发热量是指单位质量的煤完全燃烧时所产生的热量，主要分为高位发热量和低位发热量。煤的高位发热量减去水的汽化热即是低位发热量。发热量的国际单位为百万焦耳/千克(MJ/kg)，常用单位为大卡千克，换算关系为：1MJ/kg=239.2kcal/kg、1J=0.239gcal、1cal=4.18J。如发热量550kcal/g，5500kcal/kg=550÷239.2=23MJ/kg。

胶质层最大厚度(Y)。烟煤在加热到一定温度后，所形成的胶质层最大厚度是烟煤胶质层指数测定中利用探针测出的胶质体上、下层面差的最大值。它是煤炭分类的重要标准之一。动力煤胶质层厚度大，容易结焦；冶炼精煤对胶质层厚度有明确要求。

黏结指数（G）。在规定的条件下烟煤在加热后黏结专用无烟煤的能力，它是煤炭分类的重要标准之一，是冶炼精煤的重要指标。黏结指数越高，结焦性越强。

煤灰熔融性温度（灰熔点）。在规定条件下得到的随加热温度而变化的煤灰熔融性变形温度（DT）、软化温度（ST）、半球温度（HT）、流动温度（FT），常用软化温度（ST）来表示。灰熔融性温度越高，煤灰越不容易结渣。因锅炉设计不同，对灰熔融性温度的要求也不一样。煤灰熔融性温度的高低，直接关系煤作为燃料和气化原料时的性能，煤灰熔融性温度低，煤灰容易结渣，增加了排渣的难度，尤其是固态排渣的锅炉和移动床的气化炉，对煤灰熔融性温度的要求较高。

哈氏可磨指数（HGI）。哈氏可磨指数是反映煤的可磨性的重要指标。煤的可磨性是指一定量的煤在消耗相同的能量下，磨碎成粉的难易程度。可磨指数越大，煤越容易磨碎成粉。在发电煤粉锅炉和高炉喷吹用煤，可磨指数是质量评价的一个重要指标。

吉氏流动度（ddpm）。煤的流动度是表征煤在干馏时形成的胶质体的黏度，是煤的塑性指标之一。流动度是研究煤的流变性和热分解力学的有效手段，又能表征煤的塑性，可以指导配煤和焦炭强度预测。吉氏流动度是用固定力矩在煤受热形成的胶质体中转动的最大转速表示的流动度指标，用每分钟转动的角度来表示。

坩埚膨胀序数（CSN）。坩埚膨胀序数是在规定条件下以煤在坩埚中加热所得焦块膨胀程序的序号表征煤的膨胀性和塑性指标。坩埚膨胀序数的大小取决于煤灰熔融性、胶质体生成期间析气情况和胶质体的不透气性。

焦渣特征（CRC）。煤炭热分解以后剩余物质的形状。根据不同形状分为 8 个序号，其序号即为焦渣特征代号。

对于炼焦煤的各质量指标的检验，我国已经制定相应的检验标准。

（2）煤的工业分析

在国家标准中，煤的工业分析是指包括煤的水分（M）、灰分（A）、挥发分（V）和固定碳（FC）四个分析项目指标的测定的总称。煤的工业分析是了解煤质特性的主要指标，也是评价煤质的基本依据。通常煤的水分、灰分、挥发分是直接测出的，而固定碳是用差减法计算出来的。广义上讲，煤的工业分析还包括煤的全硫分和发热量的测定，又叫作煤的全工业分析。根据分析结果，可以大致了解煤中有机质的含量及发热量的高低，从而初步判断煤的种类、加工利用效果及工业用途，根据工业分析数据还可计算出煤的发热量和焦化产品的产率等。煤的工业分析主要用于煤的生产开采和商业部门及用煤的各类用户，如焦化厂、电厂、化工厂等。

1）煤的水分。煤的水分，是煤炭计价中的一个辅助指标。

煤的水分直接影响煤的使用、运输和储存。煤的水分增加，煤中的有用成分相对减少，且水分在燃烧时变成蒸汽要吸热，因而降低了煤的发热量。煤的水分增加，还增加了无效运输，并给卸车带来了困难。特点是冬季寒冷地区，经常发生冻车，影响卸车，影响生产，影响车皮周转，加剧了运输的紧张。

煤的水分也容易引起煤炭粘仓而减小煤仓容量，甚至发生堵仓事故。随着矿井开采深度的增加、采掘机械化的发展和井下安全生产的加强，以及喷露洒水、煤层注水、综合防尘等措施的实施，原煤水分呈增加的趋势。为此，煤矿除在开采设计上和开采过程中的采煤、掘进、通风和运输等各个环节上制定减少煤的水分的措施外，还应在煤的地面加工中采取措施，以减少煤的水分。

2）煤的灰分。煤的灰分，是指煤完全燃烧后剩下的残渣。因为这个残渣是煤中可燃物完全燃烧，煤中的矿物质（除水分外所有的无机质）在煤完全燃烧过程中经过一系列分解、化合反应后的产物，所以确切地说，灰分应称为灰分产率。

3）煤的挥发分。煤的挥发分，即煤在一定温度下隔绝空气加热，逸出物质（气体或液体）中减掉水分后的含量。剩下的残渣叫作焦渣。因为挥发分不是煤中固有的，而是在特定温度下热解的产物，所以确切地说，应称为挥发分产率。

①煤的挥发分不仅是炼焦、气化要考虑的一个指标，也是动力用煤的一个重要指标，是动力煤按发热量计价的一个辅助指标。

挥发分是煤分类的重要指标。煤的挥发分反映了煤的变质程度，挥发分由大到小，煤的变质程度由小到大。如泥炭的挥发分高达70%，褐煤一般为40%～60%，烟煤一般为10%～50%，高变质的无烟煤则小于10%。煤的挥发分和煤岩组成有关，角质类的挥发分最高，镜煤、亮煤次之，丝碳最低。所以世界各国和我国都以煤的挥发分作为煤分类的最重要指标。

②煤的挥发分测试要点见《煤的工业分析方法》（GB/T 212）。

4）煤的固定碳。煤中去掉水分、灰分、挥发分，剩下的就是固定碳。

煤的固定碳与挥发分一样，也是表征煤的变质程度的一个指标，随变质程度的增高而增高，所以一些国家以固定碳作为煤分类的一个指标。

固定碳是煤的发热量的重要来源，所以有的国家以固定碳作为煤发热量计算的主要参数。固定碳也是合成氨用煤的一个重要指标。

5）煤的硫分

①煤中的硫存在的形态

煤中的硫分，按其存在的形态分为有机硫和无机硫两种。有的煤中还有少量的单质硫。煤中的有机硫，是以有机物的形态存在于煤中的硫，其结构复杂，至今我们了解得还不够充分，大体有以下官能团：硫醇类，R—SH（—SH，为硫基）；噻吩类，如噻吩、苯骈噻吩、硫醌类，如对硫醌、硫醚类，R—S—R′；硫蒽类等。

煤中的无机硫，是以无机物形态存在于煤中的硫。无机硫又分为硫化物硫和硫酸盐硫。硫化物硫绝大部分是黄铁矿硫，少部分为白铁矿硫，两者是同质多晶体。还有少量的ZnS、PbS等。硫酸盐硫主要存在于$CaSO_4$中。

煤中的硫分，按其在空气中能否燃烧又分为可燃硫和不可燃硫。有机硫、硫铁矿硫和单质硫都能在空气中燃烧，都是可燃硫。硫酸盐硫不能在空气中燃烧，是不可燃硫。

煤燃烧后留在灰渣中的硫（以硫酸盐硫为主），或焦化后留在焦炭中的硫（以有机硫、硫化钙和硫化亚铁等为主），称为固体硫。煤燃烧逸出的硫，或煤焦化随煤气和焦油析出的硫，称为挥发硫［以硫化氢和硫氧化碳（COS）等为主］。煤的固定硫和挥发硫不是不变的，而是随燃烧或焦化温度、升温速度和矿物质组分的性质和数量等的变化而变化。

煤中各种形态的硫的总和称为煤的全硫（St）。煤的全硫通常包含煤的硫酸盐硫（Ss）、硫铁矿硫（Sp）和有机硫（So），即

$$St=Ss+Sp+So$$

如果煤中有单质硫，全硫中还应包含单质硫。

②煤中硫对工业利用的影响

硫是煤中有害物质之一。煤作为燃料在燃烧时生成 SO_2、SO_3，不仅腐蚀设备，而且污染空气，甚至降酸雨，严重危及植物生长和人的健康。煤用于合成氨制半水煤气时，由于煤气中的硫化氢等气体较多，不易脱净，易毒化合成催化剂而影响生产。煤用于炼焦时，煤中的硫会进入焦炭，使钢铁变脆。钢铁中的硫含量大于 0.07%时就成了废品。为了减少钢铁中的硫，在高炉炼铁时加石灰石，这就降低了高炉的有效容积，而且还增加了排渣量。煤在储运中，煤中硫化铁等含量多时，会因氧化、升温而自燃。

6）煤的发热量。煤的发热量，又称为煤的热值，即单位质量的煤完全燃烧所发出的热量。煤的发热量是煤按热值计价的基础指标。煤作为动力燃料，主要是利用煤的发热量，发热量越高，其经济价值越大。同时，发热量也是计算热平衡、热效率和煤耗的依据，以及锅炉设计的参数。煤的发热量表征了煤的变质程度（煤化度），这里所说的煤的发热量，是指用 1.4 比重液分选后的浮煤的发热量（或灰分不超过 10%的原煤的发热量）。成煤时代最晚、煤化程度最低的泥炭发热量最低，一般为 20.9～25.1MJ/kg，成煤早于泥炭的褐煤发热量增高到 25～31MJ/kg，烟煤发热量继续增高，到焦煤和瘦煤时，碳含量虽然增加了，但由于挥发分的减少，特别是其中氢含量比烟煤低得多，有的低于1%，相当于烟煤的 1/6，所以发热量最高的煤还是烟煤中的某些煤种。

鉴于低煤化度煤的发热量随煤化度的变化较大，所以，一些国家常用煤的恒湿无灰基高位发热量作为区分低煤化度煤类别的指标。我国采用煤的恒湿无灰基高位发热量来划分褐煤和长焰煤。发热量各种单位及换算，已在本节前面讲述了，在此不再重复。

7）煤中的氮。氮在煤中的存在形式非常复杂，大体可分为有机氮和无机氮两种，用 XPS 分析发现，前者主要包括吡咯型氮、吡啶型氮和季氮三种，无机氮以 NH_3 的形式存在于脂肪链中。由于不同煤种的成煤条件不同，氮在煤中的存在形式也不完全相同，即上述几种氮的存在形式在不同的煤中的比例也不同。煤热解氧化时，不同存在形式的氮生成不同的氮氧化物的前驱物，其中存在着很复杂的反应机理。

（3）煤炭的分类。现在我国采用的《中国煤炭分类》（GB/T 5751—2009）。

2.4 煤的开采与运输

2.4.1 煤的开采

根据煤炭资源埋藏深度的不同，通常有露天开采和矿井开采两种采煤方法。

露天开采是指移去煤层上面的表土和岩石（覆盖层），开采显露的煤层。这种采煤方法，习惯上叫作剥离法开采。此法在煤层埋藏不深的地方应用最为合适，地形平坦、矿层作水平延展、能进行大范围剥离的矿区最为经济。许多现代化露天矿使用设备足以剥除厚达60余米的覆盖层。在欧洲，褐煤矿广泛采用露天开采；在美国，大部分无烟煤和褐煤也用此法。内蒙古是世界最大的“露天煤矿”之乡。中国五大露天煤矿中内蒙古有四个，分别为伊敏、霍林河、元宝山和准格尔露天煤矿。

(1) 露天采煤。根据采矿作业情况，露天矿分为山坡露天矿和凹陷露天矿，封闭圈以上的称为山坡露天矿，以下的称为凹陷露天矿。对于一个露天矿山来说，从开始到终了，可能一直以一种形态存在，也可能开始是山坡露天，到后期发展为凹陷露天，或者在某一生产时期两种形态并存。山坡露天矿与凹陷露天矿示意图如图2-1所示。

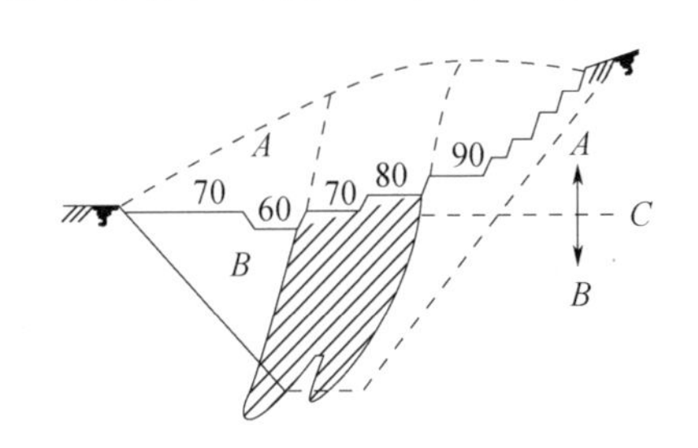

图2-1 山坡露天矿与凹陷露天矿示意图

A—山坡露天矿；B—凹陷露天矿；C—当地地表标高

露天开采时，把矿岩按照一定的厚度划分为若干个水平分层，自上而下逐层开采，并保持一定的超前关系，这些分层称为台阶或阶段。台阶是露天采煤场的基本构成要素。进行采矿和剥岩作业的台阶称为工作平台，暂不作业的台阶称为非工作平台。露天采场是由各种台阶组成的。开采时，将工作平台划分成若干个具有一定宽度的条带顺序开采，称为采掘带。并按照各台阶作用不同，分为工作平盘、安全平台、运输平台和清扫平台。

露天开采与运输方式和矿山工程的发展有着密切的关系，而运输方式又与矿床地形条件、开采环境、受矿点及废石堆积的位置因素有关。运输方式可以分为公路运输开拓、铁路运输开拓、平硐溜井开拓、胶带运输开拓、斜井开拓和联合开拓。

露天开采的优点是生产空间不受限制，可采用大型机械设备，矿山规模大，劳动效率高，生产成本低，建设速度快。另外，资源回采率可达90%以上，资源利用合理，而且劳动条件好，安全有保证，死亡率仅为地下采煤的1/30左右。主要缺点是占用土地多，会造成一定的环境污染，而且生产过程受地形及气候条件的制约。在资源方面，对煤赋存条件要求较严，只宜在埋藏浅、煤层厚度大的矿区采用。

(2) 矿井开采。对埋藏过深而不适用于露天开采的煤层可用矿井开采。矿井开采根据通向煤层的通道不同，分为竖井、斜井、平硐3种方法。

竖井是一种从地面开掘以提供某一煤层或某几个煤层通道的垂直井。从一个煤层下掘到另一个煤层的竖井称为盲井。在井下，开采的煤倒入竖井旁侧位于煤层水平以下的煤仓中，再装入竖井箕斗从井下提升上来。

斜井是用来开采水平煤层或从地面某一煤层或多煤层之间的一种倾斜巷道。斜井中装有用来运煤的带式输送机，人员和材料用轨道车辆运输。

平硐是一种水平或接近水平的隧道，开掘于水平或倾斜煤层在地表露出处，常随着煤层开掘。它允许采用常规方法将煤从工作面连续运输到地面。

采煤工艺是由于煤层的自然条件和采用的机械不同，完成回采工作各工序的方法也就不同，并且在进行的顺序、时间和空间上必须有规律地加以安排和配合的一种工艺。我国常用的典型采煤工艺系统包括机械化采煤工艺、炮采采煤工艺和水力采煤工艺系统。

1）机械化采煤工艺。机械化采煤工艺分为普通机械化采煤工艺和综合机械化采煤工艺两种。普通机械化采煤工艺：简称“普采”，其特点是用采煤机械同时完成落煤和装煤工序，而运煤、顶板支护和采空区处理与炮采工艺基本相同。普通机械化采煤工艺系统是指在回采工作面中，利用滚筒式采煤机或刨煤机与单体支柱配套进行采煤的工艺系统。它与综采工艺的差别是支护、放顶工序需人工进行。因此，这种工艺系统的体力劳动量较大，在技术经济效果以及安全程度上都远不及综采工艺系统好。

综合机械化采煤工艺：简称“综采”，是指回采工作面中采煤的全部生产工序，如破煤、装煤、运煤、支护和管理顶板等过程都实现了机械化。此外，顺槽中的运输也实现了相应的机械化，以便充分发挥综采设备的生产效能。综合机械化采煤工作面是指用采煤机、可弯曲刮板输送机和自移液压支架等主要设备组合配套，进行生产的回采工作面。

综采特点：综采是采煤技术发展史上的一次重大变革，它使采煤工作面的采煤与顶板管理等各工序都实现了机械化。尤其是近年来研制出了大功率、大滚筒采煤机和大采高液压支架，使综采可在厚度5m左右的煤层中一次采全高以及在特厚煤层中进行放顶煤开采，其适用范围越来越广，简化了矿井的生产系统，便于集中管理。其主要特点是高产、高效、安全、低耗。

2）炮采采煤工艺。炮采采煤工艺，简称“炮采”，炮采工艺系统的特点是采用打眼放炮方法进行破煤（即爆破破煤）。此时，装煤变成了一项单独的工艺，可用机械装置或人工方法完成。在这种工艺系统中，体力劳动的工作量和强度都大大地增加了，产量和效率也相应地降低了，一般平均月产在9000t左右。但是，它所采用的设备简单，对复杂地质条件适应性强。因此，在我国仍大量采用，其产量占总产量的45%左右。

炮采工作面支架布置形式与普采工作面支架布置形式基本相同，爆破破煤的生产过程包括：打眼、装药、填炮泥、联炮线和起爆等工序。通常，在爆破中要求：保证进度，煤块破碎均匀，保持工作面煤壁平直，不留顶底煤，不破坏顶板，不崩倒棚子和崩翻输送机等。

炮采特点：由于炮采工作面采煤和支护这两项主要工序基本上依靠的是繁重的人工劳动，所以工人劳动强度大、支护工作不安全、日产量及劳动生产率低、材料消耗量大。但在地质构造复杂区域仍需使用，因此，其使用范围较为广泛。

3）水力采煤工艺。水力采煤是利用水枪射流破煤，借助于一定的坡度使碎煤随水从采垛（采面）中流出，沿巷道以“无压水力运输”方法运到煤水仓中，再由井底煤水仓用煤浆泵把煤与水混合而成的煤浆提升到地面。水力采煤使一般机械化采煤多工序、多环节的生产过程得到了简化。水力采煤工艺系统是指由采垛（回采工作面）破煤，将煤浆运到采区煤水仓的生产工艺系统，简称为水采工艺系统。

水力采煤工艺的特点：水力采煤使一般机械化采煤的多工序、多环节的生产过程得到了简化。它具有流程单一、设备简单、劳动强度低、效率高、安全性好等显著优点，但有煤损大、电耗高等缺点。

由于开采条件和煤矿所有制的多样性以及地区资源赋存条件和经济发展的不平衡，我国长壁工作面的采煤工艺主要有爆破采煤工艺、普通机械化采煤工艺和综合机械化采煤工艺三种，其中，综合机械化采煤工艺是目前采煤技术发展的方向。在我国煤矿中，国有重点煤矿以综采为主，地方国营煤矿以普采和炮采为主，而乡镇煤矿则以炮采为主。

2.4.2 煤炭开采绿色新技术

随着能源需求和煤炭总量的持续不断增长，煤炭开采问题越来越受到社会的广泛关注。现阶段，我国煤炭开采由于相关技术的不全面，导致了一些生态环境问题的出现。如何减少并逐渐避免煤炭开采引起的岩层水与瓦斯的流动、岩层破坏等问题，值得我们深入探讨。煤炭绿色开采，就是使煤炭开采对矿区环境的扰动量小于区域环境容量，实现资源开发利用最优化和生态环境影响最小化。简单地讲，就是合理利用资源，优化技术，高效、持续、协调地发展煤炭工业，减少对环境的破坏，取得最佳的经济效益和社会效益。绿色开采是未来我国煤炭开采技术的重要发展方向，掌握绿色开采技术，对于解决煤炭开采导致的生态问题、提高开采质量具有重要意义。

1. 保水采煤

现阶段煤炭开采过程中对地下水资源的危害主要表现为以下几个方面：地下含水层的破坏会导致大量地下水排出；地下水体与采空区上方导水裂隙带的贯通，形成地下水降落漏斗，导致区域含水层水位下降，对区域水文地质条件造成不良影响；开采产生的地表沉陷对地表内河流、湖泊、井泉的原来形态产生影响，严重者会造成部分地表水体干涸。

我国大部分煤炭矿区都位于干旱半干旱地区，在这些地区实行保水开采具有重要的现实意义。煤炭保水开采包括水资源保护、水资源利用和水灾害防治等多项重要内容，不同地区保水技术内涵不一而同。缺水矿区，主要以水资源的保护以及利用为主要技术追求；大水矿区，主要以水灾害防治以及水资源破坏为主要技术追求。

在保水开采过程中，开采要根据开采地区的地质环境条件，选择不同的工作方法。那些隔水层较薄的区域，应当先对其覆岩破坏规律、水位等因素进行实地考察之后进行保水开采；那些富含水且煤层埋藏比较浅的区域，应当在地下水渗漏问题解决之后再实行保水开采；那些隔水层厚度较大和不存在含水层的区域，是最适合保水开采的地区。矿井水也是保水开采的重要内容之一，经过处理的矿井水可以用于工业，不应该随便浪费。可以采用自然沉降法、过滤法和混凝法对其进行处理。目前，主流的保水开采方法主要是“三下”采煤技术，应用范围比较普遍，借鉴经验较为丰富，可以在采煤区进行推行。

2. 煤气共采

我国是世界上煤层瓦斯储存量位列前几位的国家之一，地下煤炭资源几乎与陆上天然气资源持平。在煤炭开采过程中，大量瓦斯气体的排放对采煤安全造成一定危害，过多温室气体的排放也给生态环境带来危害。因此，大力发展煤与瓦斯共采技术，将瓦斯气体实现资源化利用是非常有必要的。

瓦斯在煤层当中的储存状态主要有两种：一种是吸附状态，瓦斯以固体分子状态隐藏于煤炭表面和内部，约占煤层瓦斯储存量的90%；另一种是游离状态，瓦斯以自由气体状态隐藏于煤层缝隙之间，约占煤层瓦斯储存量的10%。煤炭开采过程中引起的煤岩体移动会对吸附态瓦斯和游离态瓦斯的运移产生显著影响。

基于不同区域内煤层瓦斯储存状态、参数以及各项指标的差异，应当采用采前瓦斯抽采技术、采动卸压瓦斯抽采技术以及老采空区瓦斯抽采技术，分别对不同阶段、不同区域矿区进行煤与瓦斯共采。第一阶段应当先采瓦斯再采煤，煤炭开采前预先将一部分瓦斯抽取，待煤层中的瓦斯含量降低之后再继续开采，一则可以保证采煤的安全性，二则提高工作面单产效率。第二阶段采取采动卸压瓦斯抽采技术，进行煤与瓦斯共采，根据采煤区域压力显现规律，在最佳条件下进行瓦斯抽采。第三阶段采用老采空区瓦斯抽采技术，采完煤后再次抽采瓦斯。

3. 充填开采

充填开采技术是指利用砂子、碎石等外来材料对采空区进行充填，从而抑制地表沉陷以及岩层移动。按照充填位置、充填动力、充填材料以及充填量的不同，充填开采技术可以分为不同类型。以充填位置分类，可以分为采空区充填、冒落区充填、高层区充填；以充填动力的不同，可以分为自溜充填、风力充填、机械充填、水力充填；以充填材料分类，可以分为水砂充填、膏体充填、高水充填；以充填量分类，可以分为全部充填和部分充填。

各地区煤层开采对地表沉陷以及岩层移动造成的影响不尽相同，根据采空区的实际情况，应当因地制宜，采取针对性充填方法。一般来说，水砂充填和膏体充填方法是需要重点掌握的两种充填技术。水砂充填是指利用管道和水力将砂粒作为充填材料送入采空区，大部分矿区都采用炮采工艺实施水砂充填。膏体充填是指将煤矿附近的河沙、粉煤灰、劣质土、风积沙加工成膏体之后，通过管道以重力加压送入采空区，主要遵循实施“浆推水”—轮流充填—实施“水推浆”这三个步骤展开工作。

4. 地表减沉开采技术

地表沉陷控制主要有两种技术途径：一种是以支撑煤柱为核心的技术，另一种是以充填体为核心的技术。

对支撑煤柱方案，主要原则是选择优化的煤柱留设方式，在容许地表下沉范围内最大限度采出煤炭资源。在我国，主要采用条带法开采，地表下沉系数为0.1～0.3。这一方案面临的问题是开采效率较低，难于实现综合机械化。房柱式采煤法在美国、澳大利亚等国家应用广泛，这种开采方法采用连续采煤机等现代装备，采煤效率较高，在适宜的条件下值得推广应用。

对充填体控制岩层移动的方案，原理是充分利用上覆岩层移动过程中可能产生的充填空间，注入充填材料，使充填体和岩层相互作用而形成一个稳定平衡结构，从而抑制岩层移动向地表发展。根据充填体所处的位置，可分为采空区充填和岩层内离层注浆充填。采空区充填即以充填材料置换煤炭，若充填及时、密实和工艺得当，可以使开采后上覆岩层不出现冒落带，从而显著减少地表下沉值。覆岩离层注浆减沉是一项较新的技术，它是从地面通过钻孔向开采过程的覆岩离层注浆，具有不干扰井下生产，且注浆成本相对较低的优点。这一技术与其他技术相结合，为地表沉陷控制开辟了广阔的前景。

5. 矸石不升井开采技术

矸石不升井开采技术是在主井底建立浅槽煤矸分离系统、动筛跳汰机为核心设备的煤炭分选系统，实施井下煤矸分离，将地面选煤厂“搬到”井下，实现井下原煤洗选后直接运至煤仓。该系统利用先进的重介浅槽分选工艺和动筛跳汰工艺，实现块状煤与矸石的分离，能将分离处理的矸石直接用于工作面充填。

6. 地下气化开采技术

煤炭地下气化技术通过控制地下煤炭燃烧产生化学反应，产生可利用的可燃气体，最终实现煤炭开采，这种技术不同于平时的开采技术，主要是针对煤炭资源实现二次开采的特殊技术。煤炭地下气化技术并不是煤炭开采的常用技术，主要针对地下条件比较复杂、优质煤炭的比例比较少的特殊地区。这种技术应用的时间比较晚，属于新兴技术，具有十分广阔的应用空间，可以促进企业提高经济效益和社会效益。

7. 采选充采一体化技术

煤矸石井下筛选、运输、充填、压实一体化充采技术，是当前较为高效的充填开采采煤技术。该技术与井下煤矸分离技术结合，形成了矸石不升井、井下“采煤→分选→充填→采煤”循环闭合的开采体系。其中，井下煤矸石筛分系统和井下煤矸石充填技术是煤矸石井下充填采煤的核心技术。目前，该项技术在多个矿井回采中得到成功应用，不仅开采了“三下”煤炭资源，而且处理了井下的矸石，取得了巨大经济效益。

8. 矿山智能化开采

矿山智能化开采主要是以矿山的信息化和数字化为基础，以开采的智能化、生产自动化和管理信息化为核心，最终实现矿山的无人开采和智能管理。

近年来，陕西黄陵矿业公司采取智能化无人开采技术，通过地面监控平台远程控制采煤机，协同液压支架上的行程开关、压力传感器等，进行工况检测和人为干预，实时调整割煤状态。在节省人力的同时，有效提高了采煤效率。

智能化无人开采技术实施后，通过监控中心操作平台，可对采煤机进行远程控制，让采煤机完成各种采煤动作。同时，结合液压支架各类行程开关、压力传感器等自动监测数据，大大减少了工作面和两顺槽的作业人数。

2.4.3 煤的运输

我国煤炭资源分布极不平衡，具有东少西多、南少北多的分布特点。60%～70%的煤炭储量集中在山西、陕西和内蒙古西部。煤炭消费却在东南及沿海地区，这样就造成了煤炭生产和煤炭运输之间存在突出矛盾，形成北煤南运、西煤东运的格局。

1. 传统的运输方式

传统的煤炭运输方式有三种：水运、铁路运输和公路运输。铁路和水路是主要运输方式。煤炭内陆运输以铁路为主、内河为辅，供国内需求；煤炭远洋运输主要是国际贸易所需。水运具有运量大、运输成本低的优势。我国海岸线漫长，沿岸有多个煤炭运输港口，如秦皇岛、青岛、上海、北海等，这些港口都是煤炭运输的枢纽港口，利用与这些港口相连的大江大河，可以将煤炭运往内地。水运的缺点是运输时间长，煤炭运到港口以后，还要用汽车接驳运往最终用户。

北方缺少便利的水运条件，对于主要分布在西部、北部的煤炭资源，则需通过陆路运输。公路短途运输便利，但长途运输不经济。只有铁路可以快速而经济地长距离运输煤炭。目前，西煤、北煤外运的铁路有7条，仅晋煤外运的铁路就有大秦线、京原线、石太线、太焦线5条。其中，大秦铁路是中国新建的第一条双线电气化重载运煤专线，1992年年底全线通车，2002年运量达到1亿t设计能力，目前运能达到4亿t。

我国“十二五”规划的重大交通基础设施和“十二五”铁路规划的重点项目——蒙华铁路煤运通道，是衔接多条煤炭集疏线路、点网结合、铁水联运的大能力、高效煤炭运输系统和国家综合交通运输系统的重要组成部分。连接蒙、陕、甘、宁能源“金三角”地区与鄂、湘、赣等华中地区，是“北煤南运”新的国家战略运输通道。北起东乌铁路浩勒报吉站，途经内蒙古、陕西、山西、河南、湖北、湖南，终至江西吉安，线路全长1806.5km，纵贯7省区约13市28县（旗），全线共设车站84个，规划设计输送能力为2亿t/年。

2. 煤炭运输新方式

（1）煤炭集装箱运输。集装箱运输（Container transport），是指以集装箱这种大型容器为载体，将货物集合组装成集装单元，以便在现代流通领域内运用大型装卸机械和大型载运车辆进行装卸、搬运作业和完成运输任务，从而更好地实现货物“门到门”运输的一种新型、高效率和高效益的运输方式。集装箱运输根据集装箱的数量和方式，可以分为整箱和拼箱两种。煤炭是大宗散货，随着绿色物流与“互联网+”的产业模式融合发展，煤炭集装箱运输称为一种“散改集”的商业创新模式。集装箱运输煤炭，具有经济、环保、高效、安全、便捷的优越性，无论是价值较高的焦炭、精煤、优质动力煤（如水煤浆原料煤）、块煤，还是大宗的电煤，只要运输成本能为用户接受，即可开展这种现代绿色物流方式。

（2）煤炭电商平台。2013年，煤炭行业告别曾经风光无限的“黄金十年”，进入深度调整期。与煤炭市场“严寒”背道而驰，煤炭电商市场异常火爆。除了国企纷纷开通旗下电子商务平台外，第三方煤炭电商的争斗也异常火爆，政府背景的交易中心电子平台在其中稳居鳌头。目前，第一梯队的煤炭国企如神华、中煤等都已自主研发商务平台并上线运营，许多上市煤企也正借助电子平台拓宽销煤渠道。

如陕煤汽运平台搭建运营，彻底改变了传统煤炭货运模式，通过建立货主、货代、车主的直接联系，整合上下游产业链，优化存量运能，提高煤炭物流运行效率。同时，陕煤汽运平台为在线用户提供宽而广的增值服务，包括住宿、餐饮、汽修、保险、金融、车辆购置、路桥费缴纳、商品订购等，全方位满足在线用户生活、工作需求，真正做到贴身、贴心负责，管家式一站服务，将成为煤炭物流行业践行“互联网＋”行动的先驱者和探索者，引领行业发展未来。

（3）煤浆管道运输。煤浆管道运输是一种在矿区将煤制成符合颗粒浓度要求的浆体，然后通过长距离的管道，输送到用户市场的输送方式。

煤浆管道输送可以作为除铁路、公路、水路输送外的另一种重要的煤炭资源输送方式。管道输送具有投资相对较低、对环境影响小、受气候影响小、输送成本低等优点，而且目前国内的煤浆应用技术已经达到国际一流水平，并且在沿海一些省市得到了较好的推广，经济效益明显。如果煤浆管道输送方式得到推广，目前国内煤炭货运对铁路运力要求的压力将得到很大的缓解。

管道运输有三种技术方法。

第一种管道运输方法，是将煤炭粉碎成粉末或小颗粒，然后以1∶1的比例和水调制成煤浆。在管道中，每隔一定距离用泵加压，推动煤浆向前运动。到站后，再把煤浆脱水，还原成干粉和/或小颗粒，方可使用。这种方法的缺点是：用水量大，使用前脱掉的水含有大量细煤泥，必须经过沉淀后才能排入废水道，要花费较多的人力和物力。

第二种管道运输方法，是将煤炭粉碎成粉末或小颗粒，往煤粉里加入少量重油，再注水搅拌，这样煤粉就变成了一个个小颗粒。由于煤颗粒的外表面黏附着一层油，所以到站后容易与水分离开来。这种方法不仅用水量少，而且分离后的水只需简单沉淀，即可达到工业废水排放要求。有的国家不用水，而直接用油辅助运输，这样到站后不用脱水，可直接送到火电厂使用。

第三种管道运输方法，是利用气体输送。将要运输的煤炭，取其中约1/10进行燃烧，产生二氧化碳气体。然后将二氧化碳气体分离、净化并压缩成液体，就像水那样帮助输送。到站后，二氧化碳气体容易与煤粒分离，不污染环境，而且二氧化碳气体可循环使用，降低成本，还节约了水资源。

2.5 煤的燃烧和污染

2.5.1 煤的燃烧过程

煤从进入炉膛到燃烧完毕，一般经历4个阶段：①水分蒸发阶段，当温度达到105℃左右时，水分全部被蒸发。②挥发物着火阶段，煤不断吸收热量后，温度继续上升，挥发物随之析出，当温度达到着火点时，挥发物开始燃烧。挥发物燃烧的速度快，一般只占煤整个燃烧时间的1/10左右。③焦碳燃烧阶段，煤中的挥发物着火燃烧后，余下的碳和灰组成的固体物便是焦碳。此时，焦碳温度上升很快，固定碳剧烈燃烧，放出大量的热量，煤的燃烧速度和燃烬程度主要取决于这个阶段。④燃烬阶段，这个阶段使灰渣中的焦碳尽量烧完，以降低不完全燃烧热损失，提高效率。

良好燃烧必须具备三个条件：

（1）保持高温环境。提高煤炭燃烧温度，不仅有利于加速燃烧反应与着火的稳定性，还可以减少化学与机械不完全燃烧的损失。温度越高，化学反应速度越快，燃烧就越快。预热鼓风锅炉可改善热力条件，有利于燃烧高水分、高灰分的劣质燃烧；液态除渣旋风炉温度高达1760～1800℃，大大强化燃烧过程；固态排渣炉炉温受煤灰熔融性的制约，通常不超过1200～1350℃；层燃炉温度通常在1100～1300℃。

（2）供应燃烧所需要的空气量。为了使煤中的可燃成分完全燃烧，全部转化成SO_2、CO_2与H_2O气体产物，所需要的最低空气量叫作理论空气量。由于煤与空气不可能达到理论的完善混合，实际上供应的空气量要大于理论空气量。实际空气量和理论空气量之比称为空气过乘系数。空气冲刷碳表面的速度越快，碳和氧接触越好，燃烧就越快。

（3）燃料和空气充分混合与良好接触。为保证燃料和空气充分混合与良好接触，主要措施有减少煤的粒度，以增加煤的反应表面积、加压燃烧、调整气流运动等。为了使煤炭充分燃尽，要使煤在炉膛内有足够的燃烧时间。

煤炭燃烧方式可分为层状燃烧、悬浮燃烧、旋风燃烧和流化床燃烧4种，燃烧设备分别为层燃炉、煤粉炉、旋风炉和流化床燃烧炉。

2.5.2 燃煤污染的产生

在大气污染中，燃煤产生的污染影响很大。一方面，煤炭燃烧时产生的主要污染物包括二氧化硫、氮氧化物、颗粒物、一氧化碳等，另外排放的烟尘中有许多无法去除的超细颗粒，是$PM_{2.5}$的主要来源。另一方面，煤炭燃烧排放的二氧化硫和氮氧化物，与空气中其他污染物进行复杂的大气化学反应，形成硫酸盐、硝酸盐二次颗粒，由气体污染物转化为固体污染物，加剧大气污染。

20世纪发生的重大大气污染事件，如酸雨、臭氧减少、全球气候变暖、光化学烟雾污染、城市煤烟雾等，以及21世纪近10年来中国发生的严重城市雾霾事件，都与燃煤有关。

以$PM_{2.5}$为例，燃煤是大气污染的主要来源。近年来各省市环保部门加快了对大气污染源的解析工作，对空气质量排名较差的前10位城市的$PM_{2.5}$污染来源进行梳理发现，燃煤造成的污染首当其冲，几乎在所有城市都对$PM_{2.5}$污染“贡献”最多。

（1）煤炭燃烧中硫的变迁行为。硫在煤中的含量从0.2%～10%不等，低硫煤中的硫主要来源于成煤植物中的蛋白质、氨基酸等。高硫煤中的硫主要来源于成煤过程中细菌对煤层受海水侵蚀而含有的硫酸盐的还原。在成煤过程中由物理渗入的杂质以无机硫的形式存在，而在煤分子结构组成部分中的硫为有机硫。

煤中的硫的转化与燃烧过程有关。煤中的硫无论其存在形态如何，在燃烧过程中都转化为SO_2，少部分SO_2与矿物质反应，以硫酸盐的形式留存于灰渣中，还有极少的SO_2转化为SO_3。当煤燃烧不充分时，会发生气化过程。在气化过程中，煤中各种形态的硫被释放出来，主要释放形式是H_2S，同时还有一些CS_2、COS等。而在煤的热解过程中，生成大量H_2S和少量的COS、CS_2及噻吩等含硫气体。

（2）煤炭燃烧中氮的变迁行为

氮在煤中基本上以有机态的形式存在，其来源于成煤植物含有的蛋白质、氨基酸、树脂等，煤的含氮量一般都在1%～2%。

煤燃烧过程中最受关注的是氮氧化物的形成，氮氧化物NO_x主要包括NO和NO_2，其中NO占90%～95%，NO_2是NO被O_2在低温下氧化而生成的。

燃烧过程中煤将首先热解脱挥发分，释放出低分子量的含氮化合物和含氮自由基，生成NO。在气化过程中，氮的氧化物可以先在燃烧区形成，在随后的还原区再反应生成NH_3、HCN等；在还原气氛中，残留的氮也可直接与氢气发生反应，生成NH_3，同时NH_3也可能发生与碳的反应并生成HCN。此外，在煤燃烧过程中空气带进来的氮，在燃烧室的高温下被氧化成NO。

氮氧化物的生成机理有三种：热力型、快速型和燃料型。

（3）矿物质转化为灰的行为。煤中的无机杂质矿物，在燃烧过程中转化为灰。煤颗粒被加热燃烧后，一部分矿物质挥发，形成气相，进一步进行均相和多相凝聚反应，形成0.01～0.05μm的亚微米烟尘颗粒，这些烟尘仅占飞灰质量的1%～2%，但其带来的环境危害却是非常严重的，是造成灰霾的主要原因。

在低阶煤的燃烧过程中，当温度低于1800K时，难熔氧化物MgO、CaO是细灰的主要组成部分。而SiO_2则是烟煤细灰的主要组成部分。SiO_2被半焦还原为挥发性的，随后发生均相气相氧化反应，然后凝聚为飞灰中存在的SiO_2。

（4）煤炭燃烧过程中重金属的行为。铬、氟、钴、镍、硒、锌、铅和钒等是在煤的利用中最值得关注的对环境和人类健康造成危害的痕量重金属元素。它们易挥发和富集在飞灰上，或是直接排入大气中，其中大部分元素被美国、德国、法国、英国等国家列入有毒空气污染物中。煤中As、Cr、Pb、Hg、Cd、F、Cl等有害元素在燃烧过程中向大气中排放以及产生的固体残渣造成的严重环境污染及局部地区的病害已引起有关政府的高度重视。

煤在燃烧过程中，痕量重金属会释放，经迁移而富集在飞灰粒子，尤其在亚微米的细小颗粒上，它们在大气中有很长的驻留期，不易降解，可以在生物体内沉积，并转化为毒性很大的有机化合物，对人体造成直接的伤害。

现在有关痕量重金属排放已成为燃烧污染中一个新兴而前沿的领域，成为人们越来越关切的热点。

2.6 煤的洁净技术

传统意义上的洁净煤技术主要是指煤炭的净化技术及一些加工转换技术，即煤炭的洗选、配煤、型煤以及粉煤灰的综合利用技术。国外煤炭的洗选及配煤技术相当成熟，已被广泛采用。目前意义上的洁净煤技术是指高技术含量的洁净煤技术，发展的主要方向是煤炭的气化、液化、煤炭高效燃烧与发电技术等。它是旨在减少污染和提高效率的煤炭加工、燃烧、转换和污染控制新技术的总称，是当前世界各国解决环境问题的主导技术之一。根据我国国情，洁净技术包括：选煤、型煤、水煤浆、超临界火力发电、先进的燃烧器、流化床燃烧、煤气化联合循环发电、烟道气净化、煤炭气化、煤炭液化、燃料电池。

本节主要介绍煤炭洗选、加工技术（型煤、水煤浆等），先进燃烧技术（常压循环流化床、增压流化床、整体煤气化联合循环发电和高效低污染燃烧器），烟气净化（除尘、脱硫、脱硝、脱汞、$PM_{10}/PM_{2.5}$捕集技术、燃煤碳减排技术）等方面的内容，煤的转化技术（煤炭液化和煤炭气化）属于更复杂的化学过程，分别单节做介绍。

2.6.1 煤炭洗选和加工技术

开发洁净煤技术，其最高效、低成本的技术就是在煤炭被开采出来后将其中对环境有害的物质及其杂质通过洗选工艺分离出去，大幅提高煤炭的质量。如将煤中的灰分分离出来，就可以降低煤在燃烧或转化过程中排出大量的灰分和硫分（无机硫一般含在矸石灰分中，洗选脱矸即能脱去大部分无机硫），从而减少颗粒物与二氧化硫的污染；将煤中的氮氧化物分离出来，就可以降低煤炭燃烧过程中氮的排放，从而减少氮氧化物的污染。

（1）煤炭洗选技术。煤炭洗选是利用煤和杂质（矸石）的物理、化学性质的差异，通过物理、化学或微生物分选的方法使煤和杂质有效分离，并加工成质量均匀、用途不同的煤炭产品的一种加工技术。按选煤方法的不同，可分为物理选煤、物理化学选煤、化学选煤及微生物选煤等。

（2）动力配煤技术。动力配煤技术是以煤化学、煤的燃烧动力学和煤质测试等学科和技术为基础，将不同类别、不同质量的单种煤通过筛选、破碎、按不同比例混合和配入添加剂等过程，改变单种动力用煤的化学组成、物理性质和燃烧特性，充分发挥单种煤的煤质优点，克服单种煤的煤质缺点，提供可满足不同燃煤设备要求的煤炭产品的一种简易的、成本较低的技术，从而达到提高效率、节约煤炭和减少污染物排放的目的。

（3）型煤技术。型煤是以粉煤为主要原料，按具体用途所要求的配比、机械强度和形状大小，经机械加工压制成型的，具有一定强度和尺寸及形状各异的煤成品。作为洁净煤生产技术的一种，型煤生产具有操作简单、技术成熟、成本低廉、节能增效明显、废气排放量减少等优点，值得我们大力发展。按加工后的形状，常见的型煤有煤球、煤砖、煤棒、蜂窝煤等。

型煤分为工业用和民用两大类。工业型煤又分为化工用型煤（用于化肥造气）、蒸汽机车用型煤、冶金用型煤（又称为型焦）。民用型煤，又称为生活用煤，用于炊事和取暖，以蜂窝煤为主。

型煤生产工艺有无胶粘剂成型、有胶粘剂成型、热压成型 3 种。

成型机械有冲压式成型机、对辊成型机、螺旋挤压机和蜂窝煤机等多种。

（4）水煤浆技术。水煤浆是由大约65%的煤、34%的水和1%的添加剂通过物理加工得到的一种低污染、高效率、可管道输送的代油煤基流体燃料。它改变了煤的传统燃烧方式，显示出巨大的环保节能优势。尤其是近几年，采用废物资源化的技术路线后，研制成功的环保水煤浆（生物质水煤浆），可以在不增加费用的前提下，大大提高水煤浆的环保效益。在我国丰富煤炭资源的保障下，水煤浆也已成为替代油、气等能源的最基础、最经济的洁净能源。

水煤浆具有石油一样的流动性，热值相当于油的一半，被称为液态煤炭产品。水煤浆技术包括水煤浆制备、储运、燃烧、添加剂等关键技术，是一项涉及多门学科的系统技术，水煤浆具有燃烧效率高、污染物排放低等特点，可用于电站锅炉、工业锅炉和工业窑炉代油、代气、代煤燃烧，是当今洁净煤技术的重要组成部分。水煤浆产品分为燃料型水煤浆（动力锅炉、窑炉用）和原料型水煤浆（气化用水煤浆）。

2.6.2 煤炭高效燃烧技术

（1）煤炭低NO_x燃烧技术。NO_x是对N_2O、NO_2、NO、N_2O_5以及PAN（过氧乙酰硝酸醋）等氮氧化物的统称。在煤的燃烧过程中，NO_x生成物主要是NO和NO_2，其中，尤以NO最为主要。实验表明，常规燃煤锅炉中NO生成量占NO_x总量的90%以上，NO_2只是高温烟气在急速冷却时由部分NO转化生成的。N_2O之所以引起关注，是由于其在低温燃烧的流化床锅炉中存在较高的排放量，同时其与地球气候变暖现象有关。在煤炭低NO_x燃烧技术中，讨论的NO_x理解为NO和NO_2。

1）燃煤锅炉NO_x的生成机理。根据NO_x中氮的来源及生成途径，燃煤锅炉中NO_x的生成机理可以分为三类，即热力型、燃料型和快速型，在这三者中，又以燃料型为主。实验表明，燃煤过程生成的NO_x中NO约占总量的90%，NO_2只占5%～10%。

①热力型NO_x。热力型NO_x是参与燃烧的空气中的氮在高温下氧化产生的，其生成过程是一个不分支的链式反应，又称捷里多维奇（Zeldovich）机理。

$$O_2 \longrightarrow 2O$$

$$O+N_2 \longrightarrow NO+O$$

$$N+O_2 \longrightarrow NO+O$$

如考虑下列反应：

$$N+OH \longrightarrow NO+H$$

则称为扩大的捷里多维奇机理。由于N≡N三键键能很高，因此空气中的氮非常稳定，在室温下，几乎没有NO_x生成。但随着温度的升高，根据阿伦尼乌斯（Arrhenius）定律，化学反应速率指数规律迅速增加。实验表明，当温度超过1200℃时，已经有少量的NO_x生成，在温度超过1500℃后，温度每增加100℃，反应速率将增加6～7倍，NO_x的生成量也明显地增加。

但总体上来说，热力型NO_x的反应速度要比燃烧反应慢，而且温度对其生成起着决定性的影响。对于煤的燃烧过程，通常热力型NO_x不是主要的，可以不予考虑。一般来说，通过降低火焰温度、控制氧浓度以及缩短煤在高温区的停留时间，可以抑制

热力型 NO_x 的生成。

②快速型 NO_x。快速型 NO_x 中的氮来源于空气中的氮，但它是遵循一条不同于捷里多维奇机理的途径而快速生成的。其生成机理十分复杂，见节后知识扩展。

通常认为快速型 NO_x 是由燃烧过程中形成的活跃的中间产物 CH_i 与空气中的氮反应形成 HCN、NH 和 N 等，再进一步氧化而形成的。在煤的燃烧过程中，煤炭挥发分中的碳氢化合物在高温条件下发生热分解，生成活性很强的碳化氢自由基（CH—，CH_2—），这些活化的 CH_i 和空气中的氮反应生成中间产物 HCN、NH 和 N，随后又进一步氧化成 NO。实验表明，这个过程只需 60ms，故称为快速型 NO_x，这一机理是由费尼莫（Fenimore）发现的，所以又称为费尼莫机理。

$$CH+N_2 \longrightarrow HCN+N$$

$$C+N_2 \longrightarrow CN+N$$

在煤粉燃烧过程中快速型 NO_x 生成量很小，大致在（10～100）$\times 10^{-6}$，且和温度关系不大。但随着 NO_x 排放标准的日益严格，对于某些碳氢化合物气体燃料的燃烧，快速型 NO_x 的生成也应该得到重视。

③燃料型 NO_x。由燃料中的氮生成的 NO_x 称为燃料型 NO_x，燃料型 NO_x 是煤粉燃烧过程中 NO_x 的主要来源，占总量的 60%～80%。同时，由于煤的热解温度低于其燃烧温度，因此在 600～800℃时就会生成燃料型 NO_x，而且其生成量受温度影响不大。

煤的氮含量在 0.4%～2.9%之间，且随其产地的不同有较大差异。煤中绝大多数的氮都是以有机氮的形式存在的。在煤燃烧过程中，一部分含氮的有机化合物挥发并受热裂解生成 N、CN、HCN 和 NH_i 等中间产物，随后再氧化生成 NO_x；另一部分焦炭中的剩余氮在焦炭燃烧过程中被氧化成 NO_x，因此燃料型 NO_x 又分为挥发分 NO_x 和焦炭 NO_x。

煤燃烧的氮氧化物的形成实际上是一个非常复杂的过程，与煤种、燃烧方式及燃烧过程的控制密切相关。对于各种不同的煤种的原始 NO_x 排放情况，一般来说，无烟煤燃烧时的 NO_x 排放量最大，褐煤燃烧时最小，这不但与煤种有关，更重要的是与煤的燃烧方式有关，煤中挥发分越低，燃烧时为了充分燃烧的要求，组织的燃烧温度就越高，同时风量一般也越大，形成的原始的 NO_x 排放也越高。

2）燃煤锅炉的低 NO_x 技术。低 NO_x 燃烧技术就是根据 NO_x 的生成机理，在煤燃烧过程中通过改变煤燃烧的条件或合理组织燃烧方式等方法来抑制 NO_x 生成的燃烧技术。正如前文所述，在燃煤燃烧过程中燃料型 NO_x，尤其是挥发分 NO_x 的生成量占的比例最大，因此低 NO_x 燃烧技术的基本出发点就是抑制燃料型 NO_x 的生成。

根据燃料型 NO_x 的生成机理，可以将其生成过程归纳为如下反应：

燃料氮→I

$$I+RO \longrightarrow NO+\cdots \quad (R1)$$

$$I+RO \longrightarrow N_2+\cdots \quad (R2)$$

其中，I 代表含氮的中间产物（N、CN、HCN 和 NH_i），RO 代表含氧原子的化学组分（OH、O、O_2）。反应 R1 是指含氮的中间产物被氧化生成 NO_x 的过程，反应 R2 是指生成的 NO_x 被含氮的中间产物还原成 N_2 的反应。因此，抑制燃料型 NO_x 的生成，就是如何设计出使还原反应 R2 显著的优于氧化反应 R1 的条件和气氛。

除此之外，抑制热力型 NO_x 的生成，也能在一定程度上减少 NO_x 排放量，只是效果很差。一般来讲，抑制热力型 NO_x 的主要原则是：

①降低过量空气系数和氧气的浓度，使煤粉在缺氧的条件下燃烧；

②降低燃烧温度并控制燃烧区的温度分布，防止出现局部高温区；

③缩短烟气在高温区的停留时间。

显然，以上原则多数与煤粉炉降低飞灰含碳量、提高燃烬率的原则相矛盾，因此在设计开放低 NO_x 燃烧技术时必须全面考虑。

目前常见的低 NO_x 燃烧技术主要有低 NO_x 燃烧器技术、空气分级燃烧技术、燃料分级燃烧技术（又称再燃烧技术）和烟气循环技术。各项技术的利用方式和在燃煤锅炉中的布置都不同。

（2）循环流化床锅炉燃烧技术（CFBC）。循环流化床（CFB）锅炉是近30年发展起来的一种新型煤燃烧技术，由于它在煤种适应性和变负荷能力以及污染物排放上具有独特优势，使其得到迅速发展。在短短的30年间，流化床技术得到了飞速发展，由最初的鼓包流化床发展到了循环流化床，其应用也由小型锅炉发展到容量与煤粉炉大体相当的大型电站锅炉。

循环流化床锅炉采用流态化的燃烧方式，这是一种介于煤粉炉悬浮燃烧和链条炉固定燃烧之间的燃烧方式，即通常所讲的半悬浮燃烧方式。所谓的流态化是指固体颗粒在空气的作用下处于流动状态，从而具有相对比流体性质的状态。在循环流化床锅炉内存在着大量的床料（物料），这些床料在锅炉一次风、二次风的作用下处于流态化状态，一般根据物料浓度的不同将炉膛分为密相区、过渡区和稀相区三部分。密相区中固体颗粒浓度较大，具有很大的热容量，因此在给煤进入密相区后，可以实现顺利着火，所以循环流化床锅炉可以燃用无烟煤、矸石等劣质燃料，还具有很大的锅炉负荷调节范围；与密相区相比，稀相区是燃料的燃烧、燃尽阶段，同时完成炉内气固两相介质与蒸发受热面的换热，以保证锅炉的出力及炉内温度的控制。

与其他锅炉相比，循环流化床锅炉增加了高温物流循环回路部分，即分离器、回料阀和外置式换热器；另外，还增加了底渣冷却装置——冷渣器。分离器的作用在于实现气固两相分离，将烟气中夹带的绝大多数固体颗粒分离下来。回料阀的作用：一是将分离器分离下来的固体颗粒返送回炉膛，实现锅炉燃料及石灰石的往复循环燃烧和反应；二是通过循环物料在回料阀进管内形成一定的料位，实现料封，防止炉内的正压烟气返串进入负压的分离器内造成烟气短路，破坏分离器内正常气固两相流动及炉内正常的燃烧和传热。外置式换热器作用是通过调节进入其内的循环物料量来实现对炉膛温度和再热器温度的控制和调节的。冷渣器的作用是将炉内排出的高温底渣冷却到150℃以下，从而有利于底渣的输送和处理。

一般循环流化床锅炉处在850～950℃的工作温度下，在此温度下石灰石可充分发生焙烧反应，使碳酸钙分解为氧化钙，氧化钙与煤燃烧产生的二氧化硫进行盐化反应，生成硫酸钙，以固体形式排出达到脱硫的目的。

石灰石焙烧反应方程式：

$$CaCO_3 \longrightarrow CaO + CO_2 - \text{热量 } Q$$

脱硫反应方程式：

$$Ca + SO_2 + 1/2O_2 \longrightarrow CaSO_4 + \text{热量 } Q$$

因此，循环流化床锅炉可实现炉内高效廉价脱硫，一般脱硫效率在90%以上。同时，由于较低的炉内燃烧温度和分段燃烧工艺，循环流化床锅炉排放的 NO_x 也很低。循环流化床锅炉具有显著的优点：①燃料适应性广；②燃烧效率高；③高效脱硫；④氮氧化物（NO_x）排放低；⑤燃烧强度高，炉膛截面面积小；⑥负荷调节范围大，负荷调节快；⑦易于实现灰渣综合利用；⑧床内不布置埋管受热面；⑨燃料预处理系统简单；⑩给煤点少。

（3）整体煤气化联合循环发电技术（IGCC）。整体煤气化联合循环（IGCC，全称Integrated Gasification Combined Cycle）发电系统，是将煤气化技术和高效的联合循环相结合的先进动力系统。IGCC技术把高效的燃气-蒸汽联合循环发电系统与洁净的煤气化技术结合起来，既有高发电效率，又有极好的环保性能，是一种有发展前景的洁净煤发电技术。

它由两大部分组成，即煤的气化与净化部分和燃气-蒸汽联合循环发电部分。第一部分的主要设备有气化炉、空分装置、煤气净化设备（包括硫的回收装置）；第二部分的主要设备有燃气轮机发电系统、余热锅炉、蒸汽轮机发电系统。IGCC的工艺过程如下：煤经气化成为中低热值煤气，经过净化，除去煤气中的硫化物、氮化物、粉尘等污染物，变为清洁的气体燃料，然后送入燃气轮机的燃烧室燃烧，加热气体工质以驱动燃气透平做功，燃气轮机排气进入余热锅炉加热给水，产生过热蒸汽驱动蒸汽轮机做功。

IGCC整个系统大致可分为煤的制备、煤的气化、热量的回收、煤气的净化和燃气轮机及蒸汽轮机发电几个部分。可能采用的煤的气化炉有喷流床、固定床和流化床三种方案。在整个IGCC的设备和系统中，燃气轮机、蒸汽轮机和余热锅炉的设备和系统均是已经商业化多年且十分成熟的产品，因此IGCC发电系统能够最终商业化的关键是煤的气化炉及煤气的净化系统。

2.6.3 燃煤烟气净化技术

（1）燃煤烟气脱硫技术。烟气脱硫技术有多种分类方法，根据技术过程的特点可分为干法、半干法及湿法三大类。其中，湿法脱硫效率可以达到95%以上，是目前世界上应用最为广泛的脱硫技术。

湿法脱硫中，湿式石灰石/石灰—石膏脱硫工艺是目前世界上技术最为成熟的方法，在电厂已投运的30万kW及以上的烟气脱硫机组中，石灰石—石膏脱硫法约占92%，其余脱硫方法只占了约8%。该方法具有脱硫率高、吸收剂利用率高、设备运转率高、吸收剂资源丰富、价格便宜、多煤种适用、脱硫副产物便于综合利用等突出优点；缺点是设备庞大、占地面积大、投资和运行费用高。但该项技术进步较快，可以通过技术进步和创新，缩小占地面积和降低工程投资。

（2）燃煤烟气脱硝技术。烟气脱硝技术与NO的氧化、还原和吸附的特性有关，它可分为氧化法和还原法，前者把 NO 先氧化成 NO_2，NO_2 溶于水并制成 HNO_3 或者被碱性物质吸收，此方法又称为湿法。后者是采用还原剂（如 NH_3、CH_4、CO 和 H_2 等）将 NO 和 NO_2 还原成 N_2，而后排入大气，此方法又称为干法。

湿法脱硝按吸收剂的种类可以分为碱吸收法、氧化吸收法（如臭氧氧化吸收法）、酸吸收法、吸收还原法、液相配位法等。湿法脱硝最大的障碍是 NO 很难溶于水，往往要求将 NO 氧化成 NO_2，为此一般先把 NO 通过氧化剂（如 O_3、ClO_3、$KMnO_4$）氧化成 NO_2，然后用水或碱性溶液吸收而脱硝。湿法容易对设备造成腐蚀，而且处理吸收废气后的溶液较为困难。

干法脱硝技术主要包括催化还原法和无催化还原法两种。催化还原法是利用不同的还原剂，在一定温度和催化剂作用下将 NO_x 还原成 N_2 和水。无催化还原法不采用催化剂，但需要在高温区进行，以加快反应进度。干法主要有非选择性催化还原法（NSCR）、选择性催化还原法（SCR）和选择性非催化还原法（SNCR）三种，而 SCR 和 SNCR 两种方法目前应用较多。干法脱硝反应温度高（与湿式脱硝相比），处理后烟气不需要加热，而且由于反应系统不采用水，省略了后续废水处理问题。

（3）燃煤烟气同时脱硫脱硝技术。烟气脱硫脱硝技术发展至今，在全世界现有的烟气净化技术中都是在多个独立系统中分别完成脱硫、脱硝、除尘的。但是，随之带来的问题却是设备占地面积较大、设备所需的投资也较大、运行费用高昂、系统复杂等。在解决这些问题的前提下，如何保证高的脱硫脱硝效率就显得尤为重要，所以，同时脱硫脱硝技术已经成为主流且是各国研究的热点。

烟气同时脱硫脱硝技术大致分为三类：干法、半干法和湿法。相比于湿法，干法和半干法具有耗水量更少、运行成本较低等优点，但目前在技术上和经济上存在一定的缺陷；而湿法效率较高、工艺相对成熟、应用更广泛，但它也存在问题：比如高成本、占地面积大、耗水量多、易产生二次污染和设备腐蚀等。

等离子法又包括电子束照射法和脉冲电晕等离子体技术。电子束照射法是通过电子加速器最终产生等离子体；基于电子束法，脉冲电晕法是利用高压脉冲电源放电最终产生等离子体。吸附法一般常用的是固相吸附法（活性炭法、CuO 法等），方法中吸附剂主要有炭基吸附剂（比如活性炭、活性焦和活性炭纤维）和钙基吸附剂，因其吸附容量有限且脱硫脱硝的效率较低，目前对吸附剂改性成为国内外研究者研究的重点。随着人们的研究，不断出现新的技术，比如脉冲电晕法结合碱液吸收、微生物法（硫化细菌与硝化反硝化菌）。

（4）深度脱除技术。近年来，我国发布了对于燃煤电厂大气污染物排放极度严格的限制，即超低排放标准，排放的二氧化硫和氮氧化物的排放浓度应控制在 $35mg/m^3$ 和 $50mg/m^3$ 以下。传统 SCR-WFGD 的组合系统太复杂，而且难以达到超低排放的标准。

深度和同时去除 SO_2 和 NO 的研究目前已经得到了广泛应用，主要包括：对现有的燃煤机组烟气污染物脱除系统进行优化集成；增加湿式电除尘装置；深度脱除 $PM_{2.5}$、SO_2、SO_3、重金属等烟气污染物。

(5) 燃煤高效除尘技术。我国能源结构决定了以煤炭为主的火力发电格局。煤炭燃烧会产生大量的粉尘颗粒，其中细微粉尘 $PM_{2.5}$ 会引起心肺呼吸道疾病，同时也会引起灰霾天气，导致大气能见度下降。

国家环保部于 2011 年发布了《火电厂大气污染物排放标准》(GB 13223—2011)，规定火力发电锅炉烟尘排放浓度最高限值为 30mg/m^3，重点地区最高限值为 20mg/m^3；2012 年发布《环境空气质量标准》(GB 3095—2012)，将 $PM_{2.5}$ 写入国标，并纳入各省市的强制监测范畴；2013 年国务院发布《大气污染防治行动计划》，明确了具体任务，提出了十条具体措施。随着各文件的出台，燃煤锅炉除尘领域面临着前所未有的压力和挑战，仅靠对现有除尘器的常规改造，很难满足新的烟尘排放标准。特别是对 $PM_{2.5}$ 的排放控制，成为燃煤电厂亟待解决的难题。

1) 常规燃煤锅炉除尘技术。目前我国电除尘器的生产规模和使用数量均居世界首位，电除尘技术接近世界先进水平。布袋除尘器的技术核心在于滤料，随着材料科技的不断进步，袋式除尘技术得到广泛应用。电袋复合除尘技术是基于静电除尘和袋式除尘两种成熟的除尘理论，由我国自行研发提出的新型除尘技术，近几年已在多家电厂成功应用。

a. 静电除尘技术。静电除尘器（ESP）的主要工作原理是，在电晕极和收尘极之间通上高压直流电，所产生的强电场使气体电离、粉尘荷电，带有正、负离子的粉尘颗粒分别向电晕极和收尘极运动而沉积在极板上，使积灰通过振打装置落进灰斗。由于静电除尘器基于荷电收尘机理，静电除尘器对飞灰性质（成分、粒径、密度、比电阻、黏附性等）十分敏感，特别是对高比电阻粉尘、细微烟尘捕集困难，运行工况变化对除尘效率也有较大影响。另外，其不能捕集有害气体，对制造、安装和操作水平要求较高。

对现有静电除尘器提效改造技术有三种可行方向：改进静电除尘器（包括静电除尘器扩容、采用电除尘新技术及多种新技术的集成）、电袋复合除尘技术和湿式电除尘技术。

b. 袋式除尘技术。袋式除尘器的主要工作原理包含过滤和清灰两部分。过滤是指含尘气体中粉尘的惯性碰撞、重力沉降、扩散、拦截和静电效应等作用结果。布袋过滤捕集粉尘是指利用滤料进行表面过滤和内部深层过滤。清灰是指当滤袋表面的粉尘积聚达到阻力设定值时，清灰机构将清除滤袋表面烟尘，使除尘器保持过滤与清灰连续工作。

袋式除尘器最大的缺点是受滤袋材料的限制，在高温、高湿度、高腐蚀性气体环境中，除尘时适应性较差。运行阻力较大，平均运行阻力在 1500Pa 左右，有的袋式除尘器运行不久阻力便超过 2500Pa。另外，滤袋易破损、脱落，旧袋难以有效回收利用。

c. 电袋复合除尘技术。电袋复合式除尘器的工作过程是，含尘烟气进入除尘器后，70%～80%的烟尘在电场内被收集下来，剩余 20%～30%的细烟尘被滤袋过滤收集。电袋复合式除尘器兼具静电除尘器和袋式除尘器的优点，较好地弥补了两者的不足，除尘机理科学合理。

电袋复合式除尘器主要有臭氧腐蚀、运行阻力较高、投资大、占地面积大、滤袋寿命短及换袋成本高等缺点，其中，滤袋寿命短及换袋成本高仍是其重要问题。

电袋复合式除尘器有三个改进方面：优化静电除尘单元和袋式除尘单元的长时间协同作用以及相对结构布置，消除静电除尘单元产生的臭氧，滤料的技术创新。

2）烟气除尘新技术。由于种种实际因素，上述三种除尘器很难满足烟气出口排尘量低于 $30mg/m^3$ 的新标准，尤其对 $PM_{2.5}$ 的排放控制不佳。近年来，国内外学者对除尘新技术进行了大量的理论研究和实验论证，如聚并技术、湿式电除尘技术、旋转电极技术、高频电源技术、烟气调质技术等，许多技术已获得突破性进展并初步开始应用，但仍需完善和改进，见表 2-1。

表 2-1 各新式除尘技术比较

技术种类	$PM_{2.5}$去除率	投资	可靠性
聚并技术	高	小	较高
湿式电除尘技术	高	大	较低
旋转电极技术	较高	较大	较低
高频电源技术	较高	小（有节能效果）	高
烟气调质技术	较低	小	高

（6）燃煤高效脱汞技术。汞作为主要的重金属污染物已经引起了全球的普遍关注，继欧美国家立法将汞纳入排放限值严控之后，我国实施的《火电厂大气污染物排放标准》（GB 13223—2011）也首次明确规定燃煤电厂烟气汞排放浓度限值为 $0.03mg/m^3$。因此，有必要发展适合中国燃煤电厂的汞控制技术。

随着环保标准日益严格，燃煤电站锅炉基本配置了脱硝、除尘、脱硫等烟气净化设施，这些常规烟气净化设施对控制烟气中不同形态的汞（零价汞 HgO、二价汞 Hg^{2+}、颗粒汞 HgP、总汞 HgT）的排放有着重要的贡献。因此，研究利用现有净化设施实现 Hg 的协同控制成为一种极具竞争力的除汞方法。

1）协同除汞技术。协同除汞就是利用现有烟气处理设备，在对其他污染物进行处理的同时，实现对汞的协同控制。这种方法可以提高污染控制设备的利用率，降低控制成本，主要包括颗粒物控制单元和脱硫脱氮单元。

协同除汞技术包括除尘器、脱硫设施、SCR 脱硝设施及现有烟气处理设备联用除汞。

单一处理效果不好，采用设备联用的方法在一定程度可以降低工艺的复杂性，提高汞减排的实际效果。就燃煤电厂而言，除尘、脱硫和脱硝控制装置同时运行，其联合脱汞效率可以达到 85%～90%。

2）吸附法。吸附技术利用对汞具有良好吸附性能的物质，以喷射、固定床等形式对烟气中的汞进行吸附处理，增强汞的去除效果。

①活性炭吸附。活性炭吸附是使用较早，也较成熟的技术，主要有两种利用方式：一种是在除尘装置前喷入活性炭，另一种是采用活性炭吸附床。美国能源部（DOE）的测试结果发现，活性炭吸附作用受到烟气成分和温度的显著影响。现在应用较多的是向烟气中喷粉末状的活性炭（PAC），吸附汞后由其下游的除尘器出去，但成本过高。

②非炭基吸附剂吸附。相比活性炭，其他一些来源广泛、价格低廉的吸附剂备受研究者的关注，包括钙基类［$CaCO_3$、CaO、$Ca(OH)_2$、$CaSO_4 \cdot 2H_2O$ 等］、矿物类（如沸石、矾土、蛭石、膨润土等）、金属及其氧化物类（贵金属、TiO_2、Fe_2O_3）、生物质类和飞灰等。

3）燃煤电厂多污染物控制技术。随着我国环保态势的不断严峻，燃煤电厂的污染排放指标不断提高，电站锅炉的污染处理措施需要进一步升级。目前，燃煤电站主要采用烟尘、SO_2、NO_x 分开治理的污染物控制方式，应对环保指标提高的主要措施也是进行单一的技术升级，如增加 SCR 催化剂层数、串联脱硫塔、采用湿式电除尘等。这种进行单一技术升级的方式，带来了污染治理成本升高、治污系统庞大复杂、系统稳定性下降等问题，未来随着污染排放指标的进一步提升，燃煤电厂势必采用多种污染物协同控制或一体化控制的新型污染治理方式。表 2-2 为传统脱硫、脱硝、除尘技术现状。

表 2-2　传统脱硫、脱硝、除尘技术现状

项目	技术现状	不足	超净排放下常规技术升级
石灰石—石膏湿法脱硫	喷淋吸收塔脱硫效率最高约 95%	脱硫效果很难达到 SO_2<35mg/Nm^3要求	增加喷淋层、进行双塔串联、单塔双循环改造等
SCR 脱硝	SCR 后 NO_x 排放浓度 100mg/Nm^3左右	布置于高浓度灰尘烟气中，寿命短；达不到 NO_x<50g/Nm^3的要求	增加催化剂层数；更换催化剂频繁
静电除尘	电除尘出口 PM 20～30mg/Nm^3	很难达到 PM<10mg/Nm^3，且对 $PM_{2.5}$捕集效率较低	低温静电除尘、电袋复合除尘、湿式电除尘

近年来，研究者提出了多种不同路线的污染物协同控制技术。各技术的优缺点如表 2-3 所示。

表 2-3　污染物协同控制技术的优缺点

技术类别	优点	缺点
活性焦法	同时脱除 SO_2、NO_x、Hg，效率分别能达到 98%、80%、99%，已商业应用	活性焦制备与再生价格昂贵
电子束辐照法	同时脱除 SO_2、NO_x，效率分别达到 98%和 82%	电耗较高，处于工业示范阶段
电催化氧化法	SO_2、NO_x、Hg，效率分别达到 98%、90%、90%	电耗高，还处于研究示范阶段

以上技术存在固有的缺点，如电子束技术、电催化氧化技术的电耗较高，或者存在经济性问题，如活性焦的价格昂贵，经过多年发展并没有广泛应用于燃煤电站锅炉的污染物治理。

①美国燃煤多污染物控制技术。美国环保署（EPA）研究的电催化性氧化工艺（ECO）是多污染物控制方法的典型技术之一。该技术虽然存在高能耗的问题，但是由于设计合理，可以单独安装和使用，还能充分回收利用处理过程的副产物，因而能适应情况不同的电厂。

与 ECO 原理相似的还有等离子强化静电除尘技术。该技术仍处于早期研发阶段，但由于其主要利用湿法静电除尘设施改造运用，因而具有低成本的优势。

②基于高温除尘的多污染物协同控制方案。华北电力大学在国家重点研发计划项目支持下，提出“基于高温除尘的多污染物协同控制方案”，用于协同脱除燃煤烟气中的 SO_2、NO_x 和 $PM_{2.5}$。在该方案中，沿烟气流程分别布置有低氮燃烧器、高温除尘器、SCR 脱硝催化反应器、O_3发生器、喷淋散射脱硫塔等治污设备。

该技术包含高温除尘、臭氧氧化 NO_x 脱除和喷淋散射塔高效脱硫协同 PM 脱除三个关键技术，这些技术虽然没有用于大型燃煤电站锅炉的烟气污染物治理，但已经在小型燃煤锅炉、石化等领域得到应用，技术成熟，具备用于大型燃煤电站锅炉的可行性。高温除尘技术是提高 SCR 催化剂寿命最直接的方法；同时，寻找合适的强氧化剂，如 O_3将 NO 氧化成易溶于水的高价 NO_x，结合喷淋散射高效湿法脱硫技术，协同深度脱除 NO_x 和 $PM_{2.5}$，将是一条极有应用前景的燃煤污染物协同控制技术路线。

4）工业锅炉污染物协同治理与超低排放技术研究

据统计，我国在用燃煤工业锅炉 47 万余台，占在用工业锅炉的 80%以上；每年消耗标准煤约 4 亿 t，约占全国煤炭消耗总量的 1/4。

目前，我国在用燃煤工业锅炉以链条炉排为主，实际运行燃烧效率、锅炉热效率低于国际先进水平的 15%左右，烟尘排放约占全国排放总量的 44.8%，二氧化碳排放量约占全国排放总量的 10%，二氧化硫排放量约占全国排放总量的 36.7%。

根据《煤炭清洁高效利用行动计划（2015—2020 年）》，到 2017 年，燃煤工业锅炉平均运行效率比 2013 年提高 5 个百分点；到 2020 年，燃煤工业锅炉平均运行效率比 2013 年提高 8 个百分点。

燃煤工业锅炉污染物治理，目前还未有成熟可靠的脱硫脱硝除尘成套技术和装备，其大气排放标准远低于电站锅炉排放标准。中国国家能源局、国家发展改革委、环境保护部等七部委联合发布《燃煤锅炉节能环保综合提升工程实施方案》，在电站锅炉提标改造的基础上，国家首次明确对其他燃煤工业锅炉提出了更为严格的环保要求和改造措施。然而，工业锅炉不同于电站锅炉，其负荷波动较大，基本上是燃用未经洗选加工的原煤，故燃煤工业锅炉的污染物治理不能简单沿用当前电站锅炉的治理技术，应根据燃煤工业锅炉污染物排放和治理现状，结合国家和地区大气污染物排放标准和产业发展方向，从工艺技术路线、关键技术装备、智能监控等方面进行研究，因地制宜地进行污染物的协同治理和高效脱除，并实现超低排放。

①协同治理与超低排放。

a. 干湿法协同治理工艺技术。根据国家和地区对燃煤锅炉超低排放的要求，干湿法协同治理将采用创新型的工艺技术路线：SNCR＋高效袋式除尘＋塔式湿法脱硫脱硝＋高效除雾。锅炉超低排放要求颗粒物排放浓度$\leqslant$10mg/m^3、SO_2 排放浓度$\leqslant$35mg/m^3、NO_x 排放浓度$\leqslant$50mg/m^3。

超低排放工艺流程：锅炉烟气经炉内 SNCR 脱硝处理后，进入高效袋式除尘器，将粉尘颗粒物净化到 10mg/m^3以下，由风机增压后送入湿法脱硫脱硝塔进行高效脱硫脱硝，并经高效除雾器除雾后实现超低排放。

通常对中小型燃煤工业锅炉企业来说，因其规模小、产值低，要实施大力度、大投入的环保改造非常困难。若该地区未强调超低排放要求，可结合企业已有的如水膜除尘器等进行改造，采用创新的短流程工艺技术路线协同治理即可满足特别排放限值要求，即炉内喷高活性氨脱硝剂＋半干法脱硫（选项）＋袋式除尘器＋湿法脱硫（水膜除尘器改造），通过市场应用加以优化完善，以实现颗粒物排放浓度≤20mg/m^3、SO_2排放浓度≤200mg/m^3、NO_x排放浓度≤200mg/m^{3}的排放限值。

b. 全干法协同治理工艺技术。新型全干法协同治理工艺技术路线为SNCR＋SCR＋炉内喷钙脱硫＋半干法脱硫＋高效离心袋式除尘。

根据燃煤工业锅炉的炉膛温度和结构条件，尤其是面广量大的层燃型链条炉，其炉内烟气温度和出口含尘浓度相对低于其他型燃煤工业锅炉。故脱硝采用中温SNCR耦合SCR脱硝，脱硫采用炉内喷钙结合半干法脱硫并与离心高效袋式除尘器形成一体化装置，以满足颗粒物排放浓度≤10mg/m^3、SO_2排放浓度≤35mg/m^3、NO_x排放浓度≤50mg/m^{3}的超低排放要求。

c. 关键技术与装备

中温脱硝。通常，中小型燃煤工业锅炉炉膛烟气温度偏低和不稳定，不宜采用高温SNCR脱硝。需要开发中温SNCR进行有效脱硝，即在传统氨和尿素还原剂的基础上开发肼类复合还原剂，实现500～800℃的中温SNCR脱硝。通过研究不同成分和配比的还原剂和炉膛温度对效率的影响，实现脱硝效率在40％～60％的中温SNCR脱硝。

SNCR＋SCR耦合脱硝。对于燃烧和负荷稳定的大中型燃煤工业锅炉，采用高温SNCR＋SCR的耦合脱硝技术；对于燃烧和负荷不稳定的中小型燃煤工业锅炉，宜采用中温SNCR＋SCR的耦合脱硝技术。

高效离心袋式除尘。开发脱硫专用的高效离心袋式除尘技术，使粉煤灰单独收集利用，脱硫灰可再循环使用，以提高脱硫剂的使用效率并降低钙硫比；开发和集成超长袋（8～12m）除尘和功能性滤料技术，采用高效柔性清灰、扩散多元均流进风、精准加工制造、双层密封提升阀等技术，实现对高浓度粉尘和细颗粒物高效过滤和超低排放。

塔式脱硫脱硝除雾一体化装置。在脱硫塔脱硫喷淋层中段增加一段氧化（脱硝）喷淋装置和配套的氧化剂制备系统，向塔内合适位置喷入$KMnO_4$、H_2O_2或$NaClO_2$等氧化剂（并在塔前的烟道上预留臭氧脱硝单元），使难溶于水的部分NO氧化成更容易溶于水的NO_2，实现在同一喷淋塔内同时进行高效脱硫脱硝的目的，并在除雾装置前对烟气进行清水喷淋，以降低雾滴中的石膏颗粒含量，实现高效除雾。

高效除雾装置。根据超低排放要求，研究开发湿式静电或低温等离子体等高效除雾技术，配合湿法脱硫脱硝，进一步实现污染物（$PM_{2.5}$、SO_3酸雾等）脱除，可使颗粒物排放浓度≤10mg/m^3，并协同减少气溶胶的外排。

②短流程治理污染物工艺。目前的各种烟气脱硫脱硝除尘工艺技术路线长、治理设备相对独立、协同处理效果较差，造成整个环保治理装备投资高、占地面积大、运行维护量大、企业负担不断加重。

为此，研究开发如下短流程工艺专有技术则显得尤为重要。如滤料涂层增效技术、功能性滤料及多功能除尘器（具有除尘、脱硝、脱重金属和脱二噁英等）、超高温袋式除尘器、气相脱硝和气相脱硫、中低温SCR脱硝技术等，协同脱除其他污染物。短流程工艺技术可归纳出如下几种：

a. 活性氨气相脱硝＋半干法脱硫＋多功能袋式除尘。

b. 气相脱硫＋SCR脱硝＋喷雾降温＋多功能袋式除尘。

c. 预除尘＋半干法脱硫＋袋式除尘＋低温SCR脱硝。

d. 气相脱硫＋超高温袋式除尘＋SCR脱硝。

上述工艺技术具有如下优点：全干法、短流程和多功能协同脱除多污染物效率高；先脱硫或先除尘，能有效提高脱硝效率和降低设备运行阻力；系统运行稳定、能耗低、占地面积省、运行维护工作量小、寿命长。

③智能监控与大数据平台建设。当前，大数据已经成为我国重要的基础战略资源之一，并广泛融入人们的生产、生活以及经济运行和社会治理等多个方面。2015年9月国务院发布《促进大数据发展行动纲要》，利用大数据来促进环保行业的快速发展。对于燃煤工业锅炉污染物协同治理和超低排放技术控制，拟采用智能控制基础平台、系统运行调节专家系统、故障自诊断专家系统、碳排放监控系统，以及测控元件、数据采集、自动执行机构等软硬件组成。各模块之间双向互通，通过大数据的数据分析和集散控制实时调整系统运行参数，智能匹配各模块的运行状态，在满足超低排放标准的前提下，使得锅炉烟气的排放过程达到整体性污染控制能效最优化的目的。

通过搭建燃煤工业锅炉烟气超低排放云平台基本构架和通信网络，完成该平台主要的硬件和软件建设，以实现企业、运营方、主管部门等多源信息的接入。

（7）燃煤锅炉$PM_{10}/PM_{2.5}$捕集技术

当前，燃煤锅炉烟气一次$PM_{10}/PM_{2.5}$的主要去除方法可总结为如下两种：

1）对现有除尘装置进行改进。因静电除尘技术和袋式除尘技术对微细颗粒具有较好的去除效果，所以改造现有除尘装置主要是针对这两种技术。由于静电除尘器设备庞大，结构复杂，改造该装置具有一定的技术局限性，而且成本较高，因此，从改造技术的难度及经济性考虑，改进静电除尘装置并不是一个很好的选择。相比之下，袋式除尘器的结构简单，改造难度低，而且改造成本低，尤其是采用新型过滤材料，在技术与经济成本两方面的优势更加明显。

2）对颗粒进行预处理。颗粒物的捕集难点在于对微细颗粒物的有效捕集。颗粒的粒径越小，越难捕集。对于静电除尘器而言，粉尘粒径越小，颗粒荷电难度越高，捕集越困难；对于袋式除尘器而言，粉尘粒径越小，颗粒对滤膜孔径的要求就越高，滤膜的开发难度也就越大。因此，先对颗粒进行预处理，将小颗粒转化为大颗粒，将是去除小颗粒的一种有效手段。一般采用团聚法对颗粒进行预处理，即首先采用物理化学方法，如声团聚、热团聚、蒸汽相变团聚、磁团聚、化学团聚等技术，将小颗粒团聚成大颗粒，然后用除尘装置将其脱除。应用颗粒物吸湿增长、碰并增长的原理，采用扩散式旋风去除$PM_{2.5}$的效果也很显著。通过超声波雾化技术去除$PM_{10}/PM_{2.5}$的研究也得到快速发展。

（8）燃煤碳减排技术

1）煤炭开发利用碳排放规律

①煤炭开采。图2-2为煤炭开发利用全生命周期碳排放过程。煤炭开采过程中碳排放是电耗、自用煤耗、瓦斯排放量和产品热值的函数：

$$W_{1i}=[(CO_{1i}+EL_{1i}\times EN_{1i}/Q_{P1i})\times CA_{P1i}\times 3.48+21\times CM_i]/Q_{P1i}$$

式中　W_{1i}——煤炭开采碳排放系数，kg/GJ；

CO_{1i}——煤炭开采自用煤耗，kg/t；

EL_{1i}——煤炭开采电耗，kW·h/t；

Q_{P1i}——煤炭产品热值，MJ/kg；

CA_{P1i}——煤炭产品碳含量,%；

CM_i——煤炭开采甲烷排放系数，kg/t；

EN_{1i}——供电能耗，MJ/（kW·h），按2012年全国平均供电煤耗326gce/（kW·h）折算为9.55MJ/（kW·h）；

3.48——碳转换成二氧化碳的系数，按平均转化率95%折算；

21——甲烷相当于二氧化碳的当量系数。以内蒙古某公司300万t/年综采矿井为例，原煤热值（$Q_{net,ar}$）为20.03MJ/kg，原煤碳含量（C_{ar}）为53.6%，电耗25.4kW·h/t，自用煤17.86kg/t；

甲烷排放8m³/t，碳排放系数8.26kg/GJ。

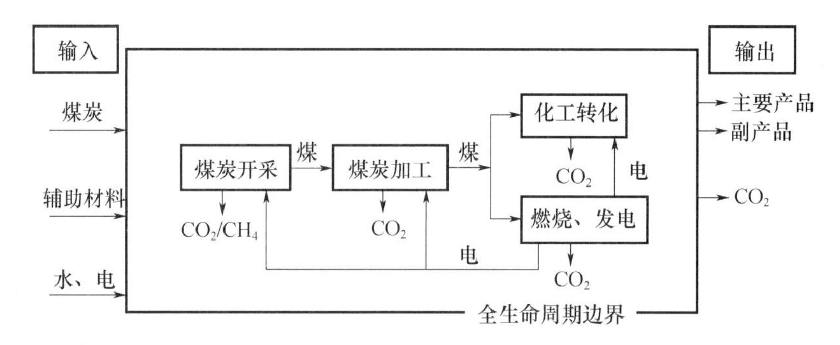

图2-2　煤炭开发利用全生命周期碳排放过程

②煤炭洗选。煤炭洗选过程中碳排放是选煤电耗、原煤热值、原煤碳含量等的函数：

$$W_{2j}=\frac{EL_{2j}\times EN_{2j}\times CA_{P2j}\times 3.58}{Q_{P2j}^2\times(1-\beta_{2j})}$$

式中　W_{2j}——煤炭洗选碳排放系数，kg/GJ；

EL_{2j}——煤炭洗选电耗，kW·h/t；

EN_{2j}——供电能耗，MJ/（kW·h），按2012年全国平均供电煤耗326gce/（kW·h）折算为9.55MJ/（kW·h）；

CA_{P2j}——入洗原煤碳含量,%；

Q_{P2j}——入选原煤碳含量,%；

β_{2j}——洗选原煤热值损失率,%；

3.58——碳转换成二氧化碳的系数，按平均转化率97.5%折算。

以内蒙古某300万t/年动力煤重介洗煤厂为例，原煤热值（$Q_{net,ar}$）为20.03MJ/kg，原煤碳含量（C_{ar}）为53.6%，选煤电耗3.0kW·h/t，碳排放系数0.15kg/GJ。

③煤炭发电。燃煤发电中碳排放是燃料煤碳含量、燃料煤热值、供电效率和碳转

化率的函数：

$$W_{3k}=\frac{CA_{P3k}\times \eta CA3k\times 3666.67}{Q_{P3k}\times \eta OUk}$$

式中 W_{3k}——燃煤发电碳排放系数，kg/GJ；

CA_{P3k}——燃料煤碳含量，%；

ηOUk——供电效率，%；

$\eta CA3k$——碳转化率，%；

Q_{P3k}——燃料煤发热量，MJ/kg。

以某600MW超临界发电机组为例，入炉煤热值（$Q_{net,ar}$）为23.02MJ/kg，碳含量（C_{ar}）为61.7%，供电效率为41.95%，碳排放系数为228.41kg/GJ。

④煤炭转化。煤炭转化过程中碳排放是煤耗、煤炭热值、煤炭碳含量、产品热值、产品碳含量的函数：

$$W_{4n}=\frac{(CO_{4n}\times CA_{P4n}\times \eta CA_{4n}-\Sigma PR_{4nm}\times PC_{4nm})}{\Sigma PR_{4nm}\times Q_{4nm}}$$

式中 W_{4n}——煤炭转化碳排放系数，kg/GJ；

CO_{4n}——单位主产品煤耗，t/t；

CA_{P4n}——消耗煤炭的碳含量，%；

ηCA_{4n}——消耗煤炭的转化率，%；

PR_{4nm}——产品 m 相对于主产品的产率，t/t；

PC_{4nm}——产品 m 的含碳量，%；

Q_{4nm}——产品 m 的热值，MJ/kg。

以某60万t/年甲醇厂为例，煤耗为1.74t/t，产品为甲醇和杂醇油，碳排放系数为173.70kg/GJ。

2）全过程碳排放

在各单项技术模块碳排放系数的基础上，以能量流为主线，即可计算各生命周期路线的碳排放。

根据以上分析，可得出如下结论：

①在煤炭开发利用过程中，碳排放主要集中在煤炭利用环节，占到全过程的86%～92%，煤炭开采环节占8%～12%，煤炭加工环节占0.2%～0.5%。

②煤炭转化路线碳排放较煤炭发电路线碳排放低40%左右，主要原因是在煤炭转化过程中有部分碳进入到产品中，而煤炭发电中几乎全部的碳都外排了。为煤炭转化路线，利用环节效率越高，碳排放越低。当然，煤炭转化产品若在后续利用过程中作为燃料，其含的碳也将外排。

3）各项煤炭削减措施的碳减排效果

能源结构是碳排放的重要影响因素，高碳能源使用比例越高，碳排放量越大。因此，寻求清洁能源替代与节能技术，对促进能源体系碳减排具有重要意义。

4）煤炭燃烧碳减排技术

发电行业具有能耗高、二氧化碳排放量大且集中等特点。与汽车尾气和居民生活排放的二氧化碳相比，这种来源固定、量大且集中的二氧化碳排放方式更易于统一处理。在世界范围内，发电行业是CCS技术应用的主要领域。

火力发电碳减排技术包括结构减排、管理减排、市场减排和工程减排，其中工程减排是主要技术措施。

要捕获烟气中的二氧化碳，需要对二氧化碳的排放源进行技术改造，安装二氧化碳捕获系统。通常来说，根据在化石能源生命周期各过程中捕获二氧化碳的位置不同，可将适用于电厂的捕获技术分为燃烧后捕获、燃烧前捕获和富氧燃烧三种。

燃烧后捕获，是指在燃烧设备（锅炉、燃气机等）的烟气中捕获二氧化碳。但由于电厂尾气中二氧化碳浓度通常介于3%～13%之间，而适合低浓度二氧化碳分离的化学吸附工艺需要消耗较多的中低温饱和蒸汽以用于吸附剂再生，导致系统效率损失。

燃烧前捕获，是指利用煤气化或天然气重整，将化石燃料转化为主要成分为一氧化碳和氢气的合成气，进一步通过水煤气变换反应将合成气体中的一氧化碳转化为二氧化碳和氢气，最后将二氧化碳分离出来。这一捕获方法称为燃烧前捕获或燃料气捕获。

富氧燃烧是针对常规空气燃烧会稀释的缺陷所提出的纯氧燃烧的氧气/二氧化碳循环概念。氧气/二氧化碳循环采用纯氧作为氧化剂，燃烧产物主要为二氧化碳和水，通过透平膨胀和余热锅炉放热，剩余的二氧化碳的浓度约为80%，易于分离。

各种捕获方法有其不同的适用场合：燃烧后捕获可以用于煤粉电厂烟气、水泥厂烟气、钢铁厂烟气等的捕获；燃烧前捕获可以用于涉及煤炭气化的整体煤气化联合循环（IGCC）发电厂、基于煤基合成气的煤化工厂等的捕获；富氧燃烧技术可以用于现有化石燃料燃烧装置的技术改造，将这些装置由空气助燃改造为氧气助燃，从而捕获二氧化碳。火力发电厂碳捕获技术比较见表2-4。

火力发电厂燃烧后捕碳技术包括物理吸附法、化学吸附法、物理化学吸附法和新型捕获技术（吸附分离法、膜分离法）。

表2-4　火力发电厂碳捕获技术比较

捕获技术	技术特点	发展现状
燃烧前捕获	CO_2浓度高，分离容易，过程复杂，成本较高	技术可行
燃烧后捕获	过程简单，但CO_2浓度低，化学吸附剂较昂贵	技术可行
富氧燃烧	CO_2浓度高，但压力较小，步骤较多，供氧成本高	示范阶段

2.7　煤炭液化

煤炭液化技术是把固体煤炭通过化学加工过程，转化成为液体燃料、化工原料和产品的先进洁净煤技术。根据不同的加工路线，煤炭液化可分为直接液化和间接液化两大类。直接液化是在高温（400℃以上）、高压（10MPa以上）条件下，在催化剂和溶剂作用下使煤的分子进行裂解加氢，直接转化成液体燃料，再进一步加工精制成汽油、柴油等燃料油，又称加氢液化。间接液化技术是先将煤全部气化成合成气，然后以煤基合成气（一氧化碳和氢气）为原料，在一定温度和压力下，将其催化合成为烃类燃料油及化工原料和产品的工艺，包括煤炭气化制取合成气、气体净化与交换、催化合成烃类产品以及产品分离和改制加工等过程。

2.7.1 煤炭直接液化

1. 发展历史

煤直接液化技术是由德国人于1913年发明的，并于第二次世界大战期间在德国实现了工业化生产。德国先后有12套煤炭直接液化装置建成投产。到1944年，德国煤炭直接液化工厂的油品生产能力已达到423万t/年。第二次世界大战后，中东地区大量廉价石油的开发，使煤炭直接液化，工厂失去竞争力并关闭。

20世纪70年代初期，由于世界范围内的石油危机，煤炭液化技术又开始活跃起来。日本、德国、美国等工业发达国家，在原有的基础上相继研究开发出一批煤炭直接液化新工艺，其中的大部分研究工作重点是降低反应条件的苛刻度，从而达到降低煤液化油生产成本的目的。目前，世界上有代表性的直接液化工艺是日本的NEDOL工艺、德国的IGOR工艺和美国的HTI工艺。这些直接液化新工艺的共同特点是，反应条件与老液化工艺相比大大缓和，压力由40MPa降低至17～30MPa，产油率和油品质量都有较大幅度提高，降低了生产成本。到目前为止，上述国家均已完成了新工艺技术的处理煤100t/d级以上大型中间试验，具备了建设大规模液化厂的技术能力。煤炭直接液化作为曾经工业化的生产技术，在技术上是可行的。目前国外没有工业化生产厂的主要原因是，在发达国家由于原料煤的价格、设备造价和人工费用偏高等导致生产成本偏高，难以与石油竞争。

2. 工艺原理

煤的分子结构很复杂，一些学者提出了煤的复合结构模型，认为煤的有机质可以设想由以下四个部分复合而成。

第一部分，是以化学共价键结合为主的三维交联的大分子，形成不溶性的刚性网络结构。它的主要前身物来自维管植物中以芳族结构为基础的木质素。

第二部分，包括相对分子质量一千至数千，相当于沥青质和前沥青质的大型和中型分子。这些分子中包含较多的极性官能团，它们以各种物理力为主，或相互缔合，或与第一部分大分子中的极性基团相缔合，成为三维网络结构的一部分。

第三部分，包括相对分子质量数百至一千左右，相对于非烃部分，具有较强极性的中小型分子。它们可以分子的形式处于大分子网络结构的空隙之中，也可以物理力与第一部分和第二部分相互缔合而存在。

第四部分，主要为相对分子质量小于数百的非极性分子，包括各种饱和烃和芳烃。它们多呈游离态而被包络、吸附或固溶于由以上三部分构成的网络之中。

在煤复合结构中，上述四个部分的相对含量视煤的类型、煤化程度、显微组成的不同而异。

上述复杂的煤化学结构，是具有不规则构造的空间聚合体，可以认为它的基本结构单元是以缩合芳环为主体的、带有侧链和多种官能团的大分子，结构单元之间通过桥键相连，作为煤的结构单元的缩合芳环的环数有多有少，有的芳环上还有氧、氮、硫等杂原子，结构单元之间的桥键也有不同形态，有碳碳键、碳氧键、碳硫键、氧氧键等。

从煤的元素组成看，煤和石油的差异主要是氢碳原子比不同。煤的氢碳原子比为0.2～1，而石油的氢碳原子比为1.6～2，煤中的氢元素比石油中的氢元素少得多。

煤在一定温度、压力下的加氢液化过程基本分为三大步骤。

(1) 当温度升至300℃以上时，煤受热分解，即煤的大分子结构中较弱的桥键开始断裂，打碎了煤的分子结构，从而产生大量以结构单元为基体的自由基碎片，自由基的相对分子质量在数百范围之内。

(2) 在具有供氢能力的溶剂环境和较高氢气压力的条件下，自由基被加氢得到稳定，成为沥青烯及液化油分子。能与自由基结合的氢并非分子氢（H_2），而应是氢自由基，即氢原子，或者是活化氢分子。氢原子或活化氢分子的来源有：①煤分子中碳氢键断裂产生的氢自由基；②供氢溶剂碳氢键断裂产生的氢自由基；③氢气中的氢分子被催化剂活化；④化学反应放出的氢。当外界提供的活性氢不足时，自由基碎片可发生缩聚反应和高温下的脱氢反应，最后生成固体半焦或焦炭。

(3) 沥青烯及液化油分子继续加氢裂化，生成更小的分子。

3. 工艺过程

直接液化典型的工艺过程主要包括煤的破碎与干燥、煤浆制备、加氢液化、固液分离、气体净化、液体产品分馏和精制，以及液化残渣气化制取氢气等部分。氢气制备是加氢液化的重要环节，大规模制氢通常采用煤气化及天然气转化。在液化过程中，将煤、催化剂和循环油制成的煤浆，与制得的氢气混合送入反应器中。在液化反应器内，煤首先发生热解反应，生成自由基“碎片”，不稳定的自由基“碎片”再与氢在存在催化剂的条件下结合，形成分子量比煤低得多的初级加氢产物。出反应器的产物构成十分复杂，包括气、液、固三相。气相的主要成分是氢气，分离后循环返回反应器重新参加反应；固相为未反应的煤、矿物质及催化剂；液相则为轻油（粗汽油）、中油等馏分油及重油。液相馏分油经提质加工（如加氢精制、加氢裂化和重整）得到合格的汽油、柴油和航空煤油等产品。重质的液固淤浆经进一步分离得到重油和残渣，重油作为循环溶剂配煤浆用。

煤直接液化粗油中石脑油馏分占15%～30%，且芳烃含量较高，加氢后的石脑油馏分经过较缓和的重整，即可得到高辛烷值汽油和丰富的芳烃原料。汽油产品的辛烷值、芳烃含量等主要指标均符合相关标准（GB 17930—1999），且硫含量大大低于标准值（≤0.08%），是合格的优质洁净燃料。中油占全部直接液化油的50%～60%，芳烃含量高达70%以上，经深度加氢后可获得合格柴油。重油馏分一般占液化粗油的10%～20%。有的工艺该馏分很少，由于杂原子、沥青烯含量较高，加工较困难，可以作为燃料油使用。煤液化中油和重油混合经加氢裂化可以制取汽油，并在加氢裂化前进行深度加氢以除去其中的杂原子及金属盐。

4. 工艺特点

（1）液化油收率高。例如，采用HTI工艺，神华煤的油收率可高达63%～68%；

（2）煤消耗量小，一般情况下，1t无水无灰煤能转化成半吨以上的液化油，加上制氢用煤，3～4t原料产1t液化油；

（3）馏分油以汽、柴油为主，目标产品的选择性相对较高；

（4）油煤浆进料，设备体积小，投资少，运行费用低；

（5）反应条件相对较苛刻，如德国老工艺液化压力甚至高达70MPa，现代工艺，如IGOR、HTI、NEDOL等液化压力达到17～30MPa，液化温度达到430～470℃；

（6）出液化反应器的产物组成较复杂，液、固两相混合物由于黏度较高，分离相对困难；

（7）氢耗量大，一般在6%～10%，工艺过程中不仅要补充大量新氢，还需要循环油作供氢溶剂，使装置的生产能力降低。

2.7.2 间接液化

1. 发展历史

1923年，德国化学家首先开发出了煤炭间接液化技术。20世纪40年代初，为了满足战争的需要，德国曾建成9个间接液化厂。第二次世界大战以后，同样由于廉价石油和天然气的开发，上述工厂相继关闭和改作他用。之后，随着铁系化合物类催化剂的研制成功、新型反应器的开发和应用，煤间接液化技术不断进步，但由于煤炭间接液化工艺复杂，初期投资大，成本高，因此除南非之外，其他国家对煤炭间接液化的兴趣相对于直接液化来说逐渐减弱。

煤炭间接液化技术主要有三种，即南非的萨索尔（Sasol）费托合成法、美国的Mobil甲醇制汽油法）和正在开发的直接合成法。目前，煤间接液化技术在国外已实现商业化生产，全世界共有3家商业生产厂正在运行，它们分别是南非的萨索尔公司和新西兰、马来西亚的煤炭间接液化厂。新西兰煤炭间接液化厂采用的是Mobil液化工艺，但只进行间接液化的第一步反应，即利用天然气或煤气化合成气生产甲醇，而没有进一步以甲醇为原料生产燃料油和其他化工产品，生产能力1.25万桶/天。马来西亚煤炭间接液化厂所采用的液化工艺和南非萨索尔公司相似，但不同的是它以天然气为原料来生产优质柴油和煤油，生产能力为50万t/年。因此，从严格意义上说，南非萨索尔公司是世界上唯一的煤炭间接液化商业化生产企业。

2. 工艺原理

费托合成（Fisher-Tropsch Sythesis），是指CO在固体催化剂作用下非骏相氢化生成不同链长的烃类（C1～C25）和含氧化合物的反应。该反应于1923年由F. Fischer和H. Tropsch首次发现后经Fischer等人完善，并于1936年在鲁尔化学公司实现工业化，费托（F-T）合成因此而得名。

费托合成反应化学计量式因催化剂的不同和操作条件的差异将导致较大差别，但可用以下两个基本反应式描述。

(1) 烃类生成反应

$$CO+2H_2 \longrightarrow (—CH^{2-}) + H_2O$$

(2) 水气变换反应

$$CO+H_2O \longrightarrow H_2+CO_2$$

可得合成反应的通用式：

$$2CO+H_2 \longrightarrow (-CH^{2-}) + CO_2$$

可以推出烷烃和烯烃生成的通用计量式如下：

(3) 烷烃生成反应

$$nCO+(2n+1)H_2 \longrightarrow C_nH_{2n}+2+nH_2O$$
$$2nCO+(n+1)H_2 \longrightarrow C_nH_{2n+2}+nCO_2$$
$$3nCO+(n+1)H_2O \longrightarrow C_nH_{2n+2}+(2n+1)CO_2$$
$$nCO_2+(3n+1)H_2 \longrightarrow C_nH_{2n+2}+2nH_2O$$

(4) 烯烃生成反应

$$nCO+2nH_2 \longrightarrow C_nH_{2n}+nH_2O$$
$$2nCO+nH_2 \longrightarrow C_nH_{2n}+nCO_2$$
$$3nCO+nH_2O \longrightarrow C_nH_{2n}+2nCO_2$$
$$nCO_2+3nH_2 \longrightarrow C_nH_{2n}+2nH_2O$$

间接液化的主要反应就是上面的反应，由于反应条件不同，还有甲烷生成反应、醇类生成反应（生产甲醇就需要此反应）、醛类生成反应等。

3. 工艺过程

煤间接液化可分为高温合成与低温合成两类工艺。高温合成得到的主要产品有石脑油、丙烯、α-烯烃和 C14～C18 烷烃等，这些产品可以用作生产石化替代产品的原料，如石脑油馏分制取乙烯、α-烯烃制取高级洗涤剂等，也可以加工成汽油、柴油等优质发动机燃料。低温合成的主要产品是柴油、航空煤油、蜡和 LPG 等。煤间接液化制得的柴油十六烷值可高达 70，是优质的柴油调兑产品。

煤间接液化制油工艺主要有 Sasol 工艺、Shell 的 SMDS 工艺、Syntroleum 技术、Exxon 的 AGC-21 技术、Rentech 技术。已工业化的有南非 Sasol 的浆态床、流化床、固定床工艺和 Shell 的固定床工艺。国际上南非 Sasol 和 Shell 马来西亚合成油工厂已有长期运行经验。

典型煤基 F-T 合成工艺包括煤的气化及煤气净化、变换和脱碳，F-T 合成反应，油品加工 3 个纯“串联”步骤。气化装置产出的粗煤气经除尘、冷却得到净煤气，净煤气经 CO 宽温耐硫变换和酸性气体（包括 H_2 和 CO_2 等）脱除，得到成分合格的合成气。合成气进入合成反应器，在一定温度、压力及催化剂作用下，H_2S 和 CO 转化为直链烃类、水以及少量的含氧有机化合物。生成物经三相分离，水相去提取醇、酮、醛等化学品；油相采用常规石油炼制手段（如常、减压蒸馏），根据需要切割出产品馏分，经进一步加工（如加氢精制、临氢降凝、催化重整、加氢裂化等工艺）得到合格的油品或中间产品；气相经冷冻分离及烯烃转化处理得到 LPG、聚合级丙烯、聚合级乙烯及中热值燃料气。

4. 工艺特点

（1）合成条件较温和。无论是固定床、流化床还是浆态床，反应温度均低于350℃，反应压力为2.0～3.0MPa。

（2）转化率高。如SASOL公司的SAS工艺采用熔铁催化剂，合成气的一次通过转化率达到60%以上，循环比为2.0时，总转化率达到90%左右。Shell公司的SMDS工艺采用钴基催化剂，转化率甚至更高。

（3）受合成过程链增长转化机理的限制，目标产品的选择性相对较低，合成副产物较多，正构链烃的范围可从C1至C100；随合成温度的降低，重烃类（如蜡油）产量增大，轻烃类（如CH_4、C_2H_4、C_2H_6等）产量减少。

（4）有效产物—CH_2—的理论收率低，仅为43.75%，工艺废水的理论产量却高达56.25%。

（5）煤消耗量大。一般情况下，5～7t原煤产1t成品油。

（6）反应物均为气相，设备体积庞大，投资高，运行费用高。

（7）煤基间接液化全部依赖于煤的气化，没有大规模气化便没有煤基间接液化。

2.7.3 国内外典型煤炭液化技术

1. 南非Sasol公司的煤间接液化技术

南非Sasol公司Sasol—Ⅰ厂、Sasol—Ⅱ厂和Sasol—Ⅲ厂的主要产品有汽油、柴油、蜡、乙烯、丙烯、聚合物、氨、醇、醛、酮等113种产品，年处理煤炭总量达4590万t，产品的总产量达760万t/年，其中油品占60%左右。在技术方面，南非Sasol公司经历了固定床技术（1950—1980年）、循环流化床（1970—1990年）、固定流化床（1990年至今）、浆态床（1993年至今）4个阶段。目前，3个Sasol厂采用的F-T合成技术每年用煤2500万t，可生产出约500万t液体燃料。Sasol煤合成油技术经过40年的发展，现已处于领先地位。

Sasol公司生产液体燃料及化工产品最有前途的两种反应器为浆态床反应器和固定流化床反应器。浆态床反应器的主要优点是：结构简单，投资小，克服了反应尺寸、能力、压力等方面的局限，传热效果好，反应温度易控制，产品分布易控制，催化剂可以在线加入与排出，用量少。

固定流化床反应器也称为改进的SYNTHOL反应器，它与Sasol公司的循环流化床反应器最大的不同是：不把催化剂输送到反应器的外面去，催化剂床层虽然也因被合成气的气流携带而膨胀，但膨胀的催化剂床层限于反应器内，因而具有节省投资和提高热效率等优点。

2. 日本的NEDOL工艺

日本于20世纪80年代初，专门成立了日本新能源产业技术综合开发机构（NEDOL），负责“阳光计划”的实施，组织十几家大公司合作开发了新的NEDOL烟煤液化工艺。该工艺实际是EDS工艺的改进型，在液化反应器内加入铁催化剂，反应压力也提高到17～19MPa，循环溶剂是液化重油加氢溶剂，供氢性能优于EDS工艺。NEDOL工艺过程由5个主要部分组成：①煤浆制备；②加氢液化反应；③液固蒸馏分离；④液化粗油二段加氢；⑤溶剂催化加氢反应。此工艺的特点：①总体流程与德国工艺相似；②反应温度455～465℃，反应压力17～19MPa，空速36t/（m^3·h）；③催化剂使用合成硫化铁或天然黄铁矿；④固液分离采用减压蒸馏的方法；⑤配煤浆用的循环溶剂单独加氢提高溶剂的供氢能力，循环溶剂加氢技术是引用美国eds工艺的成果；⑥液化油含有较多的杂原子，进行加氢精制，必须加氢提高来获得合格产品；⑦150t/d装置建在鹿岛炼焦厂旁边。

3. Shell公司的SMDS技术

Shell公司开发的中间馏分油（SMDS）工艺由合成石蜡（HPS）和石蜡烃的加氢裂解或加氢异构化（HPC）两个反应过程制取发动机燃料。合成过程使用的是固定床反应器。该公司已于1993年在马来西亚建成了以天然气为原料、生产能力为50万t/年的合成油工厂，主要产品为柴油、煤油、石脑油和蜡。

4. 神华集团煤直接液化技术

神华集团煤直接液化项目所选厂址位于陕西省榆林地区和内蒙古鄂尔多斯境内。神府东胜煤田属世界七大煤田之一，资源赋存条件好、埋藏浅，煤炭属于低灰、特低硫、特低磷、中高发热量优质动力煤和化工用煤。

由于神华集团综合能力占据优势，神华集团开发了中国神华煤直接液化工艺，建成世界上第一套大型现代煤直接液化工艺示范装置。项目选址在内蒙古自治区鄂尔多斯市马家塔。先期建设一条每天处理6000t干煤的煤直接液化生产线，年产液化油100万t。

神华宁煤400万t/年煤炭间接液化示范项目建成并产出合格油品，项目建设规模为年产油品405万t，其中柴油273万t、石脑油98万t、液化气34万t；副产硫黄20万t、混醇7.5万t、硫酸铵14.5万t。项目年转化煤炭2046万t。

2.8 煤的气化

煤炭气化是指煤在特定的设备内，在一定温度及压力下使煤中有机质与气化剂（如蒸汽/空气或氧气等）发生一系列化学反应，将固体煤转化为含有CO、H_2、CH_4等可燃气体和CO_2、N_2等非可燃气体的过程。煤炭气化时，必须具备三个条件，即气化炉、气化剂、供给热量，三者缺一不可。

科学定义，煤炭气化是指在一定温度及压力下，用气化剂对煤进行热化学加工，将煤中的有机质转变为煤气的过程。其含义就是以煤、半焦或焦炭为原料，以空气、富氧、水蒸气、二氧化碳或氢气为气化介质，使煤经过部分氧化和还原反应，将其所含碳、氢等物质转化成为一氧化碳、氢、甲烷等可燃组分为主的气体产物的多相反应过程。对此气体产品的进一步加工，可制得其他气体、液体燃烧料或化工产品。经气化，使煤的潜热尽可能多地变为煤气的潜热。

2.8.1 煤炭气化分类

按照不同的分类方式，煤炭气化具有多种分类方法。

(1) 以原料形态为主进行分类，有固体燃烧气化、液体燃料气化、气体燃料气化及固/液混合燃料气化等。

(2) 以入炉煤的粒级为主进行分类，有块煤气化（6～50mm)、煤粉气化（颗粒小于0.1mm）等。此外，入炉燃烧以煤/油浆或煤/水浆形成的，均归入小粒煤和煤粉气化法中。

(3) 以气化过程的操作压力为主进行分类，有常压或低压气化、中压气化和高压气化。

(4) 以气化介质为主进行分类，有空气鼓风气化、空气-水蒸气气化、氧-水蒸气气化和加氢气化（以氢气为气化剂，由不粘煤制取高热值煤气的过程）等。

(5) 以排渣方式为主进行分类，有干式或湿式排渣气化、固态或液态排渣气化、连续或间歇排渣气化等。

(6) 以气化过程供热方式进行分类，有外热式气化（气化所需热量通过外部加热装置由气化炉内部释放出来）和热载体（气、固或液渣载体）气化。

(7) 以入炉煤在炉内的过程动态进行分类，有移动床气化、液化床气化、气流（夹带）床气化和熔融床（熔渣或熔盐、熔铁水）气化等。

(8) 以固体煤和气体介质的相对运动方向进行分类，有同向气化或称并流气化、逆流气化等。

(9) 以反应的类型为主进行分类，有热力学过程和催气化过程。

(10) 以过程的阶段性为主进行分类，有单段气化、两段或多段气化等。

(11) 以过程的操作方式为主进行分类，有连续间歇式或循环式气化等。

2.8.2 煤炭气化原理

气化过程是煤炭的一个热化学加工过程。它是以煤或煤焦为原料，以氧气（空气、富氧或工业纯氧）、水蒸气作为气化剂，在高温、高压下通过化学反应将煤或煤焦中的可燃部分转化为可燃性气体的工艺过程。气化时所得的可燃气体称为煤气，做化工原料用的煤气一般称为合成气（合成气除了以煤炭为原料外，还可以采用天然气、重质石油组分等为原料），进行气化的设备称为煤气发生炉或气化炉。

煤炭气化包含一系列物理、化学变化，一般包括干燥、燃烧、热解和气化4个阶段。干燥属于物理变化，随着温度的升高，煤中的水分受热蒸发。其他属于化学变化，燃烧也可以认为是气化的一部分。煤在气化炉中干燥以后，随着温度的进一步升高，煤分子发生热分解反应，生成大量挥发性物质（包括干馏煤气、焦油和热解水等），同时煤黏结成半焦。煤热解后形成的半焦在更高的温度下与通入气化炉的气化剂发生化学反应，生成以一氧化碳、氢气、甲烷及二氧化碳、氮气、硫化氢、水等为主要成分的气态产物，即粗煤气。气化反应包括很多的化学反应，主要是碳、水、氧、氢、一氧化碳、二氧化碳相互间的反应，其中碳与氧的反应又称燃烧反应，提供气化过程的热量。

主要反应有：

1. 水蒸气转化反应

$$C+H_2O=CO+H_2-131kJ/mol$$

2. 水煤气变换反应

$$CO+H_2O=CO_2+H_2+42kJ/mol$$

3. 部分氧化反应

$$C+0.5O_2=CO+111kJ/mol$$

4. 完全氧化（燃烧）反应

$$C+O_2=CO_2+394kJ/mol$$

5. 甲烷化反应

$$CO+2H_2=CH_4+74kJ/mol$$

6. Boudouard 反应

$$C+CO_2=2CO-172kJ/mol$$

2.8.3 煤炭气化工艺

煤炭气化工艺可按压力、气化剂、气化过程供热方式等分类。常用的是按气化炉内煤料与气化剂的接触方式区分，主要有：

1. 固定床气化

在气化过程中，煤由气化炉顶部加入，气化剂由气化炉底部加入，煤料与气化剂逆流接触，相对于气体的上升速度而言，煤料的下降速度很慢，甚至可视为固定不动，因此称之为固定床气化；而实际上，煤料在气化过程中是以很慢的速度向下移动的，比较准确的称法为移动床气化。

2. 流化床气化

它是以粒度为 0～10mm 的小颗粒煤为气化原料，在气化炉内使其悬浮分散在垂直上升的气流中，煤粒在沸腾状态进行气化反应，从而使得煤料层内温度均一，易于控制，提高气化效率。

3. 气流床气化

它是一种并流气化，用气化剂将粒度为 100μm 以下的煤粉带入气化炉内，也可将煤粉先制成水煤浆，然后用泵打入气化炉内。煤料在高于其灰熔点的温度下与气化剂发生燃烧反应和气化反应，灰渣以液态形式排出气化炉。

4. 熔浴床气化

它是将粉煤和气化剂以切线方向高速喷入一温度较高且高度稳定的熔池内，把一部分动能传给熔渣，使池内熔融物做螺旋状的旋转运动并气化。此气化工艺已不再发展。

以上均为地面气化工艺，还有地下气化工艺。

2.8.4 煤炭气化应用领域

煤炭气化应用领域非常广泛，既包括民用领域应用，也包括工业领域应用。随着天然气替代战略的不断深化实施，民用煤气逐渐减少。工业领域的煤气包括燃料煤气和原料煤气，由于煤炭资源相比石油、天然气资源储存量巨大，现代煤化工在化工领域中具有重要地位。

1. 工业燃气

一般热值为1100～1350kcal热的煤气，采用常压固定床气化炉、流化床气化炉均可制得，主要用于钢铁、机械、卫生、建材、轻纺、食品等部门，用以加热各种炉、窑，或直接加热产品或半成品。

2. 民用煤气

一般热值在3000～3500kcal，要求CO小于10%，除焦炉煤气外，用直接气化也可得到民用煤气，采用鲁奇炉较为适用。与直接燃煤相比，民用煤气不仅可以明显提高用煤效率和减轻环境污染，而且能够极大地方便人民生活，具有良好的社会效益与环境效益。出于安全、环保及经济等因素的考虑，要求民用煤气中的H_2、CH_4及其他烃类可燃气体含量应尽量高，以提高煤气的热值；而CO有毒，其含量应尽量低。

3. 合成原料气

早在第二次世界大战时，德国等就采用费托工艺（Fischer-Tropsch）合成航空燃料油。随着合成气化工和碳-化学技术的发展，以煤气化制取合成气，进而直接合成各种化学品的路线已经成为现代煤化工的基础，主要包括合成氨、合成甲烷、合成甲醇、醋酐、二甲醚以及合成液体燃料等。

化工合成气对热值要求不高，主要对煤气中的CO、H_2等成分有要求，一般德士古气化炉、Shell气化炉较为合适。目前，我国合成氨的甲醇产量的50%以上来自煤炭气化合成工艺。

4. 冶金还原气

煤气中的CO和H_2具有很强的还原作用。在冶金工业中，利用还原气可直接将铁矿石还原成海棉铁；在有色金属工业中，镍、铜、钨、镁等金属氧化物也可用还原气来冶炼。因此，冶金还原气对煤气中的CO含量有要求。

5. 联合循环发电燃气

整体煤气化联合循环发电（简称IGCC）是指煤在加压下气化，产生的煤气经净化后燃烧，高温烟气驱动燃气轮机发电，再利用烟气余热产生高压过热蒸汽，驱动蒸汽轮机发电。用于IGCC的煤气，对热值要求不高，但对煤气净化度，如粉尘及硫化物含量的要求很高。与IGCC配套的煤气化一般采用固定床加压气化（鲁奇炉）、气流床气化（德士古）、加压气流（Shell气化炉），广东省加压流化床气化工艺，煤气热值在2200～2500kcal。

6. 燃料电池

燃料电池是由 H_2、天然气或煤气等燃料（化学能）通过电化学反应直接转化为电的化学发电技术。煤炭气化燃料电池主要有磷酸盐型（PAFC）、熔融碳酸盐型（MCFC）、固体氧化物型（SOFC）等。它们与高效煤气化结合的发电技术就是 IG-MCFC 和 IG-SOFC，其发电效率可达 53%。

7. 制作氢气

氢气广泛用于电子、冶金、玻璃生产、化工合成、航空航天、煤炭直接液化及氢能电池等领域，世界上 96%的氢气来源于化石燃料转化。而煤炭气化制氢起着很重要的作用，一般是将煤炭转化成 CO 和 H_2，然后通过变换反应将 CO 转换成 H_2 和 H_2O，将富氢气体经过低温分离或变压吸附及膜分离技术，即可获得氢气。

8. 煤炭液化气源

不论煤炭直接液化还是间接氧化，都离不开煤炭气化。煤炭液化需要煤炭气化制氢，而可选的煤炭气化工艺同样包括固定床加压气化、加压流化床气化和加压气流床气化工艺。

2.9 煤炭清洁高效利用

2.9.1 “十三五”规划要求

《煤炭工业发展“十三五”规划》（以下简称《规划》）明确表示，对于煤炭清洁开发利用，将从清洁生产和高效利用两个方面作出具体安排。

其中，在生产侧方面，《规划》要求：牢固树立绿色发展理念，推行煤炭绿色开采，发展煤炭洗选加工，发展矿区循环经济，加强矿区生态环境治理，推动煤炭供给革命。

在资源利用侧方面，《规划》要求：按照“清洁、低碳、高效、集中”的原则，加强商品煤质量管理，推进重点耗煤行业节能减排，推进煤炭深加工产业示范，加强散煤综合治理，推动煤炭消费革命。

2.9.2 煤矸石、煤泥与粉煤灰综合利用

1. 煤矸石及其综合利用

煤矸石是采煤过程和洗煤过程中排放的固体废物，是一种在成煤过程中与煤层伴生的一种含碳量较低、比煤坚硬的黑灰色岩石。煤矸石的主要成分是 Al_2O_3、SiO_2，此外还含有数量不等的 Fe_2O_3、CaO、MgO、Na_2O、K_2O、P_2O_5、SO_3 和微量稀有元素（镓、钒、钛、钴）。煤矸石包括巷道掘进过程中的掘进矸石、采掘过程中从顶板、底板及夹层里采出的矸石以及洗煤过程中挑出的洗矸石。

煤矸石弃置不用，占用大片土地。煤矸石中的硫化物逸出或浸出会污染大气、农

田和水体。矸石山还会自燃发生火灾，或在雨季崩塌，淤塞河流造成灾害。中国积存煤矸石达10亿t以上，每年还将排出煤矸石1亿t。为了消除污染，自20世纪60年代起，很多国家开始重视煤矸石的处理和利用。利用途径有以下几种：回收煤炭和黄铁矿、发电、制造建筑材料。

目前，煤矸石综合利用途径除在建材产品、综合利用发电、土地复垦、筑路外，还扩展到井下充填、回收矿产品、制取化工产品等方面，涉及建材、建筑、冶金、农业等多个领域。

2. 煤泥及其综合利用

煤泥泛指煤粉含水形成的半固体物，是煤炭生产过程中的一种产品，根据品种和形成机理的不同，其性质差别非常大，可利用性也有较大差别，大致有如下几种类型。

（1）炼焦煤选煤厂的浮选尾煤。在国外这类煤泥一般是一种废弃物，其性质与洗选矸石或中煤类似。因煤质不同，浮选煤泥的品质有较大差别。根据煤泥回收工艺的不同，煤泥的物理性质差别较大。如用压滤机回收的煤泥，其颗粒分布比较均匀，黏性、持水性都比较弱，有利于降低水分。另一种是煤泥沉淀池或尾矿场，根据固体颗粒在水中自然沉淀的原理，实现固液分离而产出的煤泥。这种工艺有粒度分级的功能，粗颗粒易沉淀，大都集中在煤泥水入口附近，细颗粒在中间位置，极细颗粒在末端。末端煤泥具有高黏性和高持水性，类似江米团，又细又软，晾晒几个月，表面似已干燥，内部含水率几乎不降，这种煤泥是最难处理的。

（2）煤水混合物产出的煤泥。如动力煤洗煤厂的洗选煤泥、煤炭水力输送后产出的煤泥，这些煤泥有的比原煤质量都好，数量少时常常掺到成品煤中。数量多了，掺掉的只是少数，可能有大量的优质煤泥产生，除了要妥善处理外，还会对煤矿的经济效益产生不良影响。

（3）矿井排水夹带的煤泥、矸石山浇水冲刷下来的煤泥。这些煤泥收集起来都属于煤矿的脏杂煤泥，其特点是数量不多、质量不稳定，但一般都比浮选尾煤质量好。

20世纪80年代以前，煤泥是普通百姓的主要生活燃料。为了便于储存和使用，一般用煤泥掺加少量的黄土制成煤砖和蜂窝煤。

目前随着煤炭开采机械化水平的提高，煤粉在原煤中所占的比例逐渐加大，使得原生煤泥、浮选尾煤量大大增加了。煤泥在洗选过程中产生的副产品，具有粒度细、持水性强、灰分高、黏土含量较高等特点，给煤泥的综合利用带来了诸多不便，也给环境带来污染并造成了资源的浪费，煤泥的经济价值没有得到真正充沛的挖掘。

煤泥只有进行低成本烘干后，才能展现其综合利用价值。煤泥烘干机采用独特的打散装置，引入了预破碎、分散、打散、防粘壁工序，将黏结的煤泥打散后烘干，加大煤泥和热风的接触面积，使热利用率得到极大提高。烘干后的煤泥可一次性将水分降低到12%以下，烘干后的煤泥可直接作为燃料使用。经过干燥后的煤泥可作为原料煤泥型煤和煤泥水煤浆，供工业锅炉或居民生活使用；也可作为电厂铸造行业的燃料，提高燃料利用率及经济效益；作为砖厂的添加剂，提高砖的硬度和抗压强度；还可用于水泥厂添加料，改善水泥的性能等。

3. 粉煤灰及其综合利用

粉煤灰是从煤燃烧后的烟气中收捕下来的细灰，粉煤灰是燃煤电厂排出的主要固体废物。我国火电厂粉煤灰的主要氧化物组成为 SiO_2、Al_2O_3、FeO、Fe_2O_3、CaO、TiO_2 等。粉煤灰的主要来源是以煤粉为燃料的火电厂和城市集中供热锅炉，其中 90%以上为湿排灰，活性较干灰低，且费水费电，污染环境，也不利于综合利用。随着电力工业的发展，燃煤电厂的粉煤灰排放量逐年增加。若排入水系会造成河流淤塞，而其中的有毒化学物质还会对人体和生物造成危害，另外，粉煤灰可作为混凝土的掺合料。当前，粉煤灰是我国排量较大的工业废渣之一。

粉煤灰的外观类似水泥，颜色在乳白色与灰黑色之间变化。粉煤灰的颜色是一项重要的质量指标，可以反映含碳量的多少和差异，在一定程度上也可以反映粉煤灰的细度，颜色越深，粉煤灰的粒度越细，含碳量越高。粉煤灰有低钙粉煤灰和高钙粉煤灰之分。通常高钙粉煤灰的颜色偏黄，低钙粉煤灰的颜色偏灰。粉煤灰颗粒呈多孔型蜂窝状组织，比表面积较大，具有较高的吸附活性，颗粒的粒径范围为 0.5～300μm，并且珠壁具有多孔结构，孔隙率高达 50%～80%，有很强的吸水性。

根据《2016 年度中国大宗工业固废物综合利用产业发展报告》，2016 年我国煤炭消费总量为 27 亿 t 标准煤，粉煤灰产生量为 5.41 亿 t，利用量为 4.32 亿 t，综合利用率达到 79.85%。

山西、内蒙古、广东、山东等是我国火力发电大省或自治区，因此上述省、自治区也是粉煤灰产生的主要地区。2016 年我国粉煤灰产生量居全国前 5 位的省（自治区）是山东、江苏、内蒙古、河南和浙江。

粉煤灰综合利用的主要途径有：生产建材产品，包括制备水泥、低密度高强度陶粒、高档烧结制品、复合纤维等；提取有价元素及高附加值利用；用于农业，肥料、土壤改良剂等；用于环境保护，废水治理、烟气脱硫等环保领域。

2.9.3 低劣质煤炭综合利用

1. 低阶煤分质利用

国家能源局发布的《煤炭深加工产业示范“十三五”规划》指出，“十三五”期间，重点开展煤制油、煤制天然气、低阶煤分质利用、煤制化学品、煤炭和石油综合利用等 5 类模式，以及通用技术装备的升级示范。低阶煤分质利用方面，到 2020 年预计产能为 1500 万 t/年（煤炭加工量）。突破百万 t 级低阶煤热解、50 万 t 级中低温煤焦油深加工技术。

低阶煤分质利用是以低阶煤热解为龙头，先将煤气中的焦油等高附加值组分分离出来，产生的焦油、煤气和半焦再进行综合利用，得到具有更高经济价值的清洁燃料和化工品。

低阶煤热解技术得到商业化推广的关键条件是提高焦油的质量、效率以及实现半焦的经济高效利用。热解焦油的品质关系到煤炭热解项目的经济性，若高温气固分离技术和油尘分离技术无法突破，焦油产率过低，将大幅降低项目的经济性。半焦产量占原料煤的60%～70%，若半焦无法实现经济、高效利用，建设煤炭热解项目将失去意义。

未来，低阶煤分质利用技术的产业发展方向是低阶煤热解多联产，即以低阶煤热解为龙头，采用成熟的低阶煤热解技术、煤焦油加氢技术、半焦利用技术等，联产清洁煤、清洁燃料、化工品和电力等，实现煤炭资源的高附加值利用。

2. 高硫煤综合利用

高硫煤是指含硫量大于3%的煤。我国煤炭资源总量虽居世界第二，但人均占有资源量和矿井可采储量却远不及世界平均水平。同时，我国煤炭资源中小于0.5%的特低硫煤很有限，主要分布在东北的黑龙江、吉林，华北的内蒙古和西北的一些边远省区，储量和产量并不多，况且要靠铁路长距离运输，运费也昂贵。因此，大量开采和普遍使用特低硫煤显然是不现实的。目前，国内高硫煤综合利用一般采用“化—电—热”一体化系统工艺。

高硫煤综合典型工程项目包括潞安百万吨级煤基合成油项目和晋煤集团的“高硫煤洁净利用循环经济工业园”。

2.9.4 现代煤化工

1. 我国现代煤化工发展现状

现代（新型）煤化工是指以煤为原料，采用先进技术和加工手段生产替代石化产品和清洁燃料的产业。现代（新型）煤化工将能源和化工技术相结合，以先进煤气化为龙头，生产替代石油化工产品和成品油的能源化工产业。我国能源重化工原料路线有三条，即石油路线、天然气路线和煤炭路线。

传统煤化工产品包括焦炭、合成氨、电石、甲醇等，而现代煤化工产品主要是天然气、烯烃、煤制乙二醇、煤制油、二甲醚等，主要是石油下游产品。现代煤化工既包括煤制燃料（油和天然气）路线，也包括煤制烃（烯烃和芳烃）、醚（含氧化合物）路线，旨在弥补石油、天然气的不足。在更高附加值的材料方面，现代煤化工在乙二醇、高分子材料、精细化工材料方面也有许多突破。

我国现代煤化工在经历了近十年的快速发展后，技术创新和产业规模均走在世界前列，已建成了煤制油、煤制烯烃、煤制天然气、煤制乙二醇等一批现代煤化工示范工程，形成了一定的产业规模，未来呈现四大潜力方向。

“十三五”以来，煤化工及相关领域技术创新能力不断加强，国内外涌现出一大批新的研究成果，主要表现在以下六个方面：一是煤气化技术向大型化、长周期迈进；二是煤炭液化技术向生产高效化和产品高端化发展；三是煤制烯烃、芳烃技术实现了多项新的突破；四是煤制乙醇技术开辟出新能源和精细化工产品的新空间；五是低阶煤热解涌现新技术；六是正在探索CO_2综合利用新工艺。这些新技术的研发及工业化为实现煤炭的清洁高效利用奠定了坚实的基础。

现代煤化工在深入开展升级示范的同时，将围绕重大关键共性技术和重大装备积极开展科技攻关，从现在技术发展的突破和未来技术的潜力看，以下几个方面将大有作为：一是发挥煤制超清洁油品及特种油品的优势；二是大力开拓煤制烯烃、芳烃新材料高端化、差异化的产业链；三是积极探索煤制含氧化合物产品的新路子；四是努力推进低阶煤分质分级利用的新模式，加快形成终端产品高端化、差异化发展的新局面。

2.《现代煤化工产业创新发展布局方案》解读

为了稳步推动现代煤化工产业安全、绿色、创新发展，拓展石油化工原料来源，形成与传统石化产业互为补充、协调发展的产业格局，准确定位我国现代煤化工产业发展阶段，应对发展中存在的现实问题，我国重点对现代煤化工产业进行科学布局。国家发展改革委联合工业和信息化部于2017年3月22日印发了《现代煤化工产业创新发展布局方案》(以下简称《布局方案》)。《布局方案》提出了现代煤化工创新发展布局的必要性，提出基本原则，明确重点任务，并提出具体保障措施。

(1) 制定《布局方案》的背景及意义

石化产品是国民经济发展的重要基础原料，市场需求巨大，但受油气资源约束，对外依存度较高。我国煤炭资源相对丰富，并且已经发展到相当的产业规模，已成为世界上最大的煤化工生产国，培养了一大批骨干企业和人才队伍，具有相当重要的地位。采用创新技术适度发展现代煤化工产业，对于保障石化产业安全、促进石化原料多元化，具有重要作用。

我国现代煤化工技术已取得全面突破，关键技术水平已居世界领先地位，煤制油、煤制天然气、煤制烯烃、煤制乙二醇基本实现产业化，煤制芳烃工业试验取得进展，但实际存在各种问题。目前，现代煤化工仍处于产业化的初级阶段，系统集成水平和污染控制技术有待提升，示范项目生产的稳定性和经济性有待验证，行业标准和市场体系有待完善，产业整体仍需要经过升级示范，才能达到成熟推广，目前尚不完全具备大规模产业化的条件。

为科学统筹煤化工产业发展，国家发展改革委开展现代煤化工产业创新发展布局，从市场需求空间、产业发展规模和技术发展阶段、示范阶段存在的问题着手，提出该布局方案。加强科学规划，做好产业布局，提高质量效益，化解资源环境矛盾，实现煤炭清洁转化，培育经济新增长点，进一步提升应用示范成熟性、技术和装备可靠性，逐步建成行业标准完善、技术路线完整、产品种类齐全的现代煤化工产业体系，推动产业安全、绿色、创新发展。

(2)《布局规划》对现代煤化工发展的思路和原则

《布局规划》坚持问题导向，针对现代煤化工产业工艺技术成熟度不足的突出问题，提出以创新为引领，促进升级示范。加快现代煤化工产业技术优化升级，大力推进原始创新和集成创新，聚焦重点领域和关键环节，加强共性技术研发和成果转化，如先进煤气化技术、三废治理技术等。依托升级示范工程项目，推进新技术产业化和装备水平的提升，增强自主发展能力。

现代煤化工的发展，与我国煤炭工业在能源结构中的长远发展，与电力、石化、冶金建材等行业均密切相关，需要统筹考虑，综合规划。因此，《布局规划》提出坚持产业融合，鼓励跨行业、跨地区优化配置要素资源，积极推广煤基多联产，促进现代煤化工与电力、石油化工、冶金建材、化纤等产业融合发展，构建循环经济产业链和产业集群，提升资源能源利用效率。同时，发展现代煤化工除了必须具备丰富的煤炭资源外，水资源和环境承载能力也是必须具备的基本因素。但我国煤炭资源与水资源和区域生态条件呈逆向分布，因而现代煤化工的发展还必须坚持科学布局，选择在煤水资源相对丰富、环境容量较好的地区，规划建设现代煤化工产业示范区，结合资源型城市转型发展，因地制宜地延伸现代煤化工产业链。此外，由于现代煤化工技术还有待完善，三废排放和处理是摆在企业面前的一个重要课题。现代煤化工的发展必须坚持绿色发展，积极采用绿色创新技术，降低三废排放强度，提升本质安全水平和安全保障能力，推动现代煤化工产业安全发展。

(3)《布局规划》提出了八大重点任务

①分类、分重点开展产业技术升级示范；

②注重全局观，加快推进关联产业融合发展；

③开展行业对标管理，实施优势企业挖潜改造，促进全行业技术水平提升；

④分布实施区域示范模式，科学合理规划、布局现代煤化工产业区；

⑤组织实施资源城市转型工程，促进区域经济发展；

⑥稳步推进产业国际合作，加快产业“走出去”步伐；

⑦大力提升技术装备成套能力，推动煤化工成套技术装备自主创新；

⑧积极探索二氧化碳减排途径。

3. 现代煤化工产业进展

据《中国化工机械网》(2018年2月6日)信息显示，2016年年底，全国煤制油、煤制烯烃、煤制乙二醇、煤制气产量分别达到200万t、650万t、160万t和15亿立方米。现代煤化工产业发展，推动了煤炭由价值链低端向价值链高端跃升，拓展了煤炭消费空间。其中，神华百万吨煤炭直接液化示范工程长期平稳运行，兖矿百万吨级煤炭间接液化项目达产，神华宁煤400万t/年煤制油示范项目，神华包头60万t、中煤榆林60万t、陕煤化渭南66万t煤制烯烃，新疆伊犁、内蒙古克旗煤制气，山西阳煤40万t煤制乙二醇等现代煤化工项目相继投入工业化生产。

《煤炭深加工升级示范“十三五”规划》预计2020年，煤制油产能为1300万t/年，煤制天然气产能170亿m^3/年，低阶煤分质利用产能为1500万t/年(煤炭加工量)，煤制烯烃1600万t，煤制乙二醇600万～800万t，煤制芳烃100万t。

4. 中国现代煤化工技术进展

(1)煤制烯烃技术进展。煤化工制烯烃工艺立足于甲醇化。煤制烯烃过程主要包括煤气化、净化、甲醇合成及甲醇制烯烃。目前主要的甲醇制烯烃工艺有中科院大连化物所的甲醇制乙烯/丙烯(DMTO)工艺、Lurgi公司的固定床甲醇制丙烯(MTP)工艺、中石化的甲醇制乙烯/丙烯(SMTO)工艺等。其中，大连化物所的DMTO工艺专利技术是世界上首套最大的煤制烯烃示范项目，首次用于神华包头煤制烯烃项目，2007年开始建设，2011年投入商业化运营，运营当年累计生产聚烯烃产品50万t，营收56.4亿元，实现利润近10亿元。

煤制烯烃技术国产化进程。国内煤制烯烃建设大量上马的另一个推动力是国产化配套技术的开发与应用。2010 年，清华大学与中国化学工程集团公司、安徽淮化集团合作建设的万吨级 MTP 工业实验装置投产；2012 年，中石化上海石化研究院自主研发的固定床甲醇制丙烯技术（MTP）实验装置在扬子石化投产；2014 年，中石化石油化工研究院、浙江大学、洛阳工程公司和湖南建长股份有限公司联合承担的移动床甲醇制丙烯（MMTP）催化剂和工艺研究项目通过技术评议，进入工业应用阶段。

（2）煤制油技术进展。煤制合成油主要是以煤为原料，在合适的温度与压力下，通过一系列催化加氢反应生成液态油的过程。按照生产工艺划分，可以分成直接液化合成油工艺和间接液化合成油工艺，另外还有正在逐步推广的煤基甲醇合成油工艺。其中，直接液化工艺与间接液化工艺技术均已成熟并且国产化。而煤基甲醇合成油工艺已有装置运行，但是开工率未达标，并不属于主要工艺。

直接液化合成油的主要技术有德国 IGOR 技术、日本 NEDOL 技术、美国 HTI 技术和中国神华的 DCTO 技术。以神华 DCTO 技术为例，每条生产线包括煤浆液化、加氢反应、分离提纯和产品分发 4 个步骤。以神华煤化工能源公司为例，其直接液化合成油装置年耗煤 345 万 t，生产各种油品 108 万 t，其中，包括柴油 72 万 t，LPG 10.2 万 t，石脑油 25 万 t，其他化学品 0.8 万 t。

间接法煤制油的核心技术为 F-T 合成，将合成气催化转化为柴油，石脑油和其他烃类化学品。间接液化合成油的主要技术有中科合成油费托合成工艺和南非 Sasol 费托合成工艺。以中科合成油费托合成工艺为例，每条生产线包括煤气化、F-T 合成、催化加氢、分离提纯和产品分发 5 个步骤。依托于中科费托工艺的陕西榆林间接液化项目设计规模为 100 万 t/年，其中，柴油 78.98 万 t/年，石脑油 25.53 万 t/年，LPG 10.02 万 t/年。

煤基甲醇合成油工艺（MTG）主要是基于已经技术成熟的煤气化制甲醇技术，结合山西煤化所发明的一步法甲醇制汽油工艺，以甲醇为原料经过合成烃反应，最后在反应产物中分离出汽油、重油、LPG 等产品。

固定床 MTG 技术已经成熟，埃克森美孚公司开发的“两步法甲醇制汽油技术”、中科院山西煤化所与赛鼎工程联合开发的“一步法甲醇转化制汽油技术”、中石油昆仑工程和中海油天津院合作开发的“两步法甲醇制稳定轻烃第一代技术”、洛阳科创开发的“一步法甲醇裂解制丙烯和高清洁汽油技术”及麦森河北能源开发的具有自主知识产权的“FCP 甲醇制国Ⅴ标准汽油技术（两步法）”于 2009 年后相继实现了工业化应用；江苏煤化工程研究设计院利用分子设计、混床催化及定向反应理念开发的“千吨级低能耗甲醇烃化混合固定床制备高辛烷值稳定轻烃（CMTG）工业化试验项目技术”于 2014 年 10 月通过了中国石化联合会组织的 72h 运行考核，15 万 t/年产业化装置已开始建设；另外，中石化与埃克森美孚正合力开发新型流化床 MTG 技术。

（3）煤制气技术进展。煤制气工艺主要流程为：原煤经过处理后进入气化炉气化，氧气作为气化剂从空分装置通入气化装置，煤经过干燥干馏和气化氧化后生成粗合成气体（H_2、CO、CO_2、CH_4、H_2S、油和高级烃），粗合成气经急冷洗涤后进入变换单元，之后进入酸性气脱除单元，脱除硫化氢和二氧化碳后进入甲烷化单元，甲烷化后的合成气产品经压缩干燥后进入天然气管网。副产物通入分离的副产物生产单元，主要副产物为石脑油、焦油、硫黄、粗酚和液氨。

焦炉气合成天然气。焦炉气为煤炭利用过程中（焦炭、兰炭、电石及硅碳棒生产）产生的富含一氧化碳、氢气和甲烷等成分的碳氢工业尾气。目前，碳氢工业尾气作为化工原料用于合成氨、甲醇等的生产，这些产能已经严重过剩。目前，碳氢工业尾气合成天然气还没有大规模工业化应用，但是业内人士普遍看好其工业前景。焦炉气通过净化脱除苯、萘、硫化物之后，经压缩、换热，在催化剂作用下进行甲烷化反应。目前国内在焦炉气制天然气工艺方向有技术积累的有西南化工研究设计院、杭州林达公司与太原理工大学。

（4）煤制乙二醇技术进展。国内采用间接法煤制乙二醇。煤制乙二醇有两条路线：一条是直接合成路线，另一条是间接合成路线。直接合成路线通过选用合适的催化剂，在适合的反应条件下直接由煤制合成气制备乙二醇。直接法的合成条件较为苛刻，因此并不适用于工业化推广。间接合成路线通过将合成气转化为其他中间物质，再通过中间物质生产乙二醇。间接合成路线也分为两条技术路线：一条是煤气化后转化为乙烯，再通过与石油化工类似的乙烯路线合成乙二醇；另一条是通过合成气制备草酸二甲酯后加氢制备乙二醇。目前我国使用的煤制乙二醇生产路线以草酸二甲酯路线为主。

（5）煤制乙醇技术进展。煤制乙醇曾被认为是中国煤化工行业的新兴发展方向。有多种路线可以实现从煤到乙醇的转化：合成气微生物发酵、醋酸直接加氢、醋酸酯化加氢、合成气催化合成制乙醇、合成气经甲醇制二甲醚羰化加氢制乙醇。

合成气制乙醇技术已被突破，未来将扩大规模。合成气经甲醇制二甲醚羰化加氢制乙醇在2017年迎来技术突破。2014年大连化物所与延长石油启动了“10万t/年合成气制乙醇工业示范”项目，2016年10月装置建成，2016年12月开始装置联动试车，2017年1月11日产出合格无水乙醇产品。本工艺路线的煤合成气制二甲醚工艺部分以及醋酸酯制乙醇工艺已经有成熟的工业化装置。技术突破重点在二甲醚羰基化反应制醋酸甲酯。延长石油的10万t/年合成气制乙醇工业示范项目技术，是具有完全自主知识产权的世界首创技术。

5.煤炭产业循环经济发展

（1）煤炭循环经济基本模式。根据煤炭开采、生产所带来的所有排放废物的特征、矿区的资源条件和外部环境，煤炭企业可在企业内部、企业群体和社会3个层面上采取不同的模式来发展循环经济，即煤炭企业的内部循环经济模式、煤炭企业与周边企业群体之间的循环经济模式和煤炭企业和社会之间的循环经济模式。

国家能源局发布《煤炭工业发展“十三五”规划》（下称《规划》），对于煤炭清洁的开发利用，从清洁生产和高效利用两个方面作了具体安排。《规划》同时明确了发展矿区循环经济。统筹矿区综合利用项目及相关产业建设布局，提升循环经济园区建设水平。支持煤炭企业按等容量置换原则建设洗矸煤泥综合利用电厂，发展煤矸石和粉煤灰制建材，推进矿井排水产业化利用，提高资源综合利用水平。

（2）典型循环经济产业园。我国目前已建成的煤炭循环经济产业园，一般因地制宜，根据当地煤炭资源的禀赋条件，以及煤炭副产品（煤矸石、煤泥）和伴生矿资源情况，结合现代煤化工，构建复合循环经济产业链，如煤炭—电力—建材、煤炭—焦化/气化—化工等产业链，并由多个环节（项目），实现资源循环利用，形成循环经济产业园。

2.10 煤炭绿色开发利用理论和技术创新

在系统分析煤炭发展内外部环境的基础上，按照“一张蓝图绘到底”的总体要求，煤炭绿色开发利用理论和技术创新包括全产业链煤炭技术革命路线图、近零生态损害的科学开采、近零排放的清洁低碳利用、矿井设计建设与地下空间一体化利用、煤炭资源流态化开发等颠覆性理论和技术创新。

2.10.1 全产业链煤炭技术革命路线图

经过30～40年的努力，到2050年，煤炭行业将成为煤基多元协同与原位采用一体化和深地空间利用的智慧能源系统，这一过程可划分为3个发展阶段。

1. 煤炭3.0

2025年以前，开采深度在2000m以浅，形成超低生态损害与超低排放的机械化、信息化煤炭开发利用体系。井下作业人员下降70%，煤炭开采全部实现机械化，自动化、信息化比率达到80%，科学产能比重达到85%，百万吨死亡率低于0.05，员工工作环境与健康状况达到地面生产车间水平，地下共伴生资源（瓦斯、水、热）保护及利用率大于50%；地面生态恢复率大于70%，煤炭燃烧利用排放接近天然气水平，50%以上的煤炭实现清洁利用及超洁净排放。

2. 煤炭4.0

2025—2035年，开采深度达到3000m以浅，形成近零生态损害与近零排放的智能化、多元煤炭开发利用体系。采煤无人化程度达到80%，基本实现生态采补平衡，科学产能比重达到100%；井下作业人员下降90%，百万吨死亡率0.01，杜绝较大及以上事故；无职工职业病；用煤洁配度达到80%，煤炭排放总量下降至峰值的70%，煤、气、水、热共采，资源综合利用效率达到60%。

3. 煤炭5.0

2035—2050年，开采深度达到3000m以深，建设煤基多元、开放、协同、绿色开发利用的清洁能源基地。采煤无人化程度达到90%，实现地上无煤、地下无人；井下无作业人员，职工无职业病；用煤洁配度达到90%，煤炭排放接近可再生能源水平，总量下降至峰值的30%；煤系地层资源协同开发利用，综合利用效率达到80%；煤、电、气、热、水、油一体化供应，太阳能、风能、蓄水能与煤炭协同开发；建成地上高新经济、地下舒适居住和生活的新型矿区城市功能区，实现煤矿的高端转型升级。

2.10.2 近零生态损害的科学开采技术创新

树立和践行“绿水青山就是金山银山”的理念，从根本上颠覆煤炭开发必然造成生态破坏的传统认识，从煤炭绿色开发的基本原理出发，研发和应用近零生态损害的科学开采技术装备，建立绿色智慧煤矿。

1. 零生态损害的绿色开采新理论与技术

针对煤炭开发地表塌陷、植被和地下水体破坏、废弃物排放和共伴生资源浪费等问题，研究煤矿开采的生态环境损害机理及近零生态损害岩层控制理论；开发煤矿开采区生态正演促进与损伤预治理技术、精准局部充填开采技术、地下水库构建和水资源高效利用技术、西部保水采煤技术、东部采煤沉陷区功能重构与开发利用技术、煤与瓦斯共采技术、煤与水共采技术、煤与地热共采技术以及煤系地层镓铝油气等共伴生资源协同开发技术等；开展煤炭化学开采、生物开采等新型开采方法、技术和装备研究。

2. 深部煤矿地质保障技术及“透明矿井”构建技术

围绕勘探、开发深部煤炭资源和建设“无人化”矿井的需求，研制多原理非接触式地质综合勘探技术与装备，开发无人化矿井地质异常体精细探测技术与装备；研究煤矿无人化开采地质模型，构建透明矿井协同决策平台，开发高精度定位与导航技术、透明矿井多场耦合及大数据分析技术、深部煤层采动区围岩应力场CT实时探测及预警技术。

3. 大型煤矿无人化智能开采系统

针对我国以煤矿井工开采为主，采、掘、运、支、通、选等系统复杂和无人化技术难度大的特点，研究深部煤炭资源无人化开采的新理论、新方法，开发煤机装备高性能基础材料、关键元部件、超高电压等级驱动技术与装备；研发精准开采无人化高效、高可靠性采煤机器人，研究机械破岩全断面上排渣竖井掘进装备、大直径千米深井钻机机器人、井下全断面无人化智能掘进机器人、井下超大空间安全支护和采选充一体化技术、井下无人化运输电动机器人及无人驾驶车辆、露天煤矿重型无人驾驶车辆；研发大型高效无人化选煤技术与装备，开发集信息感知、智能监测、远程控制、自动执行和安全预警等功能为一体的高可靠性全矿井智能化系统。

2.10.3 近零排放的清洁低碳利用技术创新

从根本上改变可再生能源才是清洁能源的传统认识，树立以排污为衡量标准的清洁能源新观念，从煤炭组分出发，研发和应用近零排放的清洁低碳利用技术，尽可能充分利用煤炭的各种组分，少排或者不排有害物质到环境中，实现煤炭消费的绿色、低碳。

1. 梯级综合利用技术

按照“应选尽选，深度洗选”原则，提高商品煤的入选率，加快研究低阶煤热解，建设百万吨级大规模低阶煤高效转化工程，开发半焦燃烧或气化综合利用技术、煤气深加工等技术。梯级利用煤中固定碳、油气等各种有效组分，充分利用即为少排放。

2. 煤炭高效燃烧近零排放技术

在提升和应用高参数发电技术、高效煤粉工业锅炉、污染物深度和联合脱除技术的同时，研发化学链燃烧脱碳、煤炭与瓦斯喷燃爆炸发电等技术，彻底解决煤炭燃烧的效率、污染物排放、碳排放问题。

3. 煤炭温和精准转化技术

在现代煤化工升级示范的同时，研究新型煤炭催化气化和加氢气化、地下气化与煤制油联产、煤制高附加值化学品、煤油共炼等技术，以及节水与化工废水低成本高效处理技术，实现温和条件下环境友好的煤炭精准转化高规格、高附加值化工品。

4. 碳捕集利用与封存技术（CCUS）

针对降低 CO_2 捕集过程能耗、提升矿物与废弃资源活化矿化效率和过程的经济性、CO_2 高值化学品高效定向合成等重大技术难题，研发 CO_2 捕集技术，包括燃烧后 CO_2 捕集技术，基于煤化工与 IGCC 的燃烧前 CO_2 捕集技术、吸附法/膜分离法 CO_2 捕集关键技术等；CO_2 利用与封存技术，CO_2 驱油与封存技术、CO_2 驱煤层气与封存关键技术；突破 CO_2 转化利用技术，包括 CO_2 高效矿化天然矿物与工业固废技术、CO_2 高效定向转化技术和装备、高效的光/电解水与 CO_2 还原耦合的光/电能和化学能循环利用方法和技术、高效低成本的固碳优良藻株的大规模培育及高效生物光反应器技术等。

2.10.4 矿井设计建设与地下空间一体化利用技术创新

与地面相比，地下空间具有无大气污染、抗灾害能力强、隔声、恒温、恒湿等特点，综合开发地下生态城市空间新型资源是解决当今城市人口、资源、环境三大危机的重要举措。矿井建设形成的地下空间的充分、有效利用，将是我国未来矿业生态、城乡建设和能源发展的重要内容。从煤炭资源开发与地下空间利用全链条、全领域、全寿命周期绿色协同发展出发，研究和探索矿井设计建设与地下空间一体化利用技术，构建地面与井下联通的立体生态圈和生态城市。

1. 地下空间环境与安全保障技术

针对煤矿井下空间利用的技术难题，发挥现有矿井运营管理的技术优势，研发井下空间内外部环境安全性检测评价技术、关停矿井封堵快速启封技术、井下巷道机器人远程环境自动巡检技术、无损巷道支护快速测定技术；突破规划关停的矿井地下空间综合利用的灾害防治与安全保障技术，包括地下空间综合环境要素控制技术、生命保障系统设计、矿山压力长期监测技术、基于 GIS 的水灾预警管理系统、瓦斯与火灾预警管理系统、高温防治技术等，创建安全、舒适和便捷的地下利用空间。

2. 地下空间综合利用优化设计技术

针对煤矿井下空间的形态和不同利用方式的特点，研发以煤矿建设、生产和地下空间利用为一体的优化设计技术，研究大型空间建设、井壁稳定等适应性空间改造技术、安全出入口设计及安全保障技术以及地下空间密闭防渗、恒温、恒湿、提升、通风、排水、压风技术，供电、通信联络等技术。

3. 地下空间利用技术

针对煤矿地下空间的围岩特点和深部地层条件，研究关停矿井地下空间多能源协同发展技术，开发大型空间建设技术、井筒再利用为停车场的井壁改造建设技术，发展CO_2封存技术、以压缩空气蓄能和抽水蓄能发电为主的蓄能技术、工业垃圾充填处置一体化技术、地下空间水资源开发利用技术等。同时，针对深部煤炭资源的开发空间，研究地下生态实验舱，地下医学和地下疗养，地下阳光、农业和景观构建，地下多能源协同发展，地下生态城市及深地科学探索等技术。

2.10.5 煤炭资源流态化开发理论与技术创新

随着浅部煤炭资源的逐步枯竭，向深部要资源是必然趋势。深部条件极度复杂，必须颠覆固态搬运的传统方式，探索井下无人智能化采选充填及热电气转化的流态化开采新方式，开辟新的采矿工业模式，实现“地上无煤、井下无人”的煤炭智能化清洁生产模式。

1. 深地原位流态化开采的全新理论体系

颠覆现有煤炭开发利用方式，创建深地原位流态化开采理论体系。建立深部原位多物理场耦合岩体力学理论与方法，研究采动条件下深部岩体原位力学理论体系，解决深部岩体非线性力学行为的瓶颈问题；研究深部岩体多物理场耦合与能量调控理论，建立深部开采致灾的能量准则，提出深部灾害防控的能量调控技术，精确描述深部岩体多物理场耦合力学行为和能量特征；建立深部煤炭流态开采的采动岩体力学理论与方法，形成流态开采扰动下原位岩体本构行为和失稳机制，为基于流态开采扰动路径的采动岩体力学研究奠定前期基础；研究基于流态开采扰动路径的采动岩体力学，为构建深部资源流态开采理论和灾害的预测与防控提供依据。研究深部煤炭流态开采能量演化与调控理论与方法，揭示煤炭流态开采下采场应力——能量演化与失稳机制，研究基于能量调控的大规模煤炭流态开采下岩层稳定与控制理论。

2. 智能化开采技术体系

围绕智能化开采的技术需求，基本实现井下生产作业过程的无人化。建立深部煤炭资源开发的透明矿山技术，实现矿井高精度三维动态地质模型、设备模型的构建，使矿井地质条件、地质力学参数、开采环境和设备布置透明化和可视化；研发2000m及以下深度竖井掘进机、井下智能化掘进机、无人化采煤工作面和掘进工作面、智能化采选充一体化技术与装备等，实现生产流程自动化、工艺参数智能化。

3. 流态化开采技术体系

针对井下液态化开采的技术需求，研发深部巷道自学习、自导航、自纠偏无人化掘进和锚杆钻锚一体无人支护技术；研制无人化工作面开采技术与装备，开发综采设备视觉机器人阵列，建立具备协调、指挥、大数据处理的无人化开采控制系统；创建智能无人化带式输送技术、智能化辅助运输技术，开发煤炭流体垂直输送工艺和双井筒输送示范系统。

4. 原位流态化开发技术体系

围绕煤炭开采利用一体的原位流态化开发，需要突破开发转化利用各过程的连续和流态化，研发深部煤炭采选充与原位转化技术与装备，创建流态化开发的采掘一体化开采工艺，研制高效智能盾构掘采技术与装备、采煤机器人；以开采为基础，研制模块化智能选煤舱、煤炭快速液化舱，实现利用过程的连续流态化；研究减沉协同自适应充填系统，实现固、气、液废弃物地原位就地充填；开发流态化开采一体化集成控制系统。开展深部煤炭水力和高应力诱导流态化开采技术的试验研究，实现煤炭资源地面井直接物理性的流态化开采；探索深部煤层超临界液化技术、深部原位煤炭气化技术、井下原位煤粉爆燃发电技术，实现煤基电、热、气的全井下生产供应，污染物井下控制与处理。

延伸阅读

（提取码 jccb）

第3章 石 油

石油在国民经济和社会生活中的地位和作用极为重要，是构成现代生活方式和社会文明的基础。人民衣、食、住、行的各个方面，现代人们的生活、工作处处离不开石油。我们的日常生活中到处都可以见到石油或其附属品的身影，如汽油、柴油、润滑油、塑料、化学纤维等，这些都是以石油为原料，通过提炼和深加工制造的，目前以石油为原料的石油化工产品达7万多种。

由于石油是一种储量有限、不可再生的矿产资源，而且其分布极不均衡，石油安全是当今世界各国面临的共同问题。石油已经成为战略资源，是世界经济，乃至政治、军事竞争的重要焦点。为此，从国际能源机构到各石油消费国都纷纷采取对策，制定和实时石油安全战略。通过增加本国石油生产，提高石油的利用效率和燃烧转换能力；积极利用国外资源，建立石油储备，对短期石油供应中断作出快速反应，力争以合理的价格获取长期稳定的石油供应，努力减轻对进口石油的依赖程度，保障本国、本地区的经济安全。

3.1 石油的形成

3.1.1 成油理论

石油，地质勘探的主要对象之一，是一种黏稠的深褐色液体，被称为“工业的血液”。地壳上层部分地区有石油储存。其主要成分是各种烷烃、环烷烃、芳香烃的混合物。它是古代海洋或湖泊中的生物经过漫长的演化形成的混合物，与煤、天然气一样属于化石燃料。

“petroleum”（石油）来源于希腊文的“petra”和“oleum”，分别表示石头和油。这个说法符合石油的历史，它本身确实是从岩石中渗透出来的。这种从岩石中渗透出来的油，构成元素十分简单，就是碳和氢。碳与氢原子之间结合的方式多种多样，可形成不同性质的化合物。所以，准确地说，石油是由数以百计的碳氢化合物构成的。其中的小分子，比如最小的甲烷（CH_4），会在一定的气压和温度下呈现为气体，这就是天然气。

目前，学界关于石油的形成有生物成油理论和非生物成油理论两种理论。

生物成油理论。大多数地质学家认为石油像煤和天然气一样，是古代有机物通过漫长的压缩和加热后逐渐形成的。按照这个理论，石油是由史前的海洋动物和藻类尸体变化形成的（陆上的植物则一般形成煤）。经过漫长的地质年代，这些有机物与淤泥混合，被埋在厚厚的沉积岩下。在地下的高温和高压下，它们逐渐转化，首先形成蜡状的油页岩，后来退化成液态和气态的碳氢化合物。由于这些碳氢化合物比附近的岩石轻，它们向上渗透到附近的岩层中，直到渗透到上面紧密的、无法渗透的、本身则多孔的岩层中。这样聚集到一起的石油形成油田。通过钻井和泵取，人们可以从油田中获得石油。地质学家将石油形成的温度范围称为“油窗”。温度太低则石油无法形成，温度太高则会形成天然气。虽然石油形成的深度在世界各地不同，但是“典型”的深度为 4～6km。由于石油形成后还会渗透到其他岩层中去，因此实际的油田可能要浅得多。因此，形成油田需要三个条件：丰富的源岩、渗透通道和一个可以聚集石油的岩层构造。实际上，这个假说并不成立，原因是即使把地球所有的生物都转化为石油，成油量与地球上探明的储量还相差过大。

非生物成油理论。此理论是天文学家托马斯·戈尔德在俄罗斯石油地质学家尼古莱·库德里亚夫切夫（Nikolai Kudryavtsev）的理论基础上发展的。这个理论认为在地壳内已经有许多碳，这些碳自然地以碳氢化合物的形式存在。碳氢化合物比岩石空隙中的水轻，因此它们沿岩石缝隙向上渗透。石油中的生物标志物是由居住在岩石中的、喜热的微生物导致的，与石油本身无关。在地质学家中，这个理论只有少数人支持。一般它被用来解释一些油田中无法解释的石油流入，不过这种现象很少发生。

世界上对石油的成因存在着不同的观点，科学界人士也进行过长期的争论，至今尚未取得完全一致的认识。当前，石油地质学界普遍认为，石油和天然气的生源物是生物，特别是低等的动物和植物。它们死后聚集于海洋或湖泊的黏土底质之中。如果生源物的来源主要是在海洋中生活的生物，就称之为海相生油。如果生源物的来源主要是生活于湖沼的生物，就称之为陆相生油。

李世光首先提出了陆相沉积生油理论，中国人创立并发展了“陆相生油理论”。“陆相生油理论”的提出，为在中国陆相盆地中找到大量石油提供了依据。

海相和陆相都具有大量生成油气的适宜环境和条件，都能形成良好的生油区。但是，由于地质条件的差异，它们的生油条件也有较大的不同。海相沉积和陆相沉积均可生成石油。

3.1.2 储油构造

人们是如何通过石油地质构造来寻找油气田的呢？这就要弄清楚储油构造。储油构造，即凡是能够聚集油、气的地质构造。

背斜，外形上一般是向上突出的弯曲。岩层自中心向外倾斜，核部是老岩层，两翼是新岩层。

向斜，一般是向下突出的弯曲。岩层自两侧向中心倾斜，核部为新岩层，两翼为老岩层。

煤、石油等是由千万年的地质演化形成的，与岩层的新老关系密切。有些含有油气的沉积岩层，由于受到巨大压力而发生变形，石油都跑到背斜里去了，形成富集区。所以背斜构造往往是储藏石油的“仓库”，在石油地质学上叫“储油构造”。通常，由于天然气的密度最小，处在背斜构造的顶部，石油处在中间，下部则是水。寻找油气资源就是要先找这种地方。在地质构造上，背斜储油，向斜储水。因此，现代矿业工程、隧道工程可以此为设计依据，进行油、气、水资源合理开发利用及隧道选址。

背斜储油的机理。最初，岩层水平，油分散在含油层中，水分散在含水层中，气分散在含气层中。由于水、油、气的密度差异，水、油、气均匀水平分布在各层中。随着岩层受挤压力弯曲变形，褶皱开始形成。岩层向上弯曲形成背斜，向下弯曲形成向斜。随着岩层的弯曲，水油气开始出现不均匀分布，水油气都开始顺着岩层向地势低的地方（向斜槽部）流动。但是，由于水的密度最大，因此在向斜槽部主要汇集，形成地下水富集区（称为“储水构造”）。当水在向斜槽部汇集之后，油气密度较小，浮在含水层之上的岩层中，因此，只能在背斜的岩层中汇集，形成油气富集区（称为“储油构造”）。向斜和背斜岩层弯曲程度越大，向斜部分的地下水就汇集越多，背斜部分的油气也有可能会越集中（还要看水油气的量的多少）。

两个关键点：一是油气储存于背斜是动态变化的过程，水、油、气是逐渐出现差异分布的；二是水、油、气都储存在岩层中。

地壳中的石油和天然气在各种天然因素作用下发生的流动，称为油气的运移。油气运移可以导致石油和天然气在储集层的适当部位（圈闭）的富集，形成油气藏，这叫作油气聚集。也可以导致油气分散，使油气藏消失，即油气藏被破坏。

集中储存油气的地方叫作“储油构造”。它由三部分组成：一是有油气储存的空间，叫储油层；二是覆盖在储油层之上的不渗透层，叫盖层；三是由储集岩构成的封闭空间，叫圈闭。储油构造的形成，主要是由于地壳运动的结果。由于地壳变化，具有孔隙或裂缝的储集岩层发生倾斜或产生曲折，石油因为比水轻，在地下水的压力和毛细管的作用下，由低处向高处运动，最终达到最高区域，进入储油层，形成具有一定压力的油气藏。因此，一个油气田的六大要素就是生（油层）、储（油层）、盖（油层）、运（运移）、圈（圈闭）、保（保存）。

3.2 石油的性质

3.2.1 石油的组成

石油是从地层深处开采出来的可燃性黏稠液体矿物，常与天然气并存。从油田开采出来的、未经加工的及经过初步处理的石油统称为原油；经过炼油厂炼制后所获得的各种产品则叫石油产品。

石油的化学组成十分复杂，不同产地甚至同一产地的不同油井的原油，在组成成分上也有一定差异。组成石油的主要元素是碳和氢，其中碳、氢两种元素占元素总量的96％～99％。此外，石油中还含硫、氮、氧等元素，其在石油中的总含量一般在1％～4％之间，但也有个别石油中含量较高。如墨西哥石油仅硫元素的含量就可高达3.5％～5.3％。大多数石油含氮量甚少，从千分之几到万分之几，但也有个别石油，如阿尔及利亚及美国加里福利亚州的石油含氮量达1.4％～2.2％。

除上述5种元素外，在石油中还发现微量的金属元素和非金属元素。

在金属元素中，最重要的是钒（V）、镍（Ni）、铁（Fe）、铜（Cu）、铅（Pb），此外有钙（Ca）、钛（Ti）、镁（Mg）、钠（Na）、钴（Co）、锌（Zn）等。在非金属元素中，主要有氯（Cl）、硅（Si）、磷（P）、砷（As）等，它们的含量都很少。石油中的硫、氮、氧及金属和非金属的含量虽然很少，但对石油的加工过程影响很大。

上述各种元素在原油中都不是以单质的结构存在的，而是以不同形式与碳和氢元素相互结合形成化合物存在于石油中。

由碳和氢化合形成的烃类构成了石油的主要组成部分，占95%～99%，含硫、氧、氮的化合物对石油产品的质量有害，在石油加工中应尽量除去。各种烃类的结构和所占的比例相差很大，但主要有烷烃、环烷烃、芳香烃三类。通常以烷烃为主的石油称为石蜡基石油；以环烷烃、芳香烃为主的称为环烃基石油；介于两者之间的称为中间基石油。我国原油的主要特点是含蜡较多，凝固点高，硫含量低，镍、氮含量中等，钒含量极少。除个别油田外，原油中汽油馏分较少，渣油占1/3，组成不同的石油，加工方法有差别，产品的性能也不同，应当物尽其用。

3.2.2 石油的主要成分与结构

从元素组成可以看出，石油是复杂的有机化合物的混合物，它包括由碳、氢两种元素组成的烃类和碳、氢两种元素与其他元素组成的非烃类。这些烃类和非烃类的结构和含量决定了石油及其产品的性质。

石油中的主要成分是烃类，在天然石油中主要含有烷烃、环烷烃和芳香烃，一般不含有烯烃。在不同的石油中，各族烃类含量相差较大，在同一种石油中，各族烃类在各个馏分中的分布也有很大的差异。

1. 石油中的烃类化合物

（1）石油中的烷烃。烷烃是组成石油的主要成分之一，随着分子量的增加，烷烃分别以气、液、固三态存在于石油中。

在常温下，从甲烷到丁烷是气态，它们是天然气的主要成分。天然气含有大量的甲烷和少量的乙烷、丙烷等气体，还含有少量易挥发的液态烃，如戊烷、己烷直至辛烷的蒸汽，以及有极少量的芳香烃及环烷烃。

在常温下，C5～C15的烷烃为液态，主要存在于汽油和煤油中，其沸点随着分子量的增加而上升。在蒸馏石油时，C5～C10的烷烃多进入汽油馏分（200℃以下）的组成中，而C11～C15的烷烃则进入煤油馏分（200～300℃）的组成中。

C16以上的烷烃在常温下为固态，多以溶解状态存在于石油中，当温度降低时，就有结晶析出，工业上称这种固体烃类为蜡。通常在300℃以上的馏分中，即从柴油馏分开始才含有蜡。含蜡量的多少对油品的凝点的高低有很大影响。

（2）石油中的环烷烃。环烷烃是石油的主要组分之一，也是润滑油组成的主要组分。石油中所含的环烷烃主要是环戊烷和环己烷及其衍生物。

环烷烃在石油各馏分中的含量是不同的，它们的相对含量随馏分沸点的升高而增加，但在更重的石油馏分中，因芳香烃的增加，环烷烃则逐渐减少。一般来说，汽油馏分中的环烷烃主要是单环环烷烃（重汽油馏分中有少量双环环烷烃）；在煤油、柴油馏分中除含有单环环烷烃外（它较汽油馏分中的单环环烷烃具有更长的侧链或更多的侧链数目），还出现了双环及三环环烷烃（在煤油、柴油重组分中已出现多于三环的环烷烃）；而在高沸点馏分中则包括了单环、双环、三环及多于三环的环烷烃。

环烷烃的含量对油品的黏度影响较大，一般含环烷烃多，油品黏度就大，它是润滑油组成的主要组分，其中，少环长侧链的环烷烃是润滑油的理想组分。

（3）石油中的芳香烃。芳香烃也是石油的主要组分之一，在轻汽油（小于120℃）中含量较少，而在较高沸点（120～300℃）的馏分中含量较多。一般在汽油馏分中主要含有单环芳烃，煤油、柴油及润滑油馏分中不但含有单环芳烃，还含有双环及三环芳烃，三环及多环芳烃主要存在于高沸馏分及残油中。多环芳烃具有荧光，这是石油能发生荧光的原因。

芳香烃的抗爆性很高，是汽油的良好组分，常用作提高汽油质量的掺合剂。灯用煤油中含芳香烃多，点燃时会冒黑烟并易使灯芯结焦，是有害组分。润滑油馏分中含有多环短侧链的芳香烃，它会使润滑油的黏温特性变坏，高温时易氧化而生胶，因此，润滑油精制时要设法除去其中的芳香烃。

芳香烃用途很广泛，可用于制作炸药、染料、医药、合成橡胶等，是重要的化工原料之一。

2. 石油的非烃化合物

石油中除了含各种烃类以外，还含有相当数量的非烃化合物，尤其是在石油重馏分中的含量更高。非烃化合物的存在，对石油处理和加工及产品的使用性能具有很大的影响。在石油加工过程中，绝大多数精制过程都是为了解决非烃化合物的问题。为了能正确地解决石油处理和加工及产品使用中的一些问题，必须学习研究石油中非烃化合物及其化学组成。

石油中的非烃化合物主要有含硫、含氧、含氮化合物以及胶质、沥青质等。

3. 无机物

除烃类及其衍生物外，原油中还含有少量无机物，主要是Na、Ca、Mg等的氯化物，硫酸盐和碳酸盐以及少量污泥。它们分别呈溶解、悬浮状态或以油包水型乳化液分散于原油中。其危害主要是增加原油储运的能量消耗，加速设备腐蚀和磨损，促进结垢和生焦，影响深度加工催化剂的活性等。

原油经过加工（炼制）可得到炼厂气及各种燃料油、润滑油、石蜡、石油焦和沥青等产品，这些产品称为石油产品。

3.3 石油的勘探与开采

3.3.1 石油的勘探

人们如何发现油气藏，经历了一个不断探索的过程：早先以寻找油气苗为线索，后来以石油地质理论为指导进行预测，发展到现在的将先进的理论与先进的探测技术相结合，采用正确的勘探程序，有效地降低勘探风险，提高了勘探的成功率，加速了油气藏的发现。

（1）寻找油气苗。油气苗是地下油气藏在地表最直接、最明显的标志。早期找油就是从寻找、观察出露地表的油气苗入手的。勘探人员在野外特别注意寻找有没有石油及其迹象（如沥青）或冒汽包的水泉，这是最直观的找油方法。我国的克拉玛依油田附件有“黑油山”，就是通过发现油气苗而引起注意，投入钻探后发现的。独子山油田则以因含有油气的泥水长期溢流而成的“泥火山”而著称；玉门油田旁有“石油河”；延长油田范围内沿延河谷有多处油苗出露；四川最早利用气井的自贡也有不少气苗可以点燃，古籍中早有记载。

凡是有油气苗的地区，就表明有石油和（或）天然气存在，这就意味着可以找到油气田。

但是有油气苗存在的油气藏毕竟很少，一般埋藏浅，容易被破坏。油气苗实际上是油气藏被破坏的结果。绝大多数油气藏深埋在地下，地面没有油气苗。这些油气藏是应用科学的理论和先进的探测方法、手段和技术发现的。

（2）运用先进的石油地质理论指导找油。近代石油工业初期，石油地质学家发现油气都聚集在背斜之中。背斜像一口倒扣在地下的锅，向上运移（油气密度小，在浮力作用下向上运动）的油气被倒扣的锅盖住，油气进入“锅”中聚集成藏，于是提出了“背斜理论”。根据这种油气成藏理论，人们发现了大批的油田，促进了石油工业的发展。直至今天，“背斜理论”对油气勘探仍具有重要的指导作用。

随着油气勘探的成功经验和失败教训的不断积累，人们发现油气不仅可以聚集在背斜之中，也可以聚集在其他形式的地质空间之中。到了20世纪30年代，“圈闭理论”诞生了。“圈闭理论”认为，油气不仅可以聚集在背斜中形成油气藏，也可以在非背斜的其他空间中聚集成藏。凡是能够阻止油气在储层中继续运移并在其中聚集起来的空间场所叫“圈闭”，背斜仅仅是众多圈闭类型中的一种。“圈闭理论”的提出，大大开阔了人们的找油视野和领域。按照“圈闭理论”，人们在岩性变化、不整合、古地貌、火山岩等多种地质体中发现了大量的油气藏。20世纪80年代以来，石油地质学家又提出了“含油气系统”理论。该理论认为，尽管圈闭是形成油气藏的空间，但不是控制形成油气藏的唯一因素，油气藏的形成是生、储、盖、运、圈、保6要素在时空上的有利配合。任何一方面的缺乏和不利对油气藏的形成和保存都有重要的影响。油气从生油气区到圈闭聚集成藏是一个动态平衡的过程，油气的聚集部位是有规律的。“含油气系统”理论已经成为全世界指导油气藏勘探，有效降低勘探风险的重要理论。

（3）现代石油勘探技术。科学的理论只能指出寻找油气的大致方向，指导人们从宏观的角度来把握油气分布规律，而真正要寻找具体的油气聚集带和油气（田），还必须借助于先进的勘探技术、方法和手段，现代石油勘探技术包括遥感地质技术和地震勘探技术。

（4）地表化学勘探技术。目前，在油气地表化学勘探中应用最广泛的技术有遥感化探技术、轻烃分析技术、重烃分析技术等。

（5）石油地质勘探过程。石油勘探，就是为了寻找和查明油气资源，而利用各种勘探手段了解地下的地质状况，认识生油、储油、油气运移、聚集、保存等条件，综合评价含油气远景，确定油气聚集的有利地区，找到储油气的圈闭，并探明油气田的面积，搞清油气层的情况和产出能力的过程。

石油以及其他矿产的发现方法相同，首先是经过地质工作者进行小比例尺踏勘，划分出地层，这种工作比较粗糙，只是对整个地区的大致了解；然后在小比例尺的地形图上作出地质图（通常是用1：5万的地形图作为底图），全国各省都做这样的工作，然后把各省的地质图合并到一起，成为中国构造地质图。

从地质的普查资料中可以得知，石油的生成赋存形式主要在古老地层中的岩石——油页岩中，凡是找到这种岩石的地方都会有石油的沉积。经过地表揭露后，把资料收集汇总，然后根据这些资料设计、勘探、钻孔（根据地层的倾角，利用三角函数算出钻孔的孔深）。

完整的石油勘探过程主要包括的工作岗位大类有：地质类工程师，油藏类工程师，物探资料采集、解释、处理工程师，数值模拟、测井、监督岗位等。

3.3.2 石油的开采

通过勘探、钻井、完井之后，油井开始正常生产，油田也开始进入采油阶段，根据油田开发的需要，最大限度地将地下原油开采到地面上来，提高油井的产量和原油采收率，合理开发油藏，实现高产、稳产的过程叫作采油。

常用的采油方法包括自喷采油和人工举升采油。

在石油界，通常把仅仅依靠岩石膨胀、边水驱动、重力、天然气膨胀等各种天然能量来采油的方法称为一次采油；把通过注气或注水提高油层压力的采油方法称为二次采油；把通过注入化学剂改变张力、注入热流体改变黏度，用这种物理、化学方法来驱替油层中不连续的和难开采原油的方法称为三次采油。

1. 自喷采油

自喷采油是指原油从井底到井口、从井口流到集油站，全部都是依靠油层自身的能量来完成的，是一种依靠天然能量的采油方式。在自喷井生产系统中，原油从油层流到地面分离器，一般要经过四个基本过程：油层渗流、井筒流动、油嘴节流和地面管线流动。

观察井下各种液体、气体流动和变化情况的“眼睛”是仪表。仪表分为油压表、气压表、水压表、温度表。自喷采油的基本设备包括井口设备及地面流程主要设备。其中，井口设备主要有套管头、油管头、采油树。总体来讲，自喷采油井井口设备简单、操作方便、油井产量高、采油速度高、生产成本低，是一种最佳的采油方式。

自喷井的产量一般来说都是比较高的，例如，中东地区最高的自喷油井日产油量可达万吨左右，我国华北油田也有日产千吨的自喷井，大庆油田的高产自喷井日产200～300t。据统计，目前世界上有50％～60％的石油是由自喷井开采出来的。这种方法不需要复杂昂贵的设备，油井管理比较方便，是一种经济效益较高的采油方法。所以，在油田开发过程中，人们都尽可能地设法保持油井能长期自喷。

2. 人工举升采油

对于不能自喷的油井，需要采油机械装置进行采油，常用的机械采油方法有抽油机采油、潜油电泵采油、水利活塞泵采油、气举采油和注水（气）采油。

（1）抽油机采油。抽油机是开采石油的一种机器设备，俗称“磕头机”，通过加压的办法使石油出井。常见的抽油机即游梁式抽油机，是油田广泛应用的传统抽油设备，通常由普通交流异步电动机直接拖动。其曲柄带以配重平衡块带动抽油杆，驱动井下抽油泵做固定周期的上下往复运动，把井下的油送到地面上。在一个冲次内，随着抽油杆的上升/下降，而使电机工作在电动/发电状态。上升过程中，电机从电网吸收能量电动运行；下降过程中，电机的负载性质为位势负载，加之井下负压等使电动机处于发电状态，把机械能量转换成电能回馈到电网。

塔架式数控抽油机属于“长冲程、低冲次”机电一体化的抽油机，是现代机械制造技术、控制技术、功率电子技术与机电一体化技术集成创新的完美结合。它采取控制系统驱动电机运行，通过组合减速传动，使抽油机的动力源和终端负载做换向运动，拖动抽油杆上下反复运行，抽油杆和配重形成了天平式的平衡，相互不断地交换储存和释放势能的过程，实现了运行时的平衡，使机械效率达到90%以上，无功损耗接近于零，起到了四两拨千斤的效果，与常规抽油机相比，节能效果达到30%～70%，解决了常规抽油机机械效率低、难以实现长冲程和高耗能的难题。

（2）潜油电泵采油。潜油电泵采油是为了适应经济有效地开采地下石油而逐渐发展起来日趋成熟的一种人工采油方式。它具有排量扬程范围大、功率大、生产压差大、适应性强、地面工艺流程简单、机组工作寿命长、管理方便、经济效益显著的特点。自1928年第一台电潜泵投入使用以来，电潜泵采油在井下机组设计、制造及油井选择、机组选型成套、工况监测诊断及保护、分层开采和测试等配套工艺方面日臻完善。在制造适应高温、高黏度，高含砂、高含气、含 H_2S 和 CO_2 等恶劣环境的电潜泵机组方面，也取得了很大进展。不仅用于油井采油，还用于气井排液采气和水井采水注水。

（3）水利活塞泵采油。水力活塞泵是一种液压传动的往复容积式无杆抽油设备。高压动力液由地面泵通过油管输送到井下的液动机，驱动液动机往复运动，液动机活塞杆带动抽油泵活塞往复抽油。水力活塞泵抽油系统所依据的基本原理是帕斯卡定律，即在密闭容器内，处于平衡状态下的液体任一部分的压强，必然按其原来的大小，由液体向各个方向传递。对于3600m以上的深井，水力活塞泵是最成功的机械采油方法，下泵最深可达5486m。

水力射流泵（简称射流泵）是一种特殊的水力泵。它是利用射流原理，将注入井内的高压动力液的能力传递给井下产液的无杆水力采油装置。射流泵采油系统的组成和水力活塞采油系统相似，由地面储液罐、高压地面泵和井下射流泵组成。射流泵的井下装置类型与水力活塞泵一样，包括固定式装置和自由式装置，但射流泵只能采用开式动力液系统。

射流泵井下无运动部件，对于高温深井、高产井、含砂、含腐蚀性介质、稠油以及高气液比油井有较强的适应性。

（4）气举采油。当地层供给的能量不足以把原油从井底举升到地面时，油井就会停止自喷。为了使油井继续出油，需要人为地把气体（天然气）压入井底，使原油喷出地面，这种采油方法称为气举采油。海上采油，探井，斜井，含砂、气较多和含有腐蚀性成分因而不宜采用其他机械采油方式的油井，都可采用气举采油。气举采油的优点是井口、井下设备较简单，管理调节较方便；缺点是地面设备系统复杂，投资大，而且气体能量的利用率较低。

（5）注水（气）采油。注水采油，是利用注水设备把质量合乎要求的水从注水井注入油层，保持油层压力，驱替地下原油至油井，是一种人为地将水注入储油层孔隙中，以水作为驱替剂将更多的原油从油层中驱替出来的一种采油技术。注水可以提高油田开发速度和采收率，而且经济效益好，因此注水开采已成为众多油田开发的主要方式。

3. 三次采油

前面介绍的自喷采油与人工举升采油，分别是一次采油和二次采油。在三次采油阶段，人们通过采用各种物理、化学方法改变原油的黏度和对岩石的吸附性，可以增加原油的流动能力，进一步提高原油的采收率。目前世界上已形成三次采油的四大技术系列，即化学驱、气驱、热力驱和微生物技术采油。其中通过注入化学剂提高采收率称为化学驱，包括聚合物驱、表面活性剂驱、碱水驱以及三元复合驱等；气驱包括混相或部分混相的CO_2驱、氮气驱、天然气驱和烟道气驱等。

4. 油气井增产工艺

油气井增产工艺是提高油井（包括气井）生产能力和注水井吸水能力的技术措施，常用的有水力压裂、无水压裂及酸化处理法，此外还有井下爆炸、溶剂处理等。

（1）水力压裂工艺。水力压裂是以超过地层吸收能力的大排量向井内注入黏度较高的压裂液，使井底压力提高，将地层压裂。随着压裂液的不断注入，裂缝向地层深处延伸。压裂液中要带有一定数量的支撑剂（主要是砂子），以防止停泵后裂缝闭合。充填了支撑剂的裂缝，改变了地层中油、气的渗流方式，增加了渗流面积，减少了流动阻力，使油井的产量成倍增加。最近全球石油行业很热门的“页岩气”就是得益于水力压裂技术的快速发展。

水力压裂技术是石油行业当前最具争议，也是关注度最高的技术。水力压裂原理是通过高压液体的作用力，使得井筒附近的地层产生裂缝，再将支撑剂泵入裂缝当中，防止裂缝闭合。这些裂缝就成了油气高速流通的通道，由此能够增加石油和天然气的产量。在碳酸盐岩储层当中，有的也使用酸化技术，通过酸化储层能够增加储层的孔隙度、渗透率，从而实现油气增产。有时候，酸化和压裂同时使用，这种技术称之为酸化压裂（Acid-Frac）。

（2）无水压裂。我国非常规油气资源非常丰富，水力压裂是实现效益开发的主要手段。但是，我国又是一个水资源严重缺乏的国家，因此，研究和发展无水压裂技术，对我国非常规油气资源的可持续开发具有重大意义。

二氧化碳干法加砂压裂技术的核心是采用液态二氧化碳代替常规水基压裂液，将支撑剂带入地层形成高导流裂缝，可实现增产改造全过程无水相，是致密油气藏增产增效的法宝，对节约水资源，推动我国低渗透油气藏的效益开发，具有极其重要的意义。

（3）油井酸化处理。油井酸化处理分为碳酸盐岩地层的盐酸处理及砂岩地层的土酸处理两大类，通称酸化。

碳酸盐岩地层的盐酸处理：石灰岩与白云岩等碳酸盐岩与盐酸反应生成易溶于水的氯化钙或氯化镁，增加了地层的渗透性，有效地提高了油井的生产能力。在地层的温度条件下，盐酸与岩石的反应速度很快，大部分消耗在井底附近，不能深入到油层内部，影响酸化效果。

砂岩地层的土酸处理：砂岩的主要岩矿成分为石英、长石。胶结物多为硅酸盐（如黏土）及碳酸盐，都能溶于氢氟酸。但氢氟酸与碳酸盐类反应后，会发生不利于油气井生产的氟化钙沉淀。一般用8%～12%盐酸加2%～4%的氢氟酸混合土酸处理砂岩，可避免生成氟化钙沉淀。氢氟酸在土酸中的浓度不宜过高，以免破坏砂岩的结构，造成出砂事故。为防止地层中钙、镁离子与氢氟酸的不利反应及其他原因，在注入土酸前，还应该用盐酸对地层进行预处理，预处理的范围要大于土酸的处理范围。近年来发展了一种自生土酸技术，用甲酸甲酯与氟化铵在地层中反应生成氢氟酸，使其在深井高温油层内部起作用，以提高土酸的处理效果，从而提高油井生产能力。

5. 其他石油开采新技术

（1）三维地震测量（3D Seismic Surveying）技术。这一项技术对现代石油工业的影响至关重要，最早应用始于20世纪70年代。三维地震技术以及计算机技术的发展，使得石油工作者能够更加精确地了解地层构造、构建地质模型。有了更精确的地质模型，石油勘探的成功率大大得以提高，油气田开发当中的钻井数量大大减少了。钻井不像买彩票那样靠运气，不是随随便便选个位置立好钻机就钻，要是地质结构不清楚，就算把地球打穿了也不一定能找到石油，所以三维地震测量技术是石油行业当之无愧的第一。

（2）油藏模拟（Reservoir Simulation）技术。油藏数值模拟是用数值方法求解描述油藏中的多维多相多组分流动的数学模型，以研究油藏中渗流机理过程，为科学合理地开发油田提供依据。从20世纪50年代起，人们就开始应用数值方法求解油藏内复杂的渗流问题。随着高速、大容量电子计算机的发展，油藏数值模拟方法日益广泛地应用于研究各种类型油藏的合理开发问题，包括：技术决策研究、开发方案编制和最优方案选择、动态预报和开发调整研究、渗流机理的研究，其他如提高石油采收率方法的筛选和设计，各种工程技术措施的优选等。

在对具体的油藏中的专门问题进行数值模拟时，需要依次进行以下几项主要工作：油藏原始参数的收集、油藏地质模型的建立、数值模拟方法的选择、生产历史的拟合和动态预报，其他计算和结果的综合分析。

（3）定向井（Directional Drilling）技术。一口井的设计目标点，按照人为的需要，在一个既定的方向上与井口垂线偏离一定距离的井，统称为定向井。定向井技术是当今世界石油勘探开发领域较先进的钻井技术之一，它是由特殊井下工具、测量仪器和工艺技术有效控制井眼轨迹，使钻头沿着特定方向钻达地下预定目标的钻井工艺技术。

同传统钻井技术相比，定向井技术带来的一个重要变革就是能打出斜井、水平井，直穿储层，增加了井筒和储层的接触面积，提高了油气产量。同时，定向井能够深入到一些传统钻井技术无法达到的储层，比如城镇、湖泊、比较坚硬的地层下方的油气藏。此外，定向井技术为多分支井技术提供了可能性，大大节省了钻井成本。

旋转导向钻井系统是一项尖端自动化钻井新技术，代表了当今世界钻井技术发展的最高水平。这项技术已经成为复杂超深定向井和大位移水平井使用的必备技术，目前仅贝克休斯和斯伦贝谢等国外钻井服务公司拥有此项技术。

（4）随钻测井（LWD，全称 Logging While Drilling）技术。随钻测井一般是指在钻井的过程中测量地层岩石物理参数，并用数据遥测系统将测量结果实时送到地面进行处理。

随钻测井仪器放在钻铤内，除测量电阻率、声速、中子孔隙度、密度等常规测井和某些成像测井外，还测量钻压、扭矩、转速、环空压力、温度、化学成分等钻井参数。由于钻头钻进过程中环境恶劣，温度很高，压力极大，振动强烈，因此，随钻测井仪器的可靠性至今仍是商家最为重视的问题。

由于随钻测井既能用于地质导向，指导钻进，又能对复杂井、复杂地层的含油气情况进行评价，已是世界各石油服务公司争相研究、不断推出新方法、新技术的热点。

通过随钻测井技术，配合定向井技术，在钻井过程中实时将井况传输到地面，不仅可以为钻水平井和大斜井提供“地质导向”信息，而且能实时测量地质和油层参数，大大提高了钻井成功率，减少了钻井作业量。

（5）深水油气勘探开发（Deep Water）技术。石油界将海域按深浅划分为浅海（水深不足 500m）、深水（水深超过 500m）和超深水（水深超过 1500m）。

全球海洋油气资源丰富。据估计，海洋石油资源量约占全球石油资源总量的 34%，累计探明储量约 400 亿 t，探明率在 30%左右，尚处于勘探早期阶段。据美国地质调查局（USGS）评估，世界（不含美国）海洋待发现石油资源量（含凝析油）548 亿 t，待发现天然气资源量 78.5 万亿 m^3，分别占世界待发现资源量的 47%和 46%。

海洋油气资源主要分布在大陆架上，约占全球海洋油气资源的 60%。在探明储量中，目前浅海仍占主导地位，但随着石油勘探技术的进步，海洋油气勘探逐渐转向深海。目前，海洋石油钻探最大水深已经超过 3000m，油田开发的作业水深达到 3000m，铺设海底管道的水深达到 2150m。

动态定位技术、GPS 技术，能让钻井船在超深水地区和大部分天气条件下进行稳定的钻井作业；水下油气生产设备及深水管道技术，也让深水油气开采变得经济可行。深水油气勘探开发技术，集各种黑暗科技大成于一体，其复杂程度是石油行业中程度最高的，它承载着石油工业的未来。

3.4 石油的炼制

从地下开采出来的石油是黄色乃至黑色的黏稠液体，是由烃类和非烃类组成的复杂混合物，各组分的沸点不相同。利用石油中各成分沸点不同的特性，可以用加热蒸馏的物理方法辅之以各种化学手段把它们分开，以生产出人们所需的各种产品，这一过程称为石油的炼制。在石油加工过程中，采油一系列化学加工方法，主要包含催化裂化、热加工、催化重整和加氢来改变原有的产品结构，提高石油产品中汽油、柴油等常用油品的产量。

石油炼制工业中采用各种加工过程，这些加工过程的各种组合构成不同类型石油炼厂的主体部分。习惯上将石油炼制过程不很严格地分为一次加工、二次加工、三次加工三类过程。

原油加工流程是各种加工过程的组合，也称为炼油厂总流程，按原油性质和市场需求不同，组成炼油厂的加工过程有不同的形式，可能很复杂，也可能很简单。如西欧各国加工的原油含氢组分多，而煤的资源不多，重质燃料不足，有时只采用原油常压蒸馏和催化重整两种过程，得到高辛烷值汽油和重质油（常压渣油），后者作为燃料油。这种加工流程称为浅度加工。为了充分利用原油资源和加工重质原油，各国有向深度加工方向发展的趋势，即采用催化裂化、加氢裂化、石油焦化等过程，从原油得到更多的轻质油品。

各种不同加工过程在生产上还组成了生产不同类型产品的流程，包括燃料、燃料-润滑油和燃料-化工等类产品的典型流程。

3.4.1 石油一次加工过程

原油一次加工，主要采用原油预处理、常压、减压蒸馏的简单物理方法，将原油切割为沸点范围不同、密度大小不同的多种石油馏分。各种馏分的分离顺序主要取决于分子大小和沸点高低。在常压蒸馏过程中，汽油的分子小、沸点低（50～200℃），首先馏出，随之是煤油（5～60℃）、柴油（0～200℃）、残余重油，重油经减压蒸馏又可获得一定数量的润滑油的基础油或半成品（蜡油），最后剩下渣油（重油）。一次加工获得的轻质油品（汽油、煤油、柴油）还需进一步精制、调配才可作为合格油品投入市场。我国一次加工原油只获得25%～40%的直馏轻质油品和20%左右的蜡油。

（1）原油预处理。原油预处理也称为原油脱水、脱盐。从油田送往炼油厂的原油往往含盐（主要是氯化物）、带水（溶于油或呈乳化状态），可导致设备的腐蚀，在设备内壁结垢和影响成品油的组成，需在加工前脱除。常用的办法是加破乳剂和水，使油中的水集聚，并从油中分出，而盐分溶于水中，再加以高压电场配合，使形成的较大水滴顺利除去。

（2）常减压蒸馏。常压蒸馏和减压蒸馏习惯上合称常减压蒸馏。常减压蒸馏基本属于物理过程。脱盐、脱水后的原料油在蒸馏塔里按蒸发能力分成沸点范围不同的油品（称为馏分）。这些油有的经调合、加添加剂后以产品的形式出厂，相当大的部分是后续加工装置的原料，因此，常减压蒸馏又被称为原油的一次加工。经过常减压蒸馏后，进行馏分分离。

原油的蒸馏在分馏塔中进行。分馏塔为一柱状设备，中间安放了多层的塔板，在塔板上开有让气体及液体上升的通道。在塔顶设有冷凝器，塔底设有加热元件，称为再沸器。

原油中的各组分由于分子结构不同，因此沸点也不同。轻组分沸点低，比较容易挥发，在加热时，容易气化。重组分沸点高，相对难挥发。在蒸馏过程中，每一层塔板上的液体由于受热，那些轻组分气化成气体，穿过塔板上的通道，来到上一层塔板，与上一层塔板上的液体进行物质交换，沸点高的组分留下来，沸点低的组分继续向更高一层流动。沸点高的组分由于难挥发，以液体的形态留在塔板上，通过塔板上的通道流向下一层塔板，同时与上升的轻组分进行物质交换，经过这样多层的物质交换，在蒸馏塔里沿着塔德轴线形成了石油各组分的分布。轻组分逐渐聚集到塔的上部，重组分则聚集到塔的底部。按照需要在塔中某一组分最多的位置开孔引出馏分，由此可以将原油进行分离。

从蒸馏的理论来说，要把 n 个馏分分离，需要 $n+1$ 个塔，而在原油分离中，并不需要分离出纯的组分，因此都是采用馏程来表示某一温度范围的混合物。如煤油馏程在130～250℃，柴油馏程在250～300℃。

3.4.2 石油二次加工过程

原油二次加工，主要用化学方法或化学-物理方法，将原油馏分进一步加工转化，以提高某种产品收率，增加产品品种，提高产品质量。进行二次加工的工艺很多，要根据油品性质和设计要求进行选择，主要有催化裂化、催化重整、焦化、减黏、加氢裂化、溶剂脱沥青等。如对一次加工获得的重质半成品（蜡油）进行催化裂化，又可将蜡油的40%左右转化为高牌号车用汽油，30%左右转化为柴油，20%左右转化为液化气、气态烃和干气。如以轻汽油（石脑油）为原料，采用催化重整工艺加工，可生产高辛烷值汽油组分（航空汽油）或化工原料芳烃（苯、二甲苯等），还可获得副产品氢气。

（1）热裂化。热裂化（Thermal Cracking），是石油炼制过程之一，是在热的作用下（不用催化剂）使重质油发生裂化反应，转变为裂化气（炼厂气的一种）、汽油、柴油的过程。热裂化原料通常为原油蒸馏过程得到的重质馏分油或渣油，或其他石油炼制过程副产的质油。

热裂化是在高温（470～520°C）、高压下分解高沸点石油馏分（如常压重油、减压馏分），制取低沸点烃类——汽油、柴油以及副产气体和渣油的过程。汽油、柴油的总产率在60%左右。副产气体叫裂化气，主要是甲烷和氢气。在裂化过程中，烷烃、烯烃分解为较小分子的烷烃和烯烃；环烷烃发生断侧链、断环和脱氢反应，带侧链的芳烃断掉侧链或侧链脱氢。

（2）减黏裂化。减黏裂化（Visbreaking）的生产目的是将高黏度重质油料经过轻度热裂化得到低黏度、低凝固点的燃料油。此项技术比较成熟，工艺简单，投资不多，是利用渣油生产燃料油的一个可行办法。

减黏裂化的原料主要是减压渣油，产品主要是减黏渣油（燃料油）82%、不稳定汽油5%、柴油10%。减黏效果是显著的，例如黏度为5800mm^2/s的减压渣油通过减黏处理，其黏度可降到650mm^2/s。减黏柴油一般调入燃料油内，不作为产品。

减黏裂化流程比较简单，原料油经加热炉加热到450℃，经过急冷后进入闪蒸塔，分离出减黏燃料油，油气再进入分馏塔进一步分离出气体、汽油、柴油、蜡油和循环油。

(3) 焦化。焦化一般是指有机物质碳化变焦的过程，在煤的干馏中指高温干馏。在石油加工中，焦化是渣油焦炭化的简称，是指重质油（如重油、减压渣油、裂化渣油，甚至土沥青等）在500℃左右的高温条件下进行深度的裂解和缩合反应，产生气体、汽油、柴油、蜡油和石油焦的过程。焦化主要包括延迟焦化、釜式焦化、平炉焦化、流化焦化和灵活焦化5种工艺过程。

(4) 催化裂化。催化裂化是石油炼制过程之一，是在热和催化剂的作用下使重质油发生裂化反应，转变为裂化气、汽油和柴油等的过程。催化裂化技术由法国E.J.胡德利研究成功，于1936年由美国索康尼真空油公司和太阳石油公司合作实现工业化。当时采用固定床反应器，反应和催化剂再生交替进行。

催化裂化是石油二次加工的主要方法之一，主要反应有分解、异构化、氢转移、芳构化、缩合、生焦等。与热裂化相比，其轻质油产率高，汽油辛烷值高，柴油安定性较好，并副产富含烯烃的液化气。

随着催化剂再生技术的发展，再生烟气的温度和压力越来越高，再生器顶部烟气温度可达730℃以上，压力达0.36MPa左右。再生器高温烟气所带走的能量约占全装置能耗的1/4。因此，如何有效利用这部分能量是提高全装置能量利用率的关键。

(5) 催化重整。在催化剂作用的条件下，对汽油馏分中的烃类分子结构进行重新排列，形成新的分子结构的过程叫作催化重整。它是石油炼制过程之一，在加热、氢压和催化剂存在的条件下，使原油蒸馏所得的轻汽油馏分（或石脑油）转变成富含芳烃的高辛烷值汽油（重整汽油），并副产液化石油气和氢气的过程。重整汽油可直接用作汽油的调合组分，也可经芳烃抽提制取苯、甲苯和二甲苯。副产的氢气是石油炼厂加氢装置（如加氢精制、加氢裂化）用氢的重要来源。

催化重整是提高汽油质量和生产石油化工原料的重要手段，是现代石油炼厂和石油化工联合企业中常见的装置之一。

(6) 加氢精制。加氢精制也称加氢处理，是石油产品重要的精制方法之一，是指在氢压和催化剂存在下，使油品中的硫、氧、氮等有害杂质转变为相应的硫化氢、水、氨而除去，并使烯烃和二烯烃加氢饱和、芳烃部分加氢饱和，以改善油品的质量。有时，加氢精制是指轻质油品的精制改质，而加氢处理是指重质油品的精制脱硫。

(7) 溶剂脱沥青。溶剂脱沥青是加工重质油的一种石油炼制工艺，其过程是以减压渣油等重质油为原料，利用丙烷、丁烷等烃类作为溶剂进行萃取，萃取物即脱沥青油可做重质润滑油原料或裂化原料，萃余物脱油沥青可做道路沥青或其他用途。

3.4.3 石油三次加工过程

石油三次加工是对石油一次、二次加工的中间产品（包括轻油、重油、各种石油气、石蜡等），通过化学过程生产化工产品。如用催化裂化工艺所产干气中的丙稀生产丙醇、丁醇、辛醇、丙稀腈、腈纶；用丙稀和苯生产丙苯酚丙酮；用碳四（C4）馏分生产顺酐、顺丁橡胶；用苯、甲苯、二甲苯生产苯酐、聚脂、涤纶等产品。最重要并且最大量的是用石脑油、柴油生产乙稀。

3.5 石油产品

石油经炼制和加工可得到数以千计的石油化工产品，最常见的包括汽油、煤油、柴油、液化石油气等油品，其他为石油化工产品。

3.5.1 汽油

汽油（ULP）外观为透明液体，主要由 C_4～C_{10} 各族烃类组成，按研究把法辛烷值分为 90 号、93 号、95 号三个牌号。汽油具有较高的辛烷值和优良的抗爆性，用于高压缩比的汽化器式汽油发动机上，可提高发动机的功率，减少燃料消耗量；具有良好的蒸发性和燃烧性，能保证发动机运转平稳、燃烧完全、积炭少；具有较好的安定性，在贮运和使用过程中不易出现早期氧化变质，对发动机部件及储油容器无腐蚀性。

汽油作为有机溶液，还可以作为萃取剂使用，作为萃取剂应用最广泛的为国内大豆油主流生产技术，即浸出油技术。浸出油技术操作方法为将大豆在 6 号轻汽油中浸泡后再榨取油脂，然后经过一系列加工过后形成大豆食用油。

3.5.2 航空煤油

航空煤油，石油产品之一，英文名称 Jet fuel No. 3。它是由直馏馏分、加氢裂化和加氢精制等组分及必要的添加剂调和而成的一种透明液体，主要由不同馏分的烃类化合物组成。航空煤油分为 JetA 航空煤油和 JetB 航空煤油，主要用作航空涡轮机和喷气发动机的燃料。目前，已出现生物航空煤油的应用。

3.5.3 柴油

柴油是轻质石油产品，复杂烃类（碳原子数为 10～22）混合物。为柴油机燃料。其主要由原油蒸馏、催化裂化、热裂化、加氢裂化、石油焦化等过程生产的柴油馏分调配而成；也可由页岩油加工和煤液化制取。它分为轻柴油（沸点范围 180～370℃）和重柴油（沸点范围为 350～410℃）两大类，广泛用于大型车辆、铁路机车、船舰。柴油最重要的性能是着火性和流动性。

3.5.4 润滑油

润滑油是用在各种类型机械上以减少摩擦，保护机械及加工件的液体润滑剂，主要起润滑、冷却、防锈、清洁、密封和缓冲等作用。润滑油添加剂的概念是加入润滑剂中的一种或几种化合物，以使润滑剂得到某种新的特性或改善润滑剂中已有的一些特性。添加剂按功能主要有抗氧化剂、抗磨剂、摩擦改善剂（又名油性剂）、极压添加剂、清净剂、分散剂、泡沫抑制剂、防腐防锈剂、流点改善剂、黏度指数增进剂等类型。市场中所销售的添加剂一般都是以上各单一添加剂的复合品，所不同的是单一添加剂的成分不同以及复合添加剂内部几种单一添加剂的比例不同而已。

3.5.5 其他石油产品

在炼油厂以原油为原料生产燃料、化工原料和润滑油等液体油品的同时，还能得到一些固体石油产品——石油蜡、石油焦、石油沥青。它们的产量虽然不多，但由于特殊的用途和性质，产品附加值较高，在国民经济的各个领域都有应用。

3.6 我国石油工业发展战略与重点任务

3.6.1 石油工业在国民经济中的地位与作用

（1）为经济发展提供能源。石油炼制生产的汽油、煤油、柴油、重油以及天然气是当前主要能源的主要供应者。目前，全世界石油和天然气的消费量占总能耗量的60%。石油化工提供的能源主要用作汽车、拖拉机、飞机、轮船等交通运输燃料，部分用作化工生产原料，生产的乙烯、丙烯及其下游三大合成材料产品，为各部门发展提供动力。

（2）支撑材料工业发展。材料工业是各行各业发展的基础，而石油化工则是材料工业的支柱。目前，我国石油化工提供的三大合成材料产量已居世界第2位，合成纤维产量居世界第1位。除合成材料外，石油化工还提供了绝大多数的有机化工原料。我国已是仅次于美国的世界第二大石化产品大国，氮肥、磷肥、农药、染料、轮胎、合成纤维、聚氯乙烯等产品的产量均已居世界第一，原油加工、乙烯、合成树脂产量已居世界第二。

（3）促进农业发展。农业是我国国民经济的基础产业。农、林、牧、渔业主要以消费柴油为主，其柴油消费量占柴油总消费量的1/5左右。石化工业还为农业生产提供化肥、农药和农用塑料薄膜。石化工业提供的氮肥占化肥总量的80%，农用塑料薄膜的推广使用，加上农药的合理使用以及大量农业机械所需的各类燃料，形成了石化工业支援农业的主力军。

（4）为工业提供动力。现代交通工业的发展与燃料供应息息相关，可以毫不夸张地说，没有燃料，就没有现代交通工业。金属加工、各类机械无一例外地需要各类润滑材料及其他配套材料，消耗了大量石化产品。建材工业是石化产品的新领域，如塑料型材、门窗、铺地材料、涂料、管材被称为化学建材。轻工、纺织工业是石化产品的传统用户，新材料、新工艺、新产品的开发与推广，无不有石化产品的身影。当前，高速发展的电子工业以及诸多的高新技术产业，对石化产品，尤其是以石化产品为原料生产的精细化工产品提出了新要求，这对发展石化工业是个巨大的促进。

（5）石油是重要支柱产业。除了为各部门提供发展源动力外，石油和化工业本身就是国民经济的支柱产业，其产品在国民经济产业链中占有举足轻重的地位。石油

“十三五”规划提出六大任务，即加强勘探开发保障国内资源供给，推进原油、成品油管网建设，加快石油储备能力建设，坚持石油节约利用，大力发展清洁替代能源，加强科技创新和提高装备自主化水平。石油“十三五”规划提出，“十三五”期间，年均新增探明石油地质储量10亿t左右。2020年国内石油产量达到2亿t以上，构建开放条件下的多元石油供应安全体系，保障国内2020年5.9亿t的石油消费水平。石油和化工业将在国民经济和社会发展中占据越来越重要的地位。

3.6.2　石油工业“十三五”发展指导思想和基本原则

1. 指导思想

全面贯彻党的十八大和十八届三中、四中、五中、六中全会精神，深入落实习近平总书记系列重要讲话精神，牢固树立创新、协调、绿色、开放、共享的发展理念，以能源供给侧结构性改革为主线，遵循“四个革命、一个合作”能源发展战略思想，紧密结合“一带一路”建设、京津冀协同发展战略、长江经济带发展战略的实施，贯彻油气体制改革总体部署，发挥市场配置资源的决定性作用，加强国内勘探开发，完善优化管网布局，强化科技创新，构建安全稳定、开放竞争、绿色低碳、协调发展的现代石油产业体系，保障经济社会可持续发展。

2. 基本原则

供应保障与节约利用相互支撑，深化改革与加强监管相互结合，整体布局与区域发展相互衔接，开发利用与环境保护相互协调。

3.6.3　石油工业“十三五”发展重点任务

（1）加强勘探开发保障国内资源供给。陆上和海上并重，加强基础调查和资源评价，加大新区、新层系风险勘探，深化老区挖潜和重点地区勘探投入，夯实国内石油资源基础。巩固老油田，开发新油田，加快海上油田开发，大力支持低品位资源开发，实现国内石油产量基本稳定。

（2）推进原油、成品油管网建设。整体规划、科学布局、充分发挥市场在资源配置中的决定性作用，优化管输流向，加强多元供应，提高管输比例和运行效率，有效降低物流成本。原油管道重在优化和提升陆上、海上原油进口能力，成品油管道重在解决区域油品不平衡问题和提高管输比例。加强科技创新，提高管道装备制造和工程技术水平，推进装备国产化，加快实现管道系统智能化、网络化。落实管道第三方公平开放，优先考虑利用现有管道向目标市场输送资源。加强管道保护和安全隐患治理。着力构建布局合理、覆盖广泛、安全高效的现代石油管道网络。

（3）加快石油储备能力建设。①加快国家石油储备基地建设；②稳步落实储备规划；③健全石油储备制度。

（4）坚持石油节约利用。推进石油行业能效提升，优化基础设施、产能建设项目等用能工艺，选用高效节能设备，切实加强节能管理。持续开展工业、交通和建筑等重点领域节能，推进终端燃油产品能效提升和重点用能行业能效水平对标达标。

(5) 大力发展清洁替代能源。大力推广电能、天然气等对燃油的清洁化替代。推进煤制油、煤制气产业示范。促进生物质能的开发和利用。

(6) 加强科技创新和提高装备自主化水平。全面实现“6212”(6 大技术系列、20 项重大技术、10 项重大装备、22 项示范工程)科技攻关目标。

延伸阅读

(提取码 jccb)

第4章 天然气

天然气是世界上继煤和石油之后的第三大能源。它是一种优质、洁净的燃料，分布广泛、成本低廉、污染极小。天然气是目前世界上产量增长最快的化石能源，已成为全球最主要的能源之一。

4.1 天然气在未来能源格局中的重要地位

4.1.1 天然气是21世纪的重要能源

在常规能源中，天然气是一种优质而且开采比较方便的能源，天然气已成为当今世界发展最快的一种能源。

根据《BP世界能源展望》（2017年版）报告，由于美国页岩气的带动，天然气比石油和煤炭增长更快；液化天然气的快速扩张有可能导致全球一体化天然气市场的形成。在基本情景下，天然气是增速最快的化石能源（年均增长1.6%）。它将超越煤炭在2035年前成为世界第二大燃料来源，其在一次能源中的份额也会增加。

在21世纪，随着人们环保意识的不断加强与经济的绿色低碳转型，采用清洁低碳能源的呼声也越来越高。天然气因其燃烧后主要产物为二氧化碳和水，对环境的污染小，因而得到世界各国的普遍推广。它在世界能源消费中所占的比重与日俱增，以气代油、以气代煤，在改变能源消费结构、减轻环境污染、降低温室气体排放、减轻对石油的依赖程度、缓解石油危机等方面，正发挥着越来越重要的作用。

4.1.2 世界天然气的储量和生产

（1）天然气储量及气田地理分布。由于各种估算方法的不同，世界天然气的储量也不同，天然气资源储量估计值似乎随着估计时间的增加而增加。这反映了在科学技术发展的情况下会有新的预测技术，勘探出新的气田。截至2016年年底，全球天然气探明储量为186.6万亿m^3，增加了1.2万亿m^3（0.6%）。和原油储量一样，该储备足以保证多于50年（52.5年）的生产需要。缅甸（+0.7万亿m^3）和中国（+0.6万亿m^3）是储量增长的主要贡献者。中东地区拥有世界上最大的天然气探明储量，其中伊朗拥有最大的储量。

世界天然气田主要集中在俄罗斯和中东地区。中东地区是世界上天然气储量最丰富的地区，2016年年底储量为79.4万亿m^3，占世界总储量的42.5%。从国家的角度看，伊朗天然气储量为33.5万亿m^3，居世界第一；俄罗斯为32.3万亿m^3，居世界第二；卡塔尔为24.3万亿m^3，居世界第三；其次，依次是土库曼斯坦、美国、沙特阿拉伯、阿联酋，中国排第9位。世界上有天然气田26000个，探明储量142万亿m^3，最大的气田是俄罗斯的乌连戈依气田，储量为8.1万亿m^3。第二大气田是亚姆堡，储量为4.76万亿m^3，它们都分布在西西伯利亚盆地。该盆地储量超过1万亿m^3的超巨型气田有8个，其中包括世界上排前4位的气田，所以说，西西伯利亚盆地是世界上天然气富集程度最高的盆地。

(2) 世界天然气产量和消费量。2016年，全球天然气产量仅增长了0.3%，或者210亿m^3，达到35520亿m^3。北美洲产量的减少（−210亿m^3）部分抵消了澳大利亚（190亿m^3）和伊朗（130亿m^3）的强劲增长。天然气消费量增加了630亿m^3（+1.5%），慢于10年平均水平（2.3%）。欧盟天然气消费量显著增长了300亿m^3（+7.1%），为2010年以来最快增长。俄罗斯的消费量是所有国家中减少最大的（−120亿m^3）。

2016年，世界天然气总产量35516亿m^3，增长0.3%。其中，美国为7492亿m^3，世界排名第一；俄罗斯为5794亿m^3，世界排名第二；伊朗为2024亿m^3，世界排名第三；中国天然气产量为1384亿m^3，世界排名第六。

2016年，世界天然气消费量35429亿m^3，增长1.5%。其中，美国为7786亿m^3，世界第一，占世界总消费量的22%；在全球天然气市场表现相对低迷的形势下，2016年中国天然气表观消费量为2058亿m^3（不含向港、澳供气），同比增长6.6%。

随着环保压力增加和技术进步，全球能源消费的低碳化趋势日益明显，天然气将成为全球能源由高碳向低碳转变的重要桥梁，发展速度将明显高于煤炭和石油。BP公司2014年出版的《BP2035世界能源展望》预测，2012—2035年全球能源消费年均增速约为1.5%，天然气年均需求量增长速度约为1.9%。至2035年，在一次能源消费结构中，天然气将与煤炭、石油趋同，均为26%～27%。从气源供应种类来看，页岩气所占比重将持续增加，2035年，页岩气的供应量将满足天然气需求增长量的46%，占世界天然气产量的21%，其中北美有望占到全球页岩气产量的71%。

4.1.3 我国天然气产业的发展

我国是世界上最早开采和利用天然气的国家。早在3000多年以前，在我国的古书《易经》中就有关于油气的记载，古代把天然气称作“火井”。据晋朝《华阳国志》记载，早在秦汉时代，我国不仅已发现了天然气，而且开始发掘和利用天然气。书中记载了四川以天然气煮盐的情景，这比英国（1668年）要早1800年。用天然气煮盐，在四川一直延续到现在。

我国天然气资源总量（按2016年探明储量）虽然世界排名第九，但人均资源总量远低于世界平均水平。我国是煤炭产销大国，2016年煤炭消费量在全国一次能源消费中的占比达到61.8%，天然气的占比仅为6.2%。我国一次能源消费中天然气的占比远小于全球平均水平，与美国、俄罗斯等天然气消费大国相比差距更大。

根据统计，目前我国天然气在下游应用中，城市燃气占比最高，达30%，工业燃料占24%，化工占14%，交通占11%，发电占14%。我国“十三五”期间油气发展战略是“稳油增气”。

“十三五”时期将是我国全面建成小康社会，实现中华民族伟大复兴中国梦的关键时期，能源发展面临前所未有的机遇和挑战，天然气在我国能源革命中占据重要地位。在国家继续深化改革的政策指引下，天然气行业的发展环境将发生显著变化。

（1）我国天然气资源分布。中经先略数据中心《2016—2022年中国天然气行业市场现状分析及发展趋势研究报告》指出，2015年，天然气探明地质储量仍保持“十二五”以来持续增长态势，新增探明地质储量6772.20亿m^3，新增探明技术可采储量3754.35亿m^3，2个气田新增探明地质储量超过千亿立方米。至2015年年底，剩余技术可采储量51939.45亿m^3。

全国石油和天然气分别累计采出62亿t、1.5万亿m^3，剩余可采资源量分别为206亿t、38.5万亿m^3。按照1111m^3天然气折算1t石油，天然气剩余可采资源量约为石油的1.7倍，未来我国将进入天然气储量产量快速增长的发展阶段。

天然气在地下的分布是极不均一的，是受相同的地质条件控制呈聚集区或聚集带分布的，我国天然气探明储量的分布特征也证明了这一规律。全国天然气探明储量的80%以上分布在鄂尔多斯、四川、塔里木、柴达木和莺—琼5大盆地，其中前3个盆地天然气探明储量超过了$5000\times10^8m^3$。天然气勘探取得较大进展并形成了一定储量规模的地区主要有：鄂尔多斯盆地上古生界、塔里木盆地库车地区、四川盆地川东地区、柴达木盆地三湖地区和莺歌海盆地，这5大气区基本代表了我国天然气勘探的基本面貌。

从资源深度分布看，天然气资源在浅层、中深层、深层和超深层分布相对比较均匀。从地理环境分布看，天然气可采资源有74%分布在浅海、沙漠、山地、平原和戈壁。从资源品位看，我国石油可采资源中优质资源占63%，低渗透资源占28%，重油占9%；天然气可采资源中优质资源占76%，低渗透资源占24%。从国内不同地区的天然气储量和产量上看，陕西、四川、新疆三大西部省份的天然气储量最为丰富，产量也最高，这是西气东输最基本的背景。其他省份各有产储，但体量较三大省份小得多。

（2）我国天然气生产与进口情况。2015年和2016年，我国天然气产量分别为1351亿m^3和1384亿m^3，消费量分别为1948亿m^3和2103亿m^3。2017年全国天然气产量为1474.2亿m^3，同比增长8.5%。2017年我国天然气消费量2373亿m^3，同比增长15.3%。在2010年之前，我国天然气基本处于自给自足的状态。2010年之后，随着国内天然气消费量越来越大，开始越来越多地依赖进口天然气。2016年，我国天然气的对外依存度约为34.4%，是一个天然气净进口国，几乎不对外出口天然气。

由于运输形式不同，天然气分为管输天然气和液化天然气（LNG，全称Liquefied Natural Gas），这两种天然气在成分上几乎完全相同，但管道气为气态，LNG为液态。

我国每年从国外进口的天然气中包括管输气和LNG，进口管输气所用的输送管道与国产气相通，进口LNG则依靠在各地建设的LNG接收站进行中转储藏。在进入接收站的所有海外LNG中，约有30%进行了再气化并进入管道，约70%经由槽车等以LNG的形式运往各下游消费市场。2017年，我国进口管道天然气3043万t，进口液化天然气 3813 万 t，液化天然气进口量超过管道天然气进口量。液化天然气进口主要来源于澳大利亚、卡塔尔等。管道天然气进口主要来源于土库曼斯坦、乌兹别克斯坦等。

我国已建、在建以及规划建设的 7 条陆路进口天然气管道，进口能力达到 1650 亿 m^3/年。人民生活水平的提高，大气环境治理问题日益严峻，使得我国对天然气的需求量逐年增加，对外依存度也不断攀升，截至 2015 年，我国天然气对外依存度已超过 30%。

就国内来看，我国 4 大主力气田——四川气田、塔里木气田、柴达木气田、长庆气田的天然气，通过西气东输和川气东送等管线送达东部沿海地区，正在构建一个天然气输配网络。这些国内天然气管网将最终实现我国环渤海地区、长三角以及珠三角地区天然气供应与消费基本平衡。

我国天然气城市管道建设发展迅速，截至 2015 年，我国城市管道长度达到 49.8 万 km，增速为 14.62%。2002 年，我国天然气城市管道为 4.77 万 km，2015 年达到 49.8 万 km，年均复合增速接近 20%。其中 2006 年增速为 32%达到最大，自 2006 年至今增速有放缓趋势。

（3）我国天然气消费情况。我国天然气消费量逐年增加，未来仍呈快速增加的趋势。目前，我国每年消费天然气 2000 亿 m^3 左右（2015 年消费 1948 亿 m^3，2016 年消费 2103 亿 m^3）。2017 年消费量达到近 2400 亿 m^3，2018 年我国天然气消费达到 2729 亿 m^3，成为全球天然气消费增长最快的市场。我国从 2010 年开始对进口天然气的依赖程度越来越大，2015 年我国天然气对外依存度为 30.6%，2016 年为 34.4%，2017 年为 38.43%。2015 年我国天然气消费总量中的国产管道气、国产 LNG、进口管道气、进口 LNG 的比率分别为 64.4%、5.0%、17.2%、13.4%。

天然气在工业领域的运用主要体现在冶金、制钢、玻璃以及各种建材制造过程中的燃料用气环节。天然气作为一种高效、优质的清洁能源，在工业应用节能减排方面有着广阔的发展前景，但其受煤炭、燃料油等替代能源价格的影响较大。若国内天然气价格逐步与国际接轨，那么其价格的进一步上升无疑是其作为工业燃料的主要障碍，限制其作为工业燃料的长远发展。

21 世纪以来，我国工业用气在天然气利用结构中的占比经历了上升、回落，而后又稳步小幅上升的阶段，几乎每年都保持在天然气利用结构中占比第一的位置。2006 年占比达到 43.56%，2010 年下降为 29.67%，而后在 2015 年逐步上升为 38.2%。

天然气在化工领域的运用主要体现在以天然气为原料生产甲醇与氮肥上。2012 年，我国新版天然气利用政策的出台，把新建或扩建以天然气为原料生产甲醇及甲醇生产下游产品装置，以及以天然气代煤制甲醇项目设定为禁止类。这无疑限制了天然气在化工领域的应用。但是，我国人口众多，依然是农业发展大国，必须保证一定量的氮肥生产，而天然气占氮肥生产原料的比重在世界范围内平均为 80%左右。故生产氮肥这一领域会使得天然气在化工领域的应用维持一定规模。截至 2015 年，我国化工用气为 281.93 亿 m^3，增速为−11.97%，近几年增速明显放缓且有下降趋势。自 21 世纪以来，我国化工用气量总体呈上升趋势，但是波动明显。2003—2007 年为化工用气量增长期，2007—2009 年为下降期，2009—2014 为增长期，2015 年用气量呈现明显的下降。

21 世纪以来，我国化工用气在天然气利用结构中的占比总体呈下降趋势，从 2003 年占比为 38.93%下降为 2015 年的 14.6%。除了 2007 年化工用气占比从 24.92%上升为 32.14%，其他年份几乎均呈下降状态，近 5 年下降速度放缓。

天然气发电相较于燃煤发电，优势主要体现在：清洁环保，机组启停灵活，并且燃气电厂占地面积小，能够在城市负荷中心实现就地供电。我国天然气发电行业目前尚处于起步阶段。我国发电用气在天然气利用结构中的占比经历了先高速增长，后小幅回落，目前较为稳定的发展过程。2003 年，发电用气占比仅为 2.23%，在 2010 年占比达到最高的 16.81%，随后小幅回落，在 2015 年发电用气在天然气利用结构中的占比为 14.7%。

我国天然气发电厂主要分布在东南沿海、长三角、珠三角、京津等经济较为发达的省市，内陆省市也有少量自备燃气电厂。其中，广东、福建及海南 3 省天然气发电厂装机容量达到总装机容量的 34%，苏、浙、沪 3 省市占比约为 32%，京津占比约为 23%，河南、山西等地也陆续有燃气电厂建设。

(4) 天然气消费预测展望。根据《天然气发展“十三五”规划》，2020 年天然气发电装机规模达到 1.1 亿 kW 以上，占发电总装机比例超过 5%。由于天然气发电清洁、高效，已经在日、美等发达国家广泛应用。目前，气电在美、日、英等国全国发电量中的占比达到 22.7%、27.2%、44.1%，而在我国的比率仅约为 4.4%，未来仍有较大提升空间。

根据《2050 年世界与中国能源展望》(2017 年版)，世界一次能源需求在 2050 年达到 175 亿 t 油当量，增长约 27%，其间年均增长 0.65%；2016—2030 年为 0.95%，2031—2050 年为 0.45%，增速逐渐放缓。展望期内可再生能源年均增长 6%，天然气年均增长 1.3%，石油年均增长 0.3%，煤炭年均下降 0.8%。世界能源结构向低碳、清洁、高效、安全方向发展。

世界天然气需求快速增长。2050 年，世界天然气需求升至 5.1 万亿 m^3，增幅约 48%，是增幅最大的化石能源；期间年均增速为 1.3%，其中 2016—2030 年为 2.1%，2031—2050 年为 0.5%。2030 年后，欧洲及欧亚大陆天然气需求有小幅下降，缘于可再生能源的快速发展；其他地区天然气需求均保持快速增长。中东和亚太是未来全球天然气产量主要的增长来源。发电是世界天然气最大的消费部门。

我国具有丰富的非常规天然气资源，包括煤层气、深盆气（致密砂岩气藏）、页岩气和天然气水合物。1988 年美国科学家科温沃登预测全球天然气水合物资源量为 $2.1\times10^{16}m^3$，相当于 21 万亿 t 油当量。2011 年，美国能源部发布天然气水合物资源潜力研究报告，预测全球天然气水合物资源量为 $2.0\times10^{16}m^3$，相当于 20 万亿 t 油当量。

从能源分类角度考虑，非常规天然气不是常规能源，是新能源，将在新能源篇进行详细介绍。

4.2 天然气的性质

4.2.1 天然气的基本性质

天然气无色、无味、无毒且无腐蚀性，比空气轻，主要成分为甲烷，也包括一定量的乙烷、丙烷和重质碳氢化合物，还有少量的氮气、氧气、二氧化碳和硫化物。标准工况下，密度：0.717kg/m^3；沸点：－161.49℃；熔点：－182.5℃；临界温度：－82.45℃；爆炸极限：5%～15%（体积分数）。

甲烷是最简单的有机化合物，也是最简单的脂肪族烷烃。甲烷的分子结构是由1个碳原子和4个氢原子组成的。

甲烷的燃烧产物是二氧化碳和水，反应式如下：

$$CH_4+2O_2 \longrightarrow CO_2+H_2O+0.803MJ$$

甲烷的相对密度为0.5547（空气＝1），沸点为－161.5℃，自燃点为537.78℃，能与空气混合形成爆炸性气体，爆炸极限：5%～15%（体积分数）。

4.2.2 天然气的分类和组成

1. 天然气的分类

依据不同的原则，有3种天然气的分类方式。

（1）按矿藏特点分类。按矿藏特点的不同，可将天然气分为气井气、凝析井气和油田气。前两者合称非伴生气，后者又称为油田伴生气。

气井气，即纯气田天然气，气藏中的天然气以气相存在，通过气井开采出来，其中甲烷含量高。

凝析井气，即凝析气田天然气，在气藏中以气体状态存在，是具有高含量、可回收烃液的气田气，其凝析液主要为凝析油，其次可能还含有部分被凝析的水。这类气田的井口流出物除含有甲烷、乙烷外，还含有一定的丙烷、丁烷及C_5以上的烃类。

油田气，即油田伴生气，它伴随原油共生，是在油藏中与原油呈相平衡接触的气体，包括游离气（气层气）和溶解在原油中的溶解气，从组成上也认为属于湿气。

（2）按天然气中重烃的含量分类。按天然气中重烃的含量，可将天然气分为干气和湿气。

干气：甲烷的含量在95%以上，重烃含量很少，不与石油伴生；湿气：含有较多的气态重烃，常与石油伴生。因此，在油气勘探过程中，确定天然气的“干”“湿”性质很重要。湿气有微弱的汽油味，燃烧时火焰为黄色，通入水中，水面常出现彩色油膜；干气燃烧时火焰为蓝色，通入水中，无油膜出现。

干气和湿气也可按天然气中含凝析油多少来区分，含油多的叫湿气，含油少的叫干气。

干、湿气的划分界限，世界尚无统一标准，有的地区，把 $1m^3$ 天然气中 C_5 以上的重烃液体含量低于 $13.5cm^3$ 的叫干气；把 $1m^3$ 天然气中 C_5 以上重烃液体含量高于 $13.5cm^3$ 的叫湿气。

根据天然气中 C_3 以上烃类液体的含量多少，用 C_3 界定贫气和富气。贫气，即指在1基方井口流出物中，C_3 以上烃类液体含量低于 $94cm^3$ 的天然气。富气，即指在1基方井口流出物中，C_3 以上烃类液体含量高于 $94cm^3$ 的天然气。

（3）按酸气含量分类。按酸气（CO_2 和硫化物）含量多少，天然气可分为酸性天然气和洁气。含有显著的硫化氢和二氧化碳等酸性气体，需要进行净化处理才能达到管输标准的天然气称为酸性天然气。硫化氢和二氧化碳含量甚微，不需要进行净化处理的天然气称为洁气。

由此可见，酸性天然气和洁气的划分采取了模糊的判据，而具体的数值指标并无统一的标准。在我国，由于对 CO_2 的净化处理要求不严格，一般采用四川石油管理局的管输指标（即硫含量不高于 $20mg/m^3$）作为界定指标，把含硫量高于 $20mg/m^3$ 的天然气称为酸性天然气，否则为洁气。

把净化后达到管输要求的天然气称为净化气。

其他常见的分类方法有：①按产状：可分为游离气和溶解气。游离气即气藏气，溶解气即油溶气和气溶气、固态水合物气以及致密岩石中的气等；②按经济价值：可分为常规天然气和非常规天然气。常规天然气主要指伴生气（也称油田气、油藏气）和气藏气（也称气田气、气层气）。非常规天然气一般包括煤层气（瓦斯）、页岩气、致密砂岩气、天然气水合物（可燃冰）及浅层生物气等；③按运输储存：可分为管道天然气、压缩天然气（CNG）和液化天然气（LNG）。

2. 天然气的组成

天然气是一种以饱和碳氢化合物为主要成分的混合气体，对已开采的世界各地区的天然气分析化验结果证实，不同地区、不同类型的天然气，其所含组分是不同的。根据有关资料统计，各类天然气中含有的组分有一百多种，将这些组分加以归纳，大致可以分为3大类，即烃类组分、含硫组分和其他组分。

（1）烃类组分。只有碳和氢两种元素组成的有机化合物，称为碳氢化合物，简称烃类化合物。烃类化合物是天然气的主要成分，大多数天然气中烃类组分含量为60%～90%。在天然气的烃类组分中，烷烃的比率最大，其中最简单的是甲烷（CH_4），一般来说，大多数天然气中的甲烷含量都很高，通常达70%～90%。

甲烷是无色无臭、比空气轻的可燃气体，是优良的清洁气体燃料。甲烷的性质相当稳定，但经过热裂解、水蒸气转化、卤化及硝化等反应后，可以制造出化肥、塑料、橡胶及人造纤维等，即甲烷同时又是一种用途广泛的化工原料。

天然气中除甲烷组分外，还有乙烷、丙烷、丁烷（含正丁烷和异丁烷），它们在高温常压下都是气体。有些天然气中，乙烷、丙烷和丁烷的含量较高，而丙烷、丁烷常可以适当加压或降温而液化，这就是人们常说的液化天然气，简称液化气。液化气可以进行加工制成许多化工产品，是很宝贵的化工原料，同时也可以装入煤气罐内，供城镇居民生活使用。

天然气中常含有一定量的戊烷、己烷、庚烷、辛烷、壬烷和葵烷，这些含碳量较多的烷烃，简称 C_5 以上组分，它们在常温下是液体，是汽油的主要成分。

（2）含硫组分。天然气中的含量组分可分为无机硫化合物和有机硫化合物两类。无机硫化合物，只有硫化氢（H_2S）。硫化氢是一种比空气重、可燃、有毒、有臭鸡蛋味的气体。硫化氢的水溶液叫硫氢酸，显酸性，故称硫化氢为酸性气体。有水存在的情况下，硫化氢对金属有较强的腐蚀作用，硫化氢还会使化工生产中常用的催化剂中毒而失去活性（催化能力减弱）。因此，天然气中含有硫化氢时，必须经过脱硫净化处理，才能进行管输和利用。由脱硫工艺可知，在进行天然气脱硫工艺的同时，可回收硫化氢并将其转换为硫碳及进一步加工转化为产品。

天然气中有时含有少量的有机硫组分，例如，硫醇、硫醛、二硫醚、二硫化碳、球基硫、硫酚等。有机酸化物对金属的腐蚀不及硫化氢严重，但对化工生产的催化剂的毒害作用与硫化氢一样，使催化剂失去活性。大多数有机硫有毒，具有臭味，会污染大气。因此，对天然气中的有机硫，也应该通过净化处理，尽量脱除。

（3）其他组分。天然气中，除去烃类和含量组分之外，相对而言，较为多见的组分还有二氧化碳及一氧化碳、氧和氮、氢、氨、氟以及水汽。

3. 天然气行业产业链

天然气行业产业链可分为三部分：上游为资源的勘探和开采，包括勘探工程、气藏工程、钻井工程、采气工程、地面工程等；中游为运输和储存环节，包括天然气的干线、中长线管道输送、储存与调峰，以及液化天然气的运输、接收、储存和气化等，可分为管道运输和 LNG 运输两类；而下游为输配销售、运营以及终端消费等。

4.2.3 天然气的商业标准

天然气商品的质量要求不是按其组成，而是按照经济效益、安全卫生和环境要求等几方面的因素进行综合考虑确定的。因此，不同的国家或地区都有不同的商品天然气的质量标准。

天然气按高位发热量、总硫、硫化氢和二氧化碳含量分为一类、二类和三类，天然气的技术指标见表 4-1。

作为民用燃料的天然气，总硫和硫化氢含量应符合一类气或二类气的技术指标。

表 4-1 天然气的技术指标（GB 17820—2018）

项目		一类	二类
高位发热量[a,b]/（MJ/m^3）	≥	34.0	31.4
总硫（以硫计）[a]/（mg/m^3）	≤	20	100
硫化氢[a]/（mg/m^3）	≤	6	20
二氧化碳摩尔分数/%	≤	3.0	4.0

a. 本标准中使用的标准参比条件是 101.325kPa，20℃。

b. 高位发热量以基计。

4.3 天然气的开采和运输

4.3.1 天然气的开采

天然气也同原油一样埋藏在地下封闭的地质构造之中，有些和原油储藏在同一层位，有些单独存在。对于和原油储藏在同一层位的天然气，会伴随原油一起开采出来。

对于只有单相气存在的，我们称之为气藏，其开采方法既与原油的开采方法十分相似，又有其特殊的地方。由于天然气的密度小，为 0.75～0.8kg/m^3，井筒气柱对井底的压力小；天然气的黏度小，在地层和管道中的流动阻力也小；又由于膨胀系数大，其弹性能量也大，因此天然气开采时一般采用自喷方式。

这和自喷采油方式基本一样。不过因为气井压力一般较高，加上天然气属于易燃易爆气体，对采气井口装置的承压能力和密封性能比对采油井口装置的要求要高得多。

天然气开采的关键是气藏水患的治理。治理气藏水患主要从两个方面入手，一方面是排水，另一方面是堵水。堵水就是采用机械卡堵、化学封堵等方法将产气层和产水层分隔开或是在油藏内建立阻水屏障。其主要原理是排除井筒积水，专业术语叫排水采气法，排水采气主要有小油管排水采气、泡沫排水采气、柱塞气举排水采气和深井泵排水采气等几种工程技术方法。

小油管排水采气法是利用在一定的产气量下，油管直径越小，则气流速度越大，携液能力越强的原理，如果油管直径选择合理，就不会形成井底积水。这种方法适应于产水初期，地层压力高、产水量较少的气井。

泡沫排水采气方法就是将发泡剂通过油管或套管加入井中，发泡剂溶入井底积水，与水作用形成气泡，不但可以降低积液相对密度，还能将地层中产出的水随气流带出地面。这种方法适应于地层压力高、产水量相对较少的气井。

柱塞气举排水采气方法就是在油管内下入一个柱塞。下入时柱塞中的流道处于打开状态，柱塞在其自重的作用下向下运动。当到达油管底部时，柱塞中的流道自动关闭，由于作用在柱塞底部的压力大于作用在其顶部的压力，柱塞开始向上运动并将柱塞以上的积水排到地面。当其到达油管顶部时，柱塞中的流道又被自动打开，又转为向下运动。通过柱塞的往复运动，就可不断将积液排出。这种方法适用于地层压力比较充足、产水量又较大的气井。

深井泵排水采气方法是利用下入井中的深井泵、抽油杆和地面抽油机，通过油管抽水、套管采气的方式控制井底压力。这种方法适用于地层压力较低的气井，特别是产水气井的中后期开采，但是运行费用相对较高。

1. 提高天然气和凝析油采收率技术

(1) 水驱气藏

1) 国外20世纪70年代后期开始了强排水采气的措施，对释放封闭气起到积极作用，使采收率提高了10%～20%。80年代发展了气藏整体治水技术，具体方法是单井排水采气、气水联合开采和阻水开采工艺。

2）水驱气藏采气工艺技术的选择与储层性质、水侵入气藏的机理和气井生产特征有密切关系。随着水驱机理的实验和研究，促进了采气工艺技术的不断更新，单一的气井排水或堵水不能从根本上解决水驱气藏水淹问题。近十几年来，很多国家将数值模拟技术用于气藏二次采气方案，发展了气藏整体治水的开采方式，包括排水采气工艺和气井堵水工艺。

（2）凝析气藏。对于凝析气藏，在发展循环注气提高采收率的同时，考虑用注段塞混相或近混相驱替，以增大驱替效率。同时，也在探索在一定地质条件下注水的可能性。

（3）低渗致密气藏。大型压裂是发现这类气藏工业性气流和提高采收率的重要措施。1981 年以来，美国所钻的 35%～40%的井都必须实施大型水力压裂，使致密层增加 40%～57%的采气量。

钻加密井或水平井与大型压裂相匹配是目前开采致密气藏和老气田增产挖潜、提高采收率行之有效的方法。

对于低渗、致密气藏还有许多值得深入研究的问题，在开发方面，如：低渗气藏非达西渗流的阈压效应（启动压力）和气体滑脱效应；低渗气藏储层物性的测定方法与技术；气井试井方法和单井控制储量计算方法等。

（4）异常高压气藏。近 10 多年来，国外对异常高压气藏储层变形的研究表明：高压时裂缝是张开的，随地层压力的下降，裂缝逐渐闭合。因此，开发这类气藏的关键在于尽量保持地层压力高于正常的静水柱压力，使产层具有良好的渗流条件。

对于这类气藏，应用 p/Z-Gp 关系直接外推求储量（所求储量偏大）和做动态预测，必须进行岩石、水和气体的压缩系数校正。

2. 现代试井技术

国外普遍运用和推广高精度电子压力计录取资料，并采用以图版为核心的资料分析方法，再加上完善的试井解释软件，形成了一套从模拟诊断到自动拟合分析、成果解释和检验技术的方法，为气藏开发提供产能、地层参数、储层特征、气藏边界和控制储量等重要参数。

3. 测井技术

气藏超薄层、薄层的识别；利用测井资料预测气井产能；利用核磁共振测井技术研究含气饱和度。

4. 综合天然气上下游一体化的气藏数值模拟技术

该技术已形成气层—气井—地面采气设备—集气管线—气体加工厂—压缩机等完整的计算机模拟系统。

5. 水平井、深井技术

分枝状水平井，复杂结构井的钻井、完井技术；压裂酸化、射孔等技术。

6. 非常规天然气利用技术

煤层气储集层模拟技术；吸附和脱附规律；渗流机理、开采动态和试井方法及解释；以保护煤层气为中心的完井技术；以提高产量为中心的增产技术；天然气水合物开采技术。

采气工艺技术水平的提高，为气田稳产、高产发挥了重要作用。目前已形成了10项采气工艺技术，它们是：①以保护气井产能为目标的气层保护及完井技术；②以提高产能为目标的高效射孔技术；③低渗、致密气藏压裂、酸化技术；④水驱气藏见水生产井排水采气工艺技术；⑤气井试井及动态监测技术；⑥采气作业安全控制技术；⑦开采后期低压气井集输工艺技术；⑧气井井下作业、修井技术；⑨气井防腐、防水合物技术；⑩双管采气技术。

4.3.2 天然气的加工

天然气的加工是将开采出来的天然气经过脱水、脱硫、脱酸和凝液回收等工序，将其中的有害组分除去。

（1）天然气的脱水。井口流出的天然气几乎都为气相水所饱和，甚至会携带一定量的液态水。天然气中水分的存在往往会造成严重的后果：含有CO_2和H_2S的天然气在有水存在的情况下形成酸而腐蚀管路和设备；在一定条件下形成天然气水合物而堵塞阀门、管道和设备；降低管道输送能力，造成不必要的动力消耗。在天然气中存在水分是非常不利的事，因此，需要脱水的要求更为严格。通常将从天然气中脱除水分的过程称为天然气脱水。

天然气脱水的方法一般包括：低温法、溶剂吸收法、固体吸附法、化学反应法和膜分离法等。

（2）天然气的脱硫和脱酸。采出的天然气中一般含有H_2S、CO_2等酸性气体，还含有其他有机硫化物。所以，天然气加工除了脱除硫化氢和二氧化碳外，还需同时脱除有机硫化物。

H_2S是毒性最大的一种酸性气体，有一种类似臭鸡蛋的气味，具有致命的毒性。很低的含量都会对人体的眼、鼻和喉部有刺激性。另外，H_2S对金属具有一定的腐蚀性。

CO_2也是酸性气体，在天然气液化装置中，CO_2易成为固相析出，堵塞管道。

天然气脱硫的方法一般分为干法脱硫、湿法脱硫以及20世纪80年代工业化的膜分离法脱硫。采用溶液或溶剂的脱硫方法习惯上叫湿法脱硫，采用固体做脱硫剂的脱硫方法则称为干法脱硫。其中，湿法又包括吸收法和湿法氧化法；干法则包括氧化铁法、活性炭法、分子筛法、离子交换法、电子束照射法、膜分离法、生化法脱硫等。膜分离法脱硫能耗低，可以实现无人操作，现常用于脱除天然气中的二氧化碳，适用于粗脱。目前最常用的脱硫方法是醇胺法，其次为砜胺法，近年来MDEA（N-甲基二乙醇胺）法以及MDEA基混合醇胺的发展十分迅速，90年代后MDEA的用量已占醇胺总量的30%左右。

液相氧化法脱硫属于湿法脱硫技术，利用络合铁离子作为催化剂，在原料气与催化剂溶液接触过程中硫化氢气体溶解在溶液中，富含硫化氢的溶液在氧化塔中由鼓入空气再生，循环使用，硫化氢则被氧化为硫黄过滤得到滤饼。本技术也可采用自循环方式将吸收塔和氧化塔合二为一，吸收和氧化再生同时进行。

按照脱硫脱碳工艺过程的本质，可以将其分为化学反应类、物理分类类、化学物理类及生化类。

（3）天然气凝液回收。天然气中除了甲烷外，还含有乙烷、丙烷、丁烷、戊烷及更重的烃类，有时还可能含有少量非烃类，需要将这些宝贵的原料予以分离和回收。从天然气中回收凝液的过程称为天然气凝液回收，回收方法基本上可分为油吸收法、吸附法和冷凝分离法 3 种。

油吸收法的原理是利用不同烃类在吸收油中溶解度的差异，使天然气中各个组分得以分离。吸收油一般采用相对分子量处于 100～200 之间的石脑油、煤油等。

吸附法的原理是利用固体吸附剂对不同种类烃的吸附量的不同，使天然气中某些组分得以分离。这种方法的优点是装置比较简单，不需要特殊材料和设备，投资较少。

冷凝分离法的原理是利用同一压力下天然气中各组分的挥发度的不同，将天然气冷却至露点温度以下，使富含较重烃类的天然气液分离出来的过程。

海上采油平台和分散的天然气资源，由于受空间、气量较小等因素的限制，采用常规的浅冷或者深冷回收轻烃工艺时，经济性较差。大多采用简单的水冷或者空冷的办法来回收其中的轻烃。但冷凝的平衡温度较高，一般在 25～40℃，冷凝后天然气的气相中仍然含有 10%～20%的轻烃组分，造成了轻烃的大量损失。采用气体分离膜技术可以回收其中 50%～80%的轻烃，经济效益非常显著，同时脱除 70%以上的水分。

处理后天然气露点降低 20～40℃，可以满足管输天然气的要求；轻烃回收率达到 50%～80%；此工艺易于其他冷凝系统集成使用，解决单纯冷凝系统的缺陷问题。

4.3.3 天然气的运输

目前天然气实际应用或具有前景的储运方式有：通过管道高压输送天然气；利用低温技术将天然气液化（LNG），以液体的形式进行储存、运输；利用多孔介质的吸附作用储存天然气；利用气体水合物（NGH）高储量的特点储存天然气等。

（1）管道储运方式。天然气成气体状态，相对密度低，易散失，采用管道输送安全性高，输送产品质量有保证，经济性好，对环境污染小，所以天然气的输送一般都采用管道输送。天然气管道生产管理系统主要包括调运管理、运销计量管理、计划管理、能耗及周转量管理、天然气用气需求预测、日指定、辅助功能、统计报表、SCADA 数据采集、对外接口等 10 个模块。

（2）液化天然气（LNG）储运。天然气的主要组分是甲烷，其临界温度为 190.58K。故在常温下，无法依靠加压将其液化，需要采用天然气液化工艺，将天然气最终在温度为 112K、压力为 0.1MPa 左右的条件下，液化为 LNG，其密度为标准状态下甲烷的 600 多倍，并且在液化过程中，天然气中的水、惰性气体、C_5 等烃类基本被脱出，因而 LNG 的组分比管道天然气的组分更稳定，十分有利于输送和储存。

LNG 工业系统包括天然气的预处理、液化、运输、接收站、储存和再气化等过程，经过近百年的发展，已经形成了成熟的产业链。整个 LNG 产业链大致可以分为上、中、下游三个阶段。

运输是指通过LNG运输船、铁路和公路等方式，将LNG运送至终端站。铁路运输LNG对罐车的要求高，只有少数发达国家使用。对于中小型用户，特别是天然气管网不及的地区，往往通过LNG罐车运输，LNG罐车灵活、经济、可靠。

目前，海上运输LNG运量占世界LNG运量的80%以上，LNG船是国际上公认的“三高”（高技术、高难度、高附加值）产品，被喻为世界造船业“皇冠上的明珠”。目前，世界液化天然气船的储罐系统有自撑式和薄膜式两种。自撑式有A型和B型两种，A型为菱形或称为IHISPB，B型为球形。

（3）压缩天然气（CNG）储运。压缩天然气（CNG）技术是利用气体的可压缩性，将常规天然气以高压进行储存，其储存压力通常为15～25MPa，在25MPa情况下，天然气可压缩至原来体积的1/300，大大降低了储存容积。CNG是一种理想的车用替代能源，它具有成本低、效益高、无污染，使用安全便捷的特点，正日益显示出强大的发展潜力。

（4）天然气水合物（NGH）的储运。天然气水合物储运是利用天然气水合物的巨大储气能力，将天然气利用一定的工艺制成固态的水合物，然后把水合物运送到储气站，在储气站气化成天然气供用户使用。

天然气水合物储运技术一般基于以下两方面考虑：

①海上气田或远洋进口天然气，天然气在出口国或气田先加工成水合物，再经过轮船运往需要天然气的地方气化后应用。

②内陆储运，主要是在没有必要铺设专用管道的情况下使用，因为天然气水合物储运具有很大的灵活性。

除上述天然气储运方式以外，还有吸附储存天然气（ANG），以电能的形式输出天然气能源（GTW），在溶液中储存天然气，运用地下储气库储气等。在众多的天然气储运方式中，我们应该根据市场的需求和储运成本来选择合适的储运方案。

（5）几种储运方式的对比。管道运输技术成熟，但受气源、距离及投资条件的限制，且越洋运输不易实现，输送压力高，运行、维护费用较大。LNG输送方式在大规模、长距离、跨海船运方面应用广泛，其储存密度高、压力低，系统的安全性和可靠性比较高，但建设初期成本巨大，而且由于要采用低温液化，因而运输费用较大。

天然气水合物储存密度高，费用低，具有巨大的应用市场和发展潜力，但储运技术目前还不成熟，处于研究发展阶段。

4.3.4　天然气液化和储运

天然气被冷却至约－162℃变成液态，将使其体积减少至原来的1/600，这样便于储存和运输。LNG技术主要分为两部分：液化和储运。

天然气的液化一般包括天然气净化和液化。

（1）LNG发展背景。虽说“油气不分家”，但直到20世纪40年代末，天然气的应用仍远远落后于石油，其中一个重要的原因就是天然气的存储和运输十分困难。管道运输技术的进步，刺激了天然气产业的发展，但跨洲跨洋长距离运输铺设天然气管道成本高、风险大、不灵活，难以实现。为了解决这一困难，人们将目光投向了LNG。

1910 年，美国展开大规模天然气液化的研究和开发工作。

1917 年，美国工程师卡波特（Cabot）成功申请了第一个天然气液化的专利，同年美国建造了世界第一个甲烷液化工厂，开始生产 LNG。

1959 年，世界上第一艘 LNG 运输船——“甲烷先锋”号诞生。

1960 年 1 月 28 日，“甲烷先锋”运载了 2200t LNG 从美国航行至英国的坎威尔岛接收站。

这次成功跨越大西洋的远航，证实了 LNG 可以通过航运的形式输送至遥远的能源需求国，揭开了 LNG 工业发展的序幕。

LNG 船已成为远洋运输天然气的唯一方式。

（2）天然气净化。天然气的净化是经过预处理，将天然气中不利于液化的组分除去，这些组分包括水、酸性物质、较重的烃类和汞等。处理过程与天然气加工过程类似，但必须深度脱除水、二氧化碳和硫化氢等杂质，并逐级冷凝分离出丙烷以上的烃类，以防止低温下形成固体堵塞管线和设备。同时，微量汞对后续设备有腐蚀作用，也应加以脱除。

（3）天然气液化。天然气液化是一个深冷过程，在液化过程中，冷剂通过冷剂压缩机增压，进入冷箱预冷后，节流使冷剂进一步降温，之后与天然气换热到设计温度后回压缩机入口，形成闭式循环。

天然气在换热器中与节流降温后的制冷剂发生热交换，使天然气降温，常用的换热器为绕管式换热器。工作时天然气在管内流动，制冷剂在壳体内流动。这种换热器多应用于大型天然气液化厂。

当前较为成熟的液化工艺有：节流制冷液化、膨胀制冷液化、阶式制冷液化、混合冷剂制冷液化。混合冷剂制冷液化工艺设备少、流程简单、投资省。

（4）天然气储存。LNG 产业链中游主要包括 LNG 的运输、LNG 接收站（储罐和再气化设施）和供气主干管网的建设等环节。LNG 的运输已在 4.3.3 节做了介绍，这里着重介绍储存方法。

接收站是连接 LNG 和最终市场用户的关键环节。在接收站卸下、储存 LNG，然后气化变成管道气输送给发电厂或作为燃料气输送给最终用户。

LNG 储罐是接收站中的关键设备，其绝热性及密封性的好坏直接影响 LNG 的损耗速度和使用率。按储罐的设置方式储罐分为：地上储罐和地下储罐（包括半地下式）。

LNG 储罐的发展经历了 3 个阶段：单容罐→双容罐→全容罐。全容罐安全性高，由内外两层组成，内罐由 9%的 Ni 钢制成，外罐由钢筋混凝土制成，之间填充保冷材料。

LNG 的生产、储运、运输过程都需要泵送。LNG 输送泵，不仅要承受低温，还要具有很高的气密性和安全性。

（5）全球 LNG 市场情况。全球天然气资源分布不均、供给与消费市场不匹配推动了 LNG 工业的飞速发展。天然气产区集中在中东，最大的消费市场却在欧亚。与传统管道输气相比，LNG 不仅可以长距离跨洲跨洋运输，还具有点对点的优势，供气更为灵活、高效，区域气价走势更加统一。

随着技术的不断进步，LNG 液化和运输的成本将会大幅下降。BP 公司在《2035 世界能源展望》中预计：到 2035 年，LNG 将成为天然气贸易的主导形式。

全球前 3 大 LNG 消费者，日本、韩国及中国，其在 2014 年的 LNG 需求量占全球总量的 60%，达到 3290 亿 m^3。欧洲也是天然气进口大户，按现在的增长速度，到 2035 年，欧洲近 3/4 的天然气需求将依靠进口。

（6）中国 LNG 发展历程。为了引进国外天然气资源，20 世纪 90 年代，我国开始从海上引进 LNG，我国的 LNG 工业就此起步。

进口 LNG 业务的发展带动了 LNG 接收站的建设。2006 年 9 月，广东大鹏 LNG 接收站建成投产，拉开了我国大规模进口 LNG 的序幕。随后，福建、上海、江苏等地的 LNG 接收站也相继投产。

近年来，国内的天然气液化厂也有所发展。2000 年上海 LNG 调峰站建成投产以来，相继建设了数十座天然气液化工厂。

在环境污染问题日益显现，能源系统清洁化要求日益提高的背景下，尽管 LNG 短期需求减少，但行业前景仍较为乐观。BP 公司在《2035 年能源展望》中指出，全球天然气需求量预计以每年 1.9%的增速上涨，到 2035 年，天然气日需求量将达到 4900 亿 f^3t （$1f^3t=0.0283m^3$）。

以哥本哈根气候大会为标志，发展低碳经济已经成为国际社会的共识。LNG 作为一种清洁高效的能源，相对于煤和石油具有显著的经济、环境效益。提高 LNG 在能源消费中的比例既是积极应对全球气候变暖的现实选择，也是维护国家能源安全和提高国际竞争力的重大战略，同时也是提高我国国际形象的重要举措。

世界 LNG 工业已经历了 40 年的发展历程，正如 50 年前的石油工业一样，今天的世界 LNG 工业正处于大发展时期。现阶段的中国还只能说是 LNG 工业的“发展中国家”，不管是在民用还是工业应用方面，我国都刚刚起步，未来还有很漫长的路要走。

4.4 天然气的应用

2016 年年底，国家能源局发布《关于加快推进天然气利用的意见》（以下简称《意见》），提出逐渐将天然气培育为我国现代能源体系的主体能源，并大力发展天然气分布式能源。到 2020 年，天然气在一次能源消费结构中的占比力争达到 10%左右，地下储气库形成有效工作气量 148 亿 m^3。到 2030 年，力争将天然气在一次能源消费中的占比提高到 15%左右，地下储气库形成有效工作气量 350 亿 m^3 以上。

《意见》主要立足城镇燃气、工业燃料、燃气发电、交通运输 4 大领域，提出了加快推进天然气利用的重点任务。城镇燃气领域加快推进北方地区冬季清洁取暖，快速提高城镇居民燃气供应水平。集中打通天然气利用“最后一公里”，鼓励多种主体参与，宜管则管、宜罐则罐，全面提高天然气的通达能力。天然气发电领域大力发展天然气分布式能源，探索“互联网+”、能源智能微网等新模式。鼓励发展天然气调峰电站，开展可再生能源与天然气结合的多能互补项目示范。有序、适度发展热电联产燃气电站。在工业燃料升级领域，在“高污染燃料禁燃区”重点开展20蒸吨及以下燃煤燃油工业锅炉、窑炉的天然气替代。支持用户对管道气、CNG、LNG等气源作市场化选择。在交通燃料升级领域，重点发展公交、出租、长途重卡、环卫、场区、港区、景点等作业和摆渡车辆，以及内河、沿海以天然气为燃料的运输和作业船舶，完善加气站、加注站布局规划，加快建设。

4.4.1 城镇燃气

依据《城镇燃气设计规范》（GB 50028—2006），城镇燃气是指从城市、乡镇或居民点中的地区性气源点，通过输配系统供给居民生活、商业、工业企业生产、采暖通风和空调等各类用户公用性质的，且符合《城镇燃气设计规范》（GB 50028—2006）燃气质量要求的可燃气体。城镇燃气一般包括天然气、液化天然气（LNG）、液化石油气（LPG）和人工煤气。

我国大部分城市广泛应用天然气始自2004年西气东输一线贯通和广东液化天然气接收站及输气项目的建设和运营，得益于下游城市燃气不遗余力的市场开拓和上游长输管网的持续建设，我国天然气的利用取得了快速发展。2015年，全国天然气表观消费量1912亿m^3，城市燃气消费天然气1041亿m^3，占比达54%，明显高于发电、化工等领域，成为天然气推广利用方面的领头羊。2016年，全国天然气表观消费量增长依然表现强劲，达2086.88亿m^3，同比增长8.0%。2016年，天然气消费结构中城市燃气、工业燃料、发电、化工的占比分别为41.0%、28.9%、17.4%、12.8%。

据了解，我国现有656个设市城市大部分已采用天然气作为城市清洁能源，全国燃气企业约3000家，燃气的供应和服务正在逐步向县城、乡镇延伸。纵观城市燃气行业十多年的发展历程，天然气下游在全产业链的发展中扮演着不可或缺的角色。

而今，工商业已经成为使用城市燃气的主力，车用燃气和供暖则在近几年发展迅猛，到2015年仅这两个领域的用气量已分别达到108.4亿m^3和106.3亿m^3，分别比2014年增长9.2%和10.7%。天然气正在为城市的经济发展提供稳定的清洁能源保障，真正成为城市燃气能源结构中的主力军。在“十二五”期间，城市燃气行业使用天然气累计替代燃煤6.8亿t，减少二氧化碳排放量超过10亿t，节能减排成效显著。

《能源发展“十三五”规划》提出，2020年我国天然气消费比重力争达到10%，要实现这一目标，城市燃气的任务尤为艰巨。

当前，天然气在城市燃气消费中的比重已经达到85.9%，这是中国经济快速发展和不断提升的环保要求所带来的必然选择。

在持续雾霾的情况下，加快清洁能源使用，特别是在城市中加快天然气利用，是城市燃气企业义不容辞的义务。

4.4.2 天然气发电

与传统火电相比，燃气发电较燃煤发电具有很大的优势。第一，二氧化碳排放量不足燃煤电厂的一半，氮氧化物排放量约为燃煤电厂的10%，SO_2和烟尘排放几乎为零，环保优势突出。第二，建设燃气电厂占地面积一般仅为燃煤电厂的54%，能够在用电紧张的城市负荷中心建设，以实现就地供电。第三，燃气机组启停灵活，便于为电网调峰。纵观发达国家的电力装机结构和电源构成，燃气发电都具有举足轻重的作用。作为电力装机容量已位居世界之首的中国，燃气发电的发展程度却相差甚远。未来，为应对我国愈加突出的环境问题，天然气发电的市场需求空间将十分广阔。

（1）天然气热电联产。实践表明，利用天然气实现热电联产不仅在理论和技术上完全可行，而且大大地提高了天然气的利用效率与效益，是合理使用天然气的极佳方式。

目前，世界上最流行的天然气热电联产技术方式是对天然气发电机组进行余热利用。发电机排烟管排出的废气温度高达560℃，通过热复用装置（废气锅炉）吸收废气的热能，同时把发电机排烟温度控制在100～130℃，在生产热能的同时，也使发动机更有效、更经济地运行。

一般火力发电机组所产生的电能只占其消耗燃料总能量的1/3左右，其余约2/3的能量被转化为热能，而且往往是在没有被利用的情况下排放掉的。热电联产则使火力发电机组同时生产电和热两种产品，这样便可以将能源的利用率提高到80%左右。

大型燃气联合循环和燃气分布式之间的比较见表4-2。

表4-2 大型燃气联合循环和燃气分布式之间的比较

技术分析	优势	不足
大型燃气联合循环	1. 高品位能源化率高； 2. 单位投资低； 3. 投资经济性好； 4. 单位容量占地较好； 5. 可实现冷热电联供； 6. 利于燃气削峰填谷	1. 热点比较低； 2. 输送损失较大； 3. 建设周期较长； 4. 并网难度大
燃气分布式	1. 高品位能源转化率高，热点比较匹配； 2. 输送损失少； 3. 投资经济性适中； 4. 安装、运行灵活，便于冷热点联供； 5. 并网难度小； 6. 利于电力和燃气的削峰填谷	1. 单位投资高； 2. 单位容量占地较大； 3. 建设周期较长

（2）天然气分布式能源站。分布式能源是分布在用户端的供能及能源综合利用系统。风能、太阳能、燃气发电等方式均是分布式能源的利用方式。

所谓“分布式能源”（distributed energy resources）是指分布在用户端的能源综合利用系统。一次能源以气体燃料为主，可再生能源为辅，利用一切可以利用的资源；二次能源以分布在用户端的热电冷（植）联产为主，其他中央能源供应系统为辅，实现以直接满足用户多种需求的能源梯级利用，并通过中央能源供应系统提供支持和补充；在环境保护上，将部分污染分散化、资源化，争取实现适度排放的目标；在能源的输送和利用上分片布置，减少长距离输送能源的损失，有效地提高了能源利用的安全性和灵活性。

而从发电上看，天然气分布式能源将发电、供热、制冷结合在一起，实现能量的梯级使用，可使能源利用率从40%提高到80%左右，能源转化效率高，在发电方面有着很大的优势。

从世界发达国家和一些东南亚国家的发展经验来看，发展分布式燃气发电系统是实现节能减排和能源供应可持续发展的必由之路，具有节能、减排、提高供能安全性、电力与燃气供应削峰填谷及促进循环经济发展等众多优势，是现代能源领域发展不可逆转的潮流。

据中电联的《“十三五”天然气发电需求预测》，预计2020年我国天然气发电规模1亿kW，其中分布式4000万kW，见表4-3。当前，我国天然气分布式能源总装机容量为500万kW，缺口很大。假设9F联合循环机组设备购置加安装的平均费用为2500元/kW，到2020年，集中式天然气发电新增市场规模将达500亿元。假设天然气分布式发电设备购置及安装费用为3500元/kW，到2020年，分布式天然气发电设备新增市场规模将超过1000亿元。

表4-3　天然气发电装机容量

年份	集中式发电（万kW）	分布式发电（万kW）
2009	2400	—
2010	2650	500
2015	4000	1000
2020	6000	4000

发展分布式能源的重要意义有以下几方面：经济性、环保性、能源利用的多样性、调峰作用、安全性和可靠性。

2017年年底出现的北方供暖“天然气荒”是天然气供应安全的现实写照，美好愿望与现实之间永远存在巨大差距。发展天然气发电，行业内外对天然气发电有过一些乐观的看法，仔细推敲，就会发现这些美好的寄托并不现实。气电很美丽，现实很残酷，但提高天然气的综合竞争能力，依然有重要的意义——除了发电，天然气在非电领域也大有作为，而后者才是天然气中长期发展的主战场。

4.4.3　工业燃料

天然气作工业燃料，具有如下特点：

（1）工业用户一般能耗较大，与煤和燃料油比较，使用天然气不必建设燃料储存场所和设备，无须备用操作，使用燃料前的管理简单，燃烧设备结构简单，因此可节省占地、投资和操作费用。

（2）与煤、燃料油比较，天然气燃烧后产生的CO_2较少，产生的SO_x和颗粒物极少，无灰渣，生成的NO_x也较少，且容易采取措施进一步降低。因此，燃烧天然气的工业装置对环境污染较小。

（3）燃烧天然气的工业炉便于温度控制，炉膛温度均匀，程序升温平稳，火焰清洁，有利于生产优质产品，提高制品质量，减少次、废品，并且有利于提高装置的生产率。

采用天燃气窑炉替代燃煤窑炉后，单从燃料成本的角度看，燃气略高于燃煤。但天然气炉加热均匀、温度可控，避免了化铁现象，减少了原料消耗，同时也没有了打冷铁现象，锻造设备损伤减少；普通燃煤窑炉每年需要维护2次，年维护费用在2万元左右，而天燃气窑炉5年内基本不用维护；1台燃煤窑炉只能配1台锻打锤，而1台燃气窑炉则配2台锻打锤，用工、人力成本都大幅下降。综合来看，应用天燃气的优势非常明显。

（4）天然气工业炉炉内气温调节灵活，可容易迅速地调节炉内氧化、中性或还原的气氛，适应特种工艺制品的生产。炉内没有结渣、结焦问题，容易实现自动点火和火焰监视。

（5）天然气能够灵活地与其他燃料配搭燃烧，达到增产、节能、降耗。例如，炼铁高炉风口上方装设天然气燃烧器，天然气和焦炭共同作为高炉能源，可使高炉产量增加30%～100%，焦炭消耗量减少30%～50%，热效率提高25%～50%。天然气与煤粉共燃，可使燃煤装置排放符合环保规定的要求。20世纪80年代以来，美、英和德等国家已经有相当部分的高炉炼铁选用了喷吹天然气工艺。

高炉喷吹燃料（fuel injectioninto blastfurnace），将气体、液体或固体燃料通过专门的设备从风口喷入高炉，以取代高炉炉料中部分焦炭的一种高炉强化冶炼技术。

它可改善高炉操作，提高生铁产量，降低生铁成本。高炉连续铸钢、炼铁是以冶金焦作为燃料和还原剂的，喷吹燃料在风口区的高温下转化为CO和H_2，可以代替风口燃烧的部分焦炭，一般可取代20%～30%，高的可达50%。喷吹燃料已成为当代高炉降低焦比的主要措施。喷吹燃料还可以促进高炉采用高风温和富氧鼓风，这几项技术相结合，已成为强化高炉冶炼的重要途径。

（6）建筑陶瓷，如生产釉面砖的窑炉使用天然气作燃料后，不会产生炭黑、颗粒、气泡、麻点等缺陷，窑炉内温度均匀，产品变形小，能够产生高档次的釉面砖。

（7）锅炉是工业中的大耗能设备，我国燃煤锅炉效率为50%～60%，而燃烧天然气的锅炉效率可达80%～90%。

（8）燃烧天然气的工业炉运行时，天然气与空气混和物处于爆炸极限内，运行前的泄漏，运行中的熄火、回火等，可燃混合物会在未着火的状态下进入炉内，或将火焰倒入混合管中，容易引起爆炸，因此天然气工业炉的操作和管理比其他燃料更加严格。

工业燃料与工业燃气在概念上是有显著差别的，工业燃气是相对于民用和商业用气而言的，一般是指在工业生产过程中，利用气体的火焰燃烧特性与金属或非金属的结构特性发生化学反应，使被作业的工件发生分割或融合的现象，从而达到工业应用效果的气体资源。目前常见的工业燃气主要包括：氧气（含液氧）、乙炔、丙烷、液化气、天然气、氮气、氩气、氦气、二氧化碳、氢气、混合气等。

机械工业、玻璃、陶瓷、冶金、粮食加工等行业，原来以煤、油及生物质为燃料的炉窑，一般可以用天然气替代。国家实施提高工业燃料升级工程，鼓励玻璃、陶瓷、建材、机电纺织等重点工业领域的天然气替代利用。

4.4.4 交通燃料

天然气和石油作为传统的化石能源，在许多场合都是被相提并论的。然而，如今在交通运输领域，两者却悄然展开了竞争。天然气凭借近年来的产量增加、价格下降，以及碳排放量小、相对清洁等特点，正在挑战石油产品在交通燃料领域的霸主地位。

据油价网报道，在伊朗、巴基斯坦、阿根廷和巴西，天然气作为燃料在交通运输领域的应用十分广泛。特别是伊朗和巴基斯坦，其拥有的使用天然气作为燃料的交通工具的数量，已经接近全球总量的2/5。

在全球许多国家，压缩天然气（CNG）、液化天然气（LNG）在陆上和海上交通领域都有所应用。这两种天然气之所以能在交通运输燃料领域占有一席之地，主要还是缘于其自身优势。

资料显示，相比传统的汽柴油，CNG和LNG作为燃料，无论是在相对能量密度、生产成本、重量，还是在必要的储存设施方面都具有优势。有数据显示，CNG的能量密度比等量的柴油能量密度高25%左右，而LNG的能量密度更是柴油的2倍左右，同时，这两种燃料的运输重量最多能比柴油轻50%。

CNG可以直接利用现有的天然气管道运输，无须经过其他中转运输或是加工处理。目前，多被用于行程较短的、能够经常到加气站补充燃料的车辆上。而LNG则是将天然气通过冷却转化为液体，这种无色、无毒的液体更便于被安全地送到再气化设施处，或是储存在特别设计的低温隔热储存罐中。一般情况下，到达再气化地，LNG将再被转化为气态，不过，在交通运输领域，LNG则可以保持液态用作燃料。

据权威专家预测，到2020年，我国天然气汽车的保有量有望达到1050万～1100万辆，其中LNG汽车的保有量将达到40万～50万辆，占当年全国汽车保有量的5%以上，LNG加注站将达4500～5000座。到2020年，我国天然气公交车和教练车的保有量占比将达50%以上，LNG重卡保有量有望增至30%以上。

4.4.5 天然气的其他应用

（1）LNG冷能应用。LNG气化吸热产生冷能，1t LNG可利用的冷能能量约为生产1t LNG所消耗能量的1/4，冷能利用可以大大节省资源。冷能利用的过程可分为两类：直接利用和间接利用。

直接利用包括低温饲养和培育、低温除盐、低温发电、生产干冰和空气分离等，间接利用包括储存运输冷冻食品，粉碎塑料和橡胶、粉碎废旧家电和报废汽车。

我国第一座LNG接收站——广东大鹏计划通过以下项目利用LNG冷能：

①BOG回收：冷却回收储罐蒸发的BOG（Boil-off Gas）；

②冷排水利用：冷排水作为电厂循环冷却水的进水；

③空气分离：建议利用冷能开发空分项目；

④冰雪世界：计划在接收站附近开发冰雪世界、修建滑雪场和企业会议中心。

（2）化学电源。化学电源又称电池，是一种能将化学能直接转变成电能的装置。

它通过化学反应，消耗某种化学物质，输出电能。常见的电池大多是化学电源。它在国民经济、科学技术、军事和日常生活方面均获得广泛应用。

化学电池使用面广，品种繁多，按照其使用性质可分为3类：干电池、蓄电池、燃料电池。按电池中电解质的性质分为：锂电池、碱性电池、酸性电池、中性电池。

燃料电池是直接将燃烧反应的化学能转化为电能的装置，能量转化率高，可达80%以上，而一般火电站热机效率仅在30%～40%之间。燃料电池具有节约燃料、污染小的特点。

燃料电池以还原剂（氢气、煤气、天然气、甲醇等）为负极反应物，以氧化剂（氧气、空气等）为正极反应物，由燃料极、空气极和电解质溶液构成。电极材料多采用多孔炭、多孔镍、铂、钯等贵重金属以及聚四氟乙烯，电解质则有碱性、酸性、熔融盐和固体电解质等数种。

4.5 天然气化工

天然气化工是化学工业分支之一，以天然气为原料生产化工产品的工业。天然气通过净化分离和裂解、蒸气转化、氧化、氯化、硫化、硝化、脱氢等反应可制成合成氨、甲醇及其加工产品（甲醛、醋酸等）、乙烯、乙炔、二氯甲烷、四氯化碳、二硫化碳、硝基甲烷等。

天然气化工是燃料化工的组成部分。由于天然气与石油同属埋藏于地下的烃类资源，且有时为共生矿藏，其加工工艺及产品有密切的关系，故也可将天然气化工归属于石油化工。天然气化工一般包括天然气的净化分离、化学加工（所含甲烷、乙烷、丙烷等烷烃的加工利用）。

煤化工、石油化工、天然气化工在原料和工艺方面，都略有不同。首先，从原料来看，3种工艺路线采用不同的原料，煤化工是煤炭，石油化工是原油，天然气化工是天然气；其次，从工艺路径来看，煤化工的难点在于气化，即如何把煤炭转化为一氧化碳和氢气的合成气；石油化工注重蒸馏和加氢，即主要通过物理过程把原油分馏成不同的馏分，再进行深度处理；天然气化工则在于分馏和裂解，即把天然气中的乙烷、丙烷等通过低温分馏出来，通过裂解和反应把甲烷转化为甲醇、合成氨、二甲醚等。

天然气化工已成为世界化学工业的主要支柱，世界上80%的合成氨、90%的甲醇以天然气为原料，在美国75%以上的乙炔以天然气为原料生产，而我国还不到20%，可见我国天然气化工利用有很大的发展空间。

此外，随着国际天然气合成油技术以及相关技术突破，天然气制合成油已具有竞争力，天然气制的合成油不含芳烃、重金属、硫等环境污染物，是环保型优质燃料，有广大的消费市场。

4.5.1 天然气制合成氨

天然气先经脱硫，然后通过二次转化，再分别经过一氧化合成氨重要下游尿素碳变换、二氧化碳脱除等工序，得到的氮氢混合气，其中尚含有一氧化碳和二氧化碳，经甲烷化作用除去后，制得氢氮摩尔比为 3 的纯净气，经压缩机压缩而进入氨合成回路，制得产品氨。

天然气制合成氨的工艺流程由天然气转化、合成气转化、脱碳甲烷化除杂以及压缩合成等 4 个过程组成。

（1）天然气蒸气转化过程

天然气蒸气转化，是使天然气与蒸气混合物通过转化管（反应管）转化成富含氢、一氧化碳、二氧化碳的合成气。转化管由外部辐射加热，管内装有含镍（或钴钼）催化剂。

该反应过程是在蒸气转化炉内进行的，蒸气转化炉的炉型很多，按加热方法不同，大致可分为顶部烧嘴炉和侧壁烧嘴炉。

顶部烧嘴炉的外观呈方箱形结构，设有辐射室和对流室（段），两室并排连成一体。辐射室交错排列转化管和顶部烧嘴。对流室内设有锅炉、蒸气过热器、天然气与蒸气混合物预热器、锅炉给水预热器等。

侧壁烧嘴炉是竖式箱形炉，由辐射室和对流室两部分组成。辐射室沿其纵向中心排列转化管，室的两侧壁排列 6～7 排辐射烧嘴，以均匀加热转化管。对流室设有天然气与蒸气混合原料预热器、高压蒸气过热器、工艺用空气预热器、锅炉给水预热器等。

（2）变换工序。从二段转化炉出来的气体中含有的 CO 大约为 13%。为了获得更多的氢气，需要将转化气体中的 CO 变换为 H_2 和 CO_2，所以变换工序既是原料气的净化过程，又是原料气继续制造的过程。根据操作温度分为高温变换和低温变换。低温变换使残存于气体中的 CO 大幅降低。高温变换使用铁铬系催化剂，温度范围为 370～485℃，压力约为 3MPa。低温变换催化剂有铜锌铬系和铜锌铝系，温度范围为 230～250℃，压力为 3MPa。

工业上通用的流程是：含 CO（13%～15%）的二段转化气经废热锅炉降温，在压力 3MPa、温度 370℃条件下进入高变炉，一般不添加蒸气；经反应后气体中的 CO 降至 3%左右，温度为 425～440℃。气体通过高变废热锅炉，冷却到 330℃；锅炉产生 10MPa 的饱和蒸气，气体在加热气体工艺气体，如甲烷化炉进气，使高变气冷却至 220℃后进入低变炉，低变绝热温升仅为 15～20℃，残余的 CO 降至 0.3%～0.5%，气体出变换工序后送入 CO_2 吸收塔。

（3）脱碳工序。为了将从变换工序过来的粗原料气加工成纯净的氮氢气，必须将二氧化碳从气体中脱除，同时回收的二氧化碳也是制造尿素、纯碱、碳酸氢铵、干冰等产品的原料。脱碳的方法有很多，根据所用吸收剂性质的不同，可分为物理吸收法、化学吸收法和物理化学吸收法。由于以天然气制合成氨的蒸气转化法制气在中压下操作，故通常采用催化热钾碱法，其工艺流程如下：

从变换工序送过来的气体由 CO_2 吸收塔底部进入，吸收液则自塔顶进入，两者逆流接触，吸收变换气中的 CO_2，使出塔气体 CO_2 中含量小于等于 0.1%，出吸收塔的气体经过分离罐分离出去夹带的液滴后，送入甲烷化工序。

从吸收塔底部出来的溶解了 CO_2 的吸收液（称为富液），经水力透平回收能量后，进入再生塔德顶部，经解吸 CO_2 后的溶液（称为贫液）从再生塔底部排出。从再生塔中解析出来的气体，经过冷凝器和回流罐冷凝分离，从回流罐顶部出来，送至所需的装置作为原料。

（4）甲烷化工序。由于氨合成催化剂对 CO 和 CO_2 的敏感性，要求进入合成系统的 CO 和 CO_2 总量要小于 0.01%。在前面脱碳的基础上还必须进一步除净原料气中的 CO 和 CO_2。

甲烷化的基本原理是在 280～420℃的温度范围内，在甲烷化催化剂的作用下，原料气中的 O_2、CO 和 CO_2 与氢气反应生成甲烷和水。其流程为：由脱碳工序送来的原料气经换热和加热后，升至所需温度。在催化剂的作用下，CO 和 CO_2 在甲烷化炉内几乎全部生成甲烷和水，由于该反应是放热反应，所以出甲烷化炉的气体必须经过换热回收能量后再送至合成工序。

（5）合成工序。合成工序是合成氨装置中的最后一道工序，由于氢氮合成气是一个可逆反应，其转化率受化学平衡控制。为了不浪费原料气，需要将未反应的氢氮气循环使用。

新鲜的氢氮气在离心压缩机的第一级中压缩，经换热器、水冷却器及氨冷却器逐步冷却至 8℃，除去水分后的新鲜氢氮气进入压缩机第二级继续压缩并与循环气在缸内混合，压力升至 13.5MPa，经过水冷却器，气体温度降至 38℃。而后，气体分两路，一路约 50%的气体经过两级串联的氨冷却器将气体冷却到 1℃，另一路气体与高压氨分离器来的－23℃的气体在换热器内换热，降温至－9℃，而来自氨分离器的冷气体则升温至 24℃。两路气体汇合后再经过第三级氨冷却器将气体进一步冷却至－23℃，然后送往高压氨分离器，分离氨液后的循环气经换热器预热到 41℃进入氨合成塔进行合成反应。从合成塔出来的合成气体进入氨分离器，重复上述步骤。

合成气除了可以合成氨外，还可以进一步合成甲醇、乙醇、乙二醇、二甲醚、乙酸、草酸、甲酸甲酯、乙酸酐、乙烯、汽油、煤油、柴油等多种化工产品。

将甲烷先转换成合成气，再合成多种化工产品，是一种间接利用甲烷的方式。随着技术的不断进步，甲烷在化工领域的直接转化利用也取得了重大进展。

4.5.2 天然气制甲醇

甲醇，又名木醇或木精，无色、略带醇香气味的挥发性液体，沸点为 64.7℃，能溶于水，在水中有较大的溶解度。有毒、易燃，其蒸气与空气能形成爆炸混合物。甲醇是重要的化学品之一，既是重要的化工原料，也是一种燃料。

工业上几乎全部采用（或还有）加压催化加氢法生产甲醇。典型的流程包括造气、合成气净化、甲醇合成和粗甲醇精馏等工序。

煤及其加工产品（焦炭、焦炉煤气）、石油、天然气、生物物质、烃类制乙炔尾气等都可作为生产合成气的原料。煤在甲醇生产史上曾起过重要作用，但现在占主导地位的原料是天然气。但我国天然气的价格相对于煤炭而言比较高，尤其是受天然气供应的影响，如 2017 年年底，远兴能源天然气制甲醇装置停车，停车期间每月影响甲醇产量约 3.4 万 t。

（1）合成气制备与净化。合成气净化主要是脱除硫化物。铜系合成甲醇催化剂对硫十分敏感，易中毒，要求合成气中硫的含量小于 0.1×10^{-6}（高压法采用的锌-铬催化剂耐硫性较好，允许合成气中硫含量为 $5\sim10\times10^{-6}$）。转化工艺所使用的镍催化剂也易被硫中毒。因此，以天然气为原料的甲醇厂需在转化前脱硫。脱硫方法主要是采用钴-钼加氢和氧化锌床串联工艺，同时脱除有机硫和无机硫。当天然气中总硫含量小于 20mg/m^{3}时，处理后气体含硫量小于 0.5×10^{-6}，经转化后再用或精脱硫。当天然气中有机硫的含量高时，则可用新型铁-锰复合脱硫剂。

（2）甲醇合成。一氧化碳加氢合成甲醇是一个可逆放热反应，甲醇的平衡浓度随温度的上升和压力的下降而迅速降低（表 4-4）。

表 4-4　甲醇合成反应的一氧化碳和二氧化碳平衡转化率及甲醇平衡浓度*

温度（℃）	一氧化碳平衡转化率（%）			二氧化碳平衡转化率（%）			甲醇平衡浓度（体积%）		
	5MPa	10MPa	30MPa	5MPa	10MPa	30MPa	5MPa	10MPa	30MPa
200	95.6	99.0	99.9	44.1	82.5	99.0	27.8	37.6	42.3
250	72.1	90.9	98.9	18.0	46.2	91.0	16.2	26.5	39.7
300	25.7	60.6	92.8	14.3	24.6	71.1	5.6	14.2	32.2
350	−2.3	16.9	73.0	19.8	23.6	52.1	1.3	4.8	21.7
400	−12.8	−7.2	38.1	27.9	30.1	44.2	0.3	1.4	11.4

* 原料气组成（体积%）为：一氧化碳 15，二氧化碳 8，氢气 74，甲烷 3。

甲醇合成反应是将 CO 和 CO_2 加氢转化为 CH_3OH，这一过程是在加压、高温和催化剂的作用下完成的。合成系统的反应可以由如下两个反应式表达：

$$CO+2H_2 \xlongequal{} CH_3OH$$

$$CO_2+3H_2 \xlongequal{} CH_3OH+H_2O$$

甲醇合成是一个可逆的强放热反应，目前工业上使用的甲醇催化剂是铜基催化剂，其适宜的操作温区为 220～270℃。因此，及时移走反应热，使反应过程适应温度曲线的要求，对提高单程转化率、减少合成系统的能耗和合成系统设备投资是非常重要的。国内联醇工业常用冷管型甲醇合成塔，而多数单醇工业常采用不同结构的副产蒸汽型等温甲醇合成塔，它们是连续换热式甲醇合成工艺。

（3）精馏过程。甲醇反应生成的粗甲醇除含有甲醇和水外，还含有几十种微量有机杂质，包括醇、醛、醚、酮、酸、酯、烷烃、胺及羰基铁等。这些杂质需要在精制过程中脱除。甲醇精制通常采用精馏工艺，利用甲醇、水、有机杂质的挥发度差异，通过精馏的方法将杂质、水与甲醇分离。精馏流程一般可分为单塔、双塔、三塔流程。精馏流程的选择，主要取决于精甲醇的产品质量要求。

双塔流程包括预精馏塔和主精馏塔，它是目前工业上普遍采用的粗甲醇精馏流程。预精馏塔用以分离轻组分和溶解的气体，如氢、一氧化碳、二氧化碳及其他惰性组分。二甲醚、轻组分、甲醇和水由塔顶馏出，经冷凝后大部分甲醇和水及少量杂质回流入塔。为了提高预精馏后甲醇的稳定性及精制二甲醚，塔顶可采用两级或多级冷凝。主精馏塔将甲醇与水、乙醇以及高级醇等进行分离，得到精甲醇产品。

4.5.3 天然气其他化工产品

天然气除了直接制合成氨和甲醇等以外，还可以间接制很多化工产品，有些产品已经实现工业化生产，有些产品还处于研究开发阶段。

（1）天然气制乙炔。乙炔的分子式为C_2H_2，俗称风煤和电石气，是炔烃化合物系列中体积最小的一员，主要作工业用途，特别是烧焊金属方面。乙炔在室温下是一种无色、极易燃的气体。纯乙炔是无臭的，但工业用乙炔由于含有硫化氢、磷化氢等杂质，而有一股大蒜的气味。

乙炔可用以照明、焊接及切断金属（氧炔焰），也是制造乙醛、醋酸、苯、合成橡胶、合成纤维、PVC塑料等物质的基本原料。

乙炔燃烧时能产生高温，氧炔焰的温度可以达到3200℃左右，用于切割和焊接金属。供给适量空气，乙炔可以完全燃烧发出亮白光，在电灯未普及或没有电力的地方可以用作照明光源。

纯乙炔为无色、有芳香气味的易燃气体。而电石制的乙炔因混有硫化氢H_2S、磷化氢PH_3、砷化氢而有毒，并且带有特殊的臭味。其熔点（118.656kPa）－80.8℃，沸点－84℃，相对密度0.6208（－82/4℃），折射率1.00051，折光率1.0005（0℃），闪点（开杯）－17.78℃，自燃点305℃，在空气中爆炸极限为2.3%～72.3%（vol）。在液态和固态下或在气态和一定压力下有猛烈爆炸的危险，受热、振动、电火花等因素都可以引发爆炸，因此不能在加压液化后贮存或运输。微溶于水，溶于乙醇、苯、丙酮。在15℃和1.5MPa时，乙炔在丙酮中的溶解度为237g/L，溶液是稳定的。

因此，工业上是在装满石棉等多孔物质的钢瓶中，使多孔物质吸收丙酮后将乙炔压入，以便贮存和运输。为了与其他气体区别，乙炔钢瓶的颜色一般为乳白色，橡胶气管一般为黑色，乙炔管道的螺纹一般为左旋螺纹（螺母上有径向的间断沟）。

天然气制乙炔的主要方法有以下几种：电弧法、部分氧化法、热裂解法和等离子法。

（2）天然气制氢。氢气是一种重要的工业气体，无色、无味、无臭、易燃，常压下沸点－252.8℃，临界温度－239.9℃，临界压力1.32MPa，临界密度30.1g/L。当空气中的含量为4%～74%（体积）时，即形成爆炸性混合气体。氢在各种液体中溶解甚微，难溶于液化。液态氢是无色透明液体，有超导性质。氢是最轻的物质，与氧、碳、氮分别结合成水、碳氢化合物、氨等。天然气田、煤田以及有机物发酵时也含有少量的氢。

氢气和一氧化碳的混合气体是重要的化工原料——合成气。氢气在催化剂的存在下与有机物的反应称为加氢，是工业上一种重要的反应过程。

工业上生产纯氢及将含氢气体提纯的主要方法有以下几种：电解法、烃类裂解法、烃类蒸汽转化法和石油炼厂气法。

天然气制氢，在一定的压力和一定的高温及催化剂作用下，天然气中烷烃和水蒸气发生化学反应。转化气经过费锅换热，进入变换炉使CO变换成H_2和CO_2。再经过换热、冷凝、汽水分离，通过程序控制将气体依序通过装有3种特定吸附剂的吸附塔，由变压吸附（PSA）升压吸附N_2、CO、CH_4、CO_2提取产品氢气。降压解析放出杂质并使吸附剂得到再生。其反应式：

$$CH_4 + H_2O \longrightarrow CO + 3H_2 - Q$$

$$CO + H_2O \longrightarrow CO_2 + H_2 + Q$$

天然气水蒸气重整制氢需吸收大量的热，制氢过程能耗高，燃料成本占生产成本的50%～70%。因此，研究和开发更为先进的天然气制氢新工艺技术是解决廉价氢源的重要保证。新工艺技术应在降低生产装置投资和减少生产成本方面有明显的突破。

天然气制氢新工艺和新技术，包括天然气绝热转化制氢、天然气部分氧化制氢、天然气高温裂解制氢和天然气自热重整制氢。

（3）天然气制合成油。天然气制合成油（GTL），合成气（CO和H_2的混合气体）经过催化剂作用转化为液态烃的方法称为天然气制合成油（Gas to Liquid，GTL）。这种方法是1923年由德国科学家Frans Fischer和Hans Tropsch发明的，简称费托F-T合成。

GTL产品中，C_5～C_9为石脑油馏分，C_{10}～C_{16}为煤油馏分，C_{17}～C_{22}为柴油馏分，C_{23}以上为石蜡馏分。

其中，柴油是天然气制合成油中最重要的产品，其质量远优于石油炼厂生产的常规柴油，具有十六烷值高、硫含量低、不含或低含芳烃等特点。

GTL煤油不含硫、氮化合物，燃烧性能非常好。

GTL石蜡产品质量甚佳。天然气合成润滑油基础油是GTL合成油的另一个比较重要的产品，它是GTL石蜡馏分经过加氢异构-脱蜡后得到的，不含硫，黏度指数高，可高度生物降解，非常适用于调制新一代发动机油。

天然气制合成油技术与工艺，按照是否采用合成气工艺这个步骤分为两大类，即直接由天然气合成液体燃料的直接转化和由天然气先制合成气（CO和H_2的混合气体）再由合成气合成液体燃料的间接转化。目前比较可行且工业化的GTL技术都是间接转化法。

（4）天然气制二甲醚。二甲醚是一种新兴的基本化工原料，由于其具有良好的易压缩、冷凝、汽化特性，在制药、燃料、农药等化学工业中有许多独特的用途。随着石油资源的紧缺及价格上涨、清洁环保理念的深入，作为柴油替代资源的清洁燃料——二甲醚得到大力推广，并逐渐进入民用燃料市场和汽车燃料市场。

二甲醚的生产方法有一步法和二步法。一步法是指由原料气一次合成二甲醚；二步法是由合成气合成甲醇，然后脱水制取二甲醚。

①天然气制二甲醚生产一步法

该法是由天然气转化生成合成气后，合成气进入合成反应器内，在反应器内同时完成甲醇合成与甲醇脱水两个反应过程和变换反应，产物为甲醇与二甲醚的混合物，混合物经蒸馏装置分离得到二甲醚，未反应的甲醇返回合成反应器。

一步法多采用双功能催化剂，该催化剂一般由2类催化剂物理混合而成，其中一类为合成甲醇催化剂，如Cu-Zn-Al（O）基催化剂，BASFS3-85和ICI-512等；另一类为甲醇脱水催化剂，如氧化铝、多孔SiO_2-Al_2O_3、Y型分子筛、ZSM-5分子筛、丝光沸石等。

②天然气制二甲醚生产二步法

该法是分两步进行的，即先由合成气合成甲醇，甲醇在固体催化剂下脱水制二甲醚。国内外多采用含γ-Al_2O_3/SiO_2制成的ZSM-5分子筛作为脱水催化剂。反应温度控制在280～340℃，压力为0.5～0.8MPa。甲醇的单程转化率在70%～85%之间，二甲醚的选择性大于98%。

一步法合成二甲醚没有甲醇合成的中间过程，与两步法相比，其工艺流程简单、设备少、投资小、操作费用低，从而使二甲醚生产成本得到降低，经济效益得到提高。因此，一步法合成二甲醚是国内外开发的热点。国外开发的有代表性的一步法工艺有：丹麦Topsφe工艺、美国Air Products工艺和日本NKK工艺。

二步法合成二甲醚是国内外二甲醚生产的主要工艺，该法以精甲醇为原料，脱水反应副产物少，二甲醚纯度达99.9%，工艺成熟，装置适应性广，后处理简单，可直接建在甲醇生产厂，也可建在其他公用设施好的非甲醇生产厂。但该法要经过甲醇合成、甲醇精馏、甲醇脱水和二甲醚精馏等工艺，流程较长，因而设备投资较大。但国外公布的大型二甲醚建设项目绝大多数采用两步法工艺技术，说明两步法有较强的综合竞争力。

(5) 天然气制烯烃

①低碳烯烃发展情况。乙烯、丙烯等低碳烯烃是重要的基本化工原料。近年来，随着技术工艺的不断成熟和市场配置的不断优化，全球范围内石化行业制烯烃的原料呈现多元化发展趋势。除油制烯烃外，煤制烯烃（CTO)、甲醇制烯烃（MTO)、轻烃（包括乙烷、丙烷、丁烷等）路线，天然气及合成气制烯烃等方法迅速发展，还诞生出煤基乙炔制烯烃等新型路线。

a. 乙烯的发展情况。近年来，我国和世界乙烯原料结构存在较大差异，石脑油制烯烃路线盈利能力继续保持。以2015年为例，世界乙烯原料结构中石脑油占比达47%，而同期我国超过60%；2015年度全球轻烃（以C_2、C_3、C_4为主）原料占比合计为48%，而我国比率仅为14%。

我国乙烯总产能继续增长，新增产能首次全部来自煤基烯烃。

预计未来国内乙烯发展迎来高峰期，石油基烯烃仍为主线，非石油基原料将广泛应用。“十三五”期间将是中国乙烯发展的高峰期，预计到2020年国内乙烯总产能将达3200万t/年。从石油基原料看，传统石脑油占比将进一步下降，轻柴油、凝析油占比将有所上升；从非石油基原料看，天然气、天然气凝析液（NGL)、液化气、轻烃、煤（甲醇）等将被广泛应用，乙烯装置原料结构将进一步得到优化，多元化程度将进一步上升。

b. 丙烯发展情况。据《中国产业信息》，2015年全球丙烯产能约1.23亿t/年，产量和消费量约9606万t。预计2015—2020年世界丙烯产量和需求量将保持4.5%的年均复合增长率，到2020年产量和消费将达到1.2亿t。丙烯用途广泛，下游消费领域主要是聚丙烯，其次是环氧丙烷、丙烯腈、丙烯酸、异丙苯和丁辛醇等。

全球丙烯的工业化生产工艺主要有石脑油裂解法、炼厂二次加工重（渣）油的催化裂化法、甲醇制烯烃（MTO/MTP)、PDH（丙烷脱氢）和烯烃歧化法等。随着北美页岩油气开发，近两年及今后一段时期，全球各地区采用传统和裂解和FCC（渣油催化裂化)，装置的丙烯份额均有所下降，而PDH所产丙烯份额逐步提升，预计全球PDH丙烯份额将由目前的5%提高至13%左右。尤其是在北美和东北亚地区PDH，所产的丙烯占丙烯总产量的比率将大幅提高，预计北美和东北亚地区PDH所占丙烯比重将由2015年的4%和3%分别提高到2020年的13%和15%。

2010年，我国丙烯产能为1490万t/年，产量为1329万t，进口量为152万t，表观消费量为1481万t，当量需求为1936万t。2015年，我国丙烯年产能约2750万t，产量约2310万t，进口量为277万t，表观消费量为2587万t，当量消费量为2950万t，当量需求与产量之差近640万t，缺口仍较大。“十二五”期间，我国丙烯产能、产量、进口量、表观消费量和当量需求年均复合增长率分别为13.0%、11.7%、12.8%、11.8%和8.9%。

预计“十三五”期间我国丙烯行业仍然保持中速增长，到2020年，丙烯年产能、产量、进口量、表观消费量和当量需求分别为3950万t、3350万t、120万t、3470万t和3700万t，当量需求与产量之差收窄至350万t。

从我国丙烯的供需来看，一方面是国内丙烯资源短缺，产量不能满足需求，丙烯有效产能增长落后于下游衍生物行业需求增长；另一方面，传统的丙烯生产相对垄断，丙烯生产企业的下游配套装置基本上可以消耗掉丙烯产量，国内丙烯流通量不能满足其他下游企业的需求，需求缺口较大。

②天然气制乙烯、丙烯。

目前，全球乙烯生产所用原料70%为石脑油，25%为天然气，5%为煤炭。由于石脑油原料受制于石油供应限制，煤炭利用过程中的环保问题比较突出，而天然气资源尤其是页岩气、天然气水合物、生物沼气等非常规天然气资源不仅来源丰富，而且清洁环保，从长远看天然气制乙烯具有良好的市场前景。随着未来全球非常规天然气资源的大规模发现与开采，以储量相对丰富和价格低廉的天然气替代石油生产乙烯及其下游产品显得越来越重要，值得引起业内的重视。

天然气制乙烯技术包括甲烷间接转化和直接转化两种路线。间接转化包括天然气经甲醇制乙烯技术、费-托（F-T）合成路线制乙烯技术等；直接转化包括甲烷氧化偶联制乙烯技术、甲烷无氧脱氢技术等。

天然气是清洁化石资源，在当前我国能源消费中发挥着越来越重要的作用，同时天然气作为重要的化工原料，也具有较大的发展潜力。利用天然气制乙烯有多种途径，其大规模应用主要取决于天然气原料供应的有效保障及其价格是否合理，在天然气供应充足、价格合理的条件下，天然气经甲醇制乙烯工艺将会得到较快发展，而F-T合成制乙烯、OCM技术目前尚未达到成熟应用阶段。尤其是OCM技术的应用将是传统乙烯生产工艺变革过程中的一场革命，受到世界各国普遍重视。

（6）天然气制芳烃。芳香烃简称芳烃（aromatic hydrocarbons/arene），为苯及其衍生物的总称，是指分子结构中含有一个或者多个苯环的烃类化合物。其中，最简单和最重要的芳香烃是苯及其同系物甲苯、二甲苯、乙苯等。苯的同系物的通式是C_nH_{2n-6}（$n \geqslant 6$）。芳香烃的π电子数为$4n+2$（n为非负整数）。芳香烃分子结构示意图如图4-1所示。

芳香烃不溶于水，但溶于有机溶剂，如乙醚、四氯化碳、石油醚等非极性溶剂。一般芳香烃均比水轻；沸点随相对分子质量的升高而升高；熔点除与相对分子质量有关外，还与其结构有关，通常对位异构体由于分子对称，熔点较高。

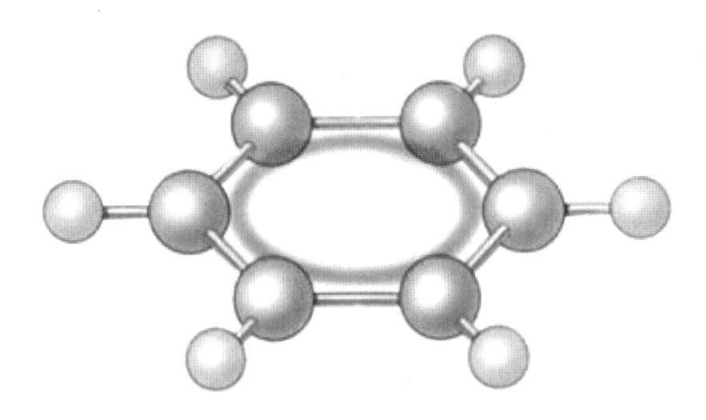

图 4-1　芳香烃分子结构示意图

根据结构的不同可分为三类：①单环芳香烃即苯的同系物；②稠环芳香烃，如萘、蒽、菲等；③多环芳香烃，如联苯、三苯甲烷，主要来源于石油和煤焦油。芳香烃在有机化学工业里是最基本的原料。现代用的药物、炸药、染料，绝大多数是由芳香烃合成的。燃料、塑料、橡胶及糖精也以芳香烃为原料。

芳烃还广泛用于生产非纤维用聚酯，为日常生活提供安全可靠、轻量方便、可回收利用的聚酯瓶包装，实现了节约能源、降低成本的可持续发展。同时，由芳烃还可制得高强度、低密度和耐磨性好的聚酰胺纤维（即芳纶），主要用于生产轮胎帘子线、橡胶补强材料、特种绳索，以及军工和航天材料，广泛应用在汽车、机电、航天航空、军工等重要领域。

天然气制芳烃工艺，是以天然气为原料，先制合成气，合成气再制甲醇，然后由甲醇制得芳烃。

我国对芳烃的需求巨大，现在大量依赖进口，其中 PX 的缺口最为明显。随着下游行业向好，其需求可能继续增长。2016 年，我国进口纯苯 159 万 t，进口甲苯 76 万 t，进口对二甲苯 1236.13 万 t。PX 在化工生产中尤为重要。对二甲苯（PX）通常从石脑油中提取，是 PTA（精对苯二甲酸）的原料之一。PTA 的应用集中，世界上 90%以上的 PTA 用于生产聚酯（PET）。聚酯包括纤维切片、聚酯纤维、瓶用切片和薄膜切片。近几年，我国 PX 自给率也在不断下降，相当一部分 PX 需求由进口满足。2016 年，国内 PX 产量仅为 977 万 t，自给率仅为 44%。

在我国石油对外依存度逐渐提高的背景下，原来的芳烃增产道路变得越来越不可持续。考虑到我国“缺油少气富煤”的资源现状，煤制甲醇再制烯烃芳烃的未来值得看好。

（7）天然气制乙二醇。乙二醇是重要的有机化工原料，下游用途广泛，主要用于生产 PET 和防冻剂，还可生产不饱和聚酯树脂、润滑剂、增塑剂、表面活性剂以及炸药等。乙二醇的生产技术主要为石油路线，即以乙烯为原料，经环氧乙烷生产乙二醇；此外，还有以煤和天然气为原料制备乙二醇的生产技术。

我国经济的快速发展催生了乙二醇消费增长。2008 年，中国乙二醇消费 700 万 t，占全球的 40%；至 2014 年，中国消费乙二醇更是突破 1000 万 t，达到 1210 万 t，占到全球的 50%，我国真正成为全球乙二醇的消费中心。随着国内聚酯、化纤产品市场的快速发展，我国已成为世界乙二醇的主要生产国和最大消费国，其产量和消费量分别占世界总量的 20%和 50%左右，然而国内乙二醇呈现供不应求的局面，每年需大量进口。

我国乙二醇的生产形成了石油路线和非石油路线（主要是煤或天然气路线）多种生产工艺并举、大中小型生产规模共存、引进技术与国产技术相结合的格局。

以天然气和煤炭为原料制取乙二醇采用的是“天然气/煤炭—合成气（$CO+H_2$）—环氧乙烷—乙二醇”路线。

（8）天然气制炭黑。炭黑广泛应用于橡胶、塑料、油漆油墨、涂料、印染等方面。目前我国已成为世界第一大炭黑生产国，2013 年我国炭黑产能约为 641 万 t，占全球总产能的 40%左右，行业产能利用率为 74%，其中炭黑出口占国内总产量的 15%左右，在我国的表观消费中比重较高。

国际上炭黑的增长主要是中国的增长，其他国家的增速较慢，中国的年复合增速在 12.5%左右。其他国家中增长较快的为俄罗斯，但是基数比较低，中国的产能约占世界的 5/12。

根据文献预计，到 2020 年全球的炭黑生产能力达到 1827 万 t，炭黑生产能力逐年递增 2.9%，需求量每年增加 4%，到 2020 年达到 1545 万 t。这一增长预测全部与轮胎（尤其是小客车用子午线轮胎）领域为扩大生产能力所进行的新一轮大量投资有密切相关。

炭黑生产方法分类和原料类型见表 4-5。

表 4-5　炭黑生产方法分类和原料类型

项目	不完全燃烧			热分解	
	湍流燃烧		扩散火焰	间歇式	连续式
生产方法	油炉法气炉法	灯烟法	槽法（滚筒法、混气法）	热裂解	乙炔法
原料类型	煤焦油或石油系芳烃、天然气	煤焦油或石油系芳烃	天然气煤焦油	天然气	乙炔

炭黑的生产原料按物质形态分为气体原料、液体原料和固体原料。其中，气体原料包括天然气、煤矿瓦斯、炼油尾气、电石气（乙炔气）等；液体原料包括煤焦油、石油炼制的馏分油等；固体原料包括萘、蒽等。

炭黑按制造方法分为如下 3 类：

接触法炭黑：槽法炭黑、滚筒法炭黑和圆盘法炭黑；

炉法炭黑：气炉法、油炉法、灯烟法；

热裂法炭黑：热裂炭黑（天然气）、乙炔炭黑（乙炔）。

按用途和使用特点分为 2 类：

橡胶用炭黑：包括硬质炭黑（补强）、软质炭黑（填充）；

非橡胶用炭黑（特种）：包括导电炭黑、塑料用炭黑以及其他专用炭黑（合成革用炭黑、黑色农膜用炭黑、油墨用炭黑、复印机打印机用炭黑）等。

不同炭黑的化学组成不尽相同，如橡胶工业用的油炉法炭黑的碳元素含量在 97%以上；热裂法炭黑和乙炔炭黑的碳含量高于 99%。

按原料划分，炭黑制造工艺主要有煤焦油法和乙烯焦油法。

炭黑与白炭黑仅一字之差，不要把炭黑与白炭黑混为一谈。炭黑是一种无定形碳。轻、松而极细的黑色粉末，比表面积非常大，范围从 10～3000m^2/g，是有机物（天然气、重油、燃料油等）在空气不足的条件下不完全燃烧或受热分解的产物。其相对密度为1.8～2.1，外观为纯黑色的细粒或粉状物，颜色的深浅、粒子的细度、相对密度的大小，均随所用原料和制造方法的不同而有差异。炭黑不溶于水、酸、碱；能在空气中燃烧变成二氧化碳。

白炭黑是白色粉末状无定形硅酸和硅酸盐产品的总称，主要是指沉淀二氧化硅、气相二氧化硅、超细二氧化硅凝胶和气凝胶，也包括粉末状合成硅酸铝和硅酸钙等。白炭黑是多孔性物质，其组成可用 $SiO_2 \cdot nH_2O$ 表示，其中 nH_2O 以表面羟基的形式存在，能溶于苛性碱和氢氟酸，不溶于水、溶剂和酸（氢氟酸除外），耐高温、不燃、无味、无嗅，具有很好的电绝缘性。

4.6　我国天然气产业发展战略与重点任务

4.6.1　“十三五”天然气行业发展形势

与过去10年天然气需求快速增长、供不应求的状况不同，“十三五”期间，随着国内产量的增加和进口能力的增强，天然气供求总体上将进入宽平衡状态。同时，受产业链发展不协调等因素的影响，局部地区部分时段还可能出现供应紧张状况。随着油气体制改革的深入推进，天然气行业在面临挑战的同时迎来新的发展机遇。

1. 发展机遇

能源生产和消费革命将进一步激发天然气需求。在经济增速换挡、资源环境约束趋紧的新常态下，能源绿色转型要求日益迫切，能源结构调整进入油气替代煤炭、非化石能源替代化石能源的更替期，优化和调整能源结构还应大力提高天然气消费的比例。党的十八大提出大力推进生态文明建设，对加大天然气使用具有积极的促进作用。《巴黎协定》的实施，将大大加快世界能源低碳化进程；同时，国家大力推动大气和水污染防治工作，对清洁能源的需求将进一步增加。

天然气的发展机遇主要表现为：

新型城镇化进程加快，为天然气提供发展新动力，资源基础为天然气增产提供保障，国际天然气供应逐渐总体宽松，油气体制改革步伐加快。

2. 面临的挑战

面临的挑战是：大幅增加天然气消费量的难度较大，国内勘探投入不足，体制机制制约和结构性矛盾问题突出，基础设施建设任务繁重，管道保护工作难度加大。

4.6.2　指导思想和目标

1. 指导思想

全面贯彻党的十八大和十八届三中、四中、五中、六中全会精神，深入落实习近平总书记系列重要讲话精神，牢固树立创新、协调、绿色、开放、共享的发展理念，以能源供给侧结构性改革为主线，遵循“四个革命、一个合作”能源发展战略思想，紧密结合“一带一路”建设、京津冀协同发展、长江经济带发展战略，贯彻油气体制改革总体部署，发挥市场配置资源的决定性作用，创新体制机制，统筹协调发展，以提高天然气在一次能源消费结构中的比重为发展目标，大力发展天然气产业，逐步把天然气培育成主体能源之一，构建结构合理、供需协调、安全可靠的现代天然气产业体系。

2. 基本原则

国内开发与多元引进相结合，整体布局与区域协调相结合，保障供应与高效利用相结合，深化改革与加强监管相结合，自主创新与引进技术相结合，资源开发与环境保护相协调。

3. 发展目标

（1）储量目标

常规天然气：“十三五”期间新增探明地质储量 3 万亿 m^3，到 2020 年累计探明地质储量 16 万亿 m^3。

页岩气：“十三五”期间新增探明地质储量 1 万亿 m^3，到 2020 年累计探明地质储量超过 1.5 万亿 m^3。

煤层气：“十三五”期间新增探明地质储量 4200 亿 m^3，到 2020 年累计探明地质储量超过 1 万亿 m^3。

（2）供应能力

2020 年国内天然气综合保供能力达到 3600 亿 m^3 以上。

（3）基础设施

“十三五”期间，新建天然气主干及配套管道 4 万 km，2020 年总里程达到 10.4 万 km，干线输气能力超过 4000 亿 m^3/年；地下储气库累计形成工作气量 148 亿 m^3。

（4）市场体系建设

加快推动天然气市场化改革，健全天然气产业法律法规体系，完善产业政策体系，建立覆盖全行业的天然气监管体制。

4.6.3 “十三五”天然气行业重点任务

《天然气发展“十三五”规划》明确了四大重点任务：加强勘探开发，增加国内资源供给；加快天然气管网建设；加快储气设施建设，提高调峰储备能力；培育天然气市场和促进高效利用。

延伸阅读

（提取码 jccb）

第5章　电　　能

电能是应用最广泛、最方便、最清洁的一种能源，电能（Electrical energy）指电以各种形式做功的能力（所以有时也叫电功）。电能分为直流电能、交流电能，这两种电能均可相互转换。电能易于生产、输送和使用，构成了现代文明的基础。电能广泛应用于工业、农业、交通运输业、城市公用事业、第三产业和人民生活，渗透到国民经济和社会生活的方方面面。对电能消耗的多少已经成为衡量一个社会物质文明高低的主要标准。

电可以通过输电线方便、经济、高效地输送到远方；小到几瓦的灯泡，大到几百上千瓦的电动机，都可以根据用户的需要灵活分配，而且不受控制距离的限制。电能易于控制、测量和调整，可以利用电能实现高度自动化、智能化。

5.1　电能的清洁性与发展现状

5.1.1　电能的清洁性取决于来源

电能是煤、石油和天然气等一次能源燃烧后产生的热量通过发电设备转化而来的，因此电能是二次能源，但是，不能笼统地把电力视为清洁能源，这要看其来源。电力来自一次能源，如水力发电、核能发电和再生能源发电，这种电力是绿色能源，即清洁能源；现代电力多数仍然从化石燃料生产，如燃煤发电、燃油发电和燃气发电中获得，这种电力在使用时很清洁，但是在生产过程仍然大量排放二氧化碳，会增强全球大气暖化，并大量排放污染物，造成大气雾霾，这种二次电力仍然不是清洁的。

电能可以方便地转换为热能、机械能、光能、声能等其他形式的能量，而且转换效率高。电能转换为热量，效率几乎为100%。电能通过电动机转换为机械能。电能通过输送和分配，在各种设备中使用，即终端能源。终端能源最后转换为有效能。

虽然有诸如普通干电池、蓄电池、燃料电池等储存电能的方式，但与其他一次、二次能源最大的不同是电能不能大规模地储存，必须使用才能成为能源，即电力的生产、输送、分配和消费是同时进行的，电能的生产其实是一种能量形式的转换，这一特点就要求发电与用电必须同时匹配才能完成。

将一次能源转换为电能的工业称为电力工业。电力工业是生产和输送电能的工业，可以分为发电、输电、配电和供电4个环节。电力工业产业链如图5-1所示。作为一种先进的生产力和基础产业，电力工业对促进国民经济的发展和社会进步起到重要作用，在国民经济中占有重要地位，是国家经济发展水平战略中的重点和先行行业。

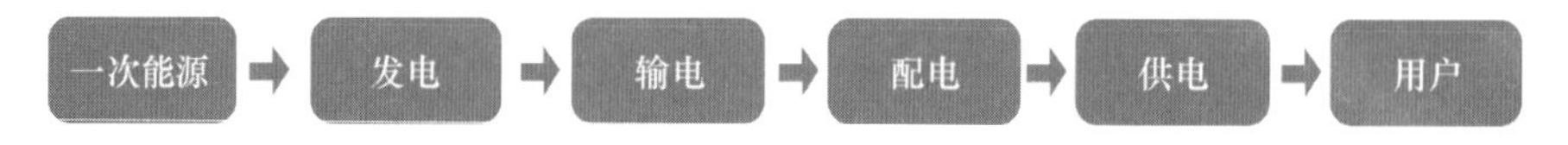

图 5-1　电力工业产业链示意图

5.1.2　世界各国电力消费与生产情况

（1）世界各国电力消费。根据《BP 世界能源统计年鉴》2017 年 6 月的报告，2016 年电力产量仅比去年增加 2.2%，远比往年的 6%～8%低。我国是世界上电力生产最多的国家，占世界总量的 24.8%，2016 年增幅为 5.4%，但比 2015 年增幅 2.9%有所增加；而美国经济不景气，减少了 0.2%。

（2）人均能源消费和电力消费。人均能源消费量和人均耗电量在一定程度上反映一个国家或地区经济发展水平和人民生活水平。本数据来自维基百科，人均能源消费量和人均耗电量最多的国家是冰岛和列支敦士登。虽然我国电力产量居世界首位，但人均量居世界第 63 位。

（3）全球电力生产结构。电力生产结构是指电力来自一次能源的比率，以“%”表示。根据《REN21 再生能源全球状态报告》2015—2017 年的报告，截至 2016 年全球化石燃料发电占电力总量的 75.5%，再生能源发电占电力总量的 24.5%，其中水力发电最高，占 16.6%，其次是风电场占 4.0%、生物质发电占 2.0%和光伏发电占 1.5%。

（4）世界上最大的 20 个发电站。世界上最大的电站是水力发电站，占据主导地位，我国溪洛渡大坝和糯扎渡大坝已经冲入圈内。其次是核电站；燃煤和燃气为最次。我国水力发电在电力供应中最为突出，居世界领先地位。水力发电和核能发电均属清洁能源发电，而天然气和煤等化石燃料发电属于火力发电。

5.1.3　我国电力消费与生产情况

统计数据显示，截至 2017 年年底，全国全口径发电装机容量为 177708 万 kW，比上年增长 7.7%，增速比上年回落 0.5 个百分点。其中，水电 34359 万 kW（其中抽水蓄能发电 2869 万 kW，增长 7.5%），增长 3.5%；火电 110495 万 kW（其中煤电 98130 万 kW，增长 3.7%），增长 4.1%；核电 3582 万 kW，增长 6.5%；并网风电 16325 万 kW，增长 10.7%；并网太阳能发电 12942 万 kW（其中分布式光伏发电 2966 万 kW），增长 69.6%。全国人均装机规模 1.28kW，比上年增加 0.09kW，超过世界平均水平，电力供应能力持续增强。全国非化石能源发电装机容量 68865 万 kW，占全国总装机容量的 38.8%，分别比上年和 2010 年提高 2.2 个和 11.7 个百分点；100 万 kW 级火电机组达到 103 台，60 万 kW 及以上火电机组容量所占比重达到 44.7%、比上年提高 1.3 个百分点，非化石能源发电装机及大容量高参数燃煤机组比重继续提高，电源结构持续优化调整。

全国全口径发电量 64171 亿 kW·h，同比增长 6.5%，增速比上年提高 1.6 个百分点。其中，水电11931亿kW·h，增长1.6%；火电45558亿kW·h，增长5.3%（其中煤电发电量41498亿kW·h，增长5.2%），核电2481亿kW·h，增长16.4%，并网风电3034亿kW·h，增长26.0%，并网太阳能发电1166亿kW·h，增长75.3%。2017年，水电、核电、并网风电和太阳能发电等非化石能源发电量合计比上年增长10.1%，占全口径发电量的比重为30.3%，比重比上年提高1.0个百分点。

5.2 火力发电

火力发电是目前生产电能的主要方法之一。火力发电在全世界发电厂总装机容量占70%以上。2006年以前，我国电源结构一直以煤电、水电为主，其他类型电源作为有效补充。2006年以后，随着技术水平的提升、节能环保意识和环保要求的增强，我国的电源结构逐渐发生了较大变化，新能源、清洁能源，特别是非水可再生能源出现指数级增长态势。2006年至2016年，我国煤电（含燃煤热电）装机比率占比下降了约15%，其中，2010年至2016年下降了9.39%，达到了历史新低。

5.2.1 火力发电基本原理

火力发电一般是指利用煤炭、石油、天然气等可燃物燃烧时产生的热能来加热水，使水变成高温、高压水蒸气，然后由水蒸气推动发电机来发电方式的总称。从能量转换的角度看，即燃料化学能→蒸汽热能→机械能→电能。

以煤炭、石油、天然气作为燃料的发电厂统称为火电厂。它的基本生产过程是：燃料在锅炉中燃烧加热水，使它成为蒸汽，将燃料的化学能转变成热能，高压蒸汽推动汽轮机旋转，汽轮机带动发动机旋转，热能转换成机械能，发动机发电将机械能转变成电能。其中，作为热源的物质、加热方式与成本均不相同，但发电原理相同。

水通过供水泵向锅炉系统加水，水流过省煤器时，与锅炉的烟气进行换热，水温上升，热水进入锅炉，在锅炉水管中被加热，变成蒸汽，蒸汽经过过热器继续加热，变成高压蒸汽。高压蒸汽推动汽轮机旋转，与汽轮机安装在同一轴上的发电机也同时旋转，发出电能。高压蒸汽冷凝为水，通过供水泵向系统加水，完成一个循环过程。

按照电磁感应定律，导线切割磁力线感应出电动势，这是发电机的基本工作原理。

由锅炉产生的过热蒸汽进入汽轮机内膨胀做功，使叶片带动发电机转子随着一起转动。发电机转子绕组内通入直流电流后，便建立一个磁场，这个磁场称主磁极，它随着汽轮发电机的转子旋转。其磁通自转子的一个极出来，经过空气隙、定子铁芯、空气隙、进入转子另一个极构成回路。根据电磁感应定律，发电机磁极旋转一周，主磁极的磁力线被装在定子铁芯内的U、V、W三相绕组（导线）依次切割，在定子绕组内感应的电动势正好变化一次，亦即感应电动势每秒钟变化的次数，恰好等于磁极每秒钟的旋转次数。

汽轮发电机转子具有一对磁极（即1个N极、一个S极），转子旋转一周，定子绕组中的感应电动势正好交变一次（假如发电机转子为P对磁极，转子旋转一周，定子绕组中感应电动势交变P次）。当汽轮机以每分钟3000转旋转时，发电机转子每秒钟要旋转50周，磁极也要变化50次，那么在发电机定子绕组内感应电动势也变化50次，这样发电机转子以每秒钟50周的恒速旋转，在定子三相绕组内感应出相位不同的三相交变电动势，即频率为50Hz的三相交变电动势。这时若将发电机定子三相绕组引出线的末端（即中性点）连在一起。绕组的首端引出线与用电设备连接，就会有电流流过，这个过程即为汽轮机转子输入的机械能转换为电能的过程。

5.2.2 主要设备及运行系统

火力发电系统由燃烧系统、汽水系统、电气系统、控制系统组成。燃烧系统和汽水系统产生高温高压的蒸汽，将煤的化学能转变为热能；电气系统实现由热能、机械能到电能的转变，汽轮机将热能转变为机械能，发电机转换机械能为电能。控制系统保证各系统安全、合理、经济地运行。

（1）燃烧系统。燃烧系统是由输煤、磨煤、粗细分离、排粉、给粉、锅炉、除尘、脱硫等组成。它是由皮带输送机从煤场通过电磁铁、碎煤机送到煤仓间的煤斗内，再经过给煤机进入磨煤机进行磨粉，磨好的煤粉通过空气预热器来的热风，将煤粉打至粗细分离器，粗细分离器将合格的煤粉（不合格的煤粉送回磨煤机），经过排粉机送至粉仓，给粉机将煤粉打入喷燃器送到锅炉进行燃烧。而烟气经过电除尘脱出粉尘再将烟气送至脱硫装置，通过石浆喷淋脱出硫的气体经过吸风机送到烟筒排入天空中。

输煤系统是将火车或轮船运输来的煤炭卸下来并经过杂物清除和破碎后输送到锅炉的原煤仓，或直接送往电厂的煤场备用。厂外运输来的煤由卸煤机械卸下，由煤斗进入皮带输送机，在转运站内进行筛选，除去铁等杂物后，再由破煤机破碎成小煤块，然后由皮带输送机经输煤栈桥一直送往锅炉房内，最后用犁煤器将原煤分配给各个原煤仓。来煤卸下后也可以直接送往煤场，在需要时由皮带输送机送往锅炉的原煤仓。

（2）汽水系统。火力发电厂的汽水系统是由锅炉、汽轮机、凝汽器、高低压加热器、凝结水泵和给水泵等组成。它包括汽水循环、化学水处理和冷却系统等。水在锅炉中被加热成蒸汽，经过加热器进一步加热后变成过热的蒸汽，再通过主蒸汽管道进入汽轮机。由于蒸汽不断膨胀，高速流动的蒸汽推动汽轮机的叶片转动从而带动发电机。为了进一步提高其热效率，一般都从汽轮机的某些中间级后抽出做过功的部分蒸汽，用以加热给水。在现代大型汽轮机组中都采用这种给水回热循环。

（3）电气系统。发电系统是由副励磁机、励磁盘、主励磁机（备用励磁机）、发电机、变压器、高压断路器、升压站、配电装置等组成。发电是由副励磁机（永磁机）发出高频电流，副励磁机发出的电流经过励磁盘整流，再送到主励磁机，主励磁机发出电后经过调压器以及灭磁开关经过碳刷送到发电机转子。发电机转子通过旋转其定子线圈感应出电流，强大的电流通过发电机出线分两路，一路送至厂用电变压器，另一路则送到SF_6高压断路器，由SF_6高压断路器送至电网。

（4）控制系统。控制系统主要由锅炉及其辅机系统、汽轮机及其辅机系统、发电机及电工设备、附属系统组成。基本功能是对火电厂各生产环节实行自动化的调节、控制，以协调各部分的工况，使整个火电厂安全、合理、经济运行，降低劳动强度，提高生产率，遇有故障时能迅速、正确处理，以避免酿成事故。其主要工作流程包括汽轮机的自起停、自动升速控制流程、锅炉的燃烧控制流程、灭火保护系统控制流程、热工测控流程、自动切除电气故障流程、排灰除渣自动化流程等。

5.2.3 火力发电厂的分类

火力发电厂有多种分类习惯，主要如下：

（1）按发电厂总装机容量的多少分类。①低容量发电厂，装机总容量在100MW以下的发电厂；②中容量发电厂，装机总容量在100～250MW范围内的发电厂；③大中容量发电厂，装机总容量在250～600MW范围内的发电厂；④大容量发电厂，装机总容量在600～1000MW范围内的发电厂；⑤特大容量发电厂，装机容量在1000MW及以上的发电厂。

（2）按燃料分类。①燃煤发电厂，即以煤作为燃料的发电厂；②燃油发电厂，即以石油（实际是提取汽油、煤油、柴油后的渣油）为燃料的发电厂；③燃气发电厂，即以天然气、煤气等可燃气体为燃料的发电厂；④余热发电厂，即用工业企业的各种余热进行发电的发电厂。此外，还有利用垃圾及工业废料作燃料的发电厂。

（3）按原动机分类。凝汽式汽轮机发电厂、燃汽轮机发电厂、内燃机发电厂和蒸汽—燃汽轮机发电厂等。

（4）按蒸汽压力和温度分类。①中低压发电厂，蒸汽压力在3.92MPa（$40kgf/cm^2$）、温度为450℃的发电厂；②高压发电厂，蒸汽压力一般为9.9MPa（$101kgf/cm^2$）、温度为540℃的发电厂，单机功率小于100MW；③超高压发电厂，蒸汽压力一般为13.83MPa（$141kgf/cm^2$）、温度为540℃的发电厂，单机功率小于200MW；④亚临界压力发电厂，蒸汽压力一般为16.77MPa（$171kgf/cm^2$）、温度为540/540℃的发电厂，单机功率为300～1000MW不等；⑤超临界压力发电厂，蒸汽压力大于22.11MPa（$225.6kgf/cm^2$）、温度为550/550℃的发电厂，机组功率为600MW及以上。

（5）按供出能源分类。①凝汽式发电厂，即只向外供应电能的电厂；②热电厂，即同时向外供应电能和热能的电厂。

（6）按供电范围分类。①区域性发电厂，在电网内运行，承担一定区域性供电的大中型发电厂；②孤立发电厂，是不并入电网内，单独运行的发电厂；③自备发电厂，由大型企业自己建造，主要供本单位用电的发电厂（一般也与电网相连）。

5.2.4 火力发电的优缺点

（1）火力发电的优点。①布局灵活，火力发电厂可以在任何地点建造；②装机热量可按需要决定且距负载地点较近；③建设工期短，建设费用低，一次性投资少；④只要储备充足的燃料，就可以连续、稳定地输出电力。

（2）火力发电的缺点。①效率低，传统的火力发电站的技术效率仅为燃料能量的30%～35%，其余都要消耗在锅炉和汽轮机这些庞大的设备上。②动力设备多，发电机组操作控制复杂，运行费用高，高温高压及高速设备运转与维护难度大。③资源消费量大。发电的汽轮机通常用水作为冷却工作介质，一座1000MW的火力发电厂每日的耗水量为10万t。燃料消耗量大，2016年火电耗煤18.45亿t，占煤炭总消费量的47%。加上大量用水与运煤费用，火力发电生产成本比水力发电高出3～4倍。④火力发电污染严重。电力工业已经成为我国最大的污染物排放产业之一。

5.2.5 其他的火力发电形式

（1）燃气轮机发电。燃气轮机是以连续流动的气体为介质，把热能转换为机械能的旋转动力式动力机械，包括压气机、加热工质的设备（如燃烧室）、透平、控制系统和辅助设备等。

现代燃气轮机主要由压气机、燃烧室和透平三大部件组成。当它正常工作时，工质按顺序经过吸气压缩、燃烧加热、膨胀做功以及排气放热四个工作过程完成一个热能转换为功的热力循环。在完成上述循环过程的同时，发动机也就把燃料的化学能连续地、部分地转化为有用功。一般来说，燃气轮机的膨胀功约2/3带动压气机，1/3左右才是启动外界负荷的有用功。

燃气轮机与汽轮机有三大区别：一是工质，燃气轮机采用的工质是空气而不是水，故可不用或少用水；二是多为内燃方式，没有了庞大的传热与冷凝设备，因而设备简单，启动和加载时间短，电站金属消耗量、厂房占地面积与安装周期都成倍地减少；三是高温状态下加热——放热，可以提高效率，但在简单循环时热效率较低，而高温部件的制造需更多的镍、铬、钴等高级合金材料，影响了使用的经济性与可靠性。目前，燃气轮机主要有以下两类。

①发电用燃气轮机。燃气轮机发电机组能在无外界电源的情况下迅速启动，机动性好，在电网中用它带动尖峰负荷和作为紧急备用，能较好地保障电网的安全运行，所以应用广泛。在汽车（或拖车）电站和列车电站等移动电站中，燃气轮机因其轻小，应用也很广泛。此外，还有不少利用燃气轮机的便携电源，功率最小的在10kW以下。轻型燃气轮机发电机组主要用于油田、发电厂、电信大楼、高层建筑、酒店、生活小区、商场、医院、军队、会议中心、偏远地区、海岛等重要场所必需的备用电源及作为紧急事件、野外作业等必需的移动电源，也可作为船舶动力、电力调峰。另外，燃气轮机发电机组也可与余热锅炉等辅助设备组成联合循环机组，用于热、电、冷联供。

随着高效大功率机组的出现，燃气轮机联合循环发电装置已开始在电网中承担基本负荷和中等负荷。目前，功率在100MW以上的燃气轮机大部分用于发电，而300MW以上机组几乎全部用于发电。大量实践表明，简单循环燃气轮机发电机组是调峰、应急以及移动电站的最佳选择。

②工业用燃气轮机。主要用在石化、油田、冶金等领域，用于带动各种泵、压缩机、发电机等，以承担注水、注气、天然气集输、原油输送及发电等任务。

（2）燃气轮机与蒸汽轮机联合发电。单循环燃气轮机发电时热效率较低，而如果把获得最高实用热机效率的燃气轮机与蒸汽轮机联合循环起来，形成燃气蒸汽联合循环，将大大提高发电效率。

燃气——蒸汽轮机联合循环，是把燃气轮机和蒸汽轮机这两种不同热力循环工作的热机联合在一起的装置。为了提高热机的效率，应尽可能地提高热机中的加热温度和降低排热温度。但蒸汽轮机和燃气轮机的热力循环都不能很好地满足上述要求。如果把它们结合起来，以燃气轮机的排热来加热蒸汽，就可以同时取得燃气轮机加热温度较高和蒸汽轮机排热温度较低的双重优点。

联合循环的主要过程是，压气机吸入空气压缩后送入燃烧室内，使燃料（油或天然气、煤气）燃烧产生高温高压燃气，进入燃气轮机膨胀做功发电，再将燃气轮机排出的气体引入锅炉（余热锅炉），作为锅炉的热源，利用锅炉产生的蒸汽进入蒸汽轮机再发电。这样就形成了燃气轮机和蒸汽轮机共同作为原动机的联合循环发电系统。按热力循环系统中能量转换利用组织形式的不同，联合循环分为余热利用和排气再燃两种类型。余热利用式的系统简单，燃气轮机出力占总出力的比例大，蒸汽轮机不能单独运行；排气再燃式系统运行控制复杂，蒸汽轮机出力占总出力的比例大，蒸汽轮机可单独运行。

目前，世界上利用天然气发电普遍采用燃气蒸汽联合循环电厂的形式，尤其是以天然气为燃料的燃气蒸汽联合循环发电技术更为世界众多国家所重视。天然气电站运行灵活，机组启动快，启动成功率高，既可带基荷又可用于调峰，且宜于接近负荷中心。另外，燃气轮机发电机组电厂可在25（30）%～100%出力下可靠运行，利于提高电网的经济运行水平，燃天然气电站的可用率较高，为90%～95%，高于燃煤电厂。可大大改善煤电机组的运行工况，以及降低煤耗，对于提高电网的运行质量、解决其运行存在的矛盾，不失为一种有利的选择。

5.2.6 火力发电发展现状与发展趋势

（1）全球火电发展情况。化石燃料发电以燃煤发电为主，其次是燃气发电。2010年化石燃料发电占全球发电总量的67.4%，到2014年仍然保持在66.7%，但有所回落，而清洁能源发电逐年上升。

燃煤发电占全球电力生产的主导地位，主要生产国是中国，居第一位的是中国台湾台中发电厂。另外一种燃煤发电是泥炭发电，所占比例较小。泥炭是煤的前身，是煤化程度最低的煤。泥炭是由动植物遗骸，主要是植物残体，受到微生物和介质作用，经过分解和合成的变化而形成的一种有机物质。泥炭发电主要在俄罗斯、芬兰、爱尔兰等国家。

（2）发电效率与发电成本分析。发电效率是指原动机输出能源与输入能源的比值，用百分数表示。发电效率因发电方式不同而各有差异。一般的火力发电效率只有30%左右，热电联产可达65%～70%，而冷热电三联产可达80%以上。

根据REN21的报告绘制成图，可以看出，目前传统的燃煤发电、大型水力发电、天然气循环发电、陆上风电场等发电成本较低。太阳能聚热发电成本最高。

在我国和印度的发电量中，煤炭火电所占的比例非常高。今后，以新兴市场国家为中心，煤炭消费量将会继续增加。这样一来，便面临二氧化碳排放量问题。煤炭与其他化石燃料相比，二氧化碳排放量较多。如何在不排放二氧化碳的情况下发电是非常重要的。

如今，新兴市场国家新建的煤炭火力发电站主要采用的是“超临界发电”（SC）方式。日本有20座，中国也有近30座发电站采用超临界发电方式。煤炭火力发电的工作原理是，利用锅炉燃烧煤炭制造水蒸气，然后将水蒸气送到蒸汽涡轮处进行发电。通过使这些水蒸气处于超过水的临界压的高温高压条件下，可削减用于使水汽化的能量。

如果水蒸气的温度超过600℃左右，称为“超超临界发电”（USC）。日本在超超临界发电技术领域占优势，发电效率约为41%，为全球最高水平。在超超临界发电方面，日本企业所占份额高达50%左右。虽然建设费用比超临界发电高，但由于煤炭消费量减少，因此从20～30年的整个生命周期来看，超超临界发电的成本更低。

（3）燃煤发电技术趋势。提高煤炭火力发电效率的技术路线从现在的先进燃煤发电技术即超超临界发电（USC）（如上海外高桥第三发电厂），发展到煤炭气化复合发电（IGCC），以至煤炭气化燃料电池复合发电（IGFC），发电效率将大幅提升。

2015年10月，美国《电力杂志》评出2015年度世界顶级火力发电厂，其中上海外高桥第三发电有限责任公司是中国火电厂唯一获奖企业。额定负荷下的供电煤耗为264gce/（kW·h），供电效率应为46.5%。而2015年全国发电平均煤耗318gce/（kW·h）。排放浓度：粉尘排放7.55mg/m^3，二氧化硫17.7mg/m^3，氮氧化物15.19mg/m^3，已经达到了气体燃料的排放指标。

但减排的根本问题是CO_2的捕捉与处理，这是上海外高桥第三发电厂模式所不能处理的问题。

煤炭气化复合发电（IGCC）的工作原理是，使煤炭汽化，旋转燃气轮机进行发电。发电效率比超超临界发电高2成左右。

煤炭火力发电的二氧化碳排放量较多，但煤炭气化复合发电可媲美石油火力，煤炭气化燃料电池复合发电接近天然气火力发电。

IGCC技术把洁净煤气化技术与高效的燃气——蒸汽联合循环发电系统结合起来，既有高发电效率，又有极好的环保性能，是一种有发展前景的洁净煤发电技术。IGCC系统的供电效率为41%，捕捉CO_2较容易，但由于单位装机投资较大，所以，以汽化为基础的IGCC只用于发电在经济上有较大问题，暂不适合推广。如果依托IGCC核心工艺技术，实现煤基多联产也许可以克服经济效益问题。

煤基多联产是指利用从单一的设备（气化炉）中产生的“合成气”（主要成分为$CO+H_2$），来进行跨行业、跨部门的生产，以得到多种具有高附加值的化工产品、液体燃料（甲醇、F-T合成燃料、二甲醇、城市煤气、氢气），以及用于工艺过程的热和进行发电等。

多联产可以实现煤炭的多维度梯级利用，其应用过程相互耦合，实现能量流、物质流等总体优化。做到了氢碳比合理优化利用，尽量减少“无谓”的化学放热过程，并实现热量的梯级利用、压力潜力和物质的充分利用。

另外，电力与化工在运行中可起相互调峰的作用。通过过程集成，联产系统可以在能量利用上获得收益。与单产系统相比，并联系统中获得的节煤收益甚微；而串联系统的节煤效果显著，特别是串联无变换系统，节煤率能够达到8%。此外，伴随单元技术进步，如高温合成气净化、离子膜分离制氧、1700℃燃气轮机及水煤浆预热等技术，多联产能效可以进一步提升。

煤气化系统可以以较小的成本捕捉 CO_2。在煤的清洁高效利用方面，电化共轨有很大潜力，是煤炭发展的重要方向。

总之，依托最先进的节能和环保技术，煤炭完全可以更清洁，与环境更友好，更符合科学、可持续发展的理念。我们应重新审视对煤电的认识，放心地在城市建设真正的绿色煤电。

5.3 水力发电

5.3.1 全球水力发电发展情况

水力发电是利用工程措施将天然水能转换为电能的过程，是水能利用的基本方式。其优点是不消耗燃料，不污染环境，水能可由降水不断补充，机电设备简单，操作灵活方便。但一般投资大，施工期长，有时还会造成一定的淹没损失。水力发电常与防洪、灌溉、航运等相结合，进行综合利用。

水力发电分为4种类型：常规水电站、抽水蓄能电站、径流式水电站和潮汐能电站，其中常规水电站占主导地位。

常规水电站是利用天然河流、湖泊等水能的发电站。世界上最大的水力发电站是在中国的三峡发电站（Three Gorges Dam），装机容量达22500MW。

世界上最高的大坝在中国雅砻江上流的锦屏-Ⅰ大坝（Jinping-Ⅰ Dam），混凝土高拱坝，坝高305m，2013年建成。2020年最高的大坝将是大渡河上的双江口大坝（Shuangjiangkou Dam），坝高312m。

根据2014—2017年《REN21再生能源全球状态报告》的统计，2017年全球水力发电装机容量达到1096GW，水力发电最多的国家是我国，占全球总量的28%，其次是巴西、美国、加拿大、俄罗斯和印度。

根据《BP世界能源统计年鉴2017年6月》的报告，2016年全球水力发电增长了2.8%，其中最多的国家是我国，增幅达4.0%，占世界总量的28.9%；其次是加拿大和巴西。2017年我国水力发电量居世界之首，占全球水力发电量的28.5%；其次为加拿大、巴西。

5.3.2 中国的水电资源和开发现状

（1）中国的水电资源。根据2003年全国水力资源复查成果，我国2006年正式颁布的水能资源理论蕴藏年电量6.08万亿kW·h，可装机容量6.94亿kW；技术可开发年发电量2.47万亿kW·h，装机容量5.42亿kW；经济可开发年发电量1.75万亿kW·h，装机容量4.02亿kW。这次资源复查的范围是我国大陆境内河流装机容量1万kW及以上的3886条河流和单站不小于500kW的水电站。

此后，水利部门又组织了对小水电的资源的普查，可装机资源量略有增加。2012

年，根据水利部门对小水电的普查和2007年对雅鲁藏布江下游河段现场考察和初步规划情况，有关部门在正式出版的《中国水电科技发展报告》中，对中国的水能资源蕴藏量进行了部分修正。修正后的中国水电技术可开发装机容量6.04亿kW，年发电量2.72万亿kW·h。

（2）大量的工程实践，使得我国多项水电技术领先。我国的水电资源极其丰富，而且大多数工程都是最近一二十年进行开发的，大量地利用了近代的新技术、新材料，具有明显的后发优势。因此，我国在水电建设的设计、施工和机组制造等很多方面，都走在了世界的前列。

一是在水电站的泄洪消能技术方面，我国取得了多项创新和发展。二是在复杂地质环境的地下工程技术方面，我国的高边墙大跨度地下洞室技术、深埋大断面长隧洞工程技术、高压钢筋混凝土岔管技术、高水头气垫式调压井技术，都实现了巨大的突破。三是在大型机组制造安装技术方面，世界上的单机容量70万kW的巨型机组，绝大多数都安装在中国。

总之，由于我国的水电站设计、施工、建设以及设备制造和安装方面技术的全面领先，当前很多世界级的水电工程难题，只有中国有能力或者说有经验解决。因此，目前在国际水利水电建设市场上，中国已经占有绝对的优势。我国的水电承包商遍布世界各地，中国企业目前至少在80多个国家承担了300多个海外水电和大坝建设项目。中国的先进水电技术，正在为全球的水利水电开发和节能减排作贡献。

（3）我国水电建设举世瞩目，创造了多项世界之最。世界上最大装机的水电站是装机2250万kW的中国长江三峡水电站。世界上最长、最大的引水隧洞的水电站，是我国雅砻江上的锦屏二级水电站。该电站的引水隧洞长度达到17km。世界上最高混凝土双曲拱坝，是中国305m高的锦屏一级大坝；世界上最高的碾压混凝土坝，是我国红水河上的广西龙滩水电站；世界上最高的面板堆石坝是我国湖北清江上233m高的水布亚水电站。支撑这些世界之最的，是我国在水电设计、施工、建设方面大量的科研投入和工程实践。

（4）水电行业发展前景长期向好。随着全球能源供求关系发生深刻变化，我国能源资源的开发约束力也日益加剧，生态环境问题突出，调整结构、提高能效和保障能源安全的压力进一步加大。由于水力发电不消耗矿物能源，开发水电，有利于减少温室气体排放，保护生态环境，有利于提高资源利用和经济社会的综合利益，国家一直鼓励并重点支持其发展。2015年11月，国家发布《国民经济和社会发展第十三个五年规划纲要》，提出坚持绿色发展，推进能源革命，加快能源技术创新，建设清洁低碳、安全高效的现代能源体系。提高非化石能源比重，加快发展风能、太阳能、生物质能、水能、地热能，安全高效发展核电。

《水电发展“十三五”规划》明确的发展目标是：全国新开工常规水电和抽水蓄能电站各6000万kW左右，新增投产水电6000万kW，2020年水电总装机容量达到3.8亿kW，其中常规水电3.4亿kW，抽水蓄能4000万kW，年发电量1.25万亿kW时，折合标煤约3.75亿t，在非化石能源消费中的比重保持在50%以上。“西电东送”能力不断扩大，2020年水电送电规模达到1亿kW。预计2025年全国水电装机容量达到4.7亿kW，其中常规水电3.8亿kW，抽水蓄能约9000万kW；年发电量1.4万亿kW·h。

5.3.3 水能资源的开发方式及水电站的基本类型

（1）水能资源的开发方式。水力发电的基本原理是利用水位落差，配合水轮发电机产生电力，也就是利用水的位能转为水轮的机械能，再以机械能推动发电机，从而得到电力。

按不同的分类方式，水力发电有如下分类：

按集中落差的方式分类，有：堤坝式水电厂、引水式水电厂、混合式水电厂、潮汐水电厂和抽水蓄能电厂。

按径流调节的程度分类，有：无调节水电厂和有调节水电厂。

按照水源的性质，一般称为常规水电站，即利用天然河流、湖泊等水源发电。

按水电站利用水头的大小，可分为高水头（70m以上）、中水头（15～70m）和低水头（低于15m）水电站。

按水电站装机容量的大小，可分为大型、中型和小型水电站。一般将装机容量在5000kW以下的称为小水电站，5000～100000kW的称为中型水电站，10万kW或以上的称为大型水电站或巨型水电站。

其中，潮汐水能开发是利用海洋涨、落潮形成的水位差引海水发电的方式。将在新能源与可再生能源部分做详细介绍，本节只重点介绍其他4种开发方式。

（2）水电站的基本类型。常用的集中落差方式有筑坝、引水方式或两者混合方式。

①坝式水电站。在落差较大的河段修建水坝，建立水库蓄水提高水位，在坝外安装水轮机，水库的水流通过输水道（引水道）到坝外低处的水轮机，水流推动水轮机旋转带动发电机发电，然后通过尾水渠到下游河道，这是筑坝建库发电的方式。由于坝内水库水面与坝外水轮机出水面有较大的水位差 H_0，水库里大量的水通过较大的势能进行做功，可获得很高的水资源利用率。采用筑坝集中落差的方法建立的水电站称坝式水电站，主要有坝后式水电站与河床式水电站。

坝后式水电站。当水头较大时，厂房本身抵抗不了水的推力，将厂房移到坝后，由大坝挡水。坝后式水电站一般修建在河流的中上游，因为河流中上游一般为山区峡谷地段，允许有一定程度的淹没，故可建高坝。此时集中的水头较大，库容较大，调节性能好。

坝后式水电站常建于河流中上游的高山峡谷中，可得到中高水头的落差。

世界上最大的水电站——我国的三峡水电站就是坝后式水电站，采用混凝土重力坝。大坝中间部分是泄洪坝段，两侧是发电厂房坝段，再两侧是非溢流坝段。

三峡大坝全长2309.47m，中部泄流坝长483m，最大坝高181m，水头约110m。其装机容量为2250万kW。

坝式水电站地下厂房。坝后式水电站根据地形与地质情况，采用把发电厂房建在坝侧的山体内的地下厂房，地下厂房由主厂房洞室、主变压器洞室与引水、供气等隧洞组成，在山体内开凿而成。

我国的四川省宜宾市金沙江下游建设的向家坝水电站采用实体重力坝，最大坝高

161m，坝顶长937.5m。水电站除了在靠左岸建设坝后厂房外，在右岸山体内开挖了地下厂房。地下厂房由主厂房洞室与主变压器洞室组成，4条引水隧洞从上游岸边连通厂房4台水轮机，4条尾水隧洞并为2条后通往下游江边，除此之外还有进厂交通洞、通风洞、排水洞、出线洞、母线洞、安全兼施工洞等。

向家坝水电站的地下厂房与坝后厂房各安装4台80万kW的水轮发电机组，总装机容量640万kW。

许多采用拱坝的水电站，因地形狭窄，厂房只能建在地下，我国20世纪建成的最大的水电站二滩水电站就是采用的地下式厂房。

二滩水电站位于雅砻江下游，距离金沙江的汇合口约40km，距攀枝花市约40km，坝址处于高山峡谷中。大坝为混凝土双曲拱坝，坝顶弧长775m，最大坝高240m。厂房在山体内，是地下式厂房，厂房内布置6台单机容量55万kW的混流式水轮发电机组。

坝式水电站建库拦截河水，可通过水库调节流量，使得水能利用程度较充分。同时水库可解决防洪、供水等水利问题，综合利用效益高。但是，由于坝的工程量大，而且会带来库区土地、森林、矿藏淹没损失等环境问题，同时移民安置也是困难问题，所以坝式水电站是投资大、工期长的大型工程。

河床式电站。一般修建在河道中下游河道纵坡平缓的河段上，为避免大量淹没，建低坝或闸。厂房和坝（闸）一起建在河床上，厂房本身承受上游水压力，成为挡水建筑物的一部分。引用流量大、水头低，水轮机多采用钢筋混凝土蜗壳。适用水头：大中型为25m以下，小型为8～10m。

河床式水电站水头低，不会形成大面积水库，通常建在河流的中下游。河床式水电站枢纽最常见的布置方式是泄水闸（或溢流坝）在河床中部，厂房建在一边或两边。湖北葛洲坝水利枢纽是大型河床式水电站，大坝为混凝土重力坝，全长2595m，最大坝高53.8m，大坝布置从右岸起：大江冲沙闸、一号船闸、大江电站厂房、二江泄水闸、二江电站厂房、二号船闸、三江冲沙闸、三号船闸，葛洲坝水库总库容15.8亿m^3。

二江泄水闸是主要泄水通道，是敞开式平底泄水闸，有9个闸段，共27个闸孔。敞开式平底泄水闸的上部没有阻挡水流的胸墙或挡板，闸通道的底板是平直的，所以泄流能力大，有利于泄洪、冲沙、过木、排污、排冰等。

发电站采用低水头轴流式水轮机，大江电站厂房装有14台各为12.5万kW的水轮发电机组；二江电站厂房装有2台17万kW水轮发电机组与5台12.5万kW水轮发电机组；葛洲坝电站装机总容量为271.5万kW。

②引水式水电站。在河流高处建水库蓄水提高水位，在较低的下游安装水轮机，通过引水道把上游水库的水引到下游低处的水轮机，水流推动水轮机旋转带动发电机发电，然后通过尾水渠到下游河道，引水道会较长并穿过山体，这是一种引水发电的方式。由于上游水库水面与下游水轮机出水面有较大的水位差H_0，水库里大量的水通过较大的势能进行做功，可获得很高的水资源利用率。采用引水方式集中落差的水电站称为引水式水电站，主要有有压引水式水电站与无压引水式水电站。

无压引水电站。引水建筑物是无压的：明渠、无压隧洞等。

电站工程主要是在上游取水点建一低坝进行分水，开凿7km引水渠把水引到离下游电站不太远的蓄水池（日调节池），再从蓄水池用2km长的压力管道把水引进水电站。由于引水渠建在较平缓的地区，蓄水池与上游进水口落差仅50m，仍有450m高水头。

这种引水式水电站的主要引水部分是明渠，故称为无压引水式水电站。

由于坡降陡峻，迂回流动的河流一般流量较小，故引水式水电站多属高水头小流量水电站。我国广西天湖水电站水头高达1074m，奥地利的莱塞克水电站水头高达1767m。

引水式水电站由于在上游建河坝通过引水道直接到了下游电站，使水坝到电站间的河道水流减少，特别是枯水季节可能会使该段河道断水，而破坏该段河道地区的生态环境，这是要特别注意的。

雅砻江锦屏二级水电站位于四川省凉山彝族自治州的雅砻江干流锦屏大河湾上。该电站利用雅砻江150km长的锦屏大河湾的310m天然落差，截弯取直开挖隧洞引水发电。

首部拦河闸位于西雅砻江的猫猫滩，最大闸高37m，闸顶长162m，拦河闸共设5个闸孔，每孔宽12m。

引水系统采用一洞两机布置，引水隧洞共4条，开挖洞径12m，衬砌后洞径11m，隧洞洞线平均长度为16.60km，隧洞一般埋深为1500～2000m，最大埋深达2525m，设计额定水头288m。

电站厂房建在下游河边山体下面，位于东雅砻江的大水沟，主副厂房、主变室、尾水闸门室三大洞室平行布置，4根引水隧洞穿过山体到4个上游调压室，从每个调压室分为2路通到8台水轮机，8台水轮机的尾水管通往下游的雅砻江。除此之外还有进厂交通洞、通风洞、排水洞、出线洞、母线洞、安全兼施工洞等。

天生桥二级水电站位于广西壮族自治区隆林县和贵州省安龙县交界处的红水河南盘江上游，在14.5km的河段上集中落差181m。

水电站首部枢纽布置在天生桥峡谷出口的坝索，上游枢纽由左、右岸非溢流重力坝、溢流坝、冲沙闸及进水口组成，坝轴线全长470m。大坝为碾压混凝土重力坝，最大坝高60.7m，坝顶长471m。中部布置9孔宽9m的表孔溢洪道，右侧布置冲沙闸和进水口。

引水系统由进水口、引水隧洞、调压井及高压管道等组成。3条引水隧洞，每条长9776.21m，内径9.8m。电站厂房布置于下山包脚下河边，厂房后为高达380m的人工边坡，采用了抗滑桩、钢筋桩、锚索、框架等进行综合处理。

电站厂房安装6台22万kW的水轮发电机组，总装机容量为1320MW。

有压引水式电站。引水建筑物是有压的：压力隧洞。

主要建筑物：低坝、有压隧洞、调压室、压力水管、厂房、尾水渠。

为了方便对有压引水式水电站的理解，设定一个假想的地理模型，图5-2就是该有压引水式水电站的平面布置图。这是一节坡降较陡峻的迂回流动的河段，从上游取水点到下游电站出水点的河道长达 40km，但两点之间的直线距离只有 5km，而且两点间落差达到 500m，两点间山体不太厚。电站工程主要是在上游取水点建一拦河坝形成水库，从水库挖隧洞与铺管道连接到下游电站。

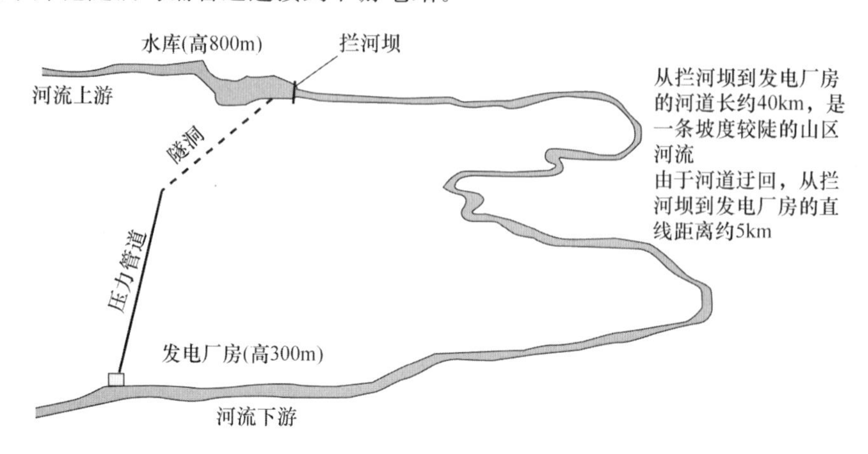

图 5-2　有压引水式水电站平面布置图

图 5-3 是该引水式水电站的垂直剖面示意图，因为高山上的水库与山下的发电厂房距离远无法在图中全面表示，把高山上的水库与山下的发电厂房分两块绘制，中间的蓝色箭头线表示上方压力管道与下方压力管道是同一根管道。从水库挖 3km 隧洞穿过山体，再铺设 3km 压力管道通向下游电厂厂房。

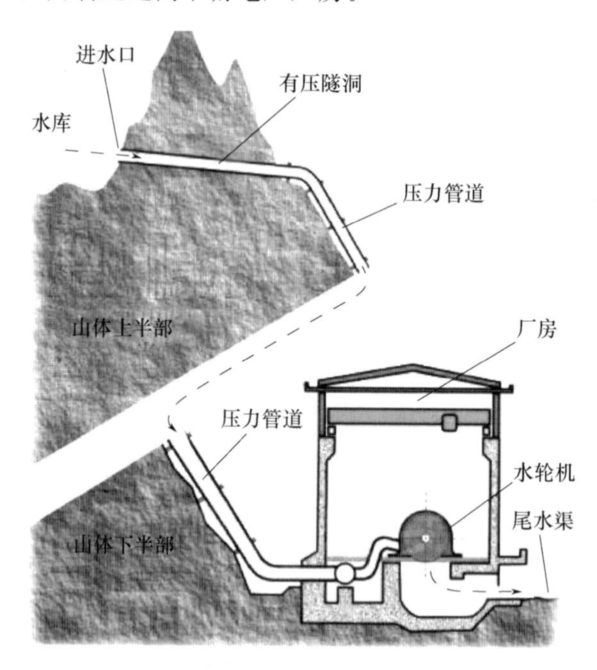

图 5-3　有压引水式水电站垂直剖面示意图

由于该引水式水电站的引水道（压力隧洞、压力管道）内充满有压力的水流，称为有压引水式水电站。一些大型引水式水电站的引水道全部由压力隧洞组成。

③混合式电站。混合式水电站是由坝和引水道两种建筑物共同形成发电水头的水电站，可以充分利用河流有利的天然条件，在坡降平缓河段上筑坝形成水库，以利径流调节，在其下游坡降很陡或落差集中的河段采用引水方式得到大的水头。这种水电站通常兼有坝式水电站和引水式水电站的优点和工程特点。

坝—引水混合式水电站与引水式水电站和某些坝后式水电站有时难以明确划分，一般坝和引水道所获得的水头均能达到电站设计水头的较大比重时，方能称为坝—引水混合式水电站。当采用土石坝或虽采用混凝土坝而在坝的下游直接布置厂房有困难时，也可在距坝较近的距离，利用通过或绕过坝体的引水管道将水引入厂房。这时，水电站厂房等建筑物与坝分开，自成系统。有时虽然将这种布置方式也称为坝—引水混合式水电站，但是其坝和厂房集中在很短的一个河段中，电站的水头基本上全部由坝壅高水位获得，实质上仍是坝式水电站。

中国建造了较多的坝—引水混合式水电站，如狮子滩、流溪河、古田溪一级等水电站，坝与引水道所得水头各占水电站设计水头的1/2左右。

狮子滩水力发电总厂位于重庆市长寿区，隶属中国电力投资集团公司，始建于20世纪40年代，是我国自行开发、自行设计、自行施工建成的第一座梯级水电厂，拥有7座电站和狮子滩、大洪河2座国家级大型水库，现有装机容量17.87万kW，年发电量5亿kW·h左右，在重庆市电网中起着调峰、调频和事故备用作用。

④抽水蓄能水电站。在电力系统中电气设备开机所需用的电功率之和称为负荷或电力负荷。

电力负荷在某个时间段内出现的用电最大值称为最大负荷；在一段时间范围内统计的电力负荷的平均值称为平均负荷；某个时间段内出现的用电最小值称为最小负荷。把平均负荷水平线以上的部分称为峰荷；把最小负荷与平均负荷之间的部分称为腰荷，把最小负荷水平线以下部分称为基荷，把平均负荷水平线以下的最低时段称为低谷。

建设电厂的容量小于最大负荷时则无法满足在用电高峰期的电量需求，按最大负荷建设电厂不但投资加大，电厂在大多数时候要运行在低于额定负荷的状态，造成发电成本与能耗大大增加。理想的办法是按平均负荷建电厂，采用高速蓄电设备来蓄能，在用电低谷期把电能储存起来，在用电高峰期把电能释放出来返回电网，补充供电不足的情况，这是电力系统理想的调峰技术。调峰储存的电量是巨大的，现有的蓄电池根本无法解决。什么蓄能设备能有这么大的容量呢？那就是抽水蓄能电站。

目前已有电力储能技术包括抽水电站（Pumped Hydro）、压缩空气（Compressed Air Energy Storage System，CAES）、蓄电池（Secondary Battery）、液流电池（Flow Battery）、超导磁能（Superconducting Magnetic Energy Storage System，SMES）、飞轮（Fly wheel）和电容（Capacitor）等。其中，抽水蓄能发电站经济效益最好。

抽水蓄能技术原理。抽水蓄能电站在用电低谷通过水泵将水从低位水库送到高位水库，从而将电能转化为水的势能存储起来，其储能总量同水库的落差和容积成正比。在用电高峰，水从高位水库排放至低位水库驱动水轮机发电。抽水蓄能电站的工作方式同常规水电站类似，具有技术成熟、效率高、容量大、储能周期不受限制等优点。但是，抽水蓄能电站需要优越的地理条件建造水库和水坝，建设周期很长（一般10～15年），初期投资巨大。不仅如此，建造2个大型水库会淹没大面积的植被甚至城市，造成生态破坏和移民问题。

图5-4是抽水蓄能电站双向工作示意图，在白天和前半夜，电网处于用电高峰，上水库放水，可逆式机组切换为发电工况，水通过可逆式机组到下水库，将水的势能转化为电能，向电网输送，补充用电高峰时电力不足；到后半夜，电网处于用电低谷，将机组切换为抽水机工况，利用电网中多余的电能，将下水库的水抽向上水库。

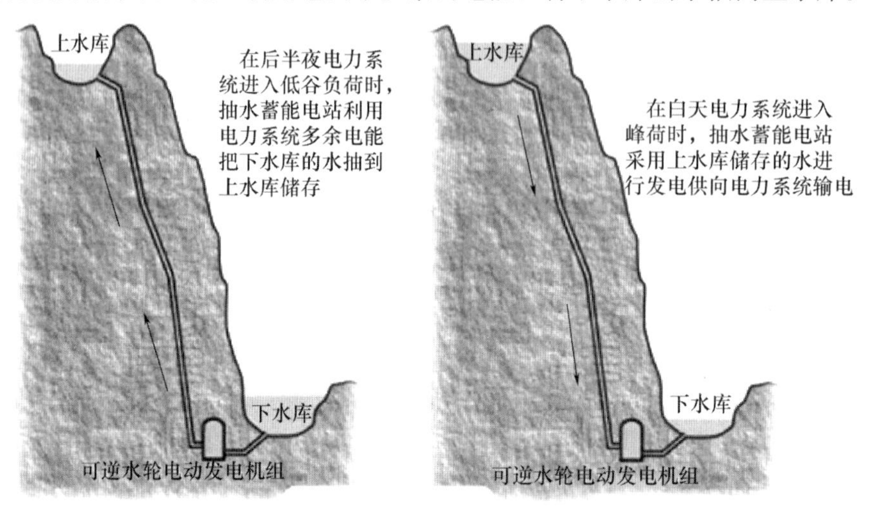

图5-4　抽水蓄能电站双向工作示意图

图5-5是抽水蓄能电站一个理想的日运行图，横虚线下方为火电、核电等电厂的发电量，在用电低谷时（抽水时）把电网中多余的电能转化为水的势能储存在上水库中，相当于储存电网中多余的电能；到用电高峰，上水库放水，将水的势能通过发电机转化为电能，向电网输送（发电时）。水库中的水多次使用，与两机组一起，完成能量的多次转化，实现对电网的调峰。

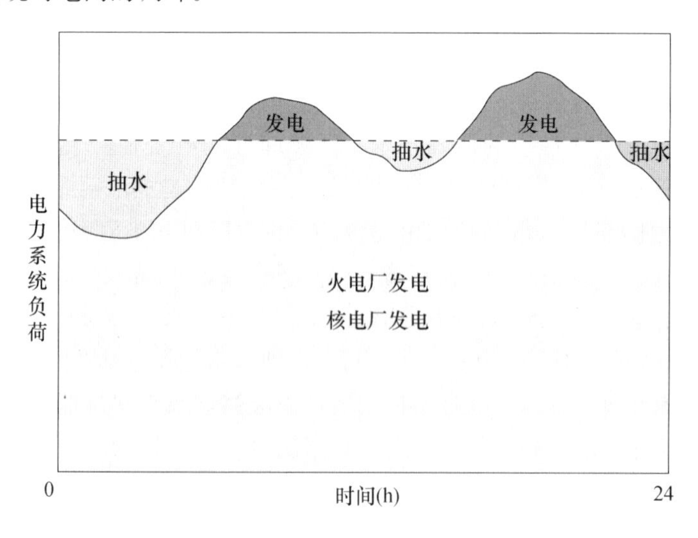

图5-5　抽水蓄能电站的日运行图

抽水蓄能电站本身不产生电能，而是在电网中起协调发电与供电矛盾的作用；在短时间负荷高峰时调峰作用巨大；启动及出力变化快，可保证电网的供电可靠性，提高电网的供电质量。

世界上第一座抽水蓄能电站是瑞士于1879年建成的勒顿抽水蓄能电站。当今世界上最大的抽水蓄能电站是美国巴斯康蒂抽水蓄能电站，装机容量达3003MW，其次为中国惠州抽水蓄能电站，装机容量为2448MW，广东抽水蓄能水电站（Guangdong Pumped Storage Power Station），装机容量为2400MW。

目前，我国抽蓄电站在运规模2849万kW，在建规模达3871万kW，在建和在运装机容量均居世界第一。

2017年4月5日，国家能源局发布海水抽蓄电站资源普查成果显示，我国海水抽蓄资源站点达238个，总装机容量可达4208.3万kW。

抽水蓄能电站的发展趋势主要包括大容量机组、高水头水泵水轮机、高转速大容量发电机、变速调节控制、无人化智能控制与集中管理、信息化施工、隧道掘进机开挖技术、新型钢材和沥青混凝土技术等。

5.3.4　水力发电项目的社会与生态环境影响

大型水力发电与水利枢纽工程都有利有弊，方案论证存在争议是非常正常的，同时，因为水利项目的流域性，一项水利工程的上马势必存在受益方和利益牺牲者，如何权衡与取舍，并达成最大经济、环境与社会效益尤为重要。项目规划建设与决策方，严格遵守项目管理程序，虚心听取反对方意见，努力提高科学、民主决策能力，正是我国近几年超级大工程成功的秘诀所在。

（1）三门峡水利枢纽工程。三门峡水利枢纽，位于黄河中游下段，连接豫、晋两省，控制流域面积占黄河总流域面积的91.5%，来水量的89%，来沙量的98%。工程于1957年4月动工，1961年4月建成投入运用。枢纽建筑物包括：混凝土重力坝、斜丁坝、表孔、底空、泄洪排沙钢管、电站厂房等。主坝长713.2m，最大坝高106m，坝顶高程353m，水库总库容162亿m^3。三门峡水电站现有装机40万kW，年发电能力可达14亿kW·h。自1973年12月第一台机组发电至今，已累计发电235.2亿kW·h，创产值约20亿元。

2018年1月27日，三门峡水利枢纽入选中国工业遗产保护名录（第一批）名单。

三门峡水利枢纽工程是中华人民共和国成立后在黄河上兴建的第一座大型水利工程。此段黄河长120km，河水穿过“人门”“神门”“鬼门”三道险峻峡谷奔腾而来，蓄水期碧水连天，泄洪期怒涛翻卷，形成难得一见的壮丽景观。

三门峡枢纽工程建成后，经过几代治黄儿女长期不懈的探索改建，摸索出“蓄清排浑”的独特运用方式，创下了汛期浑水发电达到国家先进水平的试验成果，在水利水电运用开发、攻克黄河泥沙难关等方面积累了丰富的经验。

在20世纪50年代的中国，三门峡水利工程像21世纪世界最大的水利枢纽工程——长江三峡水利枢纽工程一样，大名鼎鼎，兴奋中国。谁也不可能毕其功于一役，而那曾经被一代人冀望“黄河清”的三门峡大坝，既是中国几千年治河史的丰碑，又是后人反思、借鉴的明镜。

三门峡的失败包括3个方面：

一是水库库尾泥沙淤积，造成渭河入黄河部分抬高（甚至泥沙倒灌），渭河下游洪患严重、土地盐渍化，不得不降低蓄水位运行，并按蓄清排浑运用。

二是水库由于控制淹没损失一再缩小设计蓄水位，又在泥沙严重淤积后严重损失库容，不能满足黄河洪水控制的规划要求（续建小浪底的原因），水利枢纽由于降低蓄水位运用和反复改建浪费大量投资，发电效益因水头降低和泥沙磨蚀而大减。

三是移民和移民回迁问题。三门峡移民因水库降低水位运用而大量回迁，但由于土地归属等问题长期无法良好安置，渭南因洪水、渭河尾闾迁移和土地盐渍化也产生了大量新移民。移民安置问题至21世纪初才基本解决。

三门峡的成功主要有2个方面：

基本控制下游洪患，自工程建设完成至小浪底建成前40多年，拦蓄1万 m^3/s 流量以上洪峰6次，黄河下游大堤未曾决口。与小浪底、故县、陆浑水库联合调度可抵御黄河下游千年一遇的洪水。

为多泥沙河流的水利枢纽建设、水库调度运用吸取了宝贵的经验教训；对高泥沙河流的水沙规律研究提供了宝贵的资料；作为中华人民共和国第一批大型水电工程，培养了大量工程技术人才。

（2）三峡水力枢纽工程。长江三峡水利枢纽工程，简称三峡工程，是中国长江中上游段建设的大型水利工程项目，分布在中国重庆市到湖北省宜昌市的长江干流上，大坝位于三峡西陵峡内的宜昌市夷陵区三斗坪，并和其下游不远的葛洲坝水电站形成梯级调度电站。它是世界上规模最大的水电站，也是中国有史以来建设的最大型的工程项目，而由它所引发的移民、环境等诸多问题，使它从开始筹建的那一刻起，便始终与巨大的争议相伴。三峡水电站大坝高程185m，蓄水高程175m，水库长2335m，总投资954.6亿元人民币，安装32台单机容量为70万kW的水电机组。三峡电站最后一台水电机组，2012年7月4日投产，这意味着，装机容量达到2240万kW的三峡水电站，2012年7月4日已成为全世界最大的水力发电站和清洁能源生产基地。

2010年12月17日，中国工程院在北京举行《三峡工程阶段性评估报告·综合卷》的首发式，向社会公布三峡工程论证及可行性研究结论的阶段性评估结果。

阶段性评估报告认为，三峡工程在1986—1989年的论证工作与可行性研究时作出的“建比不建好，早建比晚建有利”的总结论、推荐的水库正常蓄水位175m及“一级开发，一次建成，分期蓄水，连续移民”的建设方案，经过工程建设和初期运行的实践检验证明是完全正确的。三峡工程是一个综合利用的水利工程，防洪、发电、航运等效益巨大，同时通过工程建设，积累了丰富的大型工程建设经验，培养了一批优秀的工程技术、管理人才，增强了自主创新能力。

在本阶段性评估中，专家们认为，三峡不会成为“第二个三门峡”；川渝大旱与暴雨等与三峡工程没有必然的联系；汶川地震并非由三峡水库蓄水触发；库区地质灾害是可以控制的；三峡蓄水后，长江中下游的河势总体上未发生巨大变化，“崩岸”现象虽较蓄水前有所增加，但采取切实措施，是可以保证堤防安全的；总体上讲，三峡工程不会引起长江口的盐水入侵增加等。

评估报告还指出下一步三峡水库及其支流的水质问题和库区的生态环境问题、三峡库区的移民安置和经济社会发展问题、库区地质灾害等问题必须加以关注。专家组专家还对今后的工作提出了许多具体建议，其中包括，将三峡库区列为“控制性”“保护性”发展区域，严格控制人口规模，达到“零增长”，尽可能实现负增长；继续做好移民的稳定致富工作；建立长江水资源统一调度系统等。

三峡工程的顺利建成，可以总结出坚持科学论证和与时俱进、坚持科技创新和深化改革，坚持质量第一建设世界一流工程这些基本经验，这将为以后我国重大工程建设奠定良好的基础。三峡工程规模宏大，效益显著，影响深远，利多弊少，是我国建设社会主义新时代杰出工程的代表作，对我国经济社会的发展具有重要的战略意义。

（3）鄱阳湖水利枢纽工程。鄱阳湖水利枢纽是江西省委、省政府提出的建设鄱阳湖生态经济区重大战略决策，项目位于中国江西省九江市境内河段上，距上游的南昌88km。鄱阳湖水利枢纽工程摒弃传统水利工程的经验和教训，以提高水资源水环境承载能力、提高供水保障能力、改善生态环境实现经济社会的可持续发展，坚持人与自然和谐的原则，协调生态与发展、平衡总体与局部、兼顾当前与长远。注重把握“永保一湖清水”的总体要求；注重把握“江湖两利”“流域一体”的护江治江理念。

在2002年全国“两会”上，江西省40位全国人大代表提交了《关于要求开展鄱阳湖控制工程项目建议书加快立项进程的建议》的“一号议案”。这一方案随即遭到质疑，部分专家学者认为该工程对生态环境可能造成消极影响，长江下游省份对于这一方案可能影响长江下游流域取水安全也有担心。中国的腰带长江上系的“宝葫芦”鄱阳湖面临一道选择题。

有观点认为该工程不仅将引发诸多生态环境问题，且不利于长江下游省市的用水安全和生态环境，更是利用三峡大坝模式求解三峡“后遗症”。

鄱阳湖水利枢纽工程为开放式全闸工程。工程功能定位为提高鄱阳湖枯水期水资源和水环境承载能力，改善供水、灌溉、生态环境、渔业、航运、血吸虫病防治等条件，保护水资源，恢复和科学调整江湖关系等综合性工程。工程建设基本理念是：建闸不建坝；调枯不控洪；拦水不发电；建管不调度；江湖两利、动态调控。

由于鄱阳湖水利枢纽项目始终备受争议，2009年，江西省一度调整了控湖思路，将方案由最初的蓄水发电大坝调整成“调枯不调洪”的蓄水闸。但这个调整仍不能让所有人信服，此后又有15名院士学者联名上书国务院反对鄱阳湖控湖工程。2014年，发展改革委组织专家和相关部门论证鄱阳湖水利枢纽方案，再一次引发质疑。世界自然基金会（WWF）随后发出了反对该工程的公开倡议书。

争议了十余年的“鄱阳湖水利枢纽工程”，在方案几经修改之后，终于正式转入可行性研究阶段。2016年11月23日，江西省水利厅官网发布鄱阳湖水利枢纽环境影响评价公众参与第一次信息公示。11月27日，官网又发布了更为详尽的说明性文章《为了“一湖清水”——鄱阳湖水利枢纽工程介绍》，阐释建设该工程的必要性和整体思路。

2016年11月23日，环评公示发布后，反对方对鄱阳湖水利枢纽工程提出多方面质疑，包括：鄱阳湖建闸威胁江豚、候鸟的生存环境；枢纽工程与长江“不搞大开发”的原则相违背；截留湖水影响长江上下游用水；鄱阳湖枯水期提前、延长是因为采砂规模过大加快湖水注入长江等。目前环评已第二次公示，尚未获得相关部委批复。

针对 2016 年 11 月 23 日鄱阳湖水利枢纽工程环评第一次公示，WWF 在其微信公众号中呼吁有关决策部门“放弃鄱阳湖水利枢纽工程建设方案，避免拟建工程给鄱阳湖流域和长江中下游带来的生态、社会和经济负面影响，积极寻求无坝（闸）替代方案解决鄱阳湖枯水期所面临的问题”。

WWF 称，“鄱阳湖水利枢纽工程建设方案，应该是缓解鄱阳湖及其周边地区整体环境压力和发展压力的方案之一，但绝对不是唯一方案。如果设定水利枢纽工程建设为唯一解决路径，并以此为立场得出利弊结论，只会让我们更加具化既得利益，虚化未知的生态影响和长远利益”。

九三学社中央人口资源环境专门委员会发表了《我们对鄱阳湖口建闸工程的看法和建议》，提出“使用地下水”和“改造提灌站、增加饮水设施”来解决湖区灌溉和居民饮水困难等民生问题的替代性方案。

自然之友认为，鄱阳湖在中国乃至全球生态系统中都具有重要且不可替代的生态地位，建设大型水利工程须慎之又慎。面对大尺度的区域性水资源挑战，决策者更应超越“工程性思维”，联合社会多方力量寻求更具可持续性的方案，以避免片面决策造成不可逆的后果。

2017 年 3 月 7 日，中国水利部部长陈雷在第十二届全国人大五次会议江西代表团全体会议上表示，鄱阳湖水利枢纽工程建设利大于弊，但要以环评为前提，水利部会尽早协调国家发改委早日批复，使该工程早日开工。

5.4 核电

核电是利用核反应堆中核裂变所释放出的热能进行发电的方式。它与火力发电极其相似。只是以核反应堆及蒸汽发生器来代替火力发电的锅炉，以核裂变能代替矿物燃料的化学能。除沸水堆外（见轻水堆），其他类型的动力堆都是一回路的冷却剂通过堆心加热，在蒸汽发生器中将热量传给二回路或三回路的水，然后形成蒸汽推动汽轮发电机。沸水堆则是一回路的冷却剂通过堆心加热变成 70 个大气压左右的过饱和蒸汽，经汽水分离并干燥后直接推动汽轮发电机。核能发电利用铀燃料进行核分裂连锁反应所产生的热，将水加热成高温高压，利用产生的水蒸气推动蒸汽轮机并带动发电机。核反应所放出的热量较燃烧化石燃料所放出的能量要高得多（相差约百万倍），比较起来所需要的燃料体积比火力电厂少得多。核能发电所使用的铀 235 纯度只占3%～4%，其余皆为无法产生核分裂的铀 238。

核电的发展进程经历了四个阶段：

第一代核电站。核电站的开发与建设开始于 20 世纪 50 年代。1954 年，苏联建成发电功率为 5 兆瓦的实验性核电站；1957 年，美国建成发电功率为 9 万 kW 的 Ship

Ping Port 原型核电站。这些成就证明了利用核能发电技术的可行性。国际上把上述实验性的原型核电机组称为第一代核电机组。

第二代核电站。20 世纪 60 年代后期，在实验性和原型核电机组的基础上，陆续建成发电功率为 30 万 kW 的压水堆、沸水堆、重水堆、石墨水冷堆等核电机组，它们在进一步证明核能发电技术可行性的同时，使核电的经济性也得以证明。目前，世界上商业运行的 400 多座核电机组绝大部分是在这一时期建成的，习惯上称为第二代核电机组。

第三代核电站。20 世纪 90 年代，为了消除三里岛和切尔诺贝利核电站事故的负面影响，世界核电业界集中力量对严重事故的预防和缓解进行了研究和攻关，美国和欧洲先后出台了《先进轻水堆用户要求文件》（即 URD 文件）和《欧洲用户对轻水堆核电站的要求》（即 EUR 文件），进一步明确了在预防与缓解严重事故，提高安全可靠性等方面的要求。国际上通常把满足 URD 文件或 EUR 文件的核电机组称为第三代核电机组。对第三代核电机组要求是能在 2010 年前进行商用建造。

第四代核电站。2000 年 1 月，在美国能源部的倡议下，美国、英国、瑞士、南非、日本、法国、加拿大、巴西、韩国和阿根廷共 10 个有意发展核能的国家，联合组成了“第四代国际核能论坛”，于 2001 年 7 月签署了合约，约定共同合作研究开发第四代核能技术。

核电具有如下优点：

一是核能发电不像化石燃料发电那样排放巨量的污染物质到大气中，因此核能发电不会造成空气污染，是优质的二次能源。

二是核能发电不会产生加重地球温室效应的二氧化碳。

三是核燃料能量密度比起化石燃料高上几百万倍，故核能电厂所使用的燃料体积小，运输与储存都很方便，一座 1×10^5kW 的核能电厂一年只需 30t 的铀燃料，一航次的飞机就可以完成运送。

四是核能发电的成本中，燃料费用所占的比例较低，核能发电的成本不易受到国际经济情势的影响，故发电成本较其他发电方法更为稳定。

同时，核电也具有其固有的缺点：

一是核能电厂会产生高低阶放射性废料，或者是使用过之核燃料，虽然所占体积不大，但因具有放射线，故必须慎重处理，且需面对相当大的政治困扰。

二是核能发电厂热效率较低，因而比一般化石燃料电厂排放更多废热到环境里，故核能电厂的热污染较严重。

三是核能电厂投资成本太大，电力公司的财务风险较高。

四是核能电厂不适宜做尖峰、离峰之随载运转。

五是兴建核电厂较易引发政治歧见纷争。

六是核电厂的反应器内有大量的放射性物质，如果在事故中释放到外界环境中，会对生态环境及民众造成伤害。

严格意义上讲，核电是新能源，基于核裂变发电技术相对成熟，故将其放在常规能源部分介绍，而把核聚变能放在新能源部分介绍。

5.4.1 世界核电发展现状与展望

核能发电是用铀制成的核燃料在“反应堆”的设备内发生裂变而产生大量热能，再用处于高压力下的水把热能带出，在蒸汽发生器内产生蒸汽，蒸汽推动汽轮机带动发电机一起旋转而发电，并通过电网输送给消费者。

从1954年苏联建成第一台民用核电开始，发达国家的核电得到快速发展，特别是20世纪六七十年代，但随后美国三哩岛和苏联切尔诺贝利两起核事故减缓了世界核电发展的脚步。而随着石油攀上每桶100多美元的高峰，核电发展再次复苏。不过2011年日本福岛核电站泄漏事件又让阴影重现，以德国、瑞士等为代表的一些国家和地区决定放弃核电。

弃核背后不仅是安全性的考虑，还有能源需求放缓、可再生能源冲击等诸多因素。事实上，现在许多国家尤其是发展中国家需要大量电力，对发展核能较为迫切。

根据《BP世界能源统计年鉴》2017年6月的报告，全球核能发电在逐步增长，2016年增长了1.3%，其中我国排序为全球第三，仅次于美国和法国，但是发展最快，2016年增长24.5%。德国逐年减少，2016年减少了8%，尽管日本核能发电有所抬头，但力道很小，仅占全球总量的0.7%。

世界上最大的核电站是日本柏崎刈羽核电站，装机容量为7965MW，但已停工。

全球有45个国家正在积极考虑开发核能项目，例如阿根廷、白俄罗斯、孟加拉国、中国、巴西、芬兰、匈牙利、印度、伊朗、巴基斯坦、罗马尼亚、英国、俄罗斯、斯洛伐克、阿联酋、土耳其等。根据国际原子能机构的统计，到2020年全球将新建约130台核电机组，到2030年前这一数字将达到约300台。“一带一路”沿线国家和周边国家将约占到新建机组数的80%。预计到2050年，全球将新增1000GW核电装机容量，能够占到总发电量的25%。

5.4.2 我国核电发展现状与展望

(1) 我国核电发展现状

我国大陆核电从20世纪70年代初开始起步。改革开放以来，中核集团的前身就开始了核电站的研究开发，先后建成了浙江秦山、广东大亚湾和江苏田湾等三大核电基地，核电运行机组达到13台，装机容量超过1000万kW。

“十一五”期间，国内核电二代+技术的设计、建造、设备水平趋于成熟，中国核电迈入批量化、规模化的积极发展阶段。然而好景不长，2011年的福岛事故再次让包括中国在内的全球核电发展降温。中国政府暂停审批核电项目，并在全国开展核电领域安全系统检查，同时对在运核电机组进行了技术安全改进。

然而，我国并未停下核电发展的脚步。2015年3月，红沿河核电5、6号机组批准建设；4月，国务院常务会议核准开工建设首台“华龙一号”示范机组，标志着新一轮核电建设全面开启；2015年成为真正意义上核电建设重启元年。

核电是目前唯一可以大规模代替煤炭、为电网提供稳定可靠电力的能源，在我国绿色低碳能源体系建设中不可或缺，而且当前核电装机及发电量比例很低，有足够的发展空间。数据显示，截至 2017 年 11 月，我国（不包括台湾地区）已经投入商业运行的核电机组 37 台，在建核电机组 19 台。核电装机容量位列世界第四，发电量超过日本，进入全球前三名，在建核电机组连续多年世界第一。

按照“十三五”规划，到 2020 年，中国运行核电装机容量将达到 5800 万 kW，在建 3000 万 kW。预计未来中国将迎来核电开工建设的新高潮。

预计 2030 年中国核电装机容量可达 100～120GW，核电发电量占比达到 8%左右。2040 年以后，中国核电装机容量将达到 150GW，发电量占比接近目前 11%的世界平均值，比现在翻两番。

中国的核电发展与高铁发展有着许多惊人的相似特点：都是高端制造业的典型代表，都经历了自主研发向引进国外技术然后创新的转变过程，最大市场都在国内，目前也都在力推出口海外，这两个行业的进口与出口，也都与大国间的政治、外交博弈密切相关。

核工业是高科技战略产业，是国家安全的重要基石。通过引进 AP1000 和研发 CAP1400 使我国先进压水堆核电技术已经走在世界前列，产业核心竞争力显著提升。随着国内建设的稳步开展和“一带一路”倡议的全面推进，核电有望成为高铁之后的又一张“国家名片”。

AP1000 是我国从美国西屋公司引进的百万千瓦级压水堆三代核电技术，AP1000 自主化依托项目位于浙江三门和山东海阳（其中三门核电一期工程是全球首个 AP1000 核电项目），作为后续，三门二期、海阳二期将采用国产化 CAP1000 技术，将在“十三五”期间开工。

CAP1400 则是中国在消化、吸收、全面掌握 AP1000 非能动技术基础上，再创新而来的具有自主知识产权、功率更大的三代核电技术。大型先进压水堆核电站重大专项 CAP1400 示范工程位于山东荣成，规划建设 2 台 CAP1400 型压水堆核电机组。业内共识是，CAP1400 示范工程有望于近期获批开工。

华龙一号是中核集团和中广核集团在我国 30 余年核电科研、设计、制造、建设和运行经验的基础上，充分借鉴国际第三代核电技术先进理念，汲取福岛核事故经验反馈，联合开发的具有自主知识产权、可独立出口的三代百万千瓦级压水堆核电机型。目前，华龙一号示范工程正在福建福清与广西防城港双线推进。

（2）我国“十三五”核电发展规划

结合“十一五”规划与“十二五”规划作纵向比较，能源政策导向上有着非常明显的变化。从规划阐述不同能源品类的顺序上看：

“十一五”规划：①煤炭开发利用—②煤电—③水电—④核电—⑤油气开发—⑥风能、生物质能、太阳能、地热能和海洋能。

“十二五”规划：①煤炭开发利用—②油气开发—③煤电—④水电—⑤核电—⑥风电、太阳能、生物质能、地热能。

“十三五”规划：①水电—②风电、光伏、光热—③核电—④生物质能、地热能、潮汐能—⑤煤炭开发利用—⑥煤电—⑦油气开发—⑧成品油升级。

很明显，煤电的地位和角色变化最大，而随着技术进步带来的发电成本下降，风电、太阳能的地位显著上升。

除行业自身的因素外，这与我国的电力供需大背景息息相关。在缺电时代，保证供需优先于对能源清洁性的需求。随着环境日趋恶劣、用电增速放缓，传统能源的外部性环境成本得到重视，能源结构向清洁低碳化倾斜。

可以看出，核电的排位一直相对稳定。在我国的能源结构调整中，核电始终被寄予厚望。

从核电技术路线来看，CAP 系列脱胎于美系技术，华龙则是基于中国此前已掌握的从法国引进的 M310 核电技术。可见，三代核电将接替二代+，成为“十三五”核电发展的主流路线，而中国自主设计的核电技术将在其中唱绝对主角。规划中提及的田湾三期，被视为二代+技术的绝唱。

就核电站选址而言，规划表述的调整意味着“十三五”期间中部部分省份开建核电项目的可能性很小，沿海依然是开发重点。关于内陆的表述意味着，部分内陆核电项目或面临着长达十余年的“前期工作阶段”。

以被称为内陆第一核电的湖南桃花江核电项目为例，该项目自 2008 年开始前期准备，投入了较大的人力、物力、财力，随着 2011 年福岛核事故的爆发，前期准备工程进入停滞阶段。此后，中国暂停核电审批，桃花江项目的人员和设备也被分流至中核集团内部的沿海项目。

对于核电发展进入快车道的我国而言，无论从提高铀资源利用率、保障核能长远发展角度，还是从减少核废料角度而言，乏燃料后处理都是核燃料循环中极其关键的环节。当前，我国的乏燃料后处理采取了自主开发与中法合作“两条腿”走路。

5.4.3　核电技术原理与技术路线

（1）核电技术原理

核电为受控的核裂变能。核能按照其产生原理分为核裂变能和核聚变能。核裂变能为重核子，如铀或钚在中子冲击下发生核分裂反应，分裂成为较轻的原子核，同时释放出更多的中子，在一定条件下，新产生的中子会继续引起更多的原子核裂变，造成连锁反应，称为链式裂变反应，释放出巨大的能量。目前市场上用核能发电的为受控的核裂变能，主要原料为铀-235、铀-233 和钚-239，其核燃料浓度为 3%左右。

核能分类和原理见表 5-1。

表 5-1　核能分类和原理

区分	工作原理	原料	区分	核燃料浓度	现状
核裂变能	重核子如铀或钚在中子冲击下发生核分裂反应，分裂成为较轻的原子核，同时释放更多的中子，造成连锁反应，称为链式裂变反应，释放出巨大的能量	铀-235（天然存在） 铀-233（反应堆生产） 钚-239（反应堆生产）	受控 不受控	3%左右 >90%	商用发电 原子弹
核聚变能	核聚变是两个轻原子核结合在一起释放能量的反应	氢的同位素氘（2H，重氢）和氚（3H，超重氢）	不受控		氢弹

众所周知，火力发电厂利用煤、石油或天然气发电，水力发电站利用水力发电，

而核电站则是利用原子核的裂变能发电。目前，世界上的核电站60%以上都是压水堆核电站，主要由反应堆、蒸汽发生器、汽轮机、发电机及有关系统设备组成。

在核电站中，反应堆的作用是进行核裂变，将核能转化为水的热能。水作为冷却剂在反应堆中吸收核裂变产生的热能，成为高温高压的水。然后沿管道进入蒸汽发生器的U形管内，将热量传给U形管外侧的汽轮机工质（水），使其变为饱和蒸汽。

被冷却后的冷却剂再由主泵打回到反应堆内重新加热，如此循环往复，形成一个封闭的吸热和放热的循环过程，这个循环回路称为一回路，也称核蒸汽供应系统。一回路的压力由稳压器控制。由于一回路的主要设备是核反应堆，通常把一回路及其辅助系统和厂房统称为核岛（NI）。

汽轮机工质（水）在蒸汽发生器中被加热成蒸汽后进入汽轮机膨胀做功，将蒸汽焓降放出的热能转变为汽轮机转子旋转的机械能。汽轮机转子与发电机转子两轴刚性相连，因此汽轮机直接带动发电机发电，把机械能转换为电能。

做完功后的蒸汽（乏汽）被排入冷凝器，由循环冷却水（如海水）进行冷却，凝结成水，然后由凝结水泵送入加热器预加热，再由给水泵将其输入蒸汽发生器，从而完成了汽轮机工质的封闭循环，我们称此回路为二回路。二回路系统与常规火电厂蒸汽动力回路大致相同，故把它及其辅助系统和厂房统称为常规岛（CI）。

核电站工作原理：核能→热能→机械能→电能的转化过程。

（2）我国核电技术路线。我国的核电技术是在引进法国、美国、俄罗斯的技术基础上，进行学习吸收，技术改进以后，形成自身的核电技术。主要是中核、中广核、国家电投作为核电开发的三大主体。日本福岛核事故以后，我国要求目前建造的核电站全部使用三代核电技术。三代核电技术采用非能动的安全系统。我国目前比较主流的核电三代技术主要是中核、中广核的华龙一号（中国拥有知识产权），国家电投的AP1000（美国西屋拥有知识产权）、CAP1400（中国拥有知识产权）。从我国在建和计划建设的核电站技术选择中可以看出，第一为AP1000，共30台机组选用此技术，占比达48%，第二为Hualong1号，共8台机组，占比达13%，而ACPR1000有6台机组，占比达10%。从中可以看出，国内未来核电机组主流技术为AP1000。而在我国计划出口的18台机组中，华龙一号共6台机组，占比达33%，是出口的主力核电技术。

由于环保和能源的压力，目前世界许多新兴国家，都有建设核电站的计划，核电站的建设步入高峰期。而我国的核电技术正在成为继高铁以后，又一个国家名片。核电技术有望成为我国参与世界高端制造业竞争中的一面旗帜，国家领导人也在不遗余力地到海外推销核电。中国的核电出口借助于“一带一路”，利用建造+融资的方式，在世界的核电建设中，获得了不菲的成绩。目前，已经与12个国家达成建设意向。其中，巴基斯坦的恰希马（Chasma）3号和4号机组在建造中，卡拉奇的2号机组在建造中，卡拉奇核电站使用了华龙一号技术。中国对核电项目提供了融资。

按照最新的规划，到2030年全世界新建488个核电机组，除去我国的176台机组，剩余312台机组，按照此前中核集团的估计，到2030年，“一带一路”沿线核电机组将会达到100台左右。“华龙一号”估计能占到20%～30%的市场份额。按此中国有望承建的核电机组达到30个，每年出口的核电机组为2台。

海上移动浮动核电站是核反应堆技术和船舶工程相结合的技术。其实质是将陆上核电站的缩小版安装在船舶上，既可为偏远岛屿供应安全、有效的能源，也可为远洋作业的海上石油、天然气开采平台提供电力、热力和淡水资源，有用电需求时将电站拉过来，不需要时可用船将电站拉走。中核集团和中广核目前都已经布局海上移动浮动核电站。其各自的 ACP100S 和 ACPR50S 项目都被发展改革委纳入能源科技创新“十三五”规划。ACP100S 为一体化压水堆，单堆热功率 310MW，建造周期 3 年，电站寿命 40 年。ACPR-50s 是由中广核自主研发的紧凑型、多用途小型压水堆，单堆热功率为 200MW。根据示范工程总体工作计划，预计 2018 年 12 月底前完成海洋核动力平台码头调试。

2019 年进入海上试运行和验收移交阶段。未来将建设 20 座海上移动浮动核电站，投资总额预计：400 亿～600 亿，将有效地带动核电投资的增量。

5.5 电力输配

发电厂的电不能直接供给用户。电厂大多建设在远离我们的城市边缘或高山峡谷之中，电能在那里生产出来需要通过电力线跨过千山万水，到达城市、工厂和乡村，输送到千家万户，才能被使用。电力线就像人体的血管一样，遍布在所有城市和乡村，形成一张巨大的网，因此将电力输配线称为电网。电网成为连接电厂和用户的纽带，电能的生产、输送和分配是靠电力网实现的。

5.5.1 电力输送的质量指标

相对于煤炭、石油等能源的输送需要大量的交通运转工具来说，电力传输方便、快速，不受距离远近的限制，这是电能作为优质能源的最突出的优点。电传输 100m 的时间与传输 100km 的时间相差很小，几乎感觉不到。因此，人们常常会看到在同一城市万灯齐明的壮观景象。

电能不能大规模地储存，生产出来的电能必须同时使用才能成为能源。因此，电能的输送和分配就显得更加重要。

电能质量（Power Quality），从严格意义上讲，衡量电能质量的主要指标有电压、频率和波形。电能质量的相关物理量有：电压偏差、频率偏差、三相电压不平衡、电压波动和闪变、公用电网谐波和公用电网间谐波等。

我国还对应颁布了 6 项电能质量相关标准，分别是：《电能质量供电电压偏差》（GB/T 12325—2008）；《电能质量电力系统频率偏差》（GB/T 15945—2008）；《电能质量三相电压不平衡度》（GB/T 15543—2008）；《电能质量电压波动和闪变》（GB/T 12326—2008）；《电能质量公用电网谐波》（GB/T 14549—1993）；《电能质量公用电网间谐波》（GB/T 24337—2009）。

5.5.2 电力输配系统组成

大型发电机发出的电，其电压一般为 10～20kV，首先要通过升压器升高到 500kV，通过高压输电线送至远方的用电区。到了用电区，先在一次高压变电所将电压降至110～130kV，再由二次高压变电所降至1～30kV，其中一部分送到需要高压的工厂，另一部分送到低压变电所再降到380V或220V供一般用户使用。

电力系统是由发电厂、送变电线路、供配电所和用电等环节组成的电能生产与消费系统。它的功能是将自然界的一次能源通过发电动力装置转化成电能，再经输电、变电和配电将电能供应到各用户。为实现这一功能，电力系统在各个环节和不同层次还具有相应的信息与控制系统，对电能的生产过程进行测量、调节、控制、保护、通信和调度，以保证用户获得安全、优质的电能。

电力系统的主体结构有电源（水电站、火电厂、核电站等发电厂），变电所（升压变电所、负荷中心变电所等），输电、配电线路和负荷中心。各电源点还互相连接以实现不同地区之间的电能交换和调节，从而提高供电的安全性和经济性。输电线路与变电所构成的网络通常称电力网络。电力系统的信息与控制系统由各种检测设备、通信设备、安全保护装置、自动控制装置以及监控自动化、调度自动化系统组成。电力系统的结构应保证在先进的技术装备和高经济效益的基础上，实现电能生产与消费的合理协调。

变电所（substation），顾名思义，就是改变电压的场所与地方。是电力系统中对电能的电压和电流进行变换、集中和分配的场所。为保证电能的质量以及设备的安全，在变电所中还需进行电压调整、电流控制以及输配电线路和主要电工设备的保护。变电所是电力系统中的一个重要组成部分，它将多个电源连接起来，升到所需电压，传输到远方，也可以将高压电变为低压后分配到用户。我国电网的变电所分为4级：枢纽变电所→中间变电所→地区变电所→终端变电所。

枢纽变电所位于电力系统的枢纽点，电压等级一般为220kV及以上，连接多个电源，出线回路多，变电容量大；全所停电后将造成大面积停电，或系统瓦解，枢纽变电所对电力系统运行的稳定和可靠性起到重要作用。

中间变电所位于系统主干环行线路或系统主要干线的接口处，电压等级一般为330～220kV，汇集2～3个电源和若干线路。全所停电后，将引起区域电网的解列。

地区变电所是一个地区和一个中、小城市的主要变电所，电压等级一般为220kV，全所停电后将造成该地区或城市供电的紊乱。

终端变电所位于电网的末端，接近负荷点，高压一侧的电压一般为110kV或更低，经降压后直接向用户供电。

5.5.3 电力输配电压的选择

（1）我国的电压等级

电压等级（voltage class）是电力系统及电力设备的额定电压级别系列。额定电压是电力系统及电力设备规定的正常电压，即与电力系统及电力设备某些运行特性有关的标称电压。电力系统各点的实际运行电压允许在一定程度上偏离其额定电压，在这一允许偏离范围内，各种电力设备及电力系统本身仍然能正常运行。

电压等级分为五级，即安全电压（通常在36V以下）；低压（又分为220V和

380V)；高压（10～220kV)；超高压（330～750kV)；特高压（1000kV 交流、±800kV直流以上)。

我国最高交流电压等级是1000kV（长治—荆门线)，于2008年12月30日投入运行。在建输电线路（向家坝—上海，锦屏—苏南特高压直流800kV)，其下有500kV、330kV、220kV、110kV、(60kV)、35kV、10kV，380/220V，其中60kV是由于历史原因遗留下来的，目前仅在我国东北地区存在。

我国最高直流电压等级为±800kV（哈密南—郑州，向家坝—上海，锦屏—苏南，溪洛渡—浙西，灵州—绍兴)，±660kV（银川东—胶东)，±500kV（葛洲坝—上海南桥线、天生桥—广州线、贵州—广东线、三峡—广东线)，另有±50kV（上海—嵊泗群岛线)，±100kV（宁波—舟山线)，南方电网公司已建成±800kV特高压直流输电线—云广特高压直流输电线路，国家电网公司已建成两条±800kV特高压直流线路，分别为向家坝—上海±800kV特高压直流线路及锦屏—苏南±800kV特高压直流线路。

目前，我国常用的电压等级有：220V、380V、6.3kV、10kV、35kV、110kV、220kV、330kV、500kV、1000kV。电力系统一般是由发电厂、输电线路、变电所、配电线路及用电设备构成的。通常将35kV以上的电压线路称为送电线路。

35kV及其以下的电压线路称为配电线路。将额定1kV以上电压称为“高电压”，额定电压在1kV以下电压称为“低电压”。

我国规定安全电压为42V、36V、24V、12V、6V五种。

交流电压等级中，通常将1kV及以下称为低压，1kV以上、35kV及以下称为中压，35kV以上、220kV以下称为高压，330kV及以上、1000kV以下称为超高压，1000kV及以上称为特高压。

在直流电压等级中，±800kV以下称为高压，±800kV及以上称为特高压。

(2）特高压输电

特高压输电是指1000kV及以上电压的输电工程及相关技术。特高压输电技术具有远距离、大容量、低损耗和经济性等特点，能大大提升电网的输送能力。特高压电网指的是以1000kV输电网为骨干网架，由超高压输电网、高压输电网，以及特高压直流输电、高压直流输电和配电网构成的分层、分区、结构清晰的现代化大电网。

我国在特高压交流输电工程的建设过程中，通过对特高压交流输电关键技术的研究，攻克了安全稳定控制、外绝缘特性、过电压抑制、电磁环境监控等关键技术难题，全面掌握了特高压交流输电技术，综合实力已达到世界领先水平。我国是世界上第一个成功设计和运行1000kV电压等级特高压交流输电工程的国家，成功解决了特高压电网建设的安全性、稳定性、潮流分布、电网结构、系统过电压以及电磁暂态等问题，攻克了一系列关键技术难点，如：过电压与绝缘配合、特高压升压变压器技术、油气套管技术、可控并联电抗器（CSR）技术等。

特高压±800kV直流输电技术是目前世界上电压等级最高、输送容量最大、送电距离最远、技术水平最先进的输电技术，是解决我国能源与电力负荷逆向分布问题、实施国家“西电东送”战略的核心技术。特高压已经成为“中国创造”和“中国引领”的金色名片。

目前，我国在运在建的特高压直流工程共14项，输送电量中80%以上为清洁能源，将成为我国清洁能源运输的主干线、大动脉，为推动我国西部资源优势转化为经济优势，推进能源革命，防治大气污染，建设美丽中国奠定坚实基础。

5.5.4 电力输配设备

1. 特高压输电设备

要使用特高压直流输电技术，离不开一些关键的设备，具体包括：换流阀、换流变压器、平波电抗器、直流滤波器和避雷器，其中在换流阀和换流变压器上，中国的制造技术国际领先。

（1）换流阀。换流阀是直流输电工程的核心设备，多组换流阀按照程序触发可实现换流器电压、电流及功率的控制与调节。其价值占换流站成套设备总价的22%～25%。换流阀的设计应用了电力电子技术、光控转换技术、高压技术、控制技术和均压技术、冷却技术、高压用绝缘材料的最新技术和研究成果。其主要的技术难点在于：换流阀暂态仿真模型的建立；换流阀高电位整体屏蔽和屏蔽性能的研究；换流阀绝缘配合、局部放电水平的控制与抑制技术；换流阀关键器件的开发研制；换流阀阀冷却、光电转换技术、控制和均压技术的集成；换流阀型式试验方法的研究。

换流阀由晶闸管、阻尼电容、均压电容、阻尼电阻、均压电阻、饱和电抗器、晶闸管控制单元等零部件组成。其中，晶闸管是换流阀的核心部件，它决定了换流阀的通流能力（目前国内已研制出6in晶闸管，额定通流能力4000A），通过将多个晶闸管元件串联可得到希望的系统电压。晶闸管的触发方式分为电触发和光触发，ABB和西门子、阿海珐分别是其中的代表。

我国2017年成功研制出世界首个特高压柔性直流换流阀，实现了开关器件、电容部件集成的功率模块单元，并以“搭积木”的方式构建成800kV大型阀塔，这一特高压柔性直流换流阀的成功研制，打破了ABB和西门子对这一技术的垄断。

（2）换流变压器。换流变压器是整个直流输电系统的心脏。换流变压器作用是将送端交流系统的电功率送到整流器，或从逆变器接收电功率送到收端交流系统。由于换流变压器的运行与换流器换相造成的非线性密切相关，它在漏抗、谐波、绝缘、有载调压、直流偏磁和试验等方面与普通电力变压器有不同的特点和要求。

换流变压器在直流输电系统中的作用有：ⓐ传送电力；ⓑ换流变压器的漏抗可起到限制故障电流的作用；ⓒ把交流系统电压变换到换流器所需的换相电压；ⓓ将直流部分与交流系统相互绝缘隔离，以免交流系统中性点接地和直流部分中性点接地造成直接短接，使得换相无法进行；ⓔ利用变压器绕组的不同接法，为串接的两个换流器提供两组幅值相等、相位相差30°（基波电角度）的三相对称的换相电压以实现十二脉动换流；ⓕ对沿着交流线路侵入到换流站的雷电冲击过电压波起缓冲抑制的作用。

目前，我国已经能够自主研发±800kV特高压直流换流变压器，创造了世界单体容量最大（493.1MV·A）、技术难度最高、产出时间最短的世界纪录，突破了变压器的绝缘、散热、噪声等技术难题。

（3）分裂导线。特高压输电具有明显的经济效益。据估计，1条1150kV输电线路的输电能力可代替5～6条500kV线路，或3条750kV线路；可减少铁塔用材三分之一，节约导线二分之一，节省包括变电所在内的电网造价10%～15%。1150kV特高压线路走廊仅为同等输送能力的500kV线路所需走廊的1/4，这对于人口稠密、土地宝贵或走廊困难的国家和地区会带来重大经济和社会效益。

1000kV电压等级的特高压输电线路均需采用多根分裂导线，如8、12、16分裂等，每根分裂导线的截面大多在600mm^{2}以上，这样可以减少电晕放电所引起的损耗以及无线电干扰、电视干扰、可听噪声干扰等不良影响。杆塔高度为40～50m。双回并架线路杆塔高达90～97m。许多国家都在集中研制新型杆塔结构，以期缩小杆塔尺寸，降低线路造价。

2. 高压、超高压输电设备

（1）变压器。在电力系统中，变压器占据着极其重要的地位，无论是发电厂或变电所，都可以看到各种形式和不同容量的变压器。

一般常用变压器的分类可归纳如下：

①按相数分：单相变压器：用于单相负荷和三相变压器组。三相变压器：用于三相系统的升、降电压。

②按冷却方式分：干式变压器：依靠空气对流进行自然冷却或增加风机冷却，多用于高层建筑、高速收费站点用电及局部照明、电子线路等小容量变压器。油浸式变压器：依靠油作冷却介质，如油浸自冷、油浸风冷、油浸水冷、强迫油循环等。

③按用途分：电力变压器：用于输配电系统的升、降电压。仪用变压器：如电压互感器、电流互感器，用于测量仪表和继电保护装置。试验变压器：能产生高压，对电气设备进行高压试验。特种变压器：如电炉变压器、整流变压器、调整变压器、电容式变压器、移相变压器等。

④按绕组形式分：双绕组变压器：用于连接电力系统中的两个电压等级。三绕组变压器：一般用于电力系统区域变电站中，连接三个电压等级。自耦变电器：用于连接不同电压的电力系统，也可做普通的升压或降后变压器用。

⑤按铁芯形式分：

芯式变压器：用于高压的电力变压器。

非晶合金变压器：非晶合金铁芯变压器是用新型导磁材料，空载电流下降约80%，是目前节能效果较理想的配电变压器，特别适用于农村电网和发展中地区等负载率较低的地方。

壳式变压器：用于大电流的特殊变压器，如电炉变压器、电焊变压器；或用于电子仪器及电视、收音机等的电源变压器。

变压器主要应用电磁感应原理来工作。其具体是：当变压器一次侧施加交流电压U_1，流过一次绕组的电流为I_1，则该电流在铁芯中会产生交变磁通，使一次绕组和二次绕组发生电磁联系，根据电磁感应原理，交变磁通穿过这两个绕组就会感应出电动势，其大小与绕组匝数以及主磁通的最大值成正比，绕组匝数多的一侧电压高，绕组匝数少的一侧电压低，当变压器二次侧开路，即变压器空载时，一、二次端电压与一、二次绕组匝数成正比，即$U_1/U_2=N_1/N_2$，但初级与次级频率保持一致，从而实现电压的变化。

三相变压器三对绕组完全相同，每对绕组包含一次绕组与二次绕组，其匝数比为k。三个一次绕组的相同端接在一起，三个二次绕组的相同端接在一起组成星形接法。

当这是一个理想变压器时，在一次绕组输入按正弦规律变化的三相交流电时，根据变压器的基本原理可知：

U_{1A}、U_{1B}、U_{1C}分别为三相的输入电压，U_{2A}、U_{2B}、U_{2C}分别为三相的输出电压。

$$U_{1A}/U_{2A}=U_{1B}/U_{2B}=U_{1C}/U_{2C}=k$$

（2）线路。电力线路，主要分为输电线路和配电线路。

输电线路一般电压等级较高，磁场强度大，击穿空气（电弧）距离长。35kV 以及 110kV、220kV、330kV（少数地区）、660kV（少数地区）、DC/AC500kV、DC800kV 以及新建的上海 100kV 都属于输电线路。它是由电厂发出的电经过升压站升压之后，输送到各个变电站，再将各个变电站统一串并联起来就形成了一个输电线路网，连接这个“网”上各个节点之间的“线”就是输电线路。

配电线路主要用于人工照明和电器使用，目前装修时都要重新铺设。一般的标准是：

①主线用 2.5mm^2 截面铜线。

②空调线要用 4mm^2 截面的，且每台空调都单独走线。

③电话线、电视线等信号线不能跟电线平行走线。

④电线要用保护胶盒，埋入墙体的要用胶管（包括 PVC 管），接口一定要用直头或弯头。不能使用胶管的地方，必须使用金属软管予以保护。

⑤购买电线、开关等一定要买好货，唯一的标别就是看其是否符合国家标准。在购买时应让经销商注明这一点。

电力线路也可以分为架空线路和电缆（电力电缆）线路两大类。

用绝缘子将输电导线固定在直立于地面的杆塔上以传输电能的输电线路，由导线、架空地线、绝缘子串、杆塔、接地装置等组成。导线由导电良好的金属制成，有足够粗的截面（以保持适当的通流密度）和较大曲率半径（以减小电晕放电）。超高压输电则多采用分裂导线。架空地线（又称避雷线）设置于输电导线的上方，用于保护线路免遭雷击。重要的输电线路通常用两根架空地线。绝缘子串由单个悬式（或棒式）绝缘子串接而成，需满足绝缘强度和机械强度的要求。每串绝缘子的个数由输电电压等级决定。

①导线和避雷线。导线是用来传导电流、输送电能的元件。输电线路一般都采用架空裸导线，每相一根，220kV 及以上线路由于输送容量大，同时为了减少电晕损失和电晕干扰而采用相分裂导线，即每相采用两根及以上的导线。采用分裂导线能输送较大的电能，而且电能损耗少，有较好的防振性能。

导线在运行中经常受各种自然条件的考验，必须具有导电性能好、机械强度高、质量轻、价格低、耐腐蚀性强等特性。由于我国铝的资源比铜丰富，加之铝和铜的价格差别较大，故几乎都采用钢芯铝线。

避雷线一般不与杆塔绝缘而是直接架设在杆塔顶部，并通过杆塔或接地引下线与接地装置连接。避雷线的作用是减少雷击导线的机会，提高耐雷水平，减少雷击跳闸次数，保证线路安全送电。

导线一般可按所用原材料或构造方式来分类。

按原材料分类，裸导线一般可以分为铜线、铝线、钢芯铝线、镀锌钢绞线等。

按构造方式的不同，裸导线可分为一种金属或两种金属的绞线。

一种金属的多股绞线有铜绞线、铝绞线、镀锌钢绞线等。由于输电线路采用较少，故这里不作介绍。

两种金属的多股绞线主要是钢芯铝绞线，绞线的优点是易弯曲。绞线的相邻两层绕向相反，一则不易反劲松股，再则每层导线之间的距离较大，增大线径，有利于降低电晕损耗。钢芯铝线除正常型外，还有减轻型和加强型两种。

②电缆。电力电缆主要由导体、绝缘层和保护层三部分组成，导体通常采用多股制绞线或铝绞线，以增加电缆的柔性。根据电缆中导体数目的不同，可分为单芯、三芯、四芯和五芯电缆。单芯电缆的导体截面为圆形；三芯或四芯电缆的导体截面除了圆形外，还有扇形的。我国0.4kV是中性点直接接地系统，很多用电荷为220V，采用三相四线制，因此电缆中有一根中性线。五芯电缆适用于三相五线制系统中（三相线、接地线、接零线）。我国10～35kV是中性点不直接接地系统，采用三芯电缆。

电缆有电力电缆、控制电缆、补偿电缆、屏蔽电缆、高温电缆、计算机电缆、信号电缆、同轴电缆、耐火电缆、船用电缆、矿用电缆、铝合金电缆等。它们都是由单股或多股导线和绝缘层组成，用来连接电路、电器等。

电力系统采用的电线电缆产品主要有架空裸电线、汇流排（母线）、电力电缆［塑料线缆、油纸力缆（基本被塑料电力电缆代替）、橡套线缆、架空绝缘电缆］、分支电缆（取代部分母线）、电磁线以及电力设备用电气装备电线电缆等。

用于信息传输系统的电线电缆主要有市话电缆、电视电缆、电子线缆、射频电缆、光纤缆、数据电缆、电磁线、电力通信或其他复合电缆等。

仪表系统电缆，除架空裸电线外几乎其他所有产品均有应用，但主要是电力电缆、电磁线、数据电缆、仪器仪表电缆等。

绝缘层的作用是将芯线与线芯以及线芯与大地在电气上相互隔离，保证电能正常输送。绝缘材料有油浸纸绝缘、橡皮绝缘、聚氯乙烯绝缘、聚乙烯绝缘、交联聚乙烯绝缘、浸渍剂绝缘等多种。

（3）高低压开关设备

①高压断路器。高压断路器（High voltage circuit breaker）在高压电路中起控制作用，是高压电路中的重要电器元件之一。高压断路器是在正常或故障情况下接通或断开高压电路的专用电器。高压断路器的开断容量可以在制造过程中做得很高，主要是依靠加电流互感器配合二次设备来保护。高压断路器的主要结构大体分为导流部分、灭弧部分、绝缘部分、操作机构部分。

高压开关的主要类型按灭弧介质分为：油断路器、空气断路器、真空断路器、六氟化硫断路器、固体产气断路器和磁吹断路器。

②过电压保护装置。它是当电压超过预定最大值时，使电源断开或使受控设备电

压降低的一种保护方式。避雷器、击穿保险器、接地装置等是常用的过电压保护装置。其中，以避雷器最为重要。

电磁铁、电磁吸盘等大功率电感负载及直流继电器等，在通断时会产生较高的感应电动势，可使电磁线圈绝缘击穿而损坏，因此必须采用过电压保护措施。

目前，由于零线被盗、设备老化、技术故障、人为故障、自然灾害、停电再来电等原因引起的电压不稳、电压过高过低导致大片区大量电器被烧坏、烧毁的情况不断发生，人们损失惨重，索赔无门，劳民伤财的事接踵而至，应加设超压、过压、欠压保护器（又名电器保护器），以防止电气火灾，保护人民生命财产安全。

通常过电压保护是在线圈两端并联一个电阻、电阻串电容或二极管串电阻，以形成一个放电回路，实现过电压的保护。这在电力和电子技术中经常用到。

按照结构特征部分：

无间隙：功能部分为非线性氧化锌电阻片。

串联间隙：功能部分为串联间隙及氧化锌电阻片。

按照外形结构分：

F. 全封闭结构：结构紧凑可带数显计数器。

T. 积木组合式：结构间隙较大，可组合成“一”“T”“田”“Z”“L”等外形，可带在线检测仪。

W. 户外型：避雷器组合型可带机械计数器。

按照保护对象分：

A. 电站型：适合各种变压器、开关、母线的过电压保护。

B. 电机型：适合各类电机的过电压保护。

C. 电容器型：适合各种电容器的过电压保护。

O. 中性点型：适合各种中性点保护。

延伸阅读
（提取码 jccb）

第二篇

新能源与可再生能源

新能源是指传统能源之外的各种能源形式。它的各种形式都是直接或者间接地来自太阳或地球内部所产生的热能，包括太阳能、风能、生物质能、地热能、水能和海洋能以及由可再生能源衍生出来的生物燃料和氢所产生的能量。也可以说，新能源包括各种可再生能源和核能。

（1）传统能源对人类社会文明的贡献

1）木材，原始社会，造就了农耕文明。

2）煤炭，1757 年，工业革命（蒸汽机），造就了工业文明。

3）石油、常规天然气，1895 年，造就了现代文明。

人类社会的进步，是逐步由高碳（煤炭）、中碳（石油）到低碳（天然气，包括常规天然气与非常规天然气），再到无碳（氢气、核聚变能）的过程。

（2）新能源的四大特征

1）可持续、可再生；2）高效、低耗；3）低碳、绿色；4）低污染、有利于环境保护。

但是，相对常规能源，新能源具有固有的缺点：一是间断式供应，波动性大，对连续供能不利；二是目前除水电外，可再生能源的开发利用成本较化石能源高。

（3）新能源分类

新能源的各种形式都是直接或者间接地来自太阳或地球内部深处所产生的热能。新能源包括太阳能、风能、生物质能、地热能、核聚变能、水能和海洋能以及由可再生能源衍生出来的生物燃料和氢所产生的能量。也可以说，新能源包括各种可再生能源和核能。相对于传统能源，新能源普遍具有污染少、储量大的特点，对于解决当今世界严重的环境污染问题和资源（特别是化石能源）枯竭问题具有重要意义。

联合国开发计划署（UNDP）把新能源分为以下三大类：大中型水电；新可再生能源，包括小水电、太阳能、风能、现代生物质能、地热能、海洋能（潮汐能）、传统生物质能。

随着技术的进步和可持续发展观念的树立，过去一直被视作垃圾的工业与生活有机废弃物被重新认识，作为一种能源资源化利用的物质而受到深入的研究和开发利用，因此，废弃物的资源化利用也可看作是新能源技术的一种形式。

新近才被人类开发利用、有待进一步研究发展的能量资源称为新能源，相对于常规能源而言，在不同的历史时期和科技水平下，新能源有不同的内容。当今社会，新能源通常指核能、太阳能、风能、地热能、氢气等。

按类别可分为：太阳能、风力发电、生物质能、生物柴油、燃料乙醇、燃料电池、氢能、垃圾发电、建筑节能、地热能、二甲醚、可燃冰等。

（4）全球可再生能源发展现状

根据 REN21 的 2004—2017 年报告，从 2004 年算起，12 年间再生能源投资增长了 4.4 倍。2016 年再生电力和再生燃料投资为 2416 亿美元，比 2015 年投资的 2859 亿美元减少了 15.5%，但中国仍然是再生电力和再生燃料投资最多的国家。再生能源利用可分为电力、供热和运输燃料等三大类。在再生能源发电中，水力发电是主导，其次为风力发电、光伏。其他如生物质发电、地热发电、太阳能聚热发电和海洋能发电仅占最次要地位。

据 2017 年 REN21 报道，2015 年最终能源消费中的再生能源份额，化石燃料仍然占据主导地位。

为了新能源和可再生能源分类介绍的系统性、科学性，本篇分为非常规天然气，太阳能，风能，生物质能、海洋能与地热能，先进核能技术与能源互联网技术，氢能与燃料电池 6 章内容，微生物能归于生物质能，可燃冰、煤层气归于非常规天然气。

第6章　非常规天然气

非常规天然气是指由于各种原因在特定时期内还不能进行盈利性开采的天然气，非常规天然气在一定阶段可以转换为常规天然气。非常规天然气在现阶段主要指以煤层气、页岩气、水溶气、天然气水合物（可燃冰）、无机气（含氦气）、浅层生物气及致密砂岩气等形式贮存的天然气。由于其成因、成藏机理与常规天然气不同，开发难度较大。非常规天然气资源的埋藏赋存状态与常规天然气资源既有相似之处，也有较大的差别，其主要的差别在于资源的“低品位”。

与常规天然气相比，包括页岩气等在内的非常规天然气资源的储量更高。勘探开发潜力无限。在当前能源需求不断高涨的情况下，天然气成为一种相对清洁的燃料，其中非常规天然气占据重要地位。它同时由于分布较广和储量大而有利于所在国家的开采和资源安全。非常规天然气资源具有低碳、洁净、绿色、低污染的特性，开发利用技术也日趋成熟，是我国新能源发展的重要方向。

国际天然气协会（CEDIGAZ）发布的最新报告显示，由于全球消费者对更环保、更清洁和更高效能源的关注度持续上升，天然气将在全球能源结构中发挥更大的作用，其中，非常规天然气将发挥关键作用。预计至2035年，新增天然气供应量的71%将来自非常规天然气，将从2014年的6990亿m^3增加到15870亿m^3，已成为当今新能源发展的重要方向。

非常规天然气开发是一个“过程性概念”，在“4种情况”下任意一种，均可实现转换。特别是当技术成熟后，非常规天然气资源可转化为常规资源开发。（1）主体开发技术达到常规程度；（2）开发方式具备规模化、集约化特性；（3）原油价格稳定在60～80美元/桶之间；（4）“后石油时代”，石油资源量开采的减少。

非常规天然气是最现实的低碳资源，其特性如下：（1）分子结构简单，80%～99%是甲烷气体；（2）热值高，每立方米甲烷气体的热值是50200kJ；（3）低碳，减少了高碳排放的机会；（4）低污染或无污染。

开发非常规天然气是利用低碳资源的最佳选择。

6.1　页岩气

页岩气是常规天然气的替代能源，也是清洁环保能源。它与常规天然气成分一样，以甲烷为主。然而，不同的是它吸附在页岩中，是一种从页岩层中开采出来的非常规天然气。烃源岩中一部分烃运移至背斜构造中形成常规天然气，尚未逸散出的烃则以吸附或游离状态留存在暗色泥页岩或高碳泥页岩中形成页岩气。

6.1.1 美国“页岩气革命”

国际能源署IEA统计表明，全球非常规天然气储量远超常规天然气，在非常规天然气中，页岩气可采储量占63%，预测2035年非常规天然气产量将达到1.6万亿m^3。

目前我们所说的页岩气革命，表面上是全球掀起的页岩气开发大潮，实际上是美国以一种经济高效的方式实现对页岩气的大规模商业开发，从而改善美国能源供需结构，提高能源自给水平的过程。

(1)“页岩气革命”带来的世界影响

能源是一个国家经济发展、军事运作中不可缺少的战略资源，谁掌握了能源控制权谁便扼住了经济与军事的命脉。因此，能源是中东地区战争频发的原因之一。“页岩气革命”带来的世界影响表现在5个方面：页岩气革命影响着外交政策；美国的页岩气革命将会颠覆原本的世界格局；美国页岩气革命也将对国际油价产生明显影响；美国页岩气革命带给碳排放量大的发展中国家巨大的压力；页岩气革命加速了世界能源结构转型。

(2)“页岩气革命”带给美国的影响

美国的页岩气革命不是一夜之间爆发的，它经历了漫长的过程：美国1821年就开始了页岩气的开发，政府从1976年积极推进页岩气产业，经过近30年的技术沉淀和经验积累，直到2000年开始各方面条件逐渐成熟并大规模开发。

从1976年美国政府组织实施东部页岩气工程之后，经过20多年探索实现了技术突破，美国页岩气进入快速发展阶段，2016年产量接近4200亿m^3，约占全美天然气产量的53%。同时，美国页岩油产量在2015年3月达到历史峰值，为469.7万桶/日；2016年9月达到历史低值，为414.1万桶/日；2016年页岩油产量为16亿桶，约占全美原油总产量的52%。

根据美国能源信息署的最新预测，2016年天然气发电比率将达到33%，首次超过煤电比率（预计32%）。至此，美国页岩气革命又取得了新的阶段性成果。

美国“页岩气革命”给美国带来以下重要影响：一是助推美国经济复苏。在1970年至2000年间，美国花费了大约4.9万亿美元进口石油。此外，为保证能源安全，美国长期在世界主要产油区保持军事存在，甚至不惜通过战争来实现能源安全，巨额的军费开支造成了美国财政赤字的高涨，能源独立将扭转这一局面。

更重要的是，近几年页岩气革命为美国相关产业带来了上百万个就业岗位，而且天然气价格的下降又使美国人均开支减少近1000美元。此外，较低的天然气价格，赋予了美国企业巨大的价值优势，工业回迁、制造业复苏，美国率先走出了经济危机。

页岩气革命提高了美国能源的自给率，降低了对石油出口国的依赖。如果页岩气产业抵住目前的油价寒冬，那么美国很可能成为能源大国，甚至是能源输出国（研究表明美国有可能在2035年跻身为能源输出国），这一变化意味着美国的全球战略部署将会极大地改变。

未来国际形势将会产生深刻的变化，首先，美国不再需要在中东及北非地区部署庞大的军事力量来保障能源安全。其次，在欧洲大陆上，将会更有力地遏制“北极熊”的势力扩张，因为欧洲各国的能源供应多依赖于俄罗斯，但美国实现能源出口必将增加北约成员国对于向“北极熊”叫板的底气。最后，美国腾出身来还会加强对亚太地区的政治干涉，这也合乎美国重返亚太的全球策略。

总的来说，美国的页岩气革命，将在很大程度上增强美国的外交实力，进一步保持它的大国地位。

（3）页岩气开发过程

①勘探找到页岩气藏的位置，打直井到目标岩处，耗费时间7～10d；

②顺着页岩层的角度拐个弯水平打过去（水平井），耗时7～10d时间；直井井眼轨迹和页岩层接触面积小，为了增大井眼和页岩气藏的接触面积，再打水平井，水平井的采收率大约是直井的3倍；

③通过射孔将套管和水泥射穿，让生产管柱和页岩气藏连通，耗时1～7d；

④在水平井段用水压裂出一系列的裂缝（水平井压裂技术），耗时10～14d；压裂就是用高压泵将混合压裂砂的液体加压（一般水压力可以把水打上万米高空）注入井底，页岩挤压破碎之后，不让裂缝自然闭合，天然气就会源源不断地出来了。页岩气生产衰减很快，为了保证产量要进行“地毯式钻井”。

⑤页岩气快速产出，页岩气井进入正常生产。

（4）页岩气的生产特点

页岩气生产产能衰减特别快，第一年往往衰减70%，要不断地打井来维持产能，因此美国经济学家用钻机开工数量来测算产业的景气程度。

页岩气生产必须采用压裂技术，水力压裂只是压裂技术的一种方式。随着人们对环境问题的重视，提出了LPG压裂和二氧化碳压裂技术。

LPG压裂技术：采用液化天然气（LPG）作为压裂液，主要成分为丙烷。它在地下与水力压裂的作用等同，可以与页岩气一起反排至地面，甚至无须分离可直接进入生产管线，对地层无任何伤害。

超临界二氧化碳压裂技术：超临界（在31.1℃，7.38MPa状态下）拥有的神奇特性——密度接近于水；黏度接近于气体；表面张力接近于零——几乎可以解决水力压裂带来的所有难题。

（5）页岩气革命的美国成功经验

①长期的技术积累。美国投入30年时间进行页岩气基础地质研究，此外水平钻井技术、水压裂技术以及多种相关技术的成熟帮助美国敲开了页岩气革命之门。

②美国页岩气储量大且易开采。美国的页岩气多为海相沉积、储层连续、厚度大、埋深浅，多数不超过2000m，地表平缓、水源充足，是全球地质条件最好的，非常适合开发。

③市场成熟，专业化程度高。美国页岩气开发专业化程度极高，美国有一种类型的公司叫Independent E&P。这类公司基本上就是打一口井换一个地方，打到油气就开始做储量评估，然后把勘探开发权卖给大公司。这样市场化程度高，使钻井市场非

常成熟。美国开发一口页岩气井平均只要 3000 万 RMP（中国目前远远做不到），这是页岩气实现商业开发最主要的原因。现在许多国家不是不能开采，而是没法实现经济有效地开采。

④基础设施建设好，管网发达。现场液化储存并运输的成本是非常高的，美国很早就建设了世界最发达的油气管网，可以大大降低页岩气的开发成本。此外，美国页岩气区块地势平坦、道路基础设施好，页岩气开发所对应的设备运输、生活补给成本低。

⑤美国实行土地和矿产资源私有政策。在美国开发页岩气，土地和矿产是私人的，拿来钱私营土地主就会敞开大门欢迎你，井队开开心心地干活就是了，根本不会出现国内土地征收、占有带来的各种问题，大大提高了工程效率。

⑥市场融资环境好。美国有全球最发达的资本市场（股市、能源投资基金、银行资源类借贷、垃圾债券）为有高赢利预期的项目提供足够的资本支持。

传统意义上的石油、天然气开发是以华尔街这样的传统资本大鳄为支撑的，而页岩气革命在很大程度上依托硅谷这些创业投资、风险投资。这是因为美国页岩气通常是“放高产”的模式——第一年产量往往很高，资本可以快速回笼，后期可以通过继续打井的方式，增加产量，源源不断地赚钱。

美国的页岩气革命之所以成功，通俗地讲就是“天时、地利、人和”具备，本质就是技术好、效率高、有钱赚、百家乐儿。

6.1.2 中国页岩气开发现状

中国页岩气资源主要分布在中国南方古生界、华北地区下古生界、塔里木盆地寒武—奥陶系广泛发育有海相页岩以及准格尔盆地的中下侏罗统、吐哈盆地的中下侏罗统、鄂尔多斯盆地的上三叠统等发育有大量的陆相页岩，地理位置上处于塔里木、准噶尔、松辽等 9 个盆地。美国能源信息署（EIA）的数据表明，中国页岩气储量高达 36.1 万亿 m^3 以上，居世界第一，参考当前的消费水平，足够使用 300 年。我国页岩气的地质资源潜力为 134 万亿 m^3，居全球首位。

虽然中国页岩气储量丰富，但开采较困难。页岩气资源多分布在边远山区且离地表较远；另外，丰度较差，矿井开采期较短；而且中国页岩气地质结构种类较多，需要不同的开发技术，四川盆地属于海相页岩储层，可借鉴美国经验，而吉林东部盆地属于陆相页岩储层，美国技术不适用，需要自主开发技术。

2015 年 10 月，中国国际矿业大会公布，继美国、加拿大之后，我国成为第三个实现页岩气商业性开发的国家。我国页岩气探明储量快速增长，目前累计探明地质储量已达 5441 亿 m^3，形成了涪陵、长宁、威远、延长 4 大页岩气产区。2015 年我国页岩气产量为 44.71 亿 m^3，同比增长 258.54%；2016 年达到 78.82 亿 m^3 左右。国家能源局印发的《页岩气发展规划（2016—2020 年）》指出，我国 2020 年页岩气产量力争达到 300 亿 m^3，年复合增速超过 140%；2030 年达到 800 亿～1000 亿 m^3。随着我国页岩气开采成本的逐步降低、产能的快速释放，我国页岩气开发进入急剧增长期。2016 年我国页岩气产量占天然气总产量的比重约为 6%，2020 年有望达到 16%。

总体上，我国页岩气勘探开发尚处于初级阶段，与美国相比还有较大差距。

（1）技术积累不够。美国的页岩气发展从20世纪80年代开始到实现快速发展已30年，我国从2009年开始有第一份评估报告，到2011年将页岩气列为独立矿种，2014年探明首个千亿方储量页岩气田，迄今为止才7年时间。

（2）开采成本较高。我国目前单井的开采成本从1个多亿已经减少到5000万～7000万元。根据前瞻产业研究院《2015—2020年中国页岩气行业市场前瞻与投资战略规划分析报告》的数据显示，美国目前的单井开采成本为2000万～3000万元，不到我国开采成本的一半。

（3）钻井周期长。我国钻井周期从150d减少到70d，最短46d；而美国的钻井周期，前前后后最多需要41d，最少的达25d。

（4）开采难度大。美国页岩气富含区域主要以海相地层为主，地质构造相对稳定，有大面积平地，且含有充足的水源，这大大减轻了页岩气开采的难度。而我国“页岩气第一大省”四川，岩气埋藏深度超过3000m，渝黔地区更深，甚至达到5000m以上。

（5）技术适应性差。我国的页岩气聚集区多为山地丘陵，人口密集且水资源匮乏。美国页岩气开采主要得益于水平井及水利压裂技术，而我国虽说已经掌握了这两种核心技术，但该技术用于我国页岩气开采尚待优化改进。

6.1.3　对于页岩气开发的担忧

（1）消费大量水资源。因为页岩气被束缚在致密的页岩里，需要利用水力压裂才能够有效开发。数据表明，平均每口页岩气井耗水量达到1.5万m^3，而我国的水资源严重缺乏，页岩气的开发将加剧水资源紧缺的局面。

按照专业的观点，一次压裂需要1.7万t水，理论上可以生产1亿m^3的页岩气，相当于每立方米只需要170g水，贡献的能量比工业发电（1100g水）还要节省水，现在压裂液的回收也达到30%～70%，所以水资源消耗并不是大问题。此外，随着无水压裂技术的成熟，页岩气开发会逐渐摆脱对水资源的依赖。

（2）造成地下水污染。开采页岩气采用的压裂液中含有500多种化学添加剂，因此可能造成地下水污染，不但如此，放置在地表的反排水（抽回的压裂液）也容易发生逸散和渗流，对地表水的威胁也同样巨大。

行业专家认为，我国地下水层一般为30～300m，页岩气埋藏深度通常在3000m左右，300m的位置还处于垂直井段，中间有多层套管隔离，压裂液不会进入地下水层。此外，只需加强对反排液的监管，也不会造成地面污染。

（3）水力压裂引发地震。水力压裂是开采页岩气的关键技术，其作业对地质影响的争议一直很大。科学杂志曾发表文章称，水力压裂和能源勘探过程中会制造一些小的地震。我国西南地区主要是卡斯特地貌，地层不稳定，社会公众担心水力压裂会大大增加地层压力，引发地震。对于引发地震问题，中国开发常规油气已经有了几十年的经验，开发体系是完善、成熟的，项目开发前也会做好充分的评估和预防工作，所以无须过多地担忧页岩气开发会引发地震的问题。

6.2 天然气水合物

可燃冰是非常规天然气的一种，其学名是天然气水合物，外形与冰相似，故称“可燃冰”，内含大量甲烷而极易燃烧，见图 6-1。目前，科学界一致认为全球可燃冰资源总量约为 20 兆亿 m^3，蕴含的有机碳资源约为所有已探明的煤、石油、天然气中总含碳量的 2 倍。可燃冰在低温高压下呈稳定状态，可燃冰融化所释放的可燃气体相当于原来固体化合物体积的 100 倍。据测算，可燃冰的蕴藏量比地球上的煤、石油和天然气的总和还多。

图 6-1　可燃冰

可燃冰的分子式为 $CH_4 \cdot 8H_2O$，与氧气燃烧生成二氧化碳和水。因此，可燃冰是一种清洁低碳能源。

$$CH_4 \cdot 8H_2O + 2O_2 \longrightarrow CO_2 + 10H_2O$$

6.2.1 可燃冰发现历程

自 20 世纪 60 年代以来，人们陆续在冻土带和海洋深处发现了一种可以燃烧的“冰”。这种“可燃冰”在地质上称之为天然气水合物。天然气水合物在自然界广泛分布在大陆永久冻土、岛屿的斜坡地带、活动和被动大陆边缘的隆起处、极地大陆架以及海洋和一些内陆湖的深水环境。在标准状况下，一单位体积的天然气水合物分解最多可产生 164 单位体积的甲烷气体。

天然气水合物是在 20 世纪科学考察中发现的一种新的矿产资源。它是水和天然气在高压和低温条件下混合时产生的一种固态物质，外貌极像冰雪或固体酒精，点火即可燃烧，有“可燃水”“气冰”“固体瓦斯”之称，被誉为 21 世纪具有商业开发前景的战略资源。

美国、日本等国均已经在各自海域发现并开采出天然气水合物。据测算，中国南海天然气水合物的资源量为 700 亿 t 油当量，约相当于中国陆上石油、天然气资源量总数的1/2。

可燃冰的发现历程可以追溯到1778年。2017年5月，我国国土资源部中国地质调查局宣布在南海北部神狐海域进行的可燃冰试采获得成功。开采过程利用了“水、沙、气分离”“防砂排砂”等多项自主研发的核心技术，我国成为世界上第一个实现在海域可燃冰试开采中连续稳定产气的国家。国务院已正式批准将天然气水合物列为新矿种，天然气水合物也就是所说的可燃冰成为我国第173个矿种。

6.2.2　天然气水合物分布

世界上海底天然气水合物已发现的主要分布区是：大西洋海域的墨西哥湾、加勒比海、南美东部陆缘、非洲西部陆缘和美国东海岸外的布莱克海台等，西太平洋海域的白令海、鄂霍茨克海、千岛海沟、冲绳海槽、日本海、四国海槽、日本南海海槽、苏拉威西海和新西兰北部海域等，东太平洋海域的中美洲海槽、加利福尼亚滨外和秘鲁海槽等，印度洋的阿曼海湾，南极的罗斯海和威德尔海，北极的巴伦支海和波弗特海，以及大陆内的黑海与里海等。

全球蕴藏的常规石油天然气资源消耗巨大，很快就会枯竭。科学家的评价结果表明，仅在海底区域，可燃冰的分布面积就达4000万km^2，占地球海洋总面积的1/4。2011年，世界上已发现的可燃冰分布区多达116处，其矿层之厚、规模之大，是常规天然气田无法相比的。科学家估计，海底可燃冰的储量至少够人类使用1000年。

6.2.3　天然气水合物的开采方法

天然气水合物的开采方法分为传统开采方法和新型开采方法。

传统开采方法包括热激发开采法、减压开采法、化学试剂注入开采法三种；新型开采方法包括CO_2置换开采法和固体开采法。

（1）传统开采

1）热激发开采法。热激发开采法是直接对天然气水合物层进行加热，使天然气水合物层的温度超过其平衡温度，从而促使天然气水合物分解为水与天然气的开采方法。这种方法经历了直接向天然气水合物层中注入热流体加热、火驱法加热、井下电磁加热以及微波加热等发展历程。热激发开采法可实现循环注热，且作用方式较快。加热方式的不断改进，促进了热激发开采法的发展。但这种方法至今尚未很好地解决热利用效率较低的问题，而且只能进行局部加热，因此该方法有待进一步完善。

2）减压开采法。减压开采法是一种通过降低压力促使天然气水合物分解的开采方法。减压途径主要有两种：①采用低密度泥浆钻井达到减压目的；②当天然气水合物层下方存在游离气或其他流体时，通过泵出天然气水合物层下方的游离气或其他流体来降低天然气水合物层的压力。减压开采法不需要连续激发，成本较低，适合大面积开采，尤其适用于存在下伏游离气层的天然气水合物藏的开采，是天然气水合物传统开采方法中最有前景的一种技术。但它对天然气水合物藏的性质有特殊的要求，只有当天然气水合物藏位于温压平衡边界附近时，减压开采法才具有经济可行性。

3）化学试剂注入开采法。化学试剂注入开采法通过向天然气水合物层中注入某些化学试剂，如盐水、甲醇、乙醇、乙二醇、丙三醇等，破坏天然气水合物藏的相平衡条件，促使天然气水合物分解。这种方法虽然可降低初期能量输入，但缺陷却很明显，它所需的化学试剂费用昂贵，对天然气水合物层的作用缓慢，而且还会带来一些环境问题，所以，对这种方法投入的研究相对较少。并且添加化学试剂较加热法作用缓慢，但确有降低初始能源输入的优点。添加化学试剂最大的缺点是费用太昂贵。

（2）新型开采

1）CO_2置换开采法。这种方法首先由日本研究者提出，方法依据的仍然是天然气水合物稳定带的压力条件。在一定的温度条件下，天然气水合物保持稳定需要的压力比CO_2水合物更高。因此，在某一特定的压力范围内，天然气水合物会分解，而CO_2水合物则易于形成并保持稳定。如果此时向天然气水合物藏内注入CO_2气体，CO_2气体就可能与天然气水合物分解出的水生成CO_2水合物。这种作用释放出的热量可使天然气水合物的分解反应得以持续地进行下去。

2）固体开采法。固体开采法最初是直接采集海底固态天然气水合物，将天然气水合物拖至浅水区进行控制性分解。这种方法进而演化为混合开采法或称矿泥浆开采法。该方法的具体步骤是，首先促使天然气水合物在原地分解为气液混合相，采集混有气、液、固体水合物的混合泥浆，然后将这种混合泥浆导入海面作业船或生产平台进行处理，促使天然气水合物彻底分解，从而获取天然气。

6.2.4 天然气水合物开采带来的生态环境影响

可燃冰成藏模式的特点和勘探开采技术有别于常规天然气，应正确评估对其开发利用会产生的生态环境风险。对海底可燃冰开采的环境风险主要包括海底地质变化、温室效应加剧、海洋生物死亡等方面。

首先，力量失衡引发地质灾害。在海洋堆积物里，可燃冰以胶结物与海洋中的沉积层共存，这使大陆斜坡地带处于较为稳定的状态。而开采可燃冰便是通过改变其物理环境来分解固体可燃冰。例如，减压法的原理是通过降低海底原本压力来打破其固态的成藏条件，使其变为气体。但当固体可燃冰减少时，海底沉积物的力学平衡被改变，导致大陆斜坡带产生失稳现象，进而产生引发海底滑坡和海啸的风险。

其次，气体甲烷加剧温室效应。可燃冰中的甲烷是一种反应速度快、影响更为显著的温室气体。如果封存为固态的甲烷气体由于开采不慎而逸散到空气中，将使全球的温室效应加剧。甲烷作为一种温室气体，会吸收太阳的长波辐射，阻碍地球的热量散失。另外，温室效应也会带来海水温度的进一步上升，环境温度的改变更易打破可燃冰温度的平衡，从而可能导致更多的甲烷气体逸散到空气中，加剧温室效应。

最后，法律缺位提高生态风险。海水与空气一样具有流动范围广的特点。泄漏事故一旦发生，波及的范围超过常规天然气开采。天然气的泄漏会造成海水的毒化，致使海洋生物大规模死亡。与天然气类似，石油也有许多海上开采途径。海上油井开采技术发展已久，然而伴随其发展史也曾发生过多起泄漏事故。早期的巴西海上石油钻井平台沉没事件，近期的美国墨西哥湾原油泄漏事件都给生态环境造成了很大的危害。在事后对这些事件进行处理和反思时，人们认识到相关法律规范缺乏带来的风险。如何对被破坏的生态环境进行估值和补偿是核心的问题。随着海上开采的大规模展开，相应法律法规的出台是预防生态问题发生的重要途径。

因此，短期来看，天然气在我国能源消费中的比重不断攀升，常规天然气仍处在天然气开发的统治地位。长期来看，非常规天然气具有更大规模的资源潜力，我国的可燃冰技术特别是成功的试开采经验更是领跑世界。随着开采技术的不断提升，以及对国际上页岩气商业化经验的充分吸收，配以相应的法律规范，可燃冰一定可以在未来我国的能源市场中发挥越来越重要的作用，在充分增加能源供给的同时优化能源消费结构。

6.3　致密气

致密砂岩气（致密气）是非常规天然气的一种，目前国内将致密气定义为渗透率小于或等于0.1mD（毫达西）的砂岩地层中的天然气。2016年致密气年产量已达到400亿m^3左右，约占我国天然气总产量的30%，产气量仅次于常规气。致密气是近年来我国天然气产量增长的主体，据中国工程院预测，2020年我国致密气产量有望达到800亿m^3。根据测算，规模化开采的致密气成本在0.6～1元/m^3，低于我国大部分气源成本，具有很强的经济性。我国目前天然气供需处于紧平衡状态，致密气的加速开发有望迎来新一轮爆发。

致密气（Tight Gas）即致密砂岩气，是指渗透率小于0.1m/d的砂岩地层天然气。致密砂岩气一般归为非常规气，但当埋藏较浅、开采条件较好时也可归为常规气开发。

致密气和页岩气作为两种重要的非常规天然气资源，已经逐渐成为天然气产量的主要增长点。与更广为人知的美国页岩气革命一样，致密气正在改变我国的天然气生产格局，并将成为我国扩大非常规天然气生产的主力。

6.3.1　致密气藏聚集机理及分布

（1）油气聚集类型。油气聚集方式包括单体型、集群型、准连续型与连续型4种基本类型。常规油气包括单体型和集群型，其中单体型主要为构造油气藏，油气聚集于构造高点，平面上呈孤立的单体式分布；集群型主要为岩性油气藏和地层油气藏，油气聚集于较难识别的岩性圈闭和地层圈闭中，平面上呈较大范围的集群式分布。非常规油气包括准连续型和连续型，平面上呈大面积准连续型或连续型分布。准连续型油气聚集，包括碳酸盐岩缝洞油气、火山岩缝洞油气、变质岩裂缝油气、重油、沥青砂等；连续型油气聚集是非常规油气主要的聚集模式，包括致密砂岩油和气、致密碳酸盐岩油和气、页岩油和气、煤层气、浅层生物气、油页岩、天然气水合物等。从资源丰度看，非常规油气资源占据总资源的主体，比率达80%，常规油气资源仅占20%。

（2）致密气聚集机理。致密气是非常规气的一种。非常规油气主要分布于前陆盆地坳陷—斜坡、坳陷盆地中心及克拉通向斜部位等负向构造单元，如北美前陆大型斜坡、中国鄂尔多斯盆地中生界大型坳陷湖盆中心等。平面上，油气或滞留在烃源岩内，或连续分布于紧邻烃源岩上下的大面积致密储层中；纵向上，多层系叠合连片含油，形成大规模展布的油气聚集。流体分异差，无统一的油水界面，油、气、水常多相共存，含油气饱和度变化大，具有“整体普遍含油气”的特征，一般单井无自然工业产量。

非常规油气储集体广泛发育纳米级孔喉系统，是大面积连续型或准连续型油气聚集的根本特征，决定了油气呈连续或准连续型分布。根据我国与北美典型的非常规储层纳米级孔喉分布统计结果，致密气储层孔喉直径介于40～700nm，致密砂岩油储层孔喉直径介于50～900nm，致密灰岩油储层孔喉直径介于40～500nm。

连续型油气聚集具有两个关键地质特征：

一是源储共生，大面积层状含油气储集体连续分布，无明显圈闭与油气水界限。

二是非浮力聚集，油气持续充注，不受水动力效应的明显影响，无统一油气水界面与压力系统。

与常规油气聚集不同，非常规油气聚集突破了从烃源岩到圈闭的含油气系统概念，聚集动力以烃源岩排烃压力为主，受生烃增压、欠压实和构造应力等控制，聚集阻力主要为毛细管压力，两者耦合控制含油气边界。纳米级孔喉系统限制了水柱压力与浮力在油气运聚中的作用，运移距离一般较短，主要为初次运移或短距离二次运移。致密油和气以渗流扩散作用为主，非达西渗流，运移距离较短；碳酸盐岩缝洞油气、火山岩缝洞油气及变质岩裂缝油气存在一定程度的二次运移，但其紧邻烃源岩发育，达西与非达西渗流共存，与常规油气聚集相比，运移距离较短和规模较小。

（3）我国致密气藏及分布

中国致密砂岩气资源量约为12万亿m^3（部分与常规气在资源量上存在着交叉），广泛分布于鄂尔多斯、四川、松辽、渤海湾、柴达木、塔里木及准噶尔等10余个盆地，其中鄂尔多斯和四川盆地最为丰富。

鄂尔多斯盆地致密砂岩气资源量约10万亿m^3，号称“满盆气”。其中：苏里格2.2万亿m^3（基本探明）；大牛地气田3522亿m^3；榆林气田1807.5亿m^3（50%）；乌审旗气田1012亿m^3；神木气田940亿m^3；米脂气田358.48亿m^3。

四川盆地，致密砂岩气勘探开发潜力大。最新评价结果，川西侏罗系与上三叠统天然气资源量为1.8万～2.5万亿m^3，而目前的探明储量约为2200亿m^3，仅占资源量的10%左右。须家河组是四川盆地川中地区下一步致密气勘探现实领域。

截至2011年年底，全国已累计探明致密气地质储量$3.3\times10^{12}m^3$左右，约占全国天然气总探明储量的39%；我国致密气已进入快速发展期，未来5～10年仍将是高速发展期，预计2020年致密气产量将达到$800\times10^8m^3$；2020年之后进入发展高峰阶段，2030年致密气产量有望达到$1000\times10^8m^3$。

6.3.2 中国致密气发展历程

致密气已成为我国天然气增储上产的重要领域，在天然气工业发展中占有非常重要的地位。纵观我国致密气勘探开发历程，大致可分为三个阶段：

(1) 探索起步阶段。1995年以前，我国致密气行业发展处于探索起步阶段。按照致密气的概念及评价标准，我国早在1971年就在四川盆地川西地区发现了中坝致密气田，之后在其他含油气盆地中也发现了许多小型致密气田。但早期主要是按低渗—特低渗气藏进行勘探开发，进展比较缓慢。

(2) 平稳发展阶段。1995—2005年，我国致密气行业发展处于平稳发展阶段。20世纪90年代中期开始，鄂尔多斯盆地上古生界天然气勘探取得重大突破，先后发现了乌审旗、榆林、米脂、大牛地、苏里格、子洲等一批致密气田。特别是2000年以来，按照大型岩性气藏勘探思路，高效、快速探明了苏里格大型致密气田。

此外，四川盆地上三叠统须家河组等也有零星发现，但储量规模均比较小。1996—2005年，全国共新增探明致密气地质储量1.58万亿m^3，年均新增探明地质储量1580亿m^3，占同期天然气新增探明总储量的44%。

尽管致密气勘探不断获得重大发现，储量也快速增长，但发现主要集中在鄂尔多斯盆地上古生界，而鄂尔多斯上古生界天然气藏总体表现为低渗、低压、低丰度的“三低”特点。在当时的经济技术条件下难以经济有效地开发，使得致密气产量增长缓慢，到2005年全国致密气产量仅有28亿m^3左右。

(3) 快速发展阶段。2006年至今，我国致密气行业发展进入快速发展阶段。按照致密气田勘探开发思路，长庆油田实现合作开发模式，采用新的市场开发体制，走管理和技术创新、低成本开发之路。集成创新了以井位优选、井下节流、地面优化技术等为重点的12项开发配套技术，实现了苏里格气田经济有效开发，从而推动苏里格地区致密气勘探开发进入大发展阶段，并带动全国致密气勘探开发不断取得重要发现。

6.3.3 我国致密气开采技术

我国自1971年发现川西中坝气田之后，逐步系统地开始了对致密砂岩含气领域的研究。至今已探索形成了一套致密砂岩气田有效开发主体技术、特色技术和适用的配套技术体系。其主要有高精度二维、三维地震技术（集成创新）；富集区优选、井位优选技术（集成创新）；快速钻井及小井眼钻井技术（集成创新）；适度规模压裂技术（国内首创）；井下节流技术（国内原创）；排水采气技术（吸收引进再创新）；分压合采技术（集成创新）和地面不加热、低压集气、混相计量技术（国内首创）。

(1) 高精度二维、三维地震技术。二维地震勘探方法是在地面上布置一条条的测线，沿各条测线进行地震勘探施工，采集地下地层反射回地面的地震波信息，然后经过电子计算机处理得出一张张地震剖面图。经过地质解释的地震剖面图就像从地面向下切了一刀，在二维空间（长度和深度方向）上显示地下的地质构造情况。同时，几十条相交的二维测线共同使用，即可编制出地下某地质时期沉积前地表的起伏情况。如果发现哪些地方可能储有油气，则可确定其为油气钻探井位。

三维地震勘探的理论与工作流程和二维地震勘探大体相似。三维地震勘探主要由野外地震数据资料采集、室内地震数据处理、地震资料解释3个步骤组成，这是一项系统工程，甚至每个步骤就是一个系统，因为这3个步骤既相互独立，又相互影响，而且每一步骤均需要最先进的计算机硬件和软件的支撑。

与二维地震勘探相比，三维地震勘探不仅能获得一张张地震剖面图，还能获得一个三维空间上的数据体。三维数据体的信息点的密度可达 12.5m×12.5m（即在 12.5m×12.5m 的面积内便采集一个数据），而二维测线信息点的密度一般最高为 1km×1km。由于三维地震勘探获得信息量丰富，地震剖面分辨率高，地下的古河流、古湖泊、古高山、古喀斯特地貌、断层等均可直接或间接反映出来。地质勘探人员利用高品质的三维地震资料找油找气，中国发现的渤海湾南堡大油田、四川普光大气田、塔里木盆地塔中Ⅰ号大气田等，全要归功于高精度的三维地震勘探技术。

（2）富集区优选、井位优选技术。多层状致密砂岩气藏含气砂体横向分布稳定，但气水关系较为复杂，富集区多与构造有关，其地质特征决定了富集区预测与评价技术、水平井整体开发技术和排水采气技术的重要性。

优选富集区实施滚动开发是该类气藏开发的基本策略。富集区预测首先要在沉积演化史、构造史和成岩演化史分析的基础上，建立储集层成因模型，分析有利储集层发育的控制因素，揭示富集区分布的地质规律。川中地区须家河组气藏富集区受主分流河道叠置带和构造的双重控制。在地质模型指导下，利用地震叠前道集资料进行 AVO 分析或者反演求取储集层的弹性参数是预测气层富集分布区的有效手段。叠前储集层预测以 AVO 理论为基础，在资料采集中要采用足够大的偏移距以获取完整的 AVO 信息，在处理过程中要注重叠前动力学特征的高保真性，资料解释要充分挖掘资料中的 AVO 信息。叠前预测主要有 3 种方法：广角 AVO 属性分析、弹性参数反演和弹性阻抗反演。该技术可解决泥岩、含气砂岩、强胶结砂岩、高含水砂岩混杂分布背景上的气层识别问题，已在广安、合川和安岳气田建产区块优选和井位部署中得到成功应用。

在致密砂岩储集层评价方面，利用核磁共振技术可进行双孔隙模型可动流体评价和含气饱和度定量评价，获得地层有效孔隙度、渗透率、自由流体和束缚流体体积、孔隙结构等与储集层物性和产能有关的地质信息，正确评价气藏开发潜力。利用阵列测井可以实现气水层的准确识别。阵列测井气水层识别技术具有分层能力强、层厚影响小和井眼影响规律性好等优点，根据不同探测深度的多条测量曲线能较好地判断侵入剖面和侵入性质，定量评价薄层、计算含水饱和度和识别油水界面，已能够有效分辨 0.3m 的薄层。

（3）快速钻井及小井眼钻井技术。苏里格气田位于鄂尔多斯盆地伊陕斜坡西北侧，属于大型陆相砂岩岩性圈闭气藏，是我国迄今为止已发现的开发难度最大的低渗透率、低压力、低丰度的“三低”大型气田。气田开发模式历经直井、定向井再到水平井，但钻井周期长、建井综合成本高一直严重制约着该气田的经济有效开发。为此，中国石油长庆油田公司针对如何提高钻井速度、降低钻井成本等一系列难题，开展了多年的探索、攻关与实践，最终形成了以井身结构优化、PDC 钻头个性化设计、井眼轨迹优化与控制，以及钻井液体系优化［斜井段应用复合盐钻井液、水平段应用无土相暂堵钻（完）井液］等为核心的水平井快速钻井配套技术，基本解决了苏里格气田水平井钻井难点。水平井快速钻井配套技术有效地提高了机械钻速，大幅度降低了钻井成本，使苏里格气田走出了一条低成本快速钻水平井的新路子，实现了苏里格气田整体效益开发，2013 年在长庆气田水平井全面推广，成为鄂尔多斯盆地天然气快速高效开发的主体技术之一。

小井眼钻井技术应用领域比较广阔，随着钻井技术设备及工具的出现，当前，小井眼技术不仅可用于浅井、直井，也可用于中深井和深井、定向井和水平井、多分支井；不仅可用于探井也可用于开发井；不仅用于打新井，也用于老井加深和开窗侧钻。在过去的几十年里，国外对小井眼钻井技术进行了大量的研究，取得了很多成果，形成了相对完善的理念。

（4）适度规模压裂技术。苏里格气田 1 口直井一般可钻遇 2～4 个气层，最多可钻遇 6～7 个气层。只有通过对各气层的充分改造，提高剖面上储气层的动用程度，才能提高单井产量，实现效益开发。直井分层压裂形成了以不动管柱机械封隔分层压裂为主的多层压裂工艺，即使用机械封隔器，不动管柱，连续对多个小层进行适度规模压裂。

目前，该压裂工艺具备一次最多分压 6 层的能力，在苏里格气田已累计应用 1600 口井以上，产量与合层压裂气井比较有显著提升。同时，探索试验了新型直井分层压裂技术，包括套管滑套分层压裂技术和连续油管分层压裂技术，其中套管滑套分层压裂技术通过将滑套与套管连接一同下入目的层段，逐级投入飞镖打开滑套实现分层压裂，球座通过前一级压裂时压力传递缩径而形成，避免了常规分层压裂工具球座逐级缩径对压裂级数的限制。但目前这两种工艺尚处在实验阶段，还需加强配套工具研发和国产化，进一步提高作业效率。

水平井分段压裂形成了不动管柱水力喷砂多段压裂和水平井裸眼封隔器多段压裂 2 套主体技术。初期采用油管拖动、水力喷砂压裂，在气田实现分压 2 段。在此基础上，提出了水力喷砂＋多级滑套实现不动管柱多段压裂的技术思路，设计了喷射器与多级滑套相结合的水力喷砂压裂管柱，研发了高强度、小直径喷射器以及新型喷嘴及小级差滑套球座，实现了 114.3mm（4.5in）套管内一趟管柱分压 7 段、152.4mm（6in）裸眼井分压 10 段的目标，形成了不动管柱水力喷砂多段压裂配套技术。同时，在引进的基础上，加强裸眼封隔器分段压裂技术自主研发，研制了裸眼封隔器分段压裂工具，分压段数最多达到 10 段。

（5）井下节流技术与地面不加热、低压集气、混相计量技术集成

井下节流采气技术利用地层能量实现井筒节流降压，取代了传统的集气站或井口加热装置，抑制了水合物的生成，并为形成中低压集输模式、降低地面建设投资创造了条件。该技术的实现必须具备耐高温、高压的井下节流器，目前研发的节流器可以耐温 200℃、耐压 35MPa、下深达到 2500m。

该技术的优点是：

①能有效防止水合物形成，提高开井时率（苏里格气田井时率由 65%提高到 90%以上），避免了频繁开关井，保证了气井平稳正常产气，井下节流工艺能充分利用地热对节流后的天然气进行加热，对于防止水合物生成起到积极的作用。

②大幅度降低地面管线运行压力，简化地面流程，降低成本。节流后油压降低，使地面管线运行压力大幅度降低，实现中低压集气，降低了地面集输管线的压力等级，

简化了地面流程，降低了建设投资与运行成本。

③提高气井携液能力。井下节流使井筒压力从高压瞬间降为低压，气体体积发生膨胀，气体的压能转变成动能，促使气流速度增大，从而提高了气体的携液能力。

④有利于防止地层激动和井间干扰。下游压力的波动不会影响到地层本身压力，从而有效防止了地层压力激动。同时，采用井下节流后，气井稳定生产，开关井次数减少，也降低了对地层压力的影响。

在井下节流基础上，苏里格气田形成了“井口不加热、不注醇、中低压集气、带液计量、井间串接、常温分离、二级增压、集中处理”的中低压集气模式，井口到集气站的集输系统得到有效简化，优化了集气工艺，简化了集气流程，大幅度降低了地面投资。

（6）排水采气技术。在部分含水饱和度较高的区块，针对致密气单井产量低、携液能力差的特点，形成了以泡沫排水为主体的排水采气技术，开发了多种系列起泡剂和消泡剂，形成了不同类型气井配套成熟的加注工艺及加注参数。泡沫排水采气是针对产水气田开发而研究的一项助采工艺技术，具有施工容易、收效快、成本低、不影响日常生产等优点，在出水气井中得到广泛应用。

同时，针对致密气藏的特点，开展了速度管柱、柱塞气举、压缩机气举等多项攻关试验。对于产气量大于5000m^3/d、积液不严重的连续生产井，可采用泡沫排水；对于产气量大于5000m^3/d、积液较严重的气井，可采用速度管柱；对于产气量大于2000m^3/d的间歇生产井，可采用柱塞气举；对于产气量小于2000m^3/d的间歇生产井，可采用合理工作制度实现间歇开井；对于水淹停产井，可使用压缩机气举。

（7）分压合采技术。分压合采技术是针对苏里格气田一井多层的现象应运而生的，它是指使用机械封隔器，不动管柱，连续对多个小层进行适度规模压裂、同时排液开采的技术。该技术是致密气田开发的关键技术之一，可以有效提高单井产量。中国石油长庆油田公司自主研制的可反洗井的Y241机械封隔器、分层压裂合层开采一体化管柱，成功实现一次分压三层。开展“工具＋限流法”压裂试验，实现了一次性分压四层的技术突破。该技术节约了施工时间，减小了对储层的伤害，是适合苏里格气田理想的分层压裂工艺。

6.3.4 国外致密气藏开发关键技术

美国针对致密砂岩气储层物性差、储量丰度高、单井井控储量小等地质与开发特征，形成了气藏描述、井网加密、分层压裂等主体开发技术。

（1）气藏描述技术。美国发展了以提高储层预测和气水识别精度为目标的二、三维地震技术系列，如构造描述技术、波阻抗反演储层预测技术、地震属性分析技术、频谱成像技术、三维可视化技术、地震叠前反演技术等。

三维地震技术的应用有效地提高了钻井成功率。1990年以前，以二维地震为主体技术，开发井钻井成功率小于70％；1990年以后，气藏描述及三维地震技术的应用使钻井成功率提高到75％～85％。

裂缝预测技术的广泛应用对井位优化起到了关键作用。其主要有岩心裂缝描述、测井解释、有限元数值模拟、地震相干属性分析、地震衰减属性分析、分形气层检测技术等。

（2）井网加密技术。对于多层叠置的透镜状气藏，由于单井泄气面积小，井间加密是提高气藏采收率的技术关键。

井网加密技术流程：在综合地质研究基础上，应用试井、生产动态分析和数值模拟等动态描述手段，确定井控储量与供气区形态，优化加密井网。

只要动态资料确认满足加密条件，就可以实施井网加密。

（3）增产工艺技术。致密气藏渗透率低，自然产能低，必须要经过储层改造才可能达到工业气流的标准。

①射孔加砂联作技术。射孔加砂联作技术分为负压射孔加砂联作技术与超正压射孔加砂联作技术，其中负压射孔加砂联作技术有助于清洁射孔孔眼，在负压差的作用下，地层中的流体挤向射孔孔眼、冲刷掉了包在破碎岩石表面的射孔弹的金属碎屑以及被射流带到孔眼里面的砂子和泥岩碎屑，从而打开一个地层流体向井筒内流动的、贯通良好的自然通道。然而，当油藏压力、渗透率和岩石强度减少时，负压射孔的适用性就减少了。通过研究发现，如果油藏压力小或都已经衰竭，那么负压差可能就不足以清洁射孔孔眼。同样，渗透率如果小，地层流体也许流动得不够快以致不能清洁射孔孔眼。而且，如果岩石强度小，能有效清洁射孔孔眼的负压差也许就不会超过岩石的破裂极限从而使地层垮塌。

而超正压射孔作业和加砂压裂配套使用能解决负压射孔不能取得预期效果的问题。

②分层改造技术。多层段在进行笼统压裂时可能出现层与层之间差异大，没有泥岩遮挡层，在压裂时可能只压开物性好的层段，物性差的层段并没有得到有效改造。对于纵向上不集中、比较分散，横向上连续性差、各小层间物性差异较大的储层，需根据每一小层的物性特征，用分段压裂作出针对性改造，实施一层一工艺，有效动用单井控制储量，获得最佳的经济效益。分层改造技术包括封隔器分层改造技术、连续油管多层压裂技术和小井眼填砂分层工艺技术。

③水平井分段压裂技术。目前，水平井已经成为低渗透气藏开发的有力手段，而水平井分段压裂是水平井开发不可缺少的工艺技术。近几年来，水平井分段压裂技术发展很快，目前水平井分段压裂最主流的方法是是采用裸眼封隔器加滑套的方法。该工艺的典型优点是可以按照设计将水平段分为多段进行压裂，且施工过程比较简单。

为了保证井下工具在裸眼段顺利下入，还得考虑对井筒进行处理的工艺，总体上，裸眼封隔器分段压裂工艺步骤如下：

套管刮管→第一次裸眼通井（双划眼器）→第二次裸眼通井（四划眼器、两组、间隔）→模拟通井（钻杆＋裸眼封隔器＋双划眼器管柱）→钻杆送裸眼封隔器管柱→替液→座封悬挂封和裸眼封隔器→验封→丢手、起送入工具→换装井口→下插管、验封→安装采气井口装置→分段压裂（酸化）施工。

④大型压裂技术。当裂缝延伸净压力大于两个水平主应力的差值与岩石的抗张强度之和时，容易产生分叉缝，多个分叉缝就会形成多裂缝系统（体积缝）。采用“大液量、低砂比、大排量，段塞及连续加砂相结合”的体积压裂模式，不仅能应对储层复

杂的微细裂缝，还能尽可能形成较长的水力裂缝，力求与储层天然裂缝连通，提高裂缝对储层流动区域的控制范围，从而获得增产。

如果设计的压裂液黏度足够低，施工的排量足够大，施工时的净压力足够高，就可能实现全缝长范围内的多裂缝系统。另外，人为的制造端部脱砂，不断在地层内蹩开新缝，也能实现体积压裂。就具体措施而言，主要分为以下几种：

a. 通过“低砂比、大液量、大排量”等技术措施增大波及体积。

b. 以黏度较低的滑溜水造多缝，采用低黏压裂液携砂对裂缝进行充填。

c. 滑溜水+低黏压裂液多段塞模式注入。

d. 现场实时掌控，形成端部脱砂产生多缝。

e. 通过酸液、小粒径陶粒降低施工风险。

（4）钻采工艺技术

①小井眼技术。对于小井眼的提法各种各样，不尽相同，国内外到目前为止没有统一的定义。

a. 美国 Amoco 公司：90%以上的井眼用小于 6in 的钻头钻成。

b. 法国 Elf 公司：完钻井眼小于常规完钻井眼（8.5in）的井统称为小井眼。

c. 凡是大于 2.375in 油管不能作内管柱的井称小井眼。

d. 全井 90%的井眼直径是用小于 7in 钻头钻的井称为小井眼。

e. 还有人认为环空间隙小于 1in 的井眼为小井眼。

目前，比较普遍的定义是：90%的井眼直径小于 7in 或 70%的井眼直径小于 6in 的井称为小井眼井。

小井眼钻井始于 20 世纪 40 年代。迄今为止，小井眼钻井活动遍及世界许多国家，如美国、法国、德国、英国、加拿大和委内瑞拉等。美国是目前世界上钻小井眼井最多的国家，而且在老井加深、侧钻领域应用小井眼技术最多，特别是侧钻短半径水平井。由于小井眼钻井的自身优势，在世界范围内正蓬勃发展，小井眼正在部分的取代常规井眼，给石油工业带来显著的技术经济效益。

②欠平衡钻井技术。欠平衡压力钻井是指在钻井过程中钻井液柱作用在井底的压力（包括钻井液柱的静液压力，循环压降和井口回压）低于地层孔隙压力。欠平衡钻井又分为：气体钻井、雾化钻井、泡沫钻井、充气钻井、淡水或卤水钻井液钻井、常规钻井液钻井和泥浆帽钻井。

由于欠平衡钻井能够对储层起到较好的保护作用，在低渗致密气藏钻井中得到广泛应用，美国欠平衡钻井占总钻井数的比率已达到 30%。

6.4 煤层气

煤层气（CBM：coal bed methane）是煤在形成过程中由于温度及压力增加，在产生变质作用的同时也释放出可燃性气体。从泥炭到褐煤，每吨煤产生 68m^3 气；从泥炭到肥煤，每吨煤产生 130m^3 气；从泥炭到无烟煤每吨煤产生 400m^3 气。科学家估计，地球上煤层气可达2000Tm^3。

我国煤层气资源丰富，埋深2000m以内的煤层气地质资源量约为30.1万亿m^3，可采资源量12.5万亿m^3。2015年煤层气抽采量、利用量合计分别为180亿m^3、86亿m^3。煤层气“十三五”规划目标到2020年，煤层气抽采量达到240亿m^3，其中地面煤层气产量100亿m^3，煤矿瓦斯抽采140亿m^3。目前，煤层气开采享受0.3元/m^{3}的国家财政补贴，山西省内企业还享受0.1元/m^{3}的开采补贴以及增值税退税，政策支持力度大。未来随着煤层气开发规模化的实现，煤层气开采的经济性将日益显现。在“十三五”时期内，煤层气有望迎来投资开发高峰。

6.4.1 煤层气的成分、热值与形成

煤层气是指储存在煤层中以甲烷为主要成分、以吸附在煤基质颗粒表面为主、部分游离于煤孔隙中或溶解于煤层水中的烃类气体，是煤的伴生矿产资源，属非常规天然气，是近一二十年在国际上崛起的洁净、优质能源和化工原料。

（1）煤层气的成分。煤层气的成分在各个区块并不完全相同，主要是与各个区块煤层气生成的地质条件以及构造运动有关，也即与煤岩成分、煤级和气体运移有关。但总的来说主要是甲烷（占93%～97%）、二氧化碳和氮。从煤层气里还可能检测到微量乙烷、丙烷、一氧化碳、二氧化硫、硫化氢等成分。

在接近地表的煤层内，原生的天然气向上运移离开煤层，地面空气和地表的生物化学和化学反应所产生的气体向下渗透，进入煤层，从而浅部煤层气成分形成垂向分带现象。

一般自上而下可分为4个带：二氧化碳—氮气带、氮气带、氮气—甲烷带、甲烷带。采煤界将前3个带统称为“瓦斯风化带”，在“瓦斯风化带”下的“甲烷带”才是煤层气的主要开采区域。

（2）煤层气的热值。煤层气或瓦斯的热值跟甲烷（CH_4）含量有关，与其他燃料相比较，其热值是通用煤的2～5倍，1m^{3}纯煤层气的热值相当于1.13kg汽油、1.21kg标准煤，其热值与天然气相当，可以与天然气混输混用，而且燃烧后很洁净，几乎不产生任何废气，是上好的工业、化工、发电和居民生活燃料。

（3）煤层气的形成。就其形成过程而言，煤层气的形成与天然气成因相同，可以分为有机成因和无机成因两大类。在植物体埋藏后，经过微生物的生物化学作用转化为泥炭（泥炭化作用阶段），泥炭又经历以物理化学作用为主的地质作用，向褐煤、烟煤和无烟煤转化（煤化作用阶段）。

在煤化作用过程中，成煤物质发生了复杂的物理化学变化，挥发分含量和含水量减少，发热量和固定碳的含量增加，同时也生成了以甲烷为主的气体。

煤体由褐煤转化为烟煤的过程，每吨煤伴随有280～350m^3（甚至更多）的甲烷及100～150m^{3}的二氧化碳析出。泥炭在煤化作用过程中，通过生物成因过程和热成因过程生成气体，生成的气体分别称为生物成因气和热成因气，即煤层气。

（4）煤层气相关概念对比。煤层气是赋存于煤层及其围岩中的、与煤炭共伴生的非常规天然气，其主要气体组分为甲烷（CH_4），是地史时期煤中有机质的热演化生烃产物。

不同学者从不同角度给予不同的命名，最常见的有煤层气、煤层甲烷等，英文名称有 Coal bed Methane、Coal Seams Gas 等，一般缩写为 CBM，业内绝大多数学者采用“煤层气”（Coal bed Methane）。

在煤层气引进初期，有些学者为便于业外人士了解煤层气，通常在煤层气一词后加注“俗称煤矿瓦斯”。

近年来，国内外有些学者为区分两者之间的概念差异，将通过煤矿井下抽放（Gas Drainage in-mine）、采动区（GOB）抽放或废弃矿井（Abandoned Mines）抽排等方式获得的煤层气称为煤矿瓦斯（Coal Mine Methane ，CMM）。

煤层气与常规天然气的关系与差异：由于煤层气独特的赋存状态（以吸附态为主）、非常规储层（典型的自生自储、多重孔渗的有机储层）和多特的产出机理（排水—降压—解吸—渗透—排采），因此煤层气被称为非常规天然气（Unconventionality Nature Gas）。

在煤炭工业界通常将煤矿巷道内的煤层气称为瓦斯（Gassy），其气体组分除煤层气组分外，还有煤矿巷道内气体的成分，如氮气（N_2）、二氧化碳（CO_2）等空气组分以及一氧化碳（CO）、二氧化硫（SO_2）等采矿活动所产生的气体组分。

6.4.2 煤层气的储量和分布

（1）全球煤层气储量情况。全球煤层气储量达 268 万亿 m^3，目前已有 74 个国家发现蕴藏有煤炭资源，其中 90%分布在 12 个产煤国家，储备量前 5 的国家分别是：俄罗斯、加拿大、中国、美国和澳大利亚。

具体来看，煤层气世界第一储量大国是俄罗斯，保守估计有 84 万亿 m^3，虽然俄罗斯的煤层气储备较为丰富，但俄罗斯对煤层气的开采却并不重视。直到 2010 年俄罗斯才开始进行大规模的煤层气开发。加拿大的煤层气储备量在 5.6 万～76 万亿 m^3，其煤层气资源主要集中阿尔伯塔省，少量位于不列颠哥伦比亚省和东部的新斯科舍省。

20 世纪 70 年代末至 80 年代初，美国煤层气开采试验获得成功，并快速进入规模发展阶段。至 2012 年，美国黑勇士、圣胡安、粉河、中阿巴拉契亚、尤因塔、拉顿、阿科马和切诺基等 10 个主要盆地均已进行煤层气商业化生产，其煤层气产量达到了 470 亿 m^3。估计美国的煤层气储量为 21.19 万亿 m^3。

澳大利亚是继美国之后煤层气勘探发展较快的国家，其煤层气开发主要分布于 5 个盆地：鲍温、加利利、苏拉特、悉尼、佩斯盆地，煤气层储量在 8.4 万～14 万亿 m^3。

目前，全球主要的煤炭生产国曾经都积极开展煤层气的勘探开发，各国煤层气产业发展一般分为 3 个阶段：

一是煤层气开发前期准备及小规模勘探试验，如波兰、智利、巴西等。

二是煤层气快速发展，部分试验区块已初步具备煤层气商业开发条件，如加拿大、澳大利亚、中国等。

三是已经规模化开发煤层气，煤层气工业实现成熟商业化运作，目前仅有美国处于这一阶段。

（2）我国煤层气资源量及分布。煤层气是近一二十年在国际上崛起的洁净、优质能源和化工原料，也是我国最现实、最可靠的非常规清洁能源。我国煤层气“十一五”期间实现商业化，“十二五”期间实现产业化，“十三五”期间，煤层气有望成为非常规天然气资源开发的主战场。国家“十三五”规划将加快煤层气开发放在了突出地位，国家能源局确定了 2020 年煤层气产量达到 $400\times10^8m^3$ 的战略目标等，以加快培育和发展煤层气产业，推动清洁型能源生产和消费革命。

据统计，我国煤层气地质资源量位居世界第三，居于俄罗斯、美国之后。世界煤层气地质资源量为 $268\times10^{12}m^3$，主要分布在俄罗斯、北美和中国等煤炭资源集中区。仅俄罗斯、美国、中国、加拿大、澳大利亚 5 国煤层气地质资源量就占世界煤层气总量的 90%，其中我国占世界煤层气总量的 12%。

国土资源部煤层气资源潜力评价报告显示，我国 42 个主要含煤盆地埋深 2000m 以浅的煤层气地质资源量 $36.81\times10^{12}m^3$，资源丰度 $0.98\times10^8m^3/km^2$，埋深 1500m 以浅的煤层气可采资源量达 $10.87\times10^{12}m^3$，3000m 以内的远景资源量达 $55.2\times10^{12}m^3$。截至 2016 年年底，全国累计探明煤层气地质储量 $6869.12\times10^8m^3$，主要分布在山西、鄂尔多斯盆地东部等地。

我国煤层气资源主要可划分为东北、华北、西北和南方 4 大煤层气聚集区。东北气区主要集中于内蒙古东部的海拉尔盆地（群）、二连盆地（群）以及东北三省的松辽盆地（群），该区经济、地理条件优越，煤层气资源较丰富，煤与煤层气勘探研究基础较好，是我国煤层气勘探开发的重要战略地区。华北气区主要分布在横跨陕甘宁蒙 4 省区的鄂尔多斯盆地，山西的大同—宁武盆地、沁水盆地，华北北部的渤海湾盆地以及华北南部盆地等。中国最具煤层气勘探开发前景的目标区多分布于华北气区，该气区是我国目前煤层气勘探开发最为活跃的地区。西北气区分布在新疆的准噶尔、三塘湖、焉耆、吐哈、塔里木等盆地以及青海的柴达木盆地等，并以准噶尔盆地和塔里木盆地最为集中。该区煤层厚度大、物性好，煤层气丰度高，煤层气富集可采条件较好，已建成了白杨河—阜康煤层气示范区。南方气区主要分布在川南—黔西—滇东地区的四川盆地、楚雄盆地、十万大山盆地、三水盆地等，因集中分布煤层厚度大、层数多、含气量高的晚二叠世含煤地层而成为煤层气勘探开发的重要战略接替区。

其中，东部气区地质资源量为 $11.32\times10^{12}m^3$，占全国总量的 30.8%，可采资源量为 $4.32\times10^{12}m^3$，占全国总量的 39.7%；华北气区地质资源量为 $10.47\times10^{12}m^3$，占全国总量的 28.4%，可采资源量为 $2\times10^{12}m^3$，占全国总量的 18.4%；西部气区地质资源量为 $10.36\times10^{12}m^3$，占全国总量的 28.1%，可采资源量为 $2.86\times10^{12}m^3$，占全国总量的 26.3%；南方气区地质资源量为 $4.66\times10^{12}m^3$，占全国总量的 12.3%，可采资源量为 $1.7\times10^{12}m^3$，占全国总量的 15.6%。

中国煤层气资源具有主要含气盆地集中分布的特点。煤层气地质资源量大于 $1\times10^{12}m^3$ 的含气盆地有鄂尔多斯、沁水、准噶尔、滇东黔西、二连、吐哈、塔里木、伊犁和海拉尔 9 个盆地。鄂尔多斯盆地资源量最大，达 $9.86\times10^{12}m^3$，占全国总量的 26.79%；其次为沁水盆地，资源量为 $3.95\times10^{12}m^3$，占全国总量的 10.73%。了解了我国煤层地质资源量分布情况，我们很容易知道：内蒙古、新疆、山西、贵州和云南等 3 省 2 区因得天独厚的煤层气地质资源条件，是我国最具有规模化开采煤层气、发展煤层气产业的地区。在优质高效洁净能源需求日益增长的今天，国家及有关省区已出台了多项政策来积极扶持、推动发展煤层气产业。

目前，我国煤层气的开发利用面临很多结构性问题，井下抽采发展较快，而地面开发滞后；资源转化率低、探明率低；煤层气整体利用率偏低，很多煤矿的瓦斯气都没有得到很好的利用，大部分都被放空了。近年来，我国煤层气抽采量整体保持稳定，利用水平不断提升。2016 年我国煤层气抽采量合计达到 173 亿 m^3，利用量达到 90 亿 m^3。

6.4.3 煤层气资源开采方法与技术

（1）煤层气的两种开采方式。煤层气的开采一般有两种方式：一是地面钻井开采；二是井下瓦斯抽放系统抽出。井下抽采多伴随煤炭开采进行，地面钻采则不受煤炭开采的限制，一般可在开采煤层前进行煤层气的开采。煤层气综合抽采是未来煤矿和煤层气综合开发的趋势，即开采煤层前进行预抽，卸压邻近层瓦斯边采边抽以及采空区煤层气抽采。井下抽采是指借助煤炭开采工作巷道，采取井下钻孔，在地面建立瓦斯泵站进行抽采的方式。

而地面钻采是从地面开始钻井，使用螺杆泵、磕头机等设备进行排水采气的方式。具体布井方案有地面垂直井、地面采动区井、水平井和 U 形井等。2015 年，我国地面开采煤层气 44 亿 m^3，煤层气利用率为 86.4%，而井下抽采瓦斯量达 136 亿 m^3，利用率为 35.3%。

地面开采的煤层气利用率要高于井下抽采，这主要是由于井下抽采的煤层气浓度较低，大部分情况下浓度不足 30%，且运输成本高，无法实现规模化的利用，只能就近使用（例如发电）或者直接稀释排空（每年国内排空的煤层气达 150 亿 m^3）。

①地面垂直井。适用于地形平坦、厚度较大、构造简单、含气量与渗透率高的煤层，但单井产气量低，采收率较低。

②地面采动区井。地面采动区井是在采煤之前由地面打垂直井进入主采煤层顶板，用来抽放采动影响范围内的不可采煤层及其中的煤层气。其工艺技术简单，无须压裂等增产措施，产气量较高，但受煤炭采掘部署影响显著，适应范围小。

③羽状水平井。适用于低渗透煤储层开发，但开发成本较高。

④U 形井。又称对接井，可以最大限度沟通割理，实现水平井排水和直井采气同时进行，适用于中高煤阶、割理较发育、含水较高、具有一定倾角的厚煤层。

⑤丛式井。源自油气田开发，产量与地面垂直井差不多，目前应用较少。

总而言之，地面钻采煤层气具有单井控制面积大，产能高，采收率高，地形适应性强，管理与集输成本低等优点。缺点是工艺复杂，钻井费用高，对地质条件要求高，适用于煤层稳定、原生结构发育的地区。

地面开采浓度较高，甲烷含量（煤层气主要成分）一般大于 95%，可以和常规天然气混输混用，能以较高的利用率使用、储存和运输。此外，井下煤层气的抽采，依赖于煤炭开采的进度。因为煤层气企业承担着防止煤炭瓦斯事故的责任，只要煤炭生产企业不停工，煤层气的抽采就不能停止，因此在下游天然气需求不振的情况下，抽采的多余煤层气能排空。

煤层气地面抽采的总量小，主要取决于煤层气开采的商业模式。我国抽采煤层气最初目的是防范瓦斯事故。由于煤矿开采者自身治理瓦斯的成本比较高，所以一般会请煤层气开采企业来治理。

开采出的煤层气资源属于煤层气开采企业所有，煤炭开采者支付给煤层气企业的费用也远小于自身治理的成本。由于之前的模式多是边开采煤炭边抽采煤层气，所以井下抽采比地面抽采量大得多。随着开采技术的进步和对煤矿瓦斯事故防范力度的加大，如今煤矿开采前的地面抽采和煤矿开采后的废弃矿抽采越来越多，今后地面抽采量将会增加。

为了能够进一步提高煤层气产能，获得工业气流，在煤层气开采作业中会采取一些改善煤层气天然裂隙系统、疏通煤层裂隙与井筒联系等增产措施。

①压裂。直井、水平井水力压裂是煤层气增产的首选方法。压裂就是利用高压泵将混合着支撑剂的液体加压注入井底，支撑剂填充裂缝，不让裂缝自然闭合，源源不断地产出甲烷气体。

②注二氧化碳。二氧化碳对煤的吸附能力是甲烷的 4 倍，注入后可将甲烷置换出来。

③微生物法。利用微生物与活性菌的结合提高对煤的降解能力，具体步骤为：ⓐ采集目标煤层气田资料，培养微生物菌群；ⓑ超临界二氧化碳预处理；ⓒ微生物降解增产煤层气。

超临界二氧化碳预处理方法可以有效增加煤与微生物的相互作用，促进煤的生物降解，提高甲烷的生成量，且成本低，可实现能源循环利用。

为进一步提高国内煤气层开发的安全规范，能源局于 2013 年 1 月就《煤层气产业政策》公开征求意见，提出“煤炭远景区实施‘先采气、后采煤’，优先进行煤层气地面开发。煤炭规划生产区实施‘先抽后采’、‘采煤采气一体化’，鼓励地面、井下联合抽采煤层气资源”。“先气后煤”政策的落实，将有效减少煤矿瓦斯爆炸事故的发生，同时，也将妥善处理煤层气开采权与煤炭开采权分置的问题，提高煤层气的开采效率，尤其是地面开采。

（2）原位煤层气产出机理。煤层气主要以吸附态存在于煤基质中，必须通过排水降压手段降低储层压力进行煤层气开发。煤层气的产出是一个复杂的降压—解吸—扩散—渗流—排采的过程。

（3）煤层气钻井分类与工艺过程。煤层气开采过程需要钻井，按照不同的分类方式，煤层气开采钻井有不同的分类方法。

煤层气钻井工艺过程包括钻井、固井、完井和排采 4 个过程。随着煤层气产业的发展与相关行业技术进步，煤层气钻井技术也是一个技术逐步进步的发展历程，只有技术不断创新与突破，才能促使煤层气产业开采经济效益大幅度提高，从而实现煤层气从商业化→产业化→大规模开发→最终实现由非常天然气变成成功天然气的升级转型。

（4）煤层气产出过程

①排水解吸。要想开采煤层气，首先要让它从煤层中解吸出来。只有通过排水作用降低压力，使得煤层压力小于解吸压力，气体才能从基质表面解吸出来。

②扩散。在浓度差的作用下，气体通过扩散从基质进入微裂隙系统。

③渗流。渗流流向井筒产出。

④煤层气排采。

a. 排采机理。排采过程渗透率变化：应力敏感在排采过程中表现为渗透率动态变化。井筒流压降低，煤基质块膨胀，裂隙闭合，渗透率降低。而气体解吸之后，基块收缩，裂隙拉张，渗透率提高。由于煤储层的特殊性，控制井底流压和解吸速率是排采的核心技术。

b. 煤层气排采与阶段划分。由于煤层气地质条件的复杂性，煤层气排采需要建立合理的排采制度，实施“连续、渐变、长期”的排采方针。

煤层气排采分为排水、憋压控压、稳产、衰歇 4 个阶段。为了保证煤层气高效稳产开采，各阶段都要采取相应的控制要点、排采风险和应对策略。

c. 煤层气排采原则。煤层气井排采要坚持缓慢降压、连续抽排、平稳调峰、快速检泵的原则，同时控制好套流压、液面和煤粉迁移，以达到稳产期长、采收率高的目标。

ⓐ煤层解吸压力决定了煤层气井的初始产气时间。地解压差值越小，说明煤层含气饱和度越高。抽排中见气时间越早，开采效果越好。

ⓑ大多数的煤层都含水，含水煤层气井有气水同出、储层压力低、固体颗粒（煤粉、压裂砂）含量高等特点。在排水采气工艺技术上有 3 个特殊要求：

一是使进液口位于煤层以下，井筒要留足够长的砂缓和水袋。

二是要有防固体颗粒危害的措施，要不断稳定抽排，严防猛抽猛排，过分激动煤层。

三是制定合理的生产制度，加强排采过程的动态管理，严禁勤换生产制度，这是排水采气工艺技术的关键环节。

ⓒ由于煤层低渗透特点，要使用压裂工艺改善煤层的渗透性。无论是排采早期尚未达到临界解吸压力的单相水流动还是达到解吸压力后的气、水两相流动，流体最终都要经过裂缝进入井筒。所以要确定合理的抽排制度，既要保证一定的抽排强度，缩短抽排时间，又要保持均衡降压，防止煤粉和砂子在裂缝中的流动阻塞，影响抽排效果。因此，在抽排初期（未达到解吸压力之前）压差的控制应以保证煤粉不迁移、压裂砂不樊吐、煤层气解吸速度慢为原则；同时，在设备和地层条件允许的情况下，应尽量加大生产压差，使液面下降速度加快，尽早排采压裂液，减少污染。

ⓓ煤层气排采要连续进行。为防止地层压力重新回升，在煤层中产生反吸附作用，煤层气排采要连续进行。在排采过程中要保证液面和地层压力均衡，以液面稳定下降为原则。泵排液能力与煤层供液能力相适应，充分利用地层能量，保证环空液面均匀缓慢下降或稳定。若排采强度过大易引起煤层激动，使煤粉及压裂砂堵塞裂隙，降低渗透率，妨碍煤层整体降压，影响煤层气的开采效果。

ⓔ确定合适的油嘴、保持适当的套压。放大油嘴，套压下降，生产压差增大，产量上升；反之，减小油嘴，套压上升，生产压差减小，产气量下降。当套压降为零时，由于空气密度大于天然气密度，空气有可能混入井中，与煤层接触发生氧化作用，形

成氧化膜阻止气体解吸，影响煤层渗透性，不利于煤层气产出。套压过高，不利于气体解吸。

ⓕ洗井冲砂施工会污染煤层。如何将污染减小到最小是施工的要点。煤层原始压力系数大多小于1。且经过一段时间的抽排后，地层压力下降，压力系数更小。这样，在生产过程中的洗井或冲砂施工可能会导致大量的洗井液漏入地层，造成污染，因此检泵时尽量不要洗井。

d. 煤层气排采控制理论

ⓐ液面控制。排水试气液面要逐步下降，初期每天降液速度要小，以防止井底生产压差过大，造成吐砂和煤粉。见气后要控制液面基本稳定并进行观察，然后控制降液速度排采，具体的抽排强度和液面下降速度都要根据测试数据和返出液体的性质来确定。根据试气和煤粉排出情况，进行清洗煤层的作业，清洗作业必须将井筒内的砂和煤粉洗净。

ⓑ套管压力控制。排出初期，油管出口进分离器，关套管闸门，当解吸气产出后，打开套管闸门进分离器测气。根据套压的高低决定油嘴大小，防止砂、煤粉颗粒运移造成井筒附近煤层堵塞。

ⓒ排采过程中煤粉的监控

排采记录要求：严格记录产气量、产水量、动液面、套压及冲程、冲次、泵效等，定期取水样测定煤粉含量，注意观察产出水的颜色。产出水颜色加深时，适当调整工作制度。

水样采集要求：每周一次取一个水样，利用离心机将煤粉分离出来，用天平测定饱和水、干燥状态下的煤粉含量，换算产出水煤粉含量（mg/mL），并保存煤粉。产出水颜色加深时，加密取样。

ⓓ排采过程中井底流压的监控

通过定期监控动液面和套压实现人工监控：定期监测动液面和套压，观察压力变化规律，实现合理工作压差。

通过井底压力计和自控装置实现自动监控：井底安装直读电子压力计，井口安装自动控制装置，实现实时自动监控；根据监测数据，通过智能控制实现井底流压自动控制。

⑤煤层气集输与处理

a. 集输总工艺流程：结合煤层气开发的井间距离小、井口压力低、井口数多等特点，通常采用“低压集气、多井串接、两级增压、集中脱水”的集输工艺。

b. 集输管网

ⓐ放射式集气管网。其适用范围：气田面积较小、气井相对集中，也可作为多井采集气流程中的一个基本组成单元。

ⓑ枝状式采集气管网。其适用范围：气井在狭长的带状区域内分布且井间距较大，管道长度短、投资低且管网便于扩扩展。

ⓒ放射枝状组合式采集管网。适用范围：适用于各类气田，其适应性较广。

ⓓ井间串接工艺管网。适用范围：适用于井数多、分布密集，低产、低压、低渗气田。

c. 煤层气采集气管网的形式

ⓐ阀组集气。阀组即是对煤层气田单井或多井生产煤层气进行汇集的单元。早期应用于单井井场，这种管网形式特点是辖井数多，简化了采气管网的建设，可分区管理。

ⓑ多井串接。简化采气管网建设，增加集气站辖井数，串接灵活，采气管线流量较大，流速较高，携业能力强，相对压降小，适用低压、低产气田的开发。

ⓒ多井串接与阀组串接相结合。阀组与单井相结合的方式是把相邻的井或井场串接后集中输送至附近的阀组，再统一输送至集气站，阀组的功能主要有集气、截断的功能。

d. 井场工艺。煤层气排采井场工艺包括排水处理、煤层气集气及其处理等。井口一般不设紧急截断阀和分离器，对于井口产水量大的井场可在井口设置溶解气回收设施。

水产出通道：进入泵筒内的地层水从油管排出。

气产出通道：煤层气从油管环形空间产出。

充分利用油管排水，套管采气的井筒结构，优化简化地面工艺流程和设施。

煤层气进压缩机前后均应设置分离器。对煤粉量大的区域，压缩机前分离器宜采用过滤分离；压缩机后分离器可采用重力分离或旋流分离。

煤层气在使用前还需要脱除水分，煤层气脱水工艺包括低温分离法、液体吸收法和固体吸附法。在工程实践中，通常采用三甘甲醇作为液体吸收法的吸附剂。

6.4.4 我国煤层气发展定位与战略

（1）中国的煤层气可类比美国的页岩气

①美国各类型天然气占比及变化。2002年之前，美国非常规天然气的产量非常小，几乎可以忽略。2002年之后，美国常规天然气的产量出现明显下滑的趋势。在煤层气钻井技术提高和政府财政补贴支持的双重作用下，美国煤层气产业在2002年之后进入了快速发展期，弥补了常规天然气产量下滑的缺口。随着页岩气革命的爆发，2009年美国以6240亿m^3的产量首次超过俄罗斯，成为世界第一天然气生产国，页岩气的产量快速爆发，产量几乎与常规天然气相当。而煤层气的产量则逐步稳定下来且略有下降。

②中国煤层气的经济性高于页岩气。地面钻井开采方式，国外已经广泛使用，我国有些煤层透气性较差，地面开采有一定困难，但随着开采技术的提高，企业开采积极性也随之提高。全球煤层气开采的平均成本约为0.11美元。根据亚美能源公司公告，其2012—2014年煤层气生产成本（以净运营开支除以净产量算，不包括折旧摊销）分别为1.2元/m^3、0.7元/m^3和0.4元/m^3。原因是在勘探阶段的试生产项目成本较高，但随着项目进入商业开发及生产阶段，会因整体规模和经济效益的提高而使成本下降。

在中国页岩气的成本明显高于煤层气。页岩气水平井单井的投资成本为5000万～7000万元，单井日产量大约为6万m^3。而煤层气L形井单井投资成本为600万～700万元，单井日产量大约为2万m^3。

从供给端各类型天然气的成本来看，煤层气的成本介于陆上常规天然气和管道进口天然气之间，远小于同为非常规国产天然气的页岩气。由于液化天然气（LNG）运输较灵活，所以随着国际油价和天然气价格的波动，进口液化气（LNG）也相对波动比较大。

③中国的煤层气可类比美国的页岩气。美国煤层气产量1989年占天然气总产量不

到1%，2008年煤层气产量占天然气总产量的7.5%，然而从2009年开始煤层气进入低潮，至2014年占天然气总产量仅5.4%，EIA预测，2015—2040年煤层气占天然气总产量比率将逐步下降至1%以下。EIA认为煤层气低潮主要是由于页岩气的发展对其形成冲击，美国现阶段页岩气与煤层气享有相当的补贴及政策扶持，但页岩气的生产成本已低于煤层气。反观我国现阶段，2015年煤层气产量占我国天然气总产量的3.2%，远未达到美国的最高水平。目前我国并不具备美国成熟页岩气开采技术，更不具备技术进步带来的生产成本的大幅降低。美国现阶段页岩气的生产成本已经低于煤层气，但我国现阶段页岩气生产成本仍高于煤层气。政策扶持、补贴力度上对煤层气的倾斜，开采成本、供应成本上煤层气的显著优势都将使得“十三五”期间我国煤层气的发展前景更好。

(2) 低煤阶煤层气：有望成煤层气勘探开发新领域

低煤阶煤层气，是指以吸附、游离状态赋存于褐煤、长烟煤等低煤阶煤层及其围岩中的烃类可燃气体，组分中甲烷含量一般达到98%以上，是洁净、优质能源和化工原料。低煤阶煤层气是我国煤层气勘探开发的一个非常重要的潜在接替领域，勘探开发前景广阔。

根据煤化作用的程度，煤炭分低阶煤、中阶煤和高阶煤。煤阶代表了煤化作用程度的级别，也是衡量煤变质程度的重要参数之一。随着煤层埋藏深度的增加，地温增高，煤阶也逐渐增大，煤炭从褐煤向烟煤、无烟煤变化。

低煤阶煤层气是世界煤层气开发的主要对象。目前，世界成功实现煤层气规模开发利用的国家只有美国、加拿大、澳大利亚和中国。美国、加拿大、澳大利亚的煤层气产量绝大部分来自低煤阶煤层气，而我国的煤层气产量绝大部分来自山西沁水盆地、鄂尔多斯盆地东缘的中、高煤阶煤层气。

我国低煤阶煤层气资源丰富。根据2006年国土资源部组织完成的新一轮全国油气资源评价结果，全国埋深2000米以浅煤层气的资源量为36.8万亿m^3，其中低煤阶煤层气的资源量为16万亿m^3，占总资源量的40%以上。我国低煤阶煤层气资源主要分布于西北、东北等地区，包括鄂尔多斯盆地、二连盆地、准噶尔盆地、吐哈盆地、三塘湖盆地、柴达木盆地、海拉尔盆地、三江—穆棱河盆地群、阜新盆地等，主要赋存于侏罗纪、白垩纪地层中。

我国低煤阶煤层气勘探开发前景广阔。西北、东北等地区含煤盆地规模一般较大，煤层层数较多，单煤层及煤层累计厚度较大，尽管低煤阶煤层的含气量较低，一般在$10m^3/t$以下，但具有煤层孔隙度较大、渗透性较好等优点，其单井产量不比中、高煤层气单井产量逊色，整体资源与开发条件良好。

目前，我国低煤阶煤层气资源受到越来越多的关注，已经成为新的探索和研究热点，有望成为煤层气勘探开发新领域。低煤阶煤层气将成为我国煤层气勘探开发的重要发展方向。

(3) 我国“十三五”煤层气发展思路

①指导思想、基本原则与发展目标

a. 指导思想。全面贯彻党的十八大和十八届三中、四中、五中、六中全会精神，深入落实习近平总书记系列重要讲话精神，牢固树立“创新、协调、绿色、开放、共享”发展理念，按照《中华人民共和国国民经济和社会发展第十三个五年规划纲要》《能源发展“十三五”规划》的相关要求，着力加强统筹协调，着力加强科技创新，着力加强国际合作，坚持煤层气地面开发与煤矿瓦斯抽采并举，以煤层气产业化基地和煤矿瓦斯抽采规模化矿区建设为重点，推动煤层气产业持续、健康、快速发展，为构建低碳清洁、安全高效的现代能源体系作出重要贡献。

b. 基本原则。坚持创新发展、坚持协调发展、坚持绿色发展、坚持开放发展和坚持共享发展。

c. 发展目标。“十三五”期间，新增煤层气探明地质储量 4200 亿 m^3，建成 2～3 个煤层气产业化基地。2020 年，煤层气（煤矿瓦斯）抽采量达到 240 亿 m^3，其中地面煤层气产量 100 亿 m^3，利用率在 90%以上；煤矿瓦斯抽采 140 亿 m^3，利用率在 50%以上，煤矿瓦斯发电装机容量 280 万 kW，民用超过 168 万户。煤矿瓦斯事故死亡人数比 2015 年下降 15%以上。

“十三五”主要发展目标见表 6-1。

表 6-1　“十三五”主要发展目标

发展指标	单位	2015 年	2020 年	年均增速/［期末比期初增长］
新增探明地质储量	亿 m^3	3504	4200	3.7%
煤层气产量	亿 m^3	44	100	17.8%
煤层气利用量	亿 m^3	38	90	18.8%
煤层气利用率	%	86.4	90	［3.6］
煤矿瓦斯抽采量	亿 m^3	136	140	0.58%
煤矿瓦斯利用量	亿 m^3	48	70	7.8%
煤矿瓦斯利用率	%	35.3	50	［14.7］

②规划布局与重点任务。煤层气开发利用“十三五”规划重点任务见表 6-2。

表 6-2　煤层气开发利用“十三五”规划重点任务

重点任务	任务细分	具体目标
煤层气资源勘探	推进产业化基地增储	以沁水盆地、鄂尔多斯盆地东缘为重点，继续实施山西延川南、古交和陕西韩城等勘探项目，扩大储量探明区域；加快山西沁源、临兴、石楼等区块勘探，增加探明地质储量。到 2020 年，新增探明地质储量 2515 亿 m^3
	推动新区储量实现突破	加快贵州、新疆、内蒙古、四川、云南等地区煤层气资源调查和潜力评价，实施一批煤层气勘查项目，力争在西北低煤阶地区和西南高应力地区煤层气勘探取得突破。到 2020 年，新增探明地质储量 1685 亿 m^3
	加强煤矿区综合勘查	在辽宁、黑龙江、安徽、河南、湖南等省高瓦斯和煤与瓦斯突出矿区，鼓励探采结合，开展煤层气井组抽采试验，加强煤层气与煤炭资源综合勘查、评价

续表

重点任务	任务细分	具体目标
煤层气（煤矿瓦斯）开发	强化两大产业化基地快速上产	到2020年，两大产业化基地（沁水盆地和鄂尔多斯盆地东缘）煤层气产量达到83亿m^3
	新建产业化基地和开发试验区	新建贵州毕水兴、新疆准噶尔盆地南缘煤层气产业化基地。在内蒙古、四川等地区建设煤层气开发试验区，实施一批开发利用示范工程。到2020年煤层气产量达到11亿m^3
	推进煤矿区煤层气地面开发	在辽宁铁法、黑龙江鹤岗、安徽两淮、河南平顶山、湖南湘中等矿区，加大煤矿区煤层气资源回收利用力度，开展煤层气地面预抽，推进煤矿采动区、采空区瓦斯地面抽采。到2020年，煤矿区煤层气产量达到6亿m^3
	继续建设煤矿瓦斯抽采规模化矿区	建设山西晋城、阳泉等2个10亿m^3煤矿瓦斯抽采规模化矿区。建设山西焦煤、潞安，安徽淮南，贵州盘江、水城等5个5亿m^3煤矿瓦斯抽采规模化矿区。建设安徽淮北，河南平顶山，重庆松藻，陕西彬长，贵州织金、纳雍、金沙等7个2亿m^3煤矿瓦斯抽采规模化矿区。建设内蒙古乌达、河南安阳-鹤壁、四川古叙、甘肃窑街、新疆阜康等13个1亿m^3煤矿瓦斯抽采规模化矿区
	实施煤矿瓦斯抽采示范工程	松软低透气性煤层群条件下瓦斯抽采示范工程；单一厚煤层开采条件下瓦斯抽采示范工程；井上下联合瓦斯抽采示范工程；特厚煤层综放开采条件瓦斯抽采示范工程；高瓦斯特厚急倾斜易自燃煤层群瓦斯抽采示范工程；废弃矿井残余瓦斯抽采利用示范工程
	建设煤矿瓦斯治理示范矿井	选择瓦斯灾害严重、发展潜力好的煤矿，建成一批瓦斯灾害治理示范矿井，推进瓦斯灾害防治理念、技术、管理、装备集成创新，实现煤与瓦斯安全高效共采，达到瓦斯零事故、零超限，形成不同地质条件下瓦斯灾害防治模式，发挥区域示范引领作用
煤层气科技创新	开展工程技术示范	以“大型油气田及煤层气开发”国家科技重大专项和煤层气重大开发项目为依托，研究示范低煤阶煤层气储层评价、深部煤层气增产改造、多种气体资源综合开发、多煤层分压合采、互联网＋煤层气等关键技术装备，形成适宜于我国不同类型煤层气资源条件的地面开发技术及装备体系。 研究煤矿瓦斯智能抽采、采动区地面井高效抽采、废弃矿井瓦斯抽采钻井及高效抽采、低透气性煤层井下多相增透等技术，研发煤矿井下智能化快速钻进、低浓度瓦斯高效分布式利用、超低浓度瓦斯和乏风瓦斯安全高效利用等关键装备，形成煤矿瓦斯抽采利用技术及装备体系
	加强创新能力建设	加强煤层气开发利用、煤矿瓦斯治理国家工程（技术）研究中心等创新平台建设，构建以企业为主导，产学研用结合的技术创新体系
	建设煤矿瓦斯利用示范工程	在重庆、四川、贵州、陕西等省（市）建设煤矿区瓦斯规模化利用示范工程，瓦斯利用率达到60%以上。在河北、山西、辽宁、安徽、湖南、新疆、云南等省（区）建设煤矿区瓦斯高效利用示范工程，力争瓦斯利用率达到45%以上。在江西、河南、甘肃等省建设瓦斯年抽采量1000万m^3以上的煤矿区瓦斯利用示范工程，力争瓦斯利用率达到35%以上

续表

重点任务	任务细分	具体目标
煤层气（煤矿瓦斯）科技创新	加强基础理论研究	深化煤层气成藏规律、渗流机理等基础理论研究，加强煤矿采动区瓦斯产能预测模型、采动区多场耦合煤气共采、深部煤层瓦斯与应力耦合动力灾害致灾机理、深部低渗透性煤层增透机制等重点课题研究，探索研究煤层气及多种资源共生机制和协调开发模式。开展煤层气基础调查评价，总结煤层气资源赋存规律，优选有利目标区

（4）非常规油气和深层、深海油气开发技术创新路线图

战略方向

——非常规油气勘探开发。重点在页岩油气赋存机理、资源和选区评价等基础理论与技术，页岩油气藏地质建模、动态预测和开采工艺，页岩油气长水平井段水平井钻完井及压裂改造技术和关键装备等方面开展研发与攻关；在深层煤层气开发、复杂储层煤层气高效增产、低阶煤层气资源评价与开发、煤层气开发动态分析与评价，以及煤层气井高效排水降压工艺等方面开展研发与攻关；在天然气水合物勘探目标预测及评价、钻井及井筒工艺、高效开采，以及环境影响评价和安全控制等方面开展研发与攻关。

——深层油气勘探开发。重点在深-超深层油气成藏地质理论及评价、储层地震预测及安全快速钻井、深层超高压油气流体评价，以及复杂储集层深度改造和开发配套等方面开展研发与攻关。

——深海油气开发技术与装备。重点在深远海复杂海况下的浮式钻井平台工程、水下生产系统工程、海底管道与立管工程、深水流动安全保障与控制、深水钻井技术与装备，以及基于全生命周期经济性的开发技术评价及优选等方面开展研发与攻关。

创新行动

——页岩油气富集机理与分布预测技术。针对我国海、陆相页岩层系特点，研究页岩油气赋存机理与分布规律，开展页岩储层微观孔隙结构定量表征、页岩含气量测定、页岩油可流动性评价、页岩油气资源评价与选区评价、页岩油气测井综合评价和“甜点”地球物理预测技术等研究，形成适合我国地质特点的页岩油气地质理论与勘探技术体系。

——页岩油气流动机理与开发动态预测技术。针对我国页岩油气藏的地质特点，以油气藏精细描述和地质建模研究为基础，借助现代油藏工程的技术手段，开展页岩油气多尺度耦合流动机理、物理模拟、产能预测和动态分析方法、数值模拟技术等基础研究，揭示页岩油气藏开发过程中的流动规律，发展页岩油气藏工程理论和技术方法，为页岩油气高效开发提供理论和技术支撑。

——页岩油气成井机制及体积压裂技术。开展高精度长水平段水平井钻完井、增产改造与测试工艺技术研究，重点研发海相深层页岩气水平井优快钻井与压裂改造技术、陆相页岩油气长水平段水平井钻完井与压裂改造技术、无水压裂技术、重复压裂

技术，实现不同类型（海相、陆相、海陆过渡相）、不同深度（3500m以浅、3500m以深）页岩油气高效开发。

——页岩油气勘探开发关键装备与材料。针对页岩储层低孔、特低渗特点，研发适合于不同类型页岩的长水平段水平井钻完井关键装备、工具、钻井金属材料、油基钻井液和弹塑性水泥浆体系，开发制备低摩阻、低伤害、低成本的滑溜水压裂液体系和高效携砂、低伤害的冻胶压裂液体系，开展压裂返排液再利用技术研究，形成适合中国页岩油气地质特点的钻完井关键装备、工具及材料，提高国产化比例，大幅度降低钻完井成本，实现页岩油气的高效开发。

——煤层气资源有效勘探开发技术。开展超低渗透煤储层改造技术、多煤层煤层气合采技术、深层煤层气开发技术、复杂储层煤层气高效增产技术、低煤阶煤层气资源评价与开发技术、煤层气开发动态分析与评价技术和煤层气井高效排水降压工艺技术等研究，保障我国煤层气产量稳步增长。

——天然气水合物勘探开发技术。研究水合物勘探目标预测评价技术、钻井及井筒工艺技术、高效开采和复合开采技术、安全控制技术、开采环境监测技术，建设天然气水合物开采示范工程，掌握有效开采技术，实现天然气水合物安全高效开发。

——深层油气高效勘探开发技术。开展深层-超深层油气成藏地质理论及评价技术、深层-超深层油气储层地震预测技术、深层超高压油气流体评价技术、深层复杂储集层深度改造与开发配套技术，以及深-超深层安全快速钻井技术等研究，实现深层油气高效开发。

——深海油气有效勘探开发技术与装备。开展深远海浮式钻井平台工程技术、水下生产系统工程技术、深水海底管道和立管工程技术、深水流动安全保障与控制技术，以及深水大载荷采油装备关键设备轻量化技术、深水油气田全生命周期监测技术研究。研发水深3000m领域油气资源的勘探开发技术与装备，建设海洋深水油气配套产业链。构建基于海洋工程大数据的全景式全生命周期应用研究技术。全面提升海洋工程装备从概念研发到总装设计及其建造的完整自主研发设计能力。

——海洋油气开发安全环保技术。研发海底管道运行监测技术、海洋油气泄漏应急处理技术与装备。针对深远海作业，开展海工装备零排放技术、节能技术，健康、安全与环境管理体系（HSE）分析，以及海底油气设备安全监测技术等研究。

——非常规及深海油气高效转化及储运技术。研究天然气水合物高效储运技术。针对海上及偏远地区油田，重点开展天然气就地高效转化紧凑型高通量转化技术研究。

延伸阅读

（提取码 jccb）

第 7 章　太阳能

7.1　太阳及太阳能

7.1.1　太阳

太阳是距离地球最近的一颗恒星，直径为 1.39×10^6km，大约是地球直径的 109.3 倍；体积为 $1.42\times10^{27}m^3$，约为地球的 130 万倍；质量约为 2.2×10^{27}t，是地球质量的 3.32×10^5倍；而太阳的平均密度只有 1409kg/m^3，是地球平均密度的 1/4，但太阳内部的密度非常高，达 160×10^3kg/m^3。太阳的物质组成为：氢 78.4%、氦 19.8%、金属和其他元素 1.8%。太阳是一个炽热的气态球体，其表面温度有 6000K 左右，内部温度则高达 2×10^7K，太阳内部压力高达 3×10^{16}Pa。

天文学家把太阳结构分为内部结构和大气结构两大部分。太阳的内部结构由内到外可分为核心、辐射层、对流层 3 个部分，大气结构由内到外可分为光球、色球和日冕 3 层。

7.1.2　太阳能

太阳能是太阳内部或者表面的黑子连续不断的核聚变反应过程产生的能量。地球轨道上的平均太阳辐射强度为 1369W/m^2。虽然太阳能资源总量相当于现在人类所利用的能源的 1 万多倍，但太阳能的能量密度低，而且它因地而异、因时而变，这是开发利用太阳能面临的主要问题。

在太阳能的计算过程中，经常会用到太阳常数这一物理量。太阳常数的标准单位是 J/m^2，表示的是太阳辐射到达地球这么远的距离时单位面积所具有的通量。假设太阳向外辐射是均匀的，那么以太阳为中心，以日地距离为半径的球的表面积乘以太阳常数，就是太阳的辐射通量。太阳常数用 k 来表示，日地距离用 R 来表示，那么这个球体的面积为 $S=4\pi R^2$，所以

$$Q=k\times S=4\pi kR^2 \tag{7-1}$$

地球上的风能、水能、海洋温差能、波浪能和生物质能都来源于太阳；即使是地球上的化石燃料（如煤、石油、天然气等）从根本上说也是远古以来贮存下来的太阳能，所以广义的太阳能所包括的范围非常大，狭义的太阳能则限于太阳辐射能的光热、光电和光化学的直接转换。

太阳能既是一次能源，又是可再生能源。它资源丰富，既可免费使用，又无须运输，对环境无任何污染。为人类创造了一种新的生活形态，使社会及人类进入一个节约能源减少污染的时代。

7.1.3 我国的太阳能资源

地球上太阳能资源的分布与各地的纬度、海拔高度、地理状况和气候条件有关。资源丰度一般以全年总辐射量（单位为 $kcal/cm^2$ · 年或 kW/cm^2 · 年）和全年日照总时数表示。就全球而言，美国西南部、非洲、澳大利亚、中国西藏、中东等地区的全年总辐射量或日照总时数最大，为世界太阳能资源最丰富的地区。

我国属太阳能资源丰富的国家之一，全国总面积 2/3 以上的地区年日照时数大于 2000h。

中国太阳能资源分布的主要特点有：

（1）太阳能的高值中心和低值中心都处在北纬 22°～35°。这一带，青藏高原是高值中心，四川盆地是低值中心。

（2）太阳年辐射总量，西部地区高于东部地区，而且除西藏和新疆两个自治区外，基本上是南部低于北部。

（3）由于南方多数地区云多雨多，在北纬 30°～40°地区，太阳能的分布情况与一般的太阳能随纬度而变化的规律相反，太阳能不是随着纬度的升高而减少，而是随着纬度的升高而增加。

为了根据各地不同条件更好地利用太阳能，20 世纪 80 年代我国的科研人员根据各地接收太阳总辐射量的多少，将全国划分为如下 5 类地区。

一、二、三类地区，年日照时数大于 2200h，太阳年辐射总量高于 5016MJ/m，为我国太阳能资源的推荐应用地区。

7.1.4 太阳能资源开发利用情况

（1）全球太阳能资源开发情况

所谓太阳能利用，就是先将太阳能转化为其他形式的能量，然后加以利用的技术，具有广阔的市场前景。根据转化而成能量的类型，太阳能应用技术可被分为太阳能-热能、太阳能-化学能、太阳能-生物能以及太阳能-电能。目前，应用最广的是太阳能光伏发电。

根据 REN21《2017 全球可再生能源现状报告》，在再生能源发电中，光伏只能占第三位，次于水力发电和风力发电。2004 年光伏联网占再生能源装机容量的比率仅为 0.3%，到 2016 年发展到 15%。全球光伏工业从业人员队伍庞大，占全球再生能源的 31.5%。光伏发电产业是全球可再生能源发展最迅速的产业。

根据 2017 年 REN21 的统计，2016 年全球光伏装机容量增加了 75GW，相当于每小时安装 31000 块光伏板。

2016 年光伏发电仅占全球总发电量的 1.5%。根据《BP Statistical Review of World Energy June 2017》的报告，全球光伏发电总量为 333.1TW · h，年增长 29.6%，2017 年，

全球太阳能光伏发电装机总量增加了29%，达到98GW；其中我国占全球总量的19.9%，美国仅占第2位，为17.1%。

太阳能发电有两种形式：光伏发电和太阳能聚热发电。太阳能聚热发电（Concentrating solar thermal power，CSP）是把太阳的能量聚集在一起，产生高温来驱动汽轮机发电。太阳能聚热发电的成本高，在再生能源发电中的地位很低，不到再生能源发电总量的1%。

太阳能热水器是将太阳能转化为热能的加热装置，将水从低温加热到高温，以满足人们在生活、生产中的热水使用。我国一直是太阳能热水器安装量最多的国家，但人均太阳能热水器安装量最多的国家依次是巴巴多斯、奥地利、塞浦路斯、以色列和希腊。我国连前5位都未进入。

太阳能热水器有个特殊的单位——千兆瓦热（Giga Watt Thermies，缩写GWth），用以度量太阳热能的装设面积。过去太阳热能以装设面积来统计，难以与其他可再生能源发电等进行比较。2004年，国际能源署（IEA）首次提出以GWth（千兆瓦热）来统计太阳热能，已被其他国家的太阳热能协会接受。发现全球太阳热能年产量高达69GWth，远高于风力发电的23GW。换算关系为：

$1m^2$ 装设面积=0.7kWth；$1\times10^6m^2$ 装设面积=0.7GWth；$1GWth=1.429\times10^6m^2$

（2）中国太阳能资源开发情况

中国的“光—热”转换利用中技术最为成熟的是太阳能热水器，像太阳雨、皇明、四季沐歌、桑乐、美的、海尔、天普、清华阳光、华扬、澳柯玛等热水器是我国具有产业规模、自主知识产权、低碳环保的有影响力的品牌。2004—2012年间中国太阳热水器快速发展，热水器产品和产值快速增长，产量持续稳定上升。2004年中国热水器产量大约为1250万m^2，2006年为1750万m^2，2007年产量增长到2200万m^2，比2006年增长大约26%，成为全世界最大热水器生产和使用国；2009年受家电下乡政策的支持，中国热水器产业进入新的发展阶段，这一年产量高达4150万m^2，比2008年增长了大约34%；虽然在2010年热水器产量约为4800万m^2，比上年增速减缓了18个百分点，2012年产量约为6350万m^2，比上年增速又减缓了7个百分点；但从2004到2012年热水器产量都保持了20%左右年均增长率，热水器行业已形成了较完备的体系，中国已成为全球最大热水器市场，销量和消费量都排在全球前列。

中国“光—电”利用现状。中国的太阳能资源分布广泛，有条件大规模发展光伏行业，光伏发电已成为我国新能源产业中发展最快的产业。中国光伏发电行业从2004年进入快速发展时期，光伏电池产量和装机量逐年上升；2008—2010年在国家能源项目和政策扶持下，光伏发电量快速增长；2011年虽然遇到全球光伏市场低迷和“美国双反”等不利因素，但光伏发电量仍然保持35%左右的增长速度。光伏发电的电池产量在2005年约为140MW，2007年产量超1000MW；2009年电池产量达4500MW，比上一年增长了约65%；2010年电池产量突破10000MW，比上一年增长了约6100MW；2014年电池产量33500MW，2012年以后我国产量占全世界的45%以上，成为全球最大的生产国、出口国。

2012年受欧美光伏对华反侵销案的影响，我国光伏产业遭受到了巨大的损失，大批企业破产，近30万从业人员受到冲击，可谓哀鸿遍野，竞争优势不复存在，当年国内的光伏新增装机量为4.28GW。为了挽救光伏产业的发展，随后国家制定相关政策，出台了光伏发电的固定上网电价制度，为开辟了国内光伏市场奠定了基础。在国家政策的指引下，2013年光伏新增装机量为12.92GW，增长率高达200%。

2017年，我国光伏新增装机量达到53.06GW，占全球新增装机量的54%左右，提前完成了“十三五”规划的目标。其中，累计装机量已经达到130.25GW，光伏发电量达到1100亿kW·h，占该年发电量的1.7%，新增发电量超过了600亿kW·h，对国家的能源转型有着显著的贡献。

光伏产业链主要包括原料、硅片、电池、组件、应用系统5部分。上游为原料、硅片环节，中游为电池和组件部分，下游为应用系统环节。

在光伏产业链中，我国在硅片、电池片和组件环节上均处于世界领先水平，但在上游的多晶硅材料还依赖于进口。

7.2 太阳能光热利用技术

7.2.1 太阳集热器

太阳能集热器是一种将太阳的辐射能转换为热能的设备。由于太阳能比较分散，必须设法把它集中起来，所以，集热器是各种利用太阳能装置的关键部分。由于用途不同，集热器及其匹配的系统类型分为许多种，名称也不同，如用于炊事的太阳灶、用于产生热水的太阳能热水器、用于干燥物品的太阳能干燥器、用于熔炼金属的太阳能熔炉，以及太阳房、太阳能热电站、太阳能海水淡化器等。

太阳能集热器油以下的分类方式：

按集热器的传热工质类型分为：液体集热器、空气集热器；

按进入采光口的太阳辐射是否改变方向分为：聚光型集热器、非聚光型集热器；

按集热器是否跟踪太阳分为：跟踪集热器、非跟踪集热器；

按集热器内是否有真空空间分为：平板型集热器、真空管集热器；

按集热器的工作温度范围分为：低温集热器、中温集热器、高温集热器；

按集热板使用材料分为：纯铜集热板、铜铝复合集热板、纯铝集热板。

(1) 平板型集热器。平板太阳能集热器是太阳能低温热利用的基本部件，一直是世界太阳能市场的主导产品。平板型集热器已广泛应用于生活用水加热、游泳池加热、工业用水加热、建筑物采暖与空调等诸多领域。用平板太阳能集热器部件组成的热水器即平板太阳能热水器。平板太阳能集热器主要由平板太阳能集热器吸热板、平板太阳能集热器透明盖板、平板太阳能集热器隔热层和平板太阳能集热器外壳等几部分组成。

平板太阳能集热器的基本工作原理十分简单。概括地说，阳光透过透明盖板照射到表面涂有吸收层的吸热体上，其中大部分太阳辐射能为吸收体所吸收，转变为热能，并传向流体通道中的工质。这样，从集热器底部入口的冷工质，在流体通道中被太阳能所加热，温度逐渐升高，加热后的热工质，带着有用的热能从集热器的上端出口，蓄入贮水箱中待用，即为有用能量收益。与此同时，由于吸热体温度升高，通过透明盖板和外壳向环境散失热量，构成平板太阳集热器的各种热损失。

（2）聚光型集热器。聚光型太阳能集热器是利用反射器、透镜或其他光学器件将进入集热器采光口的太阳光线改变方向并聚集到接收器上的装置中，可通过单轴或双轴跟踪获得更高的能流密度。这种太阳能集热器通过凹面反射镜或透镜将太阳辐射能汇集到较小的面积上，从而使单位面积上的热流量增加并且减小了接收器和环境之间的换热面积，提高了工质的温度和集热器的热效率，而它的缺点是只能接收直射辐射，且需要跟踪系统配合，从而导致成本增加。目前，这种聚光型太阳能集热器主要用于太阳能热发电、太阳能制氢、太阳炉和双效 $LiBr-H_2O$ 吸收式制冷系统等，属于中高温集热器的范畴。

聚光太阳能集热器主要有 3 种应用形式：槽式集热器、塔式集热器和碟式集热器。

利用聚光型太阳能集热器进行太阳能热发电技术是将低密度太阳能聚集起来，通过换热设备将热量传给传热介质产生高温蒸汽，然后驱动传统发电设备产生电能的新技术。太阳能热发电技术与其他发电技术相比经济性好、投资少、电价低，而发电方式与传统发电方式相同，对电网影响小，无须专用技术改造即可入网；原料无高污染、高能耗工序，在环保和节能方面有大优势。太阳能热发电技术特别适用于大规模发电，不仅可以改变我国以煤为主的常规发电结构，也是未来我国电力行业可持续发展的重要一部分。

（3）空气集热器。太阳能空气集热器是一种常用的太阳能热利用装置，它以空气作为传热介质，将收集到的热量输送到功能端，具有结构简单，造价低廉，接收太阳辐射面积大，可广泛应用于建筑物供暖、产品干燥等诸多领域的优点。与热水集热器相比，太阳能空气集热器以空气作为传热介质，其导热系数远小于水，所以集热板温度较高，热损较大。此外，由于空气的密度和比热远小于水，其传热、蓄热能力也小得多。

空气集热器的发展趋势体现在三个方面：一是提高太阳能空气集热器的集热效率；二是空气集热器匹配的蓄热材料和技术；三是太阳能空气集热系统与建筑相结合。

（4）真空管集热器。真空管集热器是将吸热体与透明盖层之间的空间抽成真空的太阳能集热器。真空管按吸热体材料种类，可分为两类：一类是玻璃吸热体真空管（或称为全玻璃真空管），另一类是金属吸热体真空管（或称为玻璃—金属真空管）。热管式真空管是金属吸热体真空管的一种，它由热管、吸热体、玻璃管和金属端盖等主要部件组成。

7.2.2 太阳热水器

太阳热水器是一种太阳能热利用装置，其终端产品是热水。太阳热水器比太阳能热水器更确切和准确，因此，国家标准把这种产品命名为太阳热水器。一般正式文件均称为太阳热水器。

太阳热水器可根据不同情况进行分类：

(1) 根据太阳热水器的结构组合可分为紧凑式太阳热水器（集热部件插入储热水箱）和分离式太阳热水器（集热部件离开水箱较远）。

(2) 按太阳热水器集热原理可分为闷晒型太阳热水器（集热器与水箱合二为一）、平板型太阳热水器、全玻璃真空管型太阳热水器、热管真空管型太阳热水器和热泵型太阳热水器。

(3) 按太阳热水器的使用时间可分为季节性太阳热水器（冬季不用）、全年用太阳热水器和全天候太阳热水器（指任何时间均有热水供应）。

(4) 以工质加热循环不同，可分为直接循环太阳热水器和间接循环太阳热水器。

(5) 以水箱是否承压，分为承压太阳热水器和非承压太阳热水器。

太阳热水器的工作原理分为两种方式，一种是直接加热，另一种是间接加热。

直接加热原理：太阳照射在真空管集热器或平板集热器上，其选择性吸收涂层吸收太阳能量后直接加热管内的水，管内水的温度随之升高，同时水的密度发生变化。由于冷水密度大，热水密度小，形成了冷热水自然对流循环的效果，从而逐渐把水箱中的水加热。

间接加热原理：太阳照射在热管集热器或平板集热器上，其热管集热器的热管或平板集热器的吸热板内部的低沸点工质发生相变，迅速向水箱内部较冷端移动，并把热量传递给水箱中的水后快速冷凝，冷凝后的工质又沿热管或吸热板内壁流到底部，如此循环往复，水箱中的水便逐渐被加热了。

7.2.3 太阳灶

太阳灶是利用太阳能辐射，通过聚光获取热量，进行炊事烹饪食物的一种装置。它不烧任何燃料，没有任何污染，正常使用时比蜂窝煤炉还要快，和煤气灶的速度一致。

太阳灶基本上可分为箱式太阳灶、平板式太阳灶、聚光太阳灶、室内太阳灶、储能太阳灶、菱镁太阳灶。前三种太阳灶均在阳光下进行炊事操作。

箱式太阳灶根据黑色物体吸收太阳辐射较好的原理研制而成。它是一只典型的箱子，朝阳面是一层或二层平板玻璃盖板，安装在一个托盖条上，其目的是让太阳辐射尽可能多地进入箱内，并尽量减少向箱外环境的辐射和对流散热。里面放了一个挂条来挂放锅及食物。箱内表面喷刷黑色涂料，以提高吸收太阳辐射的能力。箱的四周和底部采用隔热保温层。箱的外表面可用金属或非金属，主要是为了抗老化和形状美观。整个箱子包括盖板与灶体之间用橡胶或密封胶堵严缝隙。使用时，盖板朝阳，温度可以达到100℃以上，能够满足蒸、煮食物的要求。这种太阳灶结构极为简单，可以手工制作，且不需要跟踪装置，能够吸收太阳的直射和散射能量，故产品价格十分低。但由于箱内温度较低，不能满足所有的炊事要求，推广应用受到很大限制。

将平板集热器和箱式太阳灶的箱体结合起来就形平板式太阳灶。平板集热器可以应用全玻璃真空管，它们均可以达到100℃以上，产生蒸汽或高温液体，将热量传入箱内进行烹调。普通拼版集热器如果性能很好也可以应用。例如，盖板黑的涂料采用高质量选择性涂料，其集热温度也可以达到100℃以上。这种类型的太阳灶只能用于蒸煮或烧开水，大量推广应用受到很大限制。

聚光式太阳灶是将较大面积的阳光聚焦到锅底，使温度升到较高的程度，以满足炊事要求。这种太阳灶的关键部件是聚光镜，不仅有镜面材料的选择，还有几何形状的设计。最普通的反光镜为镀银或镀铝玻璃镜，也有铝抛光镜面和涤纶薄膜镀铝材料等。

聚光式太阳灶的镜面设计，大多采用旋转抛物面的聚光原理。还有将抛物面分割成若干段的反射镜，光学上称之为“菲涅耳镜”，也有把菲涅耳镜做成连续的螺旋式反光带片，俗称“蚊香式太阳灶”。这类灶型都是可折叠的便携式太阳灶。聚光式太阳灶的镜面，有用玻璃整体热弯成型的，也有用普通玻璃镜片碎块粘贴在设计好的底板上的，或者用高反光率的镀铝涤纶薄膜裱糊在底板上。

7.2.4 太阳能建筑

利用太阳能供暖和制冷的建筑。在建筑中应用太阳能供暖、制冷，可节省大量电力、煤炭等能源，而且不污染环境，在年日照时间长、空气洁净度高、阳光充足而缺乏其他能源的地区，采用太阳能供暖、制冷尤为有利。目前，太阳能建筑还存在投资大，回收年限长等问题。

太阳能建筑的基本要素包括五个方面：

（1）集热系统。即通过各种手段收集太阳的辐射热能。

主要方式：通过建筑构件本身、附加独立式集热器（如太阳能热水器、太阳能空气集热器等）。

（2）蓄热系统。即将集热系统收集的热能储存起来的装置系统。

主要方式有：通过建筑构件本身（简单经济）；水筒蓄热系统，利用水的比热大和可充分对流换热原理；卵石仓蓄热系统，利用热空气通过卵石缝隙将热能传递给卵石达到蓄热效果；相变材料蓄热系统，利用物质固液状态转化中需要大量相变热的原理；利用地下土壤蓄热系统（防空洞）。

（3）分配系统。主要方式：自然散热、板式散热器、地板盘管、风机对流、风机循环、风机空气介质输送分配。

（4）辅助热源。蓄热系统不同，辅助热源不同。利用建筑构件本身蓄热时，几乎可用任何方式辅助供热。水体蓄热，采用锅炉、电、天然气；利用卵石仓蓄热和相变材料蓄热时，采用空气加热器。

（5）控制系统。基本为自动控制，利用恒温器和仪表盘，保持系统运转效率。

在建筑中利用太阳能供暖和制冷的方式，基本上可分为主动式和被动式两种系统。但是这两种太阳能系统，都必须采用辅助热源，以便在一年中最不利的情况下保证提供所需的全部热能。

采用高效太阳能集热器以及机械动力系统来完成采暖降温过程，系统在运转中需要消耗一定电能，这样的系统称为主动式太阳能系统。采用此系统设计的建筑称为主动式太阳能建筑。

经过设计，使建筑构件本身能够利用太阳能采暖、供暖，通过自然通风完成降温制冷的过程，系统运转过程中不需消耗电能，这样的系统称为被动式太阳能系统。采用这种系统设计的建筑称为被动式太阳能建筑。

由于太阳能热力系统的发展与建筑紧密相连，需有建筑业的大力支持与配合。在市场经济条件下不能完全依靠行政手段来强行推广，我们必须通过努力，研发设计出令建筑商能主动接受和配合的太阳能热力系统，或与建筑相结合的技术解决方案，让太阳能热力系统成为建筑不可分割的一部分，以满足与建筑相结合的需要。以下是世界各地令人惊叹的太阳能建筑一览。

（1）巨蛋办公楼。位于印度孟买的蛋形办公楼是一座令人印象深刻的可持续建筑。它利用了被动式太阳能设计，能够通过减少热增益来调整建筑内部的温度。办公楼由太阳能电池板和屋顶的风力涡轮机提供能量，它甚至能够独立收集水分进行花园灌溉。

（2）弗莱堡太阳能城市。居民建筑的屋顶是由设置成完美角度的光伏板构成的，但是它们也可以作为一个巨大的遮阳伞。所以即使日照非常强烈的时候，下面的居民也能享受凉爽的温度。

（3）垂直村落。迪拜以其怪异的建筑风格闻名于世，现在的最新趋势是可持续设计。很少有设计样本超越格拉夫特建筑事务所的建筑师建造的垂直村落。垂直村落设计的精髓在于，如何在最大化收获太阳能的同时保持建筑物凉爽。

（4）太阳城大厦。这座惊人的太阳能塔是专门为里约热内卢的2016年奥运会设计的，它被安装在Cotunduba岛上，而且成为里约热内卢的标志性建筑。它代表着里约热内卢为打造史上第一届“零碳奥运”所作出的努力。

（5）高雄体育馆。体育馆通常都损耗大量的能量，而且通常被用作可持续建筑的反面典型。然而，台湾的这座龙型体育馆是一个例外，它的电能100%由外侧的太阳能电池板提供。高雄的这座体育馆足以为3300个照明灯和2个巨型显示屏供电。

（6）芝加哥太阳能大厦。建筑师为芝加哥设计的这座大厦几乎全部被追踪太阳能电池板所覆盖，它们就像向日葵一样追随太阳的移动。这些太阳能电池板经过了精心安置，在为建筑遮阳的同时不会影响人们的视野。

7.2.5 太阳能蒸馏

太阳能蒸馏法，就是蒸馏时其能量来自太阳的辐射。利用太阳能直接使海水蒸发的工艺属于直接法太阳能蒸馏工艺。再利用太阳能蒸馏方面，运用十分广泛的还有间接法。顾名思义，它的原理是先将太阳能储集起来，然后为海水淡化提供能源。太阳能蓄热，不仅可以用于多效蒸馏，还可以为多级闪蒸提供动力。

太阳能蒸馏器结构简单，主要由装满海水的水盘和覆盖在它上面的玻璃或透明塑胶盖板构成。水盘表面涂黑，装满待蒸馏的水，盘下绝热，水盘上覆盖的玻璃或透明塑胶盖板下缘装有集水沟，并与外部集水槽相通。太阳辐射透过透明盖板，水盘中的水吸热蒸发为水蒸气，与蒸馏室内空气一起对流。由于盖板本身吸热少，温度低于池中温水，水蒸气上升并与盖板接触后凝结成水滴，沿着倾斜盖板借助重力流到集水沟里，而后流到集水器中。池式太阳能蒸馏器中海水的补充可以是连续的，也可以是断续的。虽然它有很多不同的结构形式，但基本原理是一样的。这类蒸馏器是一种理想的利用太阳能进行海水淡化的装置。

7.2.6 太阳能干燥器

太阳能干燥机是利用太阳辐射的热能，将湿物料中的水分蒸发除去的一种干燥设备。

自古以来人们广泛地采用这一干燥方法，将农作物、种子、水果、鱼、木材等直接放在太阳下晾晒，但由于其劳动强度、大面积晒场、干燥过程及物料品质无法控制等因素而限制了大批量物料的干燥。近年来，新的太阳能干燥技术的开发，为有效利用太阳能进行干燥作业提供了可能性。

太阳能干燥机结构的设计可有多种选择。根据干燥机内气流的流动方式，可将太阳能干燥机分为自然对流型和强迫对流型两种。

自然对流型太阳能干燥机中无附加风机，气流靠温差的作用在干燥室内流动。根据结构的不同，主要有箱式、棚式、温室式、盘架式和烟囱式几种。

强迫对流型太阳能干燥机，靠温差和气流出口和进口的高度差作为气流流动动力的自然对流型太阳能干燥机受到多方面的制约。特别是当料层较厚、颗粒细、孔隙度小时，气流阻力大，仅靠自然对流不能满足对气流速度的要求。一些改进型的太阳能干燥机，气流需通过附加的装置，如蓄热器、空气集热器及管道等，没有附加动力，气流是不能实现有效流动的。此外，自然对流型太阳能干燥机的排气温度较高，热利用率低，应利用风机来实现废热利用。

根据常规能源使用情况可将强迫对流型太阳能干燥机分为普通强迫对流型、蓄热型和带常规能源的太阳能干燥机。

（1）普通强迫对流型太阳能干燥机

该类型干燥机不需其他能源加热空气，空气的加热只靠太阳能集热器，由电机驱动风扇保证干燥机内气流的流动。普通强迫对流型太阳能干燥机主要有温室型、集热器型和温室-集热器型 3 种类型。

（2）蓄热型太阳能干燥机

在太阳能干燥机中加蓄热器的目的主要是延长干燥时间。太阳辐射强时，贮存部分能量，控制热空气温度，避免过度干燥。太阳辐射弱或无太阳辐射时，提取贮存的热量进行干燥作业。使用附加蓄热装置的不足之处是增加了投资和操作费用，在使用蓄热干燥之前应作技术经济分析。

作为蓄热体的物质可以是天然的，也可以是人造的。水、石块等多用在农作物的干燥上，比合成材料便宜。而盐水、石蜡、硅胶、分子筛等多用于潜热蓄热和化学蓄热。

（3）附带常规能源的太阳能干燥机

由于夜晚和阴雨天无阳光可用，太阳能干燥是间歇过程。虽然可在干燥系统中加蓄热装置，但所蓄的热量也是有限的。又因为太阳能的分散性，太阳能空气集热器加热的热空气温度较低。因此，对于一些需要连续干燥或在较高温度下干燥的物料，需加辅助能源。

在干燥系统中增加常规能源加热有两种方式：一种方式为有阳光时利用太阳辐射加热空气，增加的常规能源只在夜晚或阴雨天使用，常规能源只是对太阳辐射加热的辅助；另一种方式是太阳能集热器只作为预热器，主要能源为常规能源。在这种情况下，太阳能只作为辅助热源。

太阳能空气集热器是太阳能干燥机的主要部件，一般由吸热体、盖板、保温层和外壳构成。太阳辐射能转换为热能主要在吸热体上进行，吸热体由对太阳辐射高吸收率的材料制成或覆盖高吸收性能的材料。吸热体首先吸收太阳辐射，将辐射能转换成自身的热能。自身温度升高。当室外空气流经吸热体时，通过对流换热，加热冷空气。仅有很少部分吸热体上的能量通过辐射换热的方式进入空气中。

比较简单的太阳能干燥机（如箱式、棚式），带透明顶板和涂黑内层的密闭空间就是一个简单的太阳能空气集热器。比较典型的太阳能空气集热器是平板型空气集热器。

7.2.7 太阳能空调

太阳能空调系统兼顾供热和制冷两个方面的应用，综合办公搂、招待所、学校、医院、游泳池、水产养殖、家庭等，都是理想的应用对象。冬季乃至全年均需要供热，如生活热水、采暖、游泳池水补热调温等，而夏季又需要冰凉世界，以太阳能热水制冷，就是一座中央空调。当前，世界各国都在加紧进行太阳能空调技术的研究。据调查，已经或正在建立太阳能空调系统的国家和地区有意大利、西班牙、德国、美国、日本、韩国、新加坡、香港等。这是由于发达国家和我国香港的空调能耗在全年民用能耗中占有相当大的比重，利用太阳能驱动空调系统对节约常规能源、保护自然环境具有十分重要的意义。

所谓太阳能制冷，就是利用太阳集热器为吸收式制冷机提供其发生器所需要的热媒水。热媒水的温度越高，则制冷机的性能系数（亦称 COP）越高，这样空调系统的制冷效率也越高。例如，若热媒水温度 60℃左右，则制冷机 COP 为 0～40；若热媒水温度在 90℃左右，则制冷机 COP 为 0～70；若热媒水温度在 120℃左右，则制冷机 COP 可达 110 以上。

实践证明，热管式真空管集热器与溴化锂吸收式制冷机相结合的太阳能空调为太阳能热利用技术开辟了一个新的应用领域。

所谓太阳能制热，即冬季需制热时超导太阳能集热器吸收太阳辐射能，经超导液传递到复合超导能量储存转换器。当储热系统温度达到 40℃时，中央控温系统自动发出取暖指令，让室内冷暖分散系统处于制热状态，经出风口输出热风。当房间温度达到设定温度值时，停止输出热风，房间的温度低于设定值时，出风口又输出热风，如此自动循环达到取暖的目的（各房间的温度设定是独立的，互相不影响）。如遇到连续的阴天，太阳能不足时，生物质热能发生器投入使用，以补充太阳能的不足。

7.2.8 太阳池

太阳池（solar pond，也称盐田）是一种以太阳辐射为能源的人造盐水池。它是利用具有一定盐浓度梯度的池水作为集热器和蓄热器的一种太阳能热利用系统。盐水池中随着深度的增加温度也在增加，池底温度高于池表面温度，因此可以利用池底这部分热能，使水分蒸发，卤水、海水或含盐水浓缩到某一盐分达到某温度条件下的饱和度，甚至过饱和时，该组分以固体盐（或水和盐，甚至水合复盐）的形式析出，达到从多组分复杂卤水、海水或含盐水相中分离某种盐类的目的。这实际上可以看成是人们对自然界中盐湖形成过程与地球化学成盐过程的一种生产性模拟。

太阳池蓄热池的基本原理：盐水沿池深具有一定的浓度阶梯度。池表面的水是清水，向下浓度逐渐增大，池底接近饱和溶液。由于盐水自下而上的浓度阶梯度，下层较浓的盐水比较重，因此可阻止或消减由于池中温度梯度引发的池内液体自然对流，从而使池水稳定分层。在太阳辐射下池底的水温升高，形成温度高达 90℃左右的热水层，而上层清水层则成为一层有效的绝热层。同时，由于盐溶液和池周围土壤的热容量大，所以太阳池具有很大的储热能力。

太阳池是一个面积较大的浅水池，水深一般控制在 1～3m，池底涂黑，池内盛盐水，且盐的浓度随水深的增加而提高。池底温度高于池表面温度，因此可以利用池底这部分热能。太阳池主要分为非对流型太阳池和薄膜隔层型太阳池。太阳池所获得的 100℃以下的热水，可广泛应用于工业、农业、采暖空调和低沸点工质发电等领域。

7.2.9 太阳炉

太阳炉，是太阳能加热炉的简称，温度可达到 3500℃，可用于高温材料的科学研究，也用于军事武器的研究上。

太阳能加热炉及工作原理：物料位于反射镜的焦点处，太阳光线射到抛物面镜反射器上，聚焦在被加热物料上，使物料加热。反射镜可由机械转动和调整装置跟踪太阳转动，以便充分接受太阳能，温度可达 3500℃。可在氧化气氛和高温下对试样进行观察，不受电场、磁场和燃料产物的干扰，可用于高温材料的科学研究。

世界上最大的太阳炉位于乌兹别克斯坦，于 1981 年动工，1987 年建成。定日镜面积 3020m^2，聚光器 1840m^2，功率 700kW，聚光器中心温度超过 3000℃。与之相似的世界第二大太阳炉位于法国境内。

太阳炉利用的是光学和机械原理，由定日镜和抛物聚光器组成，通过定日镜将太阳光集中反射到聚光器上形成稳定的高密度能量流。

该太阳炉系统包括 4 个部分：主建筑体、反射区、聚光器以及技术塔。反射区有 62 块反定日镜，排列上尽量避免互相遮蔽。

最核心的部分——抛物面聚光器，世界上最大的一个，面积 1840m^2。整个聚光器由 214 个 4.5m×2.25m 的分区，共计 10700 块镜面组成。每个分区包含 50 块镜面。平面定日镜把太阳光反射到对面的抛面聚光器上，经过抛面聚光器聚焦至技术塔上一个 40cm 的中心点。

7.2.10 太阳能热发电

太阳能热发电是利用太阳能收集器先将太阳辐射转化为热能，然后经过各种途径转换为电能供用户使用。太阳能热发电包括：太阳能蒸汽或气体热动力发电、太阳能半导体温差发电、太阳能烟囱发电、太阳池发电和太阳能热声发电。

（1）太阳能蒸汽或气体热动力发电。太阳能蒸汽或气体热动力发电又包括太阳能槽式聚焦发电、太阳能塔式聚焦发电和太阳能碟式聚焦发电等。

太阳能槽式发电采用槽式抛物面聚焦太阳光，太阳光聚焦到集热管上后转化为热量加热传热介质，传热介质在换热器中和工质换热产生蒸汽，蒸汽再驱动汽轮机运转发电。

采用槽形抛物面线聚焦反射镜作集热器，将80倍的太阳光聚集到安装于焦线上的受热管，使管内的油加热，然后被加热到接近400度的导热油经热交换器使水变成蒸汽，再由过热器对蒸汽进一步加热，推动常规汽轮发电机组发电。槽式聚光热发电系统一般设有储能系统，储存的热能可以延长电站运行的时间并维持稳定发电。槽式发电系统的功率较大，从几十兆瓦到几百兆瓦。

太阳能塔式发电，是通过反射装置将阳光反射到塔顶太阳能接收器转换为热量加热工质后，通过换热产生蒸汽，由蒸汽带动汽轮机发电。

塔式太阳能热发电系统采用多个平面反射镜来会聚太阳光，这些平面反射镜称为定日镜。

太阳能碟式发电一般通过碟式发射面将阳光反射聚焦到斯特林发动机上带动发电机发电。

碟式太阳能热发电系统每个功率为数十千瓦（小的为数千瓦），碟式太阳能热发电系统可单独存在，也可多台组成碟式太阳能热发电场。碟式太阳能热发电系统主要由碟式聚光镜、接收器、斯特林发动机、发电机组成，目前峰值转换效率可达30%以上，很有发展前途。

碟式抛物面反射镜。每个碟式太阳能热发电系统都有一个旋转抛物面反射镜用来汇聚太阳光。该反射镜一般为圆形，像碟子一样，故称为碟式反射镜。由于反射镜面积小则几十平方米，大则数百平方米，很难造成整块的镜面，是由多块镜片拼接而成的。一般几千瓦的小型机组用多块扇形镜面拼成园形反射镜；也有用多块园形镜面组成。大型的一般用许多方形镜片拼成近似园形反射镜。

斯特林发动机是一种外燃机，依靠发动机汽缸外部热源加热工质进行工作，发动机内部的工质通过反复吸热膨胀、冷却收缩的循环过程推动活塞来回运动实现连续做功。由于热源在汽缸外部，方便使用多种热源，特别是利用太阳能作为热源。碟式抛物面聚光镜的聚光比范围可超过1000，能把斯特林发动机内的工质温度加热到650℃以上，使斯特林发动机正常运转起来。在机组内安装有发电机与斯特林发动机连接，斯特林发动机的机械输出有直线运动或旋转运动，可带动直线发电机或普通旋转发电机。

线性菲涅耳聚光太阳能发电。线性菲涅耳主聚光镜为条形平面玻璃反射镜，每条反射镜两端有转轴，其轴线与条反射镜中轴线平行，贴近条形平面玻璃反射镜反面，每个反射镜可绕转轴转动，有独立的驱动装置，是单轴太阳跟踪反射镜。若干个条形平面玻璃反射镜组成整套的单轴太阳跟踪聚光反射镜系统。由于条形平面玻璃反射镜不具备聚焦能力，故该线性菲涅尔反射镜属非成像聚光装置。

条式菲涅尔聚光装置的结构相对简单、风载荷较低、接收器固定安装，整个结构较稳定。条形反射镜除了采用平面镜外，也可以采用略带弧形的反射镜，犹如槽镜一般，只是略带弧面而已，可以起到一定的聚光效果，这样可以采用较宽的条形反射镜和较窄的接收器，条形反射镜的数目也可少一些，简化结构与控制机构。略带弧面的反射镜无须专门制作，利用框架的作用使镜片略作弹性形变即可。

条式菲涅尔聚光装置总体来说是单轴跟踪系统，一般来说采用东西方向水平布置，可以在一天的大部分时间里把阳光聚集到接收器上。

但在纬度高的地区，为减小条形反射镜之间的遮挡，可将整排反射镜向阳光方向倾斜。

条式菲涅尔聚光装置也可以采用极轴跟踪方式，将条式聚光镜的轴平行于地轴线安装，这样的布置属于南北方向布置。显然这样布置限制了条式聚光镜的长度，如果正好有合适的地形，在南坡上布置倒是好方案，倾斜角度尽量与当地纬度相近。条式菲涅尔聚光器的接收器结构主要有 3 种，在实际应用中是反扣朝向下方的。

线性菲涅尔聚光热发电系统很简单，除了条式菲涅尔聚光装置外，只需蒸汽轮机、发电机、冷凝器、水泵配套即可。菲涅尔聚光太阳能发电系统聚光倍数只有数十倍，因此加热的水蒸气温度不高，系统的发电效率较低，但由于聚光镜与接收器结构简单，生产成本低，可以直接产生蒸汽，系统设备少，其建设和维护成本也相对较低，所以还是一种很有前途的太阳能发电方式。

E-Foliage（E-佛莲）聚光太阳能发电。太阳能光热发电系统目前存在着主要四种方式，槽式发电系统、塔式发电系统、碟式发电系统和线性菲涅尔式发电系统。它们的技术各有特点，同时其核心技术和生产工艺绝大部分被国外掌控，使得我国在太阳能光热发电领域一直步履阑珊，无法取得突破性进展。目前，由常州旭王新能源有限公司（SUNEND）开发出一款新型的太阳能光热发电光学系统 E-Foliage（E-佛莲）。该系统不仅价格低廉，而且适用性极强，可以安装在各类平屋顶；它采用密集平面镜阵列方式，最大限度地利用了阳光，同时最大限度地减少了风阻，除发电外，余热还可以制冷供热，大大提高了城市屋顶的阳光利用率。以一个东西 15m 长，南北 6.5m 宽的普通屋顶为例，仅需约 300 面平镜（也可以更多）安装到 E-Foliage（E-佛莲）的分列支架系统（高度不超过 1m），在前方 2.8m 的高度可以得到一个约 300 倍聚光的能量焦点。该焦点的温度可以达到 400℃以上，该系统可以收集约 90%以上的太阳能量。用小型高温储热罐储存，并可采用小型蒸汽发电机组发电，而余热还可以再利用。

E-Foliage（E-佛莲）最大的特点是低成本、高效率地解决了太阳能聚光和中高温的收集（这个技术的成本占到各种太阳能光热发电系统成本的 50%以上）。不但能利用小型蒸汽发电机组发电，同时余热仍然可以完成制冷、供暖、做饭、洗澡等人们生活所需的所有能源供给，该系统最大限度地收集阳光，综合使用太阳能的利用率是非常高的，而且能量可以储存，其价格低廉，完全可以替代传统能源。

在现有的太阳能光热发电技术中，塔式和 E-Foliage（E-佛莲）系统已经具备了平价上网的能力（效率以 20%算），以光伏 7009 元/kW 折合 0.50 元/（kW·h）算，塔式的电价只有约0.49元/（kW·h），E-Foliage（E-佛莲）的电价更是不到0.40元/（kW·h），而这两种方式还具备12h的储能发电功能，同时也是在初创期。当然，太阳能光热发电存在着一个最大的缺点，消耗水源。

（2）太阳能半导体温差发电

太阳能半导体温差发电是利用温差发电材料直接将热转化为电的技术，是一种工作可靠、无运动部件和无污染的清洁发电技术。其原理是赛贝克效应，即在两种不同的导体或导电类型不同的半导体联成的回路中，若两导体的两个接点处温度不同，则在这两个接点之间有电动势产生。随着半导体材料工业的发展，材料的品质因子正在不断提高，太阳能半导体温差发电将在太阳能利用中逐步占据一席之地。

（3）太阳能烟囱发电

太阳能烟囱是太阳能热发电的一种新模式，其原理是空气在一个很大的玻璃或其他透明材料制成的顶棚下被加热，热空气在天棚中央的烟囱中上升，上升气流带动空气透平发电机发电。

Balbaa塔的灵感来自迪拜的沙漠周边沙流体的形状。据Balbaa，“两塔在于吸引人们用自己异样的目光和高度，可以从城市的任何一部分，看到现场的重要作用”。

塔将扮演风力发电机、太阳能烟囱、电碳轴（电压运动产生能量）和连接两个塔楼内圆柱体旋转产生力量的“海浪”。

（4）太阳池发电

太阳池发电是利用盐水池中上下层液体形成一个温度差来发电，在盐水池中从上到下会形成一个浓度梯度，即由于重力作用上层液体盐分浓度比下层液体盐分浓度低，这样会使池水稳定分层，在太阳辐射下下层盐分浓度高，吸收强辐射强的液体层温度不断升高直到达到最大值，而上层太阳辐射透过性强的清水层则充当保温层维持下层液体温度。

其工作过程是先将池底的热盐水抽到蒸发器和工质换热，低沸点工质蒸发成蒸汽，由蒸气驱动汽轮机发电，从汽轮机出来的蒸汽再和从上层抽来的较冷低盐浓度水在冷凝器中换热，工质冷凝成液体，液态工质再返回蒸发器完成一次循环，过程反复进行。

（5）太阳能热声发电

太阳能热声发电就是采用太阳能作为热源，利用热声效应，即管内气体（氦气）在温度梯度作用下发生振动，这样热能便转换成了声能，再由声能驱动一个线性交流发电机发电的过程。

7.3 太阳能光电利用技术

太阳能光电利用技术就是根据“光伏效应”原理，通过太阳电池将太阳的辐射能直接转换成电能。这种技术具有许多独特的优点，如无噪声、无污染、安全可靠、不受地域限制、不用消耗任何燃料、无机械运转部件、设备可靠性高、无须人工操作、建设周期短、规模可大可小、无须架设复杂的输电线路、可以很好地与建筑物结合等，常规发电与其他发电方式都不能与其比拟。随着技术的进步，太阳电池的光电转换效率不断提高，成本大幅度下降，蓄电池等辅助装置技术水平也在不断改善，为太阳能光电利用技术的大规模应用打下了良好的基础，展示出广阔的应用前景。

7.3.1　光伏效应原理

光伏发电的主要原理是半导体的光电效应。硅原子有 4 个电子，如果在纯硅中掺入有 5 个电子的原子，如磷原子，就成为带负电的 N 型半导体；若在纯硅中掺入有 3 个电子的原子，如硼原子，就形成带正电的 P 型半导体。当 P 型和 N 型结合在一起时，接触面就会形成电势差，成为太阳能电池。当太阳光照射到 P-N 结后，空穴由 N 极区往 P 极区移动，电子由 P 极区向 N 极区移动，形成电流。

多晶硅经过铸锭、破锭、切片等程序后，制作成待加工的硅片。在硅片上掺杂和扩散微量的硼、磷等，就形成 P-N 结。然后采用丝网印刷，将精配好的银浆印在硅片上做成栅线，经过烧结，同时制成背电极，并在有栅线的面涂一层防反射涂层，电池片就此制成。电池片排列组合成电池组件，就组成了大的电路板。一般在组件四周包铝框，正面覆盖玻璃，反面安装电极。有了电池组件和其他辅助设备，就可以组成发电系统。为了将直流电转化交流电，需要安装电流转换器。发电后可用蓄电池存储，也可输入公共电网。在发电系统成本中，电池组件约占 50%，电流转换器、安装费、其他辅助部件以及其他费用占另外的 50%。

7.3.2　太阳能电池

依据太阳能电池的发展历程，可以将太阳能电池的发展分成三个阶段，每个阶段实际上对着不同的材料，因此，太阳能电池可分为三大类：

第一类（第一代太阳电池）为晶体硅太阳能电池，包括单晶硅和多晶硅；

第二类（第二代太阳电池）为薄膜太阳能电池，包括硅基薄膜、化合物类以及有机类；

第三类（第三代太阳电池）为新型太阳能电池，包括叠层太阳能电池、多带隙太阳能电池以及热载流子太阳能电池等。

由于化合物类、有机类薄膜太阳能电池存在原材料稀缺或者有毒以及转换效率低、稳定性差等问题，而第三代太阳能电池技术上尚未成熟，因此目前应用较多的是硅类太阳能电池，主要包括单晶硅、多晶硅以及非晶硅薄膜太阳能电池。

（1）晶体硅太阳能电池。硅是自然界分布最广的元素之一，它在地壳中的丰度仅次于氧，居第二位。晶体硅太阳能电池的主要结构包括膜玻璃、EVA 层、电池层以及 PET 层压层等。

在晶硅体中，所有外层电子都形成完美的共价键，因此这些电子不能到处运动，纯净的晶体硅几乎是绝缘体，但是可以在晶体硅中掺入少量的杂质来改变硅的这种特质，使其从良好的绝缘体变成半导体：在纯净的硅晶体中掺入五价元素（如磷），使之取代晶格中硅原子的位置，即形成 N 型半导体，而掺入三价元素（如硼），则形成 P 型半导体，N型半导体具备少子寿命更长，功率衰减极低等优良特征，使得其转换效率高于P型半导体。

晶体硅根据生长工艺的不同，可划分为单晶硅和多晶硅。单晶电池和多晶电池的初始原材料都是原生多晶硅，以类似于微晶的状态存在，要使其具备发电能力，就必须将微晶状态的硅制成晶体硅。在晶体生长这个环节中，原生多晶硅在单晶炉内会生产成单一晶向、无晶界、位错缺陷和杂质密度极低的单晶硅棒。而多晶硅的晶面取向不同、晶界繁杂、位错密布，晶格缺陷增多，其本质就是大量的小单晶的集合体。多晶铸锭本身简单粗暴的工艺使得它更容易大规模扩张，但是却无法将位错缺陷和杂质密度控制在较低水平，这些要素无一不在影响着多晶的少数载流子寿命。

（2）薄膜太阳能电池。薄膜太阳能电池是指用硅、硫化镉、砷化镓等制备成的厚度在微米量级的薄膜为基体材料，通过光电效应或者光化学效应直接把光能转化成电能的装置。与传统的单晶硅太阳能电池相比，薄膜电池具有成本低，弱光性更佳的优势。薄膜太阳能电池主要划分为硅基薄膜、化合物类薄膜以及有机类薄膜三类，目前国内硅基薄膜电池、铜铟镓硒薄膜电池与碲化镉薄膜电池是可以实现产业化的三种薄膜电池。

薄膜太阳能电池可以使用价格低廉的陶瓷、石墨、金属片等不同材料当基板来制造，形成可产生电压的薄膜厚度仅需数 μm。薄膜太阳能电池除了平面之外，也因为具有可挠性可以制作成非平面构造其应用范围大，可与建筑物结合或是变成建筑体的一部分，因此其应用非常广泛，除了光伏发电之外，薄膜太阳能电池还可以应用于汽车、手机等设备上，在衣服、背包，甚至帐篷上也能应用。

（3）第三代太阳能电池。由于太阳光光谱的能量分布较宽，现有的任何一种半导体材料都只能吸收其中能量比其禁带宽度值高的光子。太阳光中能量较小的光子将透过电池被背电极金属吸收，转变成热能；而高能光子超出禁带宽度的多余能量，则通过光生载流子的能量热释作用传给电池材料本身的点阵原子，使材料本身发热。这些能量都不能通过光生载流子传给负载，变成有效电能。因此目前太阳能发电过程中存在的光学损失、光电转换比例损失以及电流传输损失等三大能量损失使得单结太阳能电池转换效率的理论极限只有25%左右。

长期以来，人们一直试图用薄膜太阳电池取代第一代电池。许多人曾认为将很快发生第一代电池到第二代电池的变革，但是由于第一代电池市场份额迅速扩大，工艺日趋成熟、转换效率高、产业化水平高、投资风险较小，且由于规模化生产经济性的影响，使这一变革至今未实现。

目前，从材料、工艺与理论研究等方面来看，太阳电池的光电转换效率还有很大的提升空间。为此，第三代光电转换技术概念应运面生，实现这一概念的工艺方法也成为当前的热点研究问题。第三代光伏电池综合了第一、二代太阳能电池的优点，克服了第一代太阳能电池成本较高、第二代薄膜太阳能电池转换效率低的不足，并且具有原材料丰富、无毒、性能稳定耐用、对环境无危害等优点，在未来的光伏市场中会有很好的发展前景。目前第三代太阳电池还处在概念和简单的试验研究阶段，已经提出的主要有叠层太阳电池、多带隙太阳电池和热载流子太阳电池等。

7.3.3 太阳能光伏发电系统

光伏发电系统（PV System）是将太阳能转换成电能的发电系统，利用的是光生伏特效应。按照光伏发电是否上网，光伏发电系统分为独立太阳能光伏发电系统、并网太阳能光伏发电系统和分布式太阳能光伏发电系统。

它的主要部件是太阳能电池、蓄电池、控制器和逆变器。其特点是可靠性高、使用寿命长、不污染环境、能独立发电又能并网运行，受到各国企业组织的青睐，具有广阔的发展前景。

独立光伏发电系统的主要组成部分：光伏阵列＋光伏＋蓄电池组＋逆变器＋监控系统＋负载。

并网光伏发电系统的主要组成部分：光伏阵列＋并网逆变器＋公共电网＋监控系统。

分布式光伏发电系统的主要组成部分：光伏阵列＋直流汇流箱＋直流配电柜＋并网逆变器＋负载＋公共电网＋监控系统。

独立太阳能光伏发电是指太阳能光伏发电不与电网连接的发电方式，典型特征为需要用蓄电池来存储夜晚用电的能量。独立太阳能光伏发电在民用范围内主要用于边远的乡村，如家庭系统、村级太阳能光伏电站；在工业范围内主要用于电信、卫星广播电视、太阳能水泵，在具备风力发电和小水电的地区还可以组成混合发电系统，如风力发电/太阳能发电互补系统等。

并网太阳能光伏发电是指太阳能光伏发电连接到国家电网的发电方式，成为电网的补充，典型特征为不需要蓄电池。民用太阳能光伏发电多以家庭为单位，商业用途主要为企业、政府大楼、公共设施、安全设施、夜景美化景观照明系统等的供电，工业用途如太阳能农场。

分布式太阳能光伏发电又称分散式发电或分布式供能，是指在用户现场或靠近用电现场配置较小的光伏发电供电系统，以满足特定用户的需求，支持现存配电网的经济运行，或者同时满足这两个方面的要求。其运行模式是在有太阳辐射的条件下，光伏发电系统的太阳能电池组件阵列将太阳能转换输出的电能，经过直流汇流箱集中送入直流配电柜，由并网逆变器逆变成交流电供给建筑自身负载，多余或不足的电力通过联接公共电网来调节。

目前应用最为广泛的分布式光伏发电系统，是建在城市建筑物屋顶的光伏发电项目。该类项目必须接入公共电网，与公共电网一起为附近的用户供电。

光伏发电的特点：与现有的主要发电方式相比较，光伏发电系统的特点有：工作点变化较快，这是由于光伏发电系统受光照、温度等外界环境因素的影响很大；输入侧的一次能源功率不能主动在技术范围内进行调控，只能被动跟踪当时光照条件下的最大功率点，争取实现发电系统的最大输出；光伏发电系统的输出为直流电，需要将直流电优质地逆变为工频交流电才能带负荷。

光伏发电系统的设计需要考虑的因素：

（1）光伏发电系统需要考虑安装的环境条件以及当地的日光辐射情况；

（2）考虑系统需要承受的负载总功率的大小；

（3）系统应设计的输出电压的大小以及考虑使用直流还是交流；

（4）系统每天需要工作的小时数；

（5）如遇到没有日光照射的阴雨天气，系统需连续工作的天数；

（6）系统设计，还需要了解负载的情况，电器是纯电阻性、电容性还是电感性，以及瞬间启动最大电流的流通量。

按照光伏发电安装场所及其耦合方式，分为屋顶光伏发电系统、太阳能光伏建筑一体化系统、渔光互补光伏发电系统、农光互补光伏发电系统、风光互补光伏发电系统、水光互补光伏发电系统、林光互补光伏发电系统和聚光太阳能光伏发电站。

7.3.4　我国光伏发电“领跑者行动”与光伏扶贫工程

（1）光伏发电“领跑者”行动。2015年6月8日，国家能源局、工业和信息化部、国家认监委联合对外发布《关于促进先进光伏技术产品应用和产业升级的意见》（以下简称《意见》），提出要提高光伏产品市场准入标准，实施“领跑者”计划，引导光伏技术进步和产业升级。

在光伏产品市场准入标准方面，《意见》在光电转换效率和衰减率两大指标上提出了量化标准。据了解，光伏组件光电转换效率是指标准测试条件下光伏组件最大输出功率与照射在该组件上的太阳光功率的比值；光伏组件衰减率是指光伏组件运行一段时间后，在标准测试条件下最大输出功率与投产运行初始最大输出功率的比值。《意见》明确，国家能源局每年安排专门的市场规模实施“领跑者”计划，要求项目采用先进技术产品。同时，国家支持的解决无电人口用电、偏远地区缺电问题和光伏扶贫等公益性项目、国家援外项目、国家和各级能源主管部门组织实施的各类光伏发电应用示范项目、各级地方政府使用财政资金支持的光伏发电项目，以及在各级政府机构建筑设施上安装的光伏发电项目，优先采用“领跑者”先进技术产品。

“十三五”光伏行业的一个重要使命是实现产业升级。《意见》从市场的引导作用、产品准入要求、“领跑者”专项计划、财政资金和政府采购支持、检测认证能力提升、工程产品质量管理等多个方面提出了具体意见和目标方向，旨在引领我国先进光伏技术产品应用和产业升级，开创我国光伏产业可持续健康发展新格局。

在国家层面全力推动《中国制造2025》实施，以及全球倡导“工匠精神”的背景下，光伏“领跑者”计划是为了配合、提升整个中国制造业的水平。通过技术指标促进研发创新，“领跑者”把中国光伏从低端制造引上高质、高量的健康之路。各路企业也会从内部激发出向上的活力和动力，从而从制造端升华到研发端、创新端、应用端，让中国光伏企业发展为技术的强者和引领者。

从整体来讲，领跑者基地计划是未来规模化光伏电站发展的一个趋势。在技术进步、装机规模快速扩张的同时，光伏发电已由“零部件领跑”到“系统升级全面引跑”。

（2）光伏扶贫工程。据新华社北京2014年10月17日电，国家能源局、国务院扶贫开发领导小组办公室联合印发了《关于实施光伏扶贫工程工作方案》（以下简称《方案》），决定利用6年时间组织实施光伏扶贫工程。

光伏扶贫既是扶贫工作的新途径，也是扩大光伏市场新领域的有效措施。《方案》提出，要通过支持片区县和国家扶贫开发工作重点县内已建档立卡贫困户安装分布式光伏发电系统，增加贫困人口基本生活收入；要因地制宜，利用贫困地区荒山荒坡、农业大棚或设施农业等建设光伏电站，直接增加贫困人口收入。

《方案》明确，要以“统筹规划、分步实施，政策扶持、依托市场，社会动员、合力推进，完善标准、保障质量”为实施光伏扶贫工程工作原则，完成7项主要工作内容，包括开展调查摸底、出台政策措施、开展首批光伏扶贫项目、编制全国光伏扶贫规划（2015—2020年）、制定光伏扶贫年度方案并组织实施、加强技术指导、加强实施监管等。

国家能源局2018年3月发布的《2018年能源工作指导意见》明确提出，将继续大力实施光伏扶贫三年行动计划，推进村级和集中式光伏扶贫电站建设，计划新建2000多个村级电站，总装机30万kW。

作为扶贫工作的一种新途径，光伏扶贫在快速推进的同时，目前在标准、质量、资金、运维等方面还存在一些问题，制约了扶贫效果，需要采取应对措施改变这一局面。

具体表现为标准缺失质量难保、缺钱缺地配套滞后、运维粗放补贴拖欠等，解决之道主要是两点，即引入“领跑者”标准和探索“光伏＋”新模式。

7.3.5 太阳能光伏发电技术比较

经过数十年的发展，光伏技术从实验室走向了成熟的市场。第一代晶硅太阳能电池由于其成本、效率优势，成为主流市场。但目前晶硅太阳能电池已趋于成熟，近几年，其效率提升非常有限，未来的提升空间也很小。与此同时，第二代薄膜太阳能电池技术正在迅速成长，每年的市场份额也在逐渐提高。

太阳能电池技术主要有三代：

第一代：单晶硅、多晶硅太阳能电池。

第二代：薄膜太阳能电池。主流的包括非晶硅薄膜太阳能电池（a-Si）、砷化镓（GaAs）、碲化镉（CdTe）、铜铟镓硒（CIGS）太阳能电池。

第三代：引入新材料、新结构的薄膜太阳能电池。如多结太阳能电池、染料敏化（DSC）、有机太阳能电池（OSC）、钙钛矿，引入纳米结构的太阳能电池。

第一代电池具有效率高、成本低的优点。然而，从美国国家可再生能源实验室（NREL）的电池效率图上可以看出，单晶硅（实心蓝方块）和多晶硅（空心蓝方块）电池的效率从1995年达到24%，到现在20余年过去了，效率仅提升至25%；同时，其成本依赖于原材料价格，因此通过技术进步大幅提高其效率的可能性较小。此外，晶硅电池的弱光性能较差，在有遮挡或者多云、雾霾、雨雪的天气中，发电量会受到很大影响；基于硅片的电池，无法弯曲或透光，也决定了其应用空间的局限性，即无法用于曲面、半透光光伏幕墙等。

第二代电池的优点是弱光性能好，其性能受高温的影响相对晶硅要小一些。由于薄膜电池也可以在柔性基底上制备，并且可以制备半透光的电池，因此其应用范围较广，如可用于半透光光伏幕墙、屋顶发电、大型光伏电站、建筑光伏一体化等。虽然其效率不及晶硅电池，并且成本也相对较高，但其正处在快速成长中，未来还有很大的发展空间。

在薄膜电池中，非晶硅薄膜电池效率较低；GaAs 太阳能电池效率高，但成本也高，多用于航空航天；目前已产业化并且前景最被看好的是 CdTe 和 CIGS 薄膜太阳能电池。在 1995 年，GaAs 和 CIGS 电池的效率仅仅为 16%～17%，经过 20 多年的发展，实验室效率提升巨大，均达到 22%以上。

第三代电池离商业化还有一定距离，比如钙钛矿太阳能电池，近年来效率提升迅速，屡创新高，然而其稳定性成为其发展的一大障碍。

表 7-1 为北京某科技园光伏电站实测数据。该表比较了几种主流太阳能电池的参数和性能，单晶硅无论是从电池效率以及发电量上都占绝对的优势。除了市面上主流的单晶硅/多晶硅太阳能电池，最具优势的是 CIGS 太阳能薄膜电池，其不但具有较高的实验室效率，也具有较低的温度系和良好的弱光性。数据显示，单晶硅电池每年的发电量为 1.335kW·h，CIGS 太阳能薄膜电池甚至超越了 10%，达到 1.476kW·h，位居几种电池的第一位；而在年均每平方米发电量上，CIGS 的 114.45kW·h 也仅次于单晶硅电池的 124.50kW·h。因此，如果 CIGS 太阳能薄膜电池产品效率进一步提高、成本降低，它将很可能成为下一代市场主流的太阳能电池。

表 7-1 北京某科技园光伏电站实测数据

参数		TF-CIGS	TF-GdTe	TF-a-Si	ps-Si	sc-Si
技术水平	实验室效率	22.3%	22.1%	13.6%	21.3%	25%
产品	产品平均效率	14.8%	15.3%	6.8%	16.0%	18.2%
	产能（GW）	>1.1	>2.5	>0.6	>43.9	>15.1
	效率温度系数（%/℃）	−0.1～−0.3	−0.25	−0.15	−0.4～−0.6	−0.4～−0.6
	每 1W 年发电量（kW·h）*（发电成本对比）	1.476	1.218	1.208	1.290	1.335
	每 1m^2 年发电量（kW·h）*（土地发电成本）	114.45	75.92	46.65	110.87	124.50
	弱光性	好	好	好	欠理想	欠理想
	电池寿命（年）	20～25	20～25	10～15	20～25	20～25 年
经济性	组件价格（$/Wp）	0.78～1.01	0.70～0.96	0.42～0.78	0.50～0.82	0.54～0.94
环境的友好性		好	欠理想	好	欠理想	欠理想
应用领域		电站、屋顶、建筑一体化、光伏幕墙			电站、屋顶	

* 北京科技园区光伏测试电站。

总而言之，晶硅电池在未来 5 年仍将占据太阳能发电的主流，随着薄膜技术的日趋成熟和进步，薄膜晶硅有望平分秋色。而通过突破性的技术进展，薄膜电池甚至很有可能一跃成为未来的主流。在更远的将来，纳米材料电池、钙钛矿电池也可能异军突起，占据市场的一席之地。

7.4　太阳能光化利用与燃油利用

太阳能光化利用。这是一种利用太阳辐射能直接分解水制氢的光—化学转换方式。它包括光合作用、光电化学作用、光敏化学作用及光分解反应。

光化转换就是因吸收光辐射导致化学反应而转换为化学能的过程。其基本形式有植物的光合作用和利用物质化学变化贮存太阳能的光化反应。植物靠叶绿素把光能转化成化学能，实现自身的生长与繁衍，若能揭示光化转换的奥秘，便可实现人造叶绿素发电。太阳能光化转换正在积极探索、研究中。通过植物的光合作用来实现将太阳能转换成为生物质的过程，如巨型海藻的培养。

澳大利亚莫纳什大学的科研团队创造了一种能源转换效率打破世界纪录的太阳能制氢方法，这种方法实现了22%的转换率，为推动廉价、高效制氢生产工艺打下了基础，是大规模生产氢能源的重要一步。莫纳什大学的太阳能制氢技术为光电化学分解法制氢方面的突破。

该团队取得的光电化学分解法制氢在于材料方面的突破，泡沫镍电极材料的应用，使得电极表面积大大增加，从而有效利用太阳光各波段光谱的能量，提高了其太阳光催化性能。同时，团队采用了最高效的光伏电池面板，大大提高了太阳能光电转换利用率。基于以上两点的结合，新的技术使得光电制氢的转换效率达到了突破世界纪录的22%。

燃油利用。欧盟从2011年6月开始，利用太阳光线提供的高温能量，以水和二氧化碳作为原材料，致力于“太阳能”燃油的研制生产。截至目前，研发团队已在世界上首次成功实现实验室规模的可再生燃油全过程生产，其产品完全符合欧盟的飞机和汽车燃油标准，无须对飞机和汽车发动机进行任何调整改动。

研制设计的“太阳能”燃油原型机，主要由两大技术部分组成：第一部分利用集中式太阳光线聚集产生的高温能量，辅之ETH Zürich自主知识产权的金属氧化物材料添加剂，在自行设计开发的太阳能高温反应器内将水和二氧化碳转化成合成气（Syngas），合成气的主要成分为氢气和一氧化碳；第二部分根据费-托原理（Fischer-Tropsch Principe），将余热的高温合成气转化成可商业化应用于市场的“太阳能”燃油成品。

7.5　高效太阳能利用技术创新

《能源技术革命创新行动计划》明确的重点任务之七是高效太阳能利用技术创新。深入研究更高效、更低成本晶体硅电池产业化关键技术，开发关键配套材料。研究碲化镉、铜铟镓硒及硅薄膜等薄膜电池产业化技术、工艺及设备，大幅提高电池效率，实现关键原材料国产化。探索研究新型高效太阳能电池，开展电池组件生产及应用示范。掌握高参数太阳能热发电技术，全面推动产业化应用，开展大型太阳能热电联供系统示范，实现太阳能综合梯级利用。突破太阳能热化学制备清洁燃料技术，研制出连续性工作样机。研究智能化大型光伏电站、分布式光伏及微电网应用、大型光热电站关键技术，开展大型风光热互补电站示范。

7.5.1 战略方向

（1）太阳能高效晶体硅电池及新概念光电转换器件。重点在开发平均效率≥25%的晶体硅电池产线［如异质结（HIT）电池和叉指背接触（IBC）电池或两者的结合］，探索更高效率、更低成本的新概念光电转换器件及面向产业化技术等方面开展创新与攻关。

（2）高参数太阳能热发电与太阳能综合梯级利用系统。重点在超临界太阳能热发电、空气吸热器、固体粒子吸热器、50～100MW级大型全天连续运行太阳能热电站及太阳能综合梯级利用、100MW槽式太阳能热电站仿真与系统集成等方面开展研发与攻关。

（3）太阳能热化学制备清洁燃料。重点在太阳能热化学反应体系筛选、热化学在非平衡条件下的反应热力学和动力学机理及其与传热学和多项流的耦合作用机理探索、太阳能制取富含甲烷的清洁燃料等方面开展研发与攻关。

（4）智能光伏电站与风光热互补电站。重点在高能效、低成本智能光伏电站、智能化分布式光伏和微电网的应用，50MW级储热的风光热互补混合发电系统等方面开展研发与攻关。

7.5.2 创新目标

2020年目标。突破三五（Ⅲ-Ⅴ）族化合物电池和铁电-半导体耦合电池的产业化关键技术，建成100MW级HIT太阳能电池示范生产线；掌握分布式太阳能热电联供系统的集成和控制，以及太阳能热化学制备燃料机理；掌握智能光伏电站设计和建造成套技术，实现发电效率≥80%；掌握50MW级塔式光热电站整体设计及关键部件制造技术；突破光热-光伏-风电集成设计和控制技术，促进风光互补利用技术产业化。

2030年目标。大幅提高铜铟镓硒（CIGS）、碲化镉（CdTe）电池的效率，建立完整自主知识产权生产线，实现在建筑中规模应用并达到国际前沿水平；HIT电池国产化率≥85%并达到批产化水平。掌握高参数太阳能热发电技术，全面推动产业化应用；建成50MW太阳能热电联供系统，形成自主知识产权和标准体系。突破太阳能热化学反应器技术，研制出连续性工作样机。

2050年展望。开发出新型高性能光伏电池，大幅提升光电转换效率并降低成本，至少一种电池达到世界最高效率；实现光电转化和储能一体化；太阳能热化学制备清洁燃料获重大突破并示范。

7.5.3 创新行动

(1) 新型高效太阳能电池产业化关键技术。研发铁电-半导体耦合电池、钙钛矿电池及钙钛矿/晶体硅叠层电池产业化的关键技术、工艺及设备，建立电池组件生产及应用示范线，建成产能≥2MWp的中试生产线，组件平均效率各为≥14%、≥15%、≥21%。探索新型高效太阳能电池技术，探索研发更高效、更低成本的铁电-半导体耦合电池、铁电-半导体耦合/晶体硅叠层电池、钙钛矿电池、染料敏化电池、有机电池、量子点电池、新型叠层电池、硒化锑电池、铜锌锡硫电池和三五（Ⅲ-Ⅴ）族纳米线电池等电池技术，实现至少一种电池达到世界最高效率。

(2) 高效、低成本晶体硅电池产业化关键技术。研究低成本晶体硅电池、HIT太阳电池、IBC电池产业示范线关键技术和工艺，推进HIT太阳电池设备及原材料国产化，开发IBC与HIT结合型高效电池；建成设备国产化率≥80%的百兆瓦级电池示范生产线，产线电池平均效率各为≥21%、≥23%、≥23%。研制太阳能电池关键配套材料，开发高效电池用配套电极浆料关键技术，包括正银浆料制备技术，以及无铅正面银电极、低成本浆料银/铜粉体功能相复合电极材料等。

(3) 薄膜太阳能电池产业化关键技术。研究碲化镉、铜铟镓硒及硅薄膜等薄膜电池的产业化关键技术、工艺及设备，掌握铜铟镓硒薄膜电池原材料国产化技术；建成产能100MWp示范生产线，组件平均效率各为≥17%、≥17%、≥15%。

(4) 高参数太阳能热发电技术。研究高温、高效率吸热材料、超临界蒸汽发生器、二氧化碳透平；研发高温承压型空气吸热器、50kW级高温空气-燃气联合发电系统、高性能太阳能粒子吸热器；研究高温粒子储热、粒子蒸汽发生器的设计方法及换热过程、粒子空气换热装置的高温粒子与空气间换热规律。

(5) 分布式太阳能热电联供系统技术。研究不同聚光吸热的分布式太阳能热电联供系统长周期蓄热材料、部件和系统，研制单螺杆膨胀机、斯特林发动机、有机工质蒸汽轮机等低成本、高效中小功率膨胀动力装置，提出不同聚光吸热的高效中小功率热功转换热力循环系统；建设1～1000kW级分布式太阳能热电联供系统集成示范，掌握电站的动态运行特性和调控策略。

(6) 太阳能热化学制取清洁燃料关键技术。研究热化学反应体系筛选及反应热力学和动力学，以及金属氧化物还原反应制取清洁燃料、甲烷（催化）干湿重整过程、含碳物料的干湿重整过程等的反应热力学和动力学机理；研究太阳能高温热化学器内传热学与反应动力学的耦合作用机理、太阳能热化学制取清洁燃料的多联产系统热力学机理和动态过程。

(7) 智能化分布式光伏及微电网应用技术。研究分布式光伏智能化技术、分布式光伏直流并网发电技术，以及区域性分布式光伏功率预测技术，开展区域内基于不同类型智能单元的分布式光伏系统设计集成技术、光伏微电网互联技术的研究及示范。

(8) 高能效、低成本智能光伏电站关键技术研究及示范。研究智能光伏电站设计集成和运行维护技术、高可靠智能化平衡部件技术、兆瓦级光伏直流并网发电系统关键技术，开展百万千瓦级大规模智能光伏电站群的运行特性及对电网的影响研究。

（9）大型槽式太阳能热发电站仿真与系统集成技术。建立 100MWe 槽式太阳能热发电站仿真系统，搭建槽式集热器、导热油系统、储热系统、蒸汽发生系统、汽轮机仿真模型。研究大型槽式太阳能热发电站系统集成技术，实现气象条件与集热、储热、蒸汽发生与汽轮发电协同控制与调节技术，研究可复制、模块化的系统集成与集成控制技术，电站参数优化方法等。

（10）50～100MW 级大型太阳能光热电站关键技术研究与集成应用。研究定日镜及大型定日镜场技术、塔式电站大型镜场在线检测技术、大型吸热器技术及大型高效储换热技术、适合光热发电系统的热力装备技术，研究塔式电站系统集成与控制技术、光热发电系统参与电网调节的主动式控制技术，建立可全天连续发电的 50MW 级槽式太阳能高效梯级利用示范电站；研究 20MW 级直接产生过热蒸汽型的多塔集成调控塔式太阳能热发电站集成应用。

（11）50MW 级储热光伏、光热、风电互补的混合发电示范应用。研究储能光热电站（＞10MW）与光伏（＞20MW）/风电（＞20MW）混合发电站的整体设计技术，研究储能光热电站与光伏/风电互补发电的协调技术；研究混合发电站的控制技术及自动化运维技术，实现各种工况下光热-光伏/风电混合发电站的平稳发电以及突变条件下的快速响应；研究 50MW 级储能光热电站与光伏/风电混合发电站整体系统集成、工程化及运营技术，实现示范应用。

延伸阅读
（提取码 jccb）

第8章 风　　能

风能（wind energy）是地球表面大量空气流动所产生的动能。由于地面各处受太阳辐照后气温变化不同和空气中水蒸气的含量不同，因而引起各地气压的差异，在水平方向上高压空气向低压地区流动，即形成风。风能资源取决于风能密度和可利用的风能年累积小时数。风能密度是单位迎风面积可获得的风的功率，与风速的三次方和空气密度成正比关系。风能是太阳能的一种转化形式，具有储量巨大、分布广、无污染等特点，是21世纪备受关注的可持续发展的替代能源之一。

8.1 风及风能

8.1.1 风的形成

大气时刻不停地运动着，它的运动能量来源于太阳辐射。太阳辐射对地表各处的加热并不是均匀的，因而形成区域间的温度（冷热）差异，引起了空气上升或下沉的垂直运动，空气的上升或下沉，导致了同一水平面上的气压差异。单位距离的气压差称为气压梯度。只要水平面上存在气压梯度，就产生了促使大气由高压区向低压区运动的动力，这个力称为水平气压梯度力。在这个力的作用下，大气会从高压区向低压区作水平运动，这就形成了通常所说的风。

水平气压梯度力是垂直于等压线，并指向低压的，如果没有其他外力的影响，风向应该平行于气压梯度的方向，但因为地球的自转，使空气的水平运动方向发生了偏转，而这种使空气发生偏转的力定义为地转偏向力，它使风向逐渐偏离气压梯度力的方向，北半球向右偏转，南半球向左偏转。由此可见，地球上的大气除了受到水平气压梯度力的作用以外，还受到地转偏向力的影响。此外，空气的运动，特别是地面附近空气的运动不仅受到这两个力的支配，而且在很大程度上受海洋、地形（山隘和海峡）、丘陵山地等影响，从而造成了风速的增强或减弱。

8.1.2 风速与风向

风速是指空气相对于地球某一固定地点的运动速率，风速的常用单位是m/s，1m/s=3.6km/h。风速没有等级，风力才有等级，风速是风力等级划分的依据。一般来讲，风速越强，风力等级越高，风的破坏性越大。

测量风速的仪器有很多，常见的有旋转式风速计、压力式风速计、散热式风速计和声学风速计等。因为风速是不恒定的，风速仪所测得的仅仅是风速的瞬时值。根据时间段的不同而分为日平均风速、月平均风速或年平均风速。一般来说，风速会随着海拔高度的升高而增强，风速仪放置的位置不同，测得的结果也会有相应的变化，通常选取 10m 作为测量高度。

空气团运动的方向称为风向。如果气流从北方吹来就为北风。

8.1.3 风级

风级，即风力的等级，用于衡量风对地面或海面物体的影响程度。1805 年英国人弗朗西斯·蒲福（Frinecis Beanfort）把风力分为 13 级（从 0 级风到 12 级风）。除了用数字表示等级外，还有一套自成系统的表示风力大小的具体名称，如“强风”“狂风”“飓风”等。蒲福创立的风级，具有科学、精确、通俗、适用等特点，已为各国气象界及整个科学界认可采用。20 世纪 50 年代，测风仪器的发展使人们发现自然界的风力实际可以大大地超过 12 级，“蒲福风力等级”几经修订补充，现已扩展为 18 个等级，即从 0 级到 17 级。事实上，17 级以上的风虽极为罕见，但也出现过，只是现在还没有制定出衡量它们级别的标准。

8.1.4 风能密度与风能

风能密度是气流在单位时间内垂直通过单位截面积的风能。它是描述一个地方风能潜力的最方便、最有价值的量。

$$W=0.5\rho V^3 \tag{8-1}$$

式中　W——风能密度，W/m^2；

ρ——空气密度，kg/m^3；

V——风速，m/s。

由于风速随机性很大，用某一瞬时的风速无法来评估某一地区的风能潜力，通常使用的是平均风能密度。

$$\hat{W}=1/T\int 0.5\rho V^3 \mathrm{d}t \tag{8-2}$$

式中　$\hat{W}$——时间 T 内的平均风能密度，W/m^2；

ρ——空气密度，kg/m^3；

V——t 时刻的风速，m/s。

若空气密度 ρ 在时间 T 内的变化可以忽略不计，则式（8-2）变为

$$\hat{W}=\rho/2T\int V^3 \mathrm{d}t \tag{8-3}$$

在实际的风能利用中，对于那些不能使风能转换装置，如风力发电机启动或运行的风速，例如 0～3m 的风速不能使风机启动，超过风机运行风速将会给风机带来破坏，故这部分风速也无法利用，我们除去这些不可利用的风速后，得出的平均风速所求出的风能密度称之为有效风能密度。

根据上述有效风能密度的定义得出计算公式：

$$W=\int_{v_1}^{v_2} 0.5\rho V^3 P(v)\mathrm{d}v \tag{8-4}$$

式中　v——启动风速（积分下限）；

v_2——停机风速（积分上限）；

$P(v)$——有效风速范围内的条件概率分布密度函数。

风能密度乘以垂直于风速的面积，可得到风能，即

$$E=W\times F \tag{8-5}$$

式中　E——风能，W；

W——风能密度，W/m^2；

F——垂直于风速的受风面积，m^2。

8.1.5　风能的主要利用形式

风能的利用是将大气运动时所产生的动能转化为其他形式的能量。风能的主要利用形式很多，包括风力发电、风力提水、风帆助航和风力制热等。

风力提水从古至今一直得到较普遍的应用。

利用风力发电已越来越成为风能利用的主要形式，受到各国的高度重视，而且发展速度最快。风力发电通常有三种运行方式：

(1) 独立运行方式，通常是一台小型发电机向一户或几户提供电力，它用蓄电池蓄能，以保证无风时的用电；

(2) 风力发电与其他发电方式（如柴油机发电）相结合，向一个单位或一个村庄或一个海岛供电；

(3) 风力发电并入常规电网运行，向大电网提供电力。常常是一处风场安装几十台甚至几百台风力发电机，这是风力发电的主要发展方向。

分布式能源是能源转型的核心方向之一。对经历了井喷增长、产能过剩、产业重塑等一系列蛰伏后的风电而言，亦是如此。

分散式风电一般是指采用风力发电机作为分布式电源，将风能转换为电能的分布式发电系统，其试点、成长、扩张的路径与大型风电基地截然相反。相对于传统的风电模式，分散式风电的优势显而易见："本地平衡、就近消纳"。公开资料显示，分散式风电可以结合具体情况因地制宜，适应性较强，已经显现出较大的开发潜力。

风帆助航。在机动船舶发展的今天，为节约燃油和提高航速，古老的风帆助航得到了发展。

风力制热。随着人民生活水平的提高，家庭用能中热能的需求越来越大，特别是在高纬度的欧洲、北美，取暖、煮水是耗能大户。为了解决家庭及低品位工业热能的需要，风力制热有了较大的发展。

8.1.6　风能资源分布

地球上的风能资源十分丰富，据相关资料统计，每年来自外层空间的辐射能为 1.5×10^{18} kW·h，其中 2.5%即 3.8×10^{16} kW·h 的能量被大气吸收，产生大约 4.3×10^{12} kW·h 的风能。

风能资源受地形的影响较大，世界风能资源多集中在沿海和开阔大陆的收缩地带。

8级以上的风能高值区主要分布于南半球中高纬度洋面和北半球的北大西洋、北太平洋以及北冰洋的中高纬度部分洋面上。大陆上的风能则一般不超过7级，其中以美国西部、西北欧沿海、乌拉尔山顶部和黑海地区等多风地带较大。

根据全国风能详查和评价结果，我国陆上50m高度平均风功率密度大于等于300W/m^{2}的风能资源理论储量为73亿kW。风能资源丰富和较丰富的地区主要分布在两个带里。第一是“三北”（东北、华北、西北）地区丰富带；第二是沿海及岛屿地丰富带。另外，在一些地区由于湖泊和特殊地形的影响，风能也较丰富，成为内陆风能丰富地区。

8.1.7 风能利用现状

根据REN21《2017全球可再生能源现状报告》，近10年风电场建设是可再生能源的重要支柱，2004年风力发电仅占再生能源发电的6%，到2016年发展到24.1%。2016年年底，90个国家有风电场商业活动，其中有29个国家风电场装机容量超过1GW。

根据《BP Statistical Review of World Energy June 2017》的报告，2016年全球风电场年增长15.6%，发电量为959.5TW·h，其中发电量最多的国家是中国。中国于2016年超过美国，中国年增长39.4%，发电量为241.0TW·h，占全球总量的25.1%。

世界上前10位的风力涡轮制造商占领了2016年75%的市场，其中中国约占其中的28%。

2016—2017年我国风电新增并网容量连续2年下滑。受2015年产业内部结构调整（抢装回调）的影响，2016年风电新增并网容量降为19.3GW，同比降低41.5%。进入2017年以来，风电行业持续低迷，全年风电新增并网容量15.0GW，同比降低22.1%。

2018年，我国风力发电装机受多重政策影响，如分散式风力发电、海上风力发电增长迅速，预计2018年行业新增装机或达25GW，同增66%，超过能源局20GW的规划。

随着国网加快新能源发电并网和消纳工作，2017年上半年风电弃风情况出现显著改善。2017年上半年风电平均利用小时数984h，同比增加67h；弃风电量235亿kW·h，平均弃风率14%，较2016年同期下降7个百分点，其中尤为显著的是新疆、甘肃、辽宁、吉林、宁夏、内蒙古等年初因为弃风率偏高被暂停新项目核准和并网的“三北”地区上半年弃风率下降均超过10个百分点。

根据国家能源局《2017—2020年风电新增建设规模方案》，计划2017—2020年全国新增建设规模分别为30.65GW、28.84GW，26.6GW、24.31GW，计划累计新增风电装机110.41GW，到2020年累计规划并网126GW。风电行业未来将总体呈现总量稳定，结构调整的新格局。

受中国市场影响，2017年全球风电新增装机有所下滑。2017年，全球风电新增装机52.57GW，同比下滑3.79%，主要受中国市场相对低迷的影响；累计装机容量达到539.58GW，同比增加10.65%。欧洲风电创纪录增长，其中德国新增装机6.58GW，英国装机4.27GW；亚州地区的印度新增装机4.15GW，增长强劲。截至2016年，全球风电市场累计装机容量达486.7GW，自2005年以来复合增速达21.13%。无论是累计还是新增装机容量，我国都已成为全球规模最大的风电市场。

根据发展现状及各国政策规划预测，世界风电行业将呈现以下发展趋势：从全球电力生产结构的变化趋势来看，化石燃料和核能发电的占比逐年下降，水电占比长期维持在16.6%，风电是目前发展最快的可再生能源。

基于风电的高度环境友好性及适中的度电成本，风电在全球主要国家已实现了大规模的产业化运营，但为了进一步减少石化能源的消耗，达到节能减排，保护自然环境的目的，各主要国家仍不断出台有利于风电发展的行业政策和产业规划。

相比陆上风电，海上风电具备风电机组发电量高、单机装机容量大、机组运行稳定以及不占用土地，不消耗水资源，适合大规模开发等优势。同时，海上风电一般靠近传统电力负荷中心，便于电网消纳，免去长距离输电的问题，因而全球风电场建设已出现从陆地向近海发展的趋势。

8.2 风力发电

8.2.1 概述

把风的动能转变成机械动能，再把机械能转化为电力动能，这就是风力发电。风力发电的原理，是利用风力带动风车叶片旋转，再透过增速机将旋转的速度提升，来促使发电机发电。依据目前的风车技术，大约是每秒3m的微风速度（微风的程度），便可以开始发电。风力发电正在世界上形成一股热潮，因为风力发电不需要使用燃料，也不会产生辐射或空气污染。

风力发电有两种不同的类型，即独立运行的——离网型和接入电力系统运行的——并网型。离网型的风力发电规模较小，通过蓄电池等储能装置或者与其他能源发电技术相结合（如风电/水电互补系统、风电-柴油机组联合供电系统）可以解决偏远地区的供电问题。并网型的风力发电是规模较大的风力发电场，容量为几兆瓦到几百兆瓦，由几十台甚至成百上千台风电机组构成。并网运行的风力发电场可以得到大电网的补偿和支撑，更加充分地开发可利用的风力资源，是国内外风力发电的主要发展方向。在日益开放的电力市场环境下，风力发电的成本也将不断降低，如果考虑到环境等因素带来的间接效益，则风电在经济上也具有很大的吸引力。

离网型风力发电机组，多用于电网不易达到的边远地区，如高原、牧场、海岛等。由于风力发电输出功率的不稳定性和随机性，需要配置蓄能装置，在涡轮风电机组不能提供足够的电力时，为用户提供应急动力。最普遍使用的就是蓄电池，风力发电机在正常运转时，在为用户提供电力的同时，将剩余的电力提供逆变器装置转换成直流电，向蓄电池充电；当风力减弱，发电机不能正常提供电力时，蓄电池提供逆变器转换为交流电，向用电装置供电。

根据消纳方式和上网方式的不同，并网型风力发电系统分为集中式风力发电、分布式风力发电和分散式风力发电。

集中式分力发电，就是一个风电场的风机都用一个或几个变电站汇集，然后接入电网供电。

分布式风力发电特指采用风力发电机作为分布式电源，将风能转换为电能的分布式发电系统，发电功率在几千瓦至数百兆瓦（也有的建议限制在30～50MW）的小型模块化、分散式、布置在用户附近的高效、可靠的发电模式。它是一种新型的、具有广阔发展前景的发电和能源综合利用方式。

根据国家能源局印发的相关通知，分散式风力发电定义如下：分散式接入风电项目是指位于用电负荷中心附近，不以大规模远距离输送电力为目的，所产生的电力就近接入电网，并在当地消纳的风电项目。

分散式接入风电项目应具备的条件：

（1）应充分利用电网现有的变电站和送出线路，原则上不新建高压送电线路和110kV、66kV变电站，并尽可能不新建其他等级的输变电设施；

（2）接入当地电力系统110kV或66kV降压变压器及以下电压等级的配电变压器；

（3）在一个电网接入点接入的风电装机容量上限以不影响电网安全运行前提合理确定，统筹考虑各电压等级的接入总容量，并鼓励多点接入；

（4）除示范项目外，单个项目总装机容量不超过50MW。

分散式风力发电的优势主要体现在以下几个方面：

（1）分散式风力发电项目不占用国家核准计划指标，由各省自行建设。

（2）分散式风力发电项目一般不新建升压站，距离接入站较近，能节省输配电设备费用。

（3）通过合理优化分散式风力发电的接入位置和接入容量，可以明显降低电能损耗，改善电网末端的电能质量。

（4）分散式风力发电项目装机容量较小，占地面积小，建设周期短，选址灵活。

（5）对于消纳能力较好的地方，弃风限电因素较小。

8.2.2 风力发电机

风力发电机是将风能转化为电能的装置，主要由叶片、发电机、机械部件和电气部件组成。根据旋转轴的不同，风力发电机主要分为水平轴风力发电机和垂直轴风力发电机两类，目前市场上水平轴风力发电机占主流位置。

许久以来，风力发电机同水力机械一样，作为动力源替代人力、畜力，对生产力的发展发挥过重要作用。近代机电动力的广泛应用以及20世纪50年代中东油田的发现，使风力机的发展缓慢下来。

20世纪70年代初期，由于“石油危机”，出现了能源紧张的问题，人们认识到常规矿物能源供应的不稳定性和有限性，于是寻求清洁的可再生能源遂成为现代世界的一个重要课题。风能作为可再生的、无污染的自然能源又重新引起了人们的重视。

进入21世纪，出于应对气候变化与低碳经济转型发展的需要，风电作为最具竞争力的清洁能源之一，更是得到快速发展，同时推动了风力发电机的技术进步。

（1）水平轴风力发电机（horizontal axis wind turbine 或 HAWT）

水平轴风力发电机是目前世界各国风力发电机最为成功的一种形式，而生产垂直轴风力发电机的国家很少，主要原因是垂直轴风力发电机的效率低，需启动设备，同时还有些技术问题尚待解决。

水平轴风力发电机主要由风轮、风轮轴、低速联轴器、增速器、高速轴联轴器、发电机、塔架、调速装置、调向装置、制动器等组成。

水平轴风力机可分为升力型和阻力型两类。升力型旋转速度快，阻力型旋转速度慢。对于风力发电，多采用升力型水平轴风力机。大多数水平轴风力机具有对风装置，能随风向改变而转动。对小型风力机，这种对风装置采用尾舵，而对于大型风力机，则利用风向传感元件及伺服电动机组成的传动装置。

水平风力机的式样很多，有的具有反转叶片的风轮；有的在一个塔架上安装多个风轮，以便在输出功率一定的条件下减少塔架成本；有的利用锥形罩，使气流通过水平轴风轮时集中或扩散，因此加速或减速；还有的水平轴风力机在风轮周围产生旋涡，集中气流，增加气流速度。

①叶轮。叶轮由叶片和轮毂组成，其作用是将风能转变为机械能，是机组中最重要的部件，直接决定风力机的性能和成本。风力机有上风式、下风式两种，风力机的风轮在塔架前面的称上风向风力机，风轮在塔架后面的则称下风向风力机。叶片数量为2～3片，通常为上风式、3叶片，叶尖速度为50～70m/s。研究表明，3叶片叶轮受力平衡，轮毂结构简单，能够提供最佳效率，从审美的角度来说也令人满意。

叶片是叶轮的主要部分，是转化流动空气动能的载体，工作中的叶片可以被看作旋转的机翼。在进行叶片设计时，选择最佳的形状叶片翼型和尺寸，使风轮具有优异的空气动力特性，是风力机高效工作的前提。

目前大型风电叶片的结构都为蒙皮主梁形式。蒙皮主要由双轴复合材料层增强，提供气动外形并承担大部分剪切载荷。后缘空腔较宽，采用夹芯结构，提高其抗失稳能力，这与夹芯结构大量在汽车上应用类似。主梁主要为单向复合材料层增强，是叶片的主要承载结构。腹板为夹芯结构，对主梁起到支撑作用。

风电叶片发展初期，由于叶片较小，有木叶片、布蒙皮叶片、钢梁玻璃纤维蒙皮叶片、铝合金叶片等，随着叶片向大型化方向发展，复合材料逐渐取代其他材料成为大型叶片的唯一可选材料。

玻璃纤维增强塑料（玻璃钢）是现代风机叶片最普遍采用的复合材料。玻璃钢以其低廉的价格，优良的性能占据着大型风机叶片材料的统治地位。但随着叶片逐渐变大，风轮直径已突破120m，最长的叶片已做到61.5m，叶片自重达18t。这对材料的强度和刚度提出了更加苛刻的要求。全玻璃钢叶片已无法满足叶片大型化、轻量化的要求。碳纤维或其他高强纤维随之被应用到叶片局部区域，如NEG Micon NM 82.40m长叶片，LM61.5m长叶片都在高应力区使用了碳纤维。由于叶片增大，刚度逐渐变得重要，已成为新一代MW级叶片设计的关键。

现今碳纤维产业仍以发展轻质、良好结构和热性质佳等附加值大的航空应用材料为主。但许多研究员却大胆预言碳纤维的应用将会逐步增加。风能的成本效益将取决于碳纤维的使用方式，未来若要大量取代玻璃纤维，必须低价才具有竞争力。表8-1所列为常见的水平轴风力发电机组容量、叶轮直径和塔架高度关系。

表8-1 水平轴风力发电机组容量、叶轮直径和塔架高度关系

机组容量（kW）	50	300	750	1000	2000	5000
叶轮直径（m）	15	34	48	60	72	112
塔架高度（m）	25	40	60	70	80	100

②机舱。机舱为风力发电机的机械、电气、自动控制等部件提供一个稳定、安全的工作环境，包括机舱盖和底板。机舱盖起保护作用，底板支撑着传动系统部件。

③传动系统。传统系统的主要作用是将叶轮所获得的机械能传输给发电机，并将转速提升到发电机的额定转速。主要包括低速轴、齿轮箱和高速轴，以及轴承、联轴器和机械刹车等部件。齿轮箱有平行轴式和行星式两种，大型机组多采用行星式。

④发电机。发电机将机械能转换为电能，主要有感应电机和同步电机两种。感应电机因其可靠、廉价、易于接入电网，因而得到广泛应用。

⑤偏航系统。风力机的偏航系统也称对风装置，其作用在于当风速矢量的方向发生变化时，能够快速平稳地对准风向，以便风轮获得最大的风能。

中小型风力发电机常用舵轮作为对风装置。当风向变化时，位于风轮后面两舵轮（其旋转平面与风轮旋转平面垂直）旋转，并通过一套齿轮传动系统使风轮偏转，当风轮重新对准风向后，舵轮停止转动，对风过程结束。

大中型风力发电机通常采用电动的偏航系统来调整风轮并使其对准风向。偏航系统包括感应风向的风向标、偏航电机、偏航行星齿轮减速器、回转体大齿轮等。风向标作为感应元件将风向的变化用电信号传递到偏航电机的控制回路的处理器，经比较后处理器给偏航电机发出顺时针或逆时针的偏航命令，电机转动带动风轮偏航对风，当对风完成后，风向标失去电信号，电机停止转动，对风过程结束。

⑥控制系统。控制系统要保障机组在各种自然条件与工况下正常、安全地运行，包括调速、调向和安全控制等功能，由传感器、控制器、功率放大器、制动器等主要部件组成。

⑦塔架与基础。塔架与基础保障风力机在设计受风高度上安全运行。塔架高度通常为叶轮直径的1～1.5倍，主要有柱式和桁架式两种，常用柱式，以钢筋或混凝土为材料。在工作过程中，塔架会发生各种形式的振动，其刚度在风力机动力学中是主要因素。

2017年3月，Vestas推出了一种锚索固定的塔筒设计方案，希望能降低大型陆上风电机组的制造成本。这种被称为“斜拉索塔架”的结构由3根多股钢丝绳进行拉紧固定，以减少塔筒底部与地面之间的力矩与载荷。Vestas认为这种结构可以使得大型风电机组使用较窄的塔筒，进而节约塔筒所需材料，并降低塔筒制造成本和运输成本。

作为风力发电的主力机型，水平轴风力发电机也在不断发展之中，主要是从定桨叶轮向变桨叶轮、从定速型向变速型、从千瓦级向兆瓦级机组、从有齿轮箱式向直接驱动式转变。

（2）垂直轴风力发电机（verticaol axis wind turbine或VAWT）

垂直轴风力发电机，风轮的旋转轴垂直于地面或者气流的方向。垂直轴风力发电

机在风向改变的时候无须对风，这一点相对于水平轴风力发电机是一大优势。它不仅使结构设计简化，而且也减少了风轮对风时的陀螺力。

垂直轴风力发电机从分类来说，主要分为阻力型和升力型。阻力型垂直轴风力发电机主要是利用空气流过叶片产生的阻力作为驱动力，而升力型则是利用空气流过叶片产生的升力作为驱动力。叶片在旋转过程中，随着转速的增加阻力急剧减小，而升力反而会增大，所以升力型垂直轴风力发电机的效率要比阻力型的高得多。

阻力型垂直风力发电机的典型结构是S形风轮，它由两个轴线错开的半圆柱组成，其优点是驱动转矩较大，缺点是由于围绕着风轮产生不对称气流，从而对它产生侧向推力。

升力型是指利用翼型的升力做功。最典型的是达里厄式风轮，它是法国G. J. M达里厄于19世纪30年代发明的。在20世纪70年代，加拿大国家科学研究院对此进行了大量的研究，是水平轴风力发电机的主要竞争者。达里厄式风轮是一种升力装置，弯曲叶片的剖面是翼形，它的启动力矩低，但尖速比可以很高，对于给定的风轮质量和成本，有较高的功率输出。世界上有多种达里厄式风力发电机，如Φ形、Δ形、Y形和H形等。这些风轮可以设计成单叶片、双叶片、三叶片或者多叶片。

得益于现代计算机空气动力学计算以及数字模拟计算，研究出新型H形垂直轴风力发电机。在海岛以及边疆大量采用以这种新型垂直轴风力发电机为主要设备的风光互补系统。

根据H形风力发电机的原理，风轮的转速上升速度提高较快（力矩上升速度快），它的发电功率上升速度也相应地变快，发电曲线变得饱满。在同样功率下，垂直轴风力发电机的额定风速较现有水平轴风力发电机要小，并且它在低风速运转时发电量也较大。

与水平轴风力机相比，垂直轴风力机的优点和缺点都很明显。其优点是叶轮的转动与风向无关，因此不需要像水平轴风力机那样设置偏航系统；能量传递与转换过程相对简单；可以方便地安装在地面上，因而不需要昂贵的塔架，设备制造、运行、维护成本相对较低。主要缺点是风轮高度低，风速小，能接收的风能就小；运行中风力机的叶片受力大小总是不断产生周期性的变化，增加了风轮的气动载荷，易形成叶片的自激振动与材料的疲劳破坏。

8.2.3 风光互补供电

风光互补供电系统主要由风力发电机组、太阳能光伏电池组、控制器、蓄电池、逆变器、交流直流负载等部分组成，该系统是集风能、太阳能及蓄电池等多种能源发电技术及系统智能控制技术为一体的复合可再生能源发电系统。

风光互补供电系统广泛应用于微波通信、路灯、基站、电台、野外活动、高速公路通信、无电山区、村庄和海岛等远距离电网小概率负荷，可以实现无输电线路的稳定供电。随着技术进步，风光互补供电系统正逐步向大型化发展。

8.2.4 风力发电前沿

（1）风筝风力发电。长期以来，风筝发电一直在被人们讨论，认为是风力发电的下一步发展，风筝发电公司（KiteGen）激进的新型风筝发电概念，可能是一种最清洁、最有效的办法，用于解决世界的能源需求。这种系统采用高海拔、大翼风筝，公司声称可以产生吉瓦的廉价清洁能源。

公司拥有多种配置，包括风筝发电阀杆（KiteGen Stem）及风筝发电旋转木马（KiteGen Carousel）。在阀杆配置中，风筝翅膀拉扯着电缆，驱动地面上的交流发电机，这种发电机就会发电。风筝发电公司认为，电缆相绕组（cable winding phase）的能耗是很小的一部分，属于相位拉直（unwinding phase）时产生的能量。

旋转木马配置结合使用风筝发电公司的一系列发电机，几个风筝在空中形成一圈，海拔高度为800～1000m，垂直旋转轴在这种结构中驱动大型交流发电机，可换低挡位，适应施加的力。满负荷生产时，这种阵列每年可以发电5000h。

（2）空中风力发电机。美国风能公司阿尔泰罗能源公司研制出可漂浮在空中的风力发电机（以下简称AWT）原型，能够在距地面约100m的高度发电。阿尔泰罗能源公司表示，最终的商用版AWT作业高度可达到约300m，这一高度的风力更强，也更为稳定。

AWT采用的是一款热销的涡轮机，在高空的发电效率是传统风力塔的2倍。在缅因州莱姆斯通的罗琳商业中心，工作人员成功将一辆拖车上的AWT放飞到空中。阿尔泰罗能源公司表示AWT利用高空强风发电——风力可达到传统风力塔的5倍——能够将能量消耗降低65%，将安装时间从几周减至只有短短几天。

AWT借助一个充满氦气的充气壳进入高空，利用绳索固定，而后将所发的电传输到地面。

（3）海洋风力发电。海上风电由于其资源丰富、风速稳定、对环境的负面影响较少；风电机组距离海岸较远，噪声、视觉干扰很小；单机容量大，年利用小时数高；海上风电靠近经济发达地区，距离电力负荷中心近，风电并网和消纳容易；不占用土地资源等优势，近几年发展迅速。目前，海上风电技术正在完善，海上风电场开始进入规模化发展阶段，潜力巨大。对于海上风电产业来说，欧美发达国家已经相当成熟，而我国的海上风电发展则刚刚起步，各方面都还很不成熟，正因为如此，非常有必要了解和吸收国外海上风电产业发展的经验，从中获得启示，以加快我国海上风电产业发展的步伐。

（4）建筑风力发电。风力发电较太阳能而言，成本优势明显。如何使得风力发电和建筑进行一体化设计，在建筑周围设置小型风力发电机而又不影响人的生活质量，成为欧美一些国家研究的焦点。新型垂直轴风力发电机作为今后中小型风力发电机的发展方向，已越来越多地受到全世界的重视，到目前为止，我国在这一领域始终保持一定的技术优势。其中，垂直轴风力发电机安装在建筑上，在全国也属于首次采用，这使得我国在风力发电建筑一体化领域走在了世界的前列。

目前，世界上已有风力发电建筑一体化的具体应用，成为绿色低碳建筑的经典案例。建筑师文森特·卡勒博（Vincent Callebaut）为中国昆明市设计了一座未来城，依据他的设计方案，这里将充满无人驾驶电动汽车，带有风力发电机的屋顶花园，以及太阳能电池板为整个城市提供电能。

(5) 磁悬浮风力发电。磁悬浮风力发电机集磁悬浮技术、电机工程、动力机械、航空大气工程、外观设计、实用设计、风洞测验、电脑模拟分式等学科于一体，采用轻型铝合金、钛金、不锈钢紧固件等轻型特殊材料制造。其工作原理是：采用磁悬浮技术理论，将电机线圈悬浮于一定的空间，在没有任何机械摩擦阻力以及在风力作用下，使电机转动并切割磁力线发出交流电，微风起动、高效发电、运行平稳、使用安全。

磁悬浮风力发电机的特点主要有以下四个方面：

①磁悬浮风力发电机可单独输入或与太阳能以互补方式组合输入形成风光互补供电系统。

②磁悬浮风力发电机采用自适应功率控制技术，在低风速时进行升压，使风机在较低转速时即可对蓄电池充电；高风速时限制输出功率，以免损坏蓄电池。

③磁悬浮风力发电机所使用控制器对蓄电池严格按限流恒压方式充电，确保蓄电池既可以充满，又不会损坏，并保持恒压浮充，随时补充蓄电池自身漏电损失。

④磁悬浮微风发电机在蓄电池电量过低时，会自动断开负载，防止蓄电池过度放电损坏；待蓄电池补充电量后，自动恢复接通负载。

8.3 风能的其他应用

8.3.1 风力提水

以风能提供动力，将水从低位送到高位的过程称为风力提水，特指将地下水抽至地面的过程。风力提水既可以由风力机直接带动水泵抽水，又可由风力发电机发出的电力驱动水泵电机实现抽水，也可以用风力产生压缩空气抽水，通常所说的风力提水是指第一种情况。用于风力提水的水泵可选用往复泵、回转式容积泵或叶片泵。在系统设计时，应充分考虑风轮与水泵性能的良好匹配。

目前我国开发的风力提水装置主要有以下两类：

(1) 高扬程小流量型风力提水机组。高扬程小流量型风力提水机组由低速多叶片风力机与活塞水泵相匹配组成。这类机组的风轮直径一般都在6m以下，水泵扬程 H 为10～150m，流量 Q 为0.5～5m^3/h，主要用于提取深井地下水。

我国的内蒙古、甘肃、青海、新疆等西北各省区草原面积大，地表水匮乏，牧区电网覆盖率低，燃油短缺，而风能资源丰富，地下水资源也比较丰富，适宜采用这种类型的风力提水机组。

(2) 中扬程大流量风力提水机组。中扬程大流量风力提水机组是由高速桨叶匹配容积式水泵组成的提水机组，主要用来提取地下水。这类提水机组的风轮直径一般为5～8m，水泵扬程 H 为0.5～20m，流量 Q 为15～100m^3/h。

此类机组在我国的东北地区有较好的应用条件。如黑龙江省三江平原和吉林省的白城子地区，风能资源较好，地下水埋深为3～6m，利用风力提水进行农业灌溉，可大大降低生产成本。

8.3.2 风力制热

利用风能供热有着广阔的应用前景，所产生的低品位热能可用于工业、农业和日常生活中。在水产养殖中，通过风力制热提高水温，可提高产量，使热带鱼安全越冬。将风能用于沼气池的增温加热，可提高生成沼气的速度。用于温室大棚中，可用于反季节农作物的种植。风力制热所获得的热量还可以用于农产品加工、农户冬季采暖及生活用水等。

风力制热主要是机械变热。风力制热有四种：液体搅拌制热、固体摩擦制热、挤压液体制热和涡电流法制热等。目前，风力制热进入实用阶段，主要用于浴室、住房、花房、家禽、牲畜包头房等的供热采暖。一般风力制热效率可达40%，而风力提水和发电的效率只有15%～30%。

8.4 风力发电政策分析

8.4.1 《可再生能源发展“十三五”规划》之风电目标

国家能源局牵头编制的《可再生能源发展“十三五”规划》提出，到2020年非化石能源占能源消费总量比率达到15%，2030年达到20%，“十三五”期间新增投资约2.3万亿元。其中，到2020年年底水电开发利用目标3.8亿kW（抽水蓄能约0.4亿kW），太阳能发电1.6亿kW（光伏1.5亿kW），风力发电2.5亿kW。理论上预计，到2020年，国内风电累积总装机可达3亿kW；到2050年，总装机规模将在此基础上增长9倍，达到300亿kW，其所消费的电量将占据国内能源总消费量的80%，成为名副其实的主体能源。

“十三五”风电的布局则是，提高风电消纳能力，结合输电通道积极推动大型风电基地建设，其中“三北”地区建设规模将达到1.7亿kW。同时，开发中东部和南方地区风能资源，建设规模将达到7000万kW。此外，积极稳妥地推进海上风电，建设规模将达到1000万kW，推进综合示范区应用。

可再生能源“十三五”规划中重点提及，在新能源发展规模比较大的地区布局适当规模的抽水蓄能电站，建立风水、风光水、风光火等联合运行基地，积极探索不同场景、技术、规模和领域的储能商业应用，规范相关标准和检测体系。国家电网则建议将总规模分解到省，进一步明确可再生能源基地消纳市场。

8.4.2 《风电发展“十三五”规划》

2016年年底，国家能源部门印发《风电发展“十三五”规划》（以下简称《规划》），明确提出，到2020年年底，我国风电累计并网装机达2.1亿kW以上，风电年发电量达4200亿kW·h，约占全国总发电量的6%。

消纳利用目标：到2020年，有效解决弃风问题，“三北”地区全面达到最低保障性收购利用小时数的要求。

在“十三五”规划中，中东部和南方地区的分散式风电开发成为一大重点。《规划》提出，按照“就近接入、本地消纳”的原则，发挥风能资源分布广泛和应用灵活的特点，在做好环境保护、水土保持和植被恢复工作的基础上，加快中东部和南方地区陆上风能资源规模化开发。“十三五”期间，预计全国风电新增装机容量8000万kW以上，其中，中东部和南方地区陆上风电新增并网装机容量将达到4200万kW以上。

与此形成鲜明对比的是，“十三五”期间“三北”地区陆上风电新增并网装机容量则为3500万kW左右。这意味着，若算上海上风电的新增并网装机容量，中东部和南方地区新增并网装机容量将占到全国新增并网容量的57%，远高于“十二五”时期的26%。同时，这一地区累计并网装机容量在全国的占比也将提升至1/3。

8.4.3 《能源技术革命重点创新行动路线图》之风电

（1）战略方向

大型风电关键设备。重点10MW级及以上风电机组，以及100m级及以上风电叶片、10MW级及以上风电机组变流器和高可靠、低成本大容量超导风力发电机等方面开展研发与攻关。

远海大型风电系统建设。重点在远海大型风电场设计建设、适用于深水区的大容量风电机组漂浮式基础、远海风电场输电，以及海上风力发电运输、施工、运维成套设备等方面开展研发与攻关。

基于大数据和云计算的风电场集群运控并网系统。重点在典型风资源特性研究与评估、基于大数据大型海上风电基地群控、风电场群优化协调控制和智能化运维、海上风电场实时监测及智能诊断技术装备等方面开展研发与攻关。

废弃风电设备无害化处理与循环利用。重点在风电设备无害化回收处理、风电磁体和叶片的无害化回收处理等方面开展研发与攻关。

（2）创新目标

2020年目标。形成200～300m高空风力发电成套技术。掌握自主知识产权的10MW级以下大型风电机组及关键部件的设计制造技术，形成国际竞争力；突破近海风电场设计和建设成套关键技术，形成海上风电工程技术标准。掌握复杂条件下的风资源特性及各区域风电资源时空互补性，评估风资源可获得性，进行风电场优化布局；建立风电场群控制与运维体系，支撑区域风电规模并网。

2030年目标。200～300m高空风力发电获得实际应用并推广。突破10MW级及以上大型风电机组关键部件设计制造技术，建立符合海况的远海风电场设计建设标准和运维规范；掌握风电场集群的多效利用、风电场群发电功率优化调度运行控制技术；掌握废弃风电机组材料的无害化处理与循环利用技术，支撑风电可持续发展；成为风电技术创新和产业发展强国。

2050年展望。突破30MW级超大型风电机组关键技术，掌握不同海域规模化风电开发成套技术与装备，形成完整的风能利用自主创新体系和产业体系，风能成为我国主要能源之一。

（3）创新行动。包括：100m级及以上叶片设计制造技术、大功率陆上风电机组及部件设计与优化关键技术、陆上不同类型风电场运行优化及运维技术、典型风资源特性与风能吸收方法研究及资源评估、10MW级及以上海上风电机组及关键部件设计制造关键技术、10MW级及以上海上风电机组控制系统与变流器关键技术、远海风电场设计建设技术、大型海上风电机组基础设计建设技术、大型海上风电基地群控技术、海上风电场实时监测与运维技术和风电设备无害化回收处理技术。

延伸阅读

（提取码 jccb）

第 9 章　生物质能、海洋能与地热能

9.1　生物质能

在人类能源发展史上，生物质能是最早被利用的能源，也是人类赖以生存和发展的主要能源，即使在石油、天然气、煤炭等化石能源高度发展，并成为经济社会发展的主导能源的当今，生物质能在世界能源消费总量中仍占有 14.1%的份额。随着化石能源的日益枯竭，以及应对气候变化与经济社会向绿色低碳社会发展转型，生物质能源在新的可再生能源体系中将扮演更加重要的角色。

9.1.1　生物质及生物质能

(1) 生物质

生物质是指利用大气、水、土地等通过光合作用而产生的各种有机体，即一切有生命的、可以生长的有机物质通称为生物质。它包括植物、动物和微生物。广义概念：生物质包括所有的植物、微生物以及以植物、微生物为食物的动物及其生产的废弃物。有代表性的生物质如农作物、农作物废弃物、木材、木材废弃物和动物粪便。狭义概念：生物质主要是指农林业生产过程中除粮食、果实以外的秸秆、树木等木质纤维素(简称木质素)、农产品加工业下脚料、农林废弃物及畜牧业生产过程中的禽畜粪便和废弃物等物质。特点：可再生、低污染、分布广泛。

(2) 生物质能

①生物质能的定义。生物质能就是太阳能以化学能的形式贮存在生物质中的能量形式，即以生物质为载体的能量。它直接或间接地来源于绿色植物的光合作用，可转化为常规的固态、液态和气态燃料，取之不尽、用之不竭，是一种可再生能源，同时也是唯一一种可再生的碳源，可转化成原煤、原油和天然气。生物质能的原始能量来源于太阳，所以从广义上讲，生物质能是太阳能的一种表现形式。目前，很多国家都在积极研究和开发利用生物质能。生物质能蕴藏在植物、动物和微生物等可以生长的有机物中，它是由太阳能转化而来的。有机物中除矿物燃料以外的所有来源于动植物的能源物质均属于生物质能，通常包括木材及森林废弃物、农业废弃物、水生植物、油料植物、城市和工业有机废弃物、动物粪便等。地球上的生物质能资源较为丰富，而且是一种无害的能源。地球每年经光合作用产生的物质有 1730 亿 t，其中蕴含的能量相当于全世界能源消耗总量的 10～20 倍，但目前的利用率不到 3%。

②生物质能的分类。依据来源的不同，可以将适合于能源利用的生物质分为林业资源、农业资源、生活污水和工业有机废水、城市固体废物和畜禽粪便等5大类。

③生物质发电行业的定义及分类。近年来，中国能源、电力供求趋紧，国内外发电行业对资源丰富、可再生性强、有利于改善环境和可持续发展的生物质资源的开发利用给予了极大的关注。于是生物质发电行业应运而生。

生物质发电是利用生物质所具有的生物质能进行的发电，是可再生能源发电的一种。生物质发电可增加农民收入，缩小城乡差距；改善环境。

所谓生物质发电，就是利用秸秆、稻草、蔗渣、木糠等植物燃料直接燃烧或发酵成沼气后燃烧，燃烧产生的热量使水蒸气带动汽轮机发电。

生物质发电主要是以农业、林业和工业废弃物为原料，也可以将城市垃圾作为原料，采取直接燃烧或气化的发电方式。

生物质发电包括农林废弃物直接燃烧发电、农林废弃物气化发电、垃圾焚烧发电、垃圾填埋气发电、沼气发电。

④生物质能的转化利用途径。各种生物质能源在利用时均需转化，由于不同生物质资源在物理化学方面的差异，转化途径各不相同，除人畜粪便的厌氧处理以及油料与含糖作物的直接提取外，多数生物质能要经过转化过程。生物质能源转换技术的研究开发工作主要包括物理、化学和生物等三大类转换技术，将可再生的生物质能源转化为洁净的高品位气体或者液体燃料，作为化石燃料的替代能源用于电力、交通运输、城市煤气等方面。生物质能源转换的方式，涉及固化、直接燃烧、汽化、液化和热解等技术。其中，直接燃烧是生物质能源最早获得应用的方式。生物质的热解汽化是热化学转化中最主要的一种方式。

压缩成型就是将松散的生物质原料，经过高压/高温压缩成一定形状且密度大的成型物，以实现减少运输费用、提高使用设备的有效容积燃烧强度、提高转换利用的热效率。日本1948年申报了利用木屑为原料生产棒状成型燃料的第一个专利，并且实现了棒状成型机的商品化；20世纪70年代初，美国研究开发了内压滚筒式颗粒成型机，并在国内形成大量生产，年生产颗粒成型燃料达80万t以上。日本、瑞士、瑞典等发达国家也先后研究开发了颗粒压缩成型燃料技术，主要作为家用燃料和工业发电的原料。中国的成型燃料生产始于20世纪80年代，现在已经开发的技术主要是棒状和颗粒状成型燃料，比较成熟的技术是棒状及其炭化成型炭，产品出口到日本、韩国等地。颗粒成型燃料技术和设备的研究开发已经引起了人们的重视，但是技术还需要进一步成熟。

生物质化学转换方法可分为传统化学转换法和热化学转换法。下面主要介绍热化学转换法。

通过生物质热化学转换法，可获得木炭、焦油和可燃气体等品位高的能源产品。该方法又按其热加工的方法不同，分为高温干馏、热解、高压液化、快速热解、高温汽化等方法。在热化学转化方面，大体上可分为下述几个方面：一是直接燃烧，二是汽化提供燃料气或用于发电，三是液化制取液体产品，这种产品便于储存和输送，可部分替代燃料油，还可进一步生产其他化学品。

⑤生物质能的利用现状。根据2017年21世纪可再生能源政策网络（REN21）的统计，生物质在最终能源消费中的利用仅占14.1%，其中传统生物质（即农村生活用能，如薪柴、秸秆、稻草、稻壳及其他农业生产的废弃物和畜禽粪便等）数量最大，占9.1%，其次是现代工业供热占2.5%，现代建筑供热、运输燃料和发电的份额均少，见表9-1。

表9-1　能源消费中的生物质份额

年份	非生物质	生物质	传统生物质	运输燃料	发电	现代工业供热	现代建筑供热
2014	86	14	8.9	0.8	0.4	2.2	1.5
2015	85.9	14.1	9.1	0.8	0.4	2.5	1.2

生物质可以生产运输燃料，如乙醇燃料、生物柴油和氢化植物油（HVO）。2016年生物燃料生产最多的国家是美国，占全球总量的651/1353=48%，相比之下，中国显得比较落后，仅占35/1353=2.6%。

生物质发电占再生能源装机容量（含水力发电）的份额很少，历年变化不大，而且生物质发电在全球发电总量中不占重要地位。

生物质能发电主要是利用农业、林业和工业废弃物，甚至以城市垃圾为原料，采取直接燃烧或气化等方式发电，包括农林废弃物直接燃烧发电、农林废弃物气化发电、垃圾焚烧发电、垃圾填埋气发电、沼气发电等。

生物质发电主要集中在发达国家，特别是北欧的丹麦、芬兰等国，印度、巴西和东南亚的一些发展中国家也在积极研发或者引进技术建设生物质发电项目。据国际能源署预计，到2020年，西方工业国家15%的电力将来自生物质发电。而我国在生物质能发电方面起步较欧美晚，但经过十几年的发展，目前已经基本掌握了农林生物质发电、城市垃圾发电等技术。

在我国《“十三五”发展规划纲要》中，明确提出要加快发展生物质能，完善生物质能发电扶持政策。因此，预期生物质发电行业在未来较长的时间内仍属于国家大力支持的领域，未来几年我国生物质能发电装机容量将继续保持稳定增长的态势。

根据前瞻产业研究院发布的《2018—2023年中国生物质能源行业市场前瞻与投资规划深度分析报告》监测的数据显示，截至2016年年底，全国生物质发电并网装机容量为1214万kW（不含自备电厂），占全国电力装机容量的0.7%，占可再生能源发电装机容量的2.1%，占非水可再生能源发电装机容量的5.1%。2016年，全国生物质发电量647亿kW·h，占全国总发电量的1.1%，占可再生能源发电量的4.2%，占非水可再生能源发电量的17.4%。

从我国能源结构的变化情况来看，我国生物质发电占可再生能源的结构不断上升，生物质能发电的地位不断上升。2017年我国生物质能源发电量占可再生能源发电量的比重上升了0.5个百分点，达到4.7%；我国生物质能源发电装机容量占可再生能源发电装机容量的比重上升了0.2个百分点，达到2.3%。

9.1.2　能源植物

能源植物指的是可以作为能源物质使用的植物，通常是指具有较高的还原性烃合成能力，可生产出接近石油成分或替代石油使用的产品的植物，以及富含油脂、糖类物质的植物。能源植物不仅可以直接燃烧产生热量，而且可以通过物理方法、生物方法、化学方法转变成固态、液态和气态燃料。

（1）能源植物的分类。富含类似石油成分的能源植物。续随子、绿玉树、西谷椰子、西蒙得木、巴西橡胶树等均属此类植物。例如，巴西橡胶树分泌的乳汁与石油成分极其相似，不需提炼就可以直接作为柴油使用，每一株树年产量高达40L。我国海南省特产植物油楠树的树干中含有一种类似煤油的淡棕色可燃性油质液体。在树干上钻个洞，就会流出这种液体，也可以直接用作燃料油。

富含高糖、高淀粉和纤维素等碳水化合物。利用这些植物所得到的最终产品是乙醇。这类植物种类多，且分布广，如木薯、马铃薯、菊芋、甜菜以及禾本科的甘蔗、高粱、玉米等农作物都是生产乙醇的良好原料。

富含油脂的能源植物。这类植物既是人类食物的重要组成部分，又是工业用途非常广泛的原料。对富含油脂的能源植物进行加工是制备生物柴油的有效途径。世界上富含油的植物达万种以上，我国有近千种，有的含油率很高，如桂北木姜子种子含油率达64.4%，樟科植物黄脉钓樟种子含油率高达67.2%。这类植物有些种类存储量很大，如种子含油达15%～25%的苍耳子广布华北、东北、西北等地，资源丰富，仅陕西省的年产量就达1.35万t。集中分布于内蒙古、陕西、甘肃和宁夏的白沙蒿、黑沙蒿，种子含油达16%～23%，蕴藏量高达50万t。水花生、水浮莲、水葫芦等一些高等淡水植物也有很大的产油潜力。

用于薪炭的能源植物。这类植物主要提供薪柴和木炭。如杨柳科、桃金娘科桉属、银合欢属等。目前，世界上较好的薪炭树种有加拿大杨、意大利杨、美国梧桐等。近年来，我国也发展了一些适合作薪炭的树种，如紫穗槐、沙枣、旱柳、泡桐等，有的地方种植薪炭林3～5年就见效，平均每公顷薪炭林可产干柴15t左右。美国种植的芒草可燃性强，收获后的干草能利用现有技术轻易制成燃料用于电厂发电。

（2）主要能源植物。主要能源植物包括石油植物、蓖麻、能源草、麻风树、黄连木、油莎豆等。

9.1.3 生物质气体燃料

生物质气体燃料是指以生物质为原料生成的非常规天然气。一般来自生物质沼气，或将固体生物质置于气化炉内加热，同时通入空气、氧气或水蒸气，来产生品位较高的可燃气体，如生物天然气。它的特点是气化率可达70%以上，热效率也可达85%。生物质气化生成的可燃气经过处理可用于合成、取暖、发电等不同用途，这对生物质原料丰富的偏远山区意义十分重大，不仅能改变当地人们的生活质量，而且也能够提高用能效率，节约能源。

目前，正在应用或研究中的生物质气体燃料主要有沼气、生物质燃气（秸秆气化）、生物发酵制取氢气等气体燃料。

《生物质能发展“十三五”规划》明确：大力推动生物天然气规模化发展。

发展目标是：截至2020年，初步形成一定规模的绿色低碳生物天然气产业，年产量达到80亿m^3，建设160个生物天然气示范县和循环农业示范县。

发展布局是：在粮食主产省份以及畜禽养殖集中区等种植、养殖大县，按照能源、农业、环保"三位一体"格局，整县推进，建设生物天然气循环经济示范区。

建设重点包括四个方面：推动全国生物天然气示范县建设、加快生物天然气技术进步和商业化、推进生物天然气有机肥专业化规模化建设和建立健全产业体系。

（1）生物质气化

生物质气化是将生物质在高温下与气化剂（空气、富氧性气体等）发生热解、氧化和还原等反应而转化为气体燃料的过程。生物质气化的能源转化率高，转化后易于管道输送而且燃烧效率高。生物质气化技术早在18世纪就已出现，第二次世界大战期间，为解决石油燃料短缺问题，用于内燃机的小型气化装置得到广泛使用。20世纪五六十年代，煤炭和石油等化石能源的广泛应用，使能源短缺问题得到暂时性缓解。由于生物质气化技术的不完善和利用率低等原因，生物质气化技术的发展和应用产生了延滞。20世纪70年代，受石油危机的影响，世界各国再一次深刻认识到化石能源的不可再生性，重新开始了对生物质能源的开发和研究。经过几十年的发展，欧美等国的生物质气化技术取得了很大的成就。生物质气化设备规模较大，自动化程度高，工艺较复杂，主要以供热、发电和合成液体燃料为主，目前开发了多系列已达到示范工厂和商业应用规模的气化炉。

截至2015年，全球沼气产量约为570亿m^3，其中德国沼气年产量超过200亿m^3，瑞典生物天然气满足了全国30%车用燃气需求。

我国对生物质气化的研究起步较晚，始于20世纪80年代。经过近30年的努力，我国生物质气化技术取得了较大的进步，我国自行研制的集中供气、发电、户用气化炉等产品已进入实用化试验及示范阶段，形成了多个系列的气化炉，可满足多种物料的气化要求，在生活用能、发电、供暖等领域得到应用。但其容量多是小型的，大容量的气化设备仍处于实验室研究阶段。

在供气、供暖方面：中国农业机械化研究院研制的ND系列和锥形流化床、山东科学院能源研究所研制的XFL系列、广州能源所研制的GSQ系列固定床气化炉在户用、集中供气和供热等方面取得了一定的环保和经济效益。生物质气化发电方面：80年代初期，我国自主研制了由固定床气化器和内燃机组成的200kW稻壳发电机组并得到推广；中国农机院、中国林科院分别在河北、安徽建立了400kW气化发电机组；胜利油田动力机械有限公司成功研制了功率190kW的180GF-RFm型秸秆气发电机组；广州能源所以木屑和木粉为原料应用循环流化床气化技术，完成发电能力为4MW的气化发电系统的开发。在合成液体燃料方面也取得一定成就，广州能源所已成功研制了合成柴油中试装置和年产百吨级生物质气化合成DME的中试装置。

①生物质气化基本原理。生物质气化是在一定热力学条件下，将组成生物质的碳氢化合物通过化学反应转化为含氢、一氧化碳等可燃气体的过程。现以生物质气化常用的下吸式气化炉为例，简述气化过程的基本原理。

生物质原料从下吸式气化炉顶部加入，依靠重力由上而下运动，在这个过程中，分别经历了干燥层、热解层、氧化层和还原层，完成过程后成为灰烬从气化炉底部排出。空气等气化剂从中部加入至氧化层，可燃气体从底部吸出。干燥层、热解层、氧化层和还原层在气化过程中起不同的作用。

干燥层。其作用是将含水的生物质加热至200～300℃，使水分蒸发，得到水蒸气和干物料。

热解层。热解层的温度为300～800℃，物料中的挥发分在此层中大量析出，在500～600℃时基本完成，剩下残余的木炭。热解反应主要析出水蒸气、氢、一氧化碳、二氧化碳、甲烷、焦油和其他碳氢化合物。

氧化层。气化剂（如空气）从氧化层引入，与热解层下来的残余木炭发生剧烈的化学反应（也称燃烧），放出大量反应热，温度可达800～1200℃。氧化层是生物质气化4个区域中唯一发生放热反应的区域，为干燥、热解和还原层提供热量。氧化层反应速率较快，高度较低。热解层析出的挥发分在氧化层参与反应后进一步降解，主要反应有：

$$
\begin{aligned}
C+O_2 &\longrightarrow CO_2 \\
2C+O_2 &\longrightarrow 2CO \\
2CO+O_2 &\longrightarrow 2CO_2 \\
2H_2+O_2 &\longrightarrow 2H_2O
\end{aligned}
\tag{9-1}
$$

还原层。由于气化剂中的氧在氧化层中已消耗尽，进入还原层的气体没有氧存在，其他组分与还原层的木炭发生还原反应，生成氢气、一氧化碳和甲烷等可燃气体，完成了固体生物质向气体燃料的转化过程。主要反应过程如下：

$$
\begin{aligned}
C+H_2O &\longrightarrow CO+H_2 \\
C+CO_2 &\longrightarrow 2CO \\
C+H_2O &\longrightarrow CO_2+H_2 \\
C+2H_2 &\longrightarrow CH_4
\end{aligned}
\tag{9-2}
$$

还原反应是吸热的，所需热量由氧化层提供。因此，还原层的温度降低到700～900℃，反应速率也较慢，高度比氧化层要高。

纵观整个过程，反应主要发生在氧化层和还原层，因此将这两层称为气化区。在实际过程中，以上四层相互交错，没有明确界限。

②生物质气化工艺及设备。由固体生物质到可供用户使用的可燃气体，需要一系列设备完成，主要有气化炉、气体净化设备、气体输送和储存系统等。

在整个生物质气化系统中，气化炉是核心设备。生物质在气化炉内进行气化反应，生成合成气。生物质气化炉可以分为固定床气化炉、流化床气化炉、气流床气化炉（EF）及等离子体气化炉（Plasma）等类型。

③紧凑型UNIQUE气化工艺。现有的生物质气化厂通过对生物质过滤和洗涤来减少产气中颗粒（焦炭、灰）和焦油的含量。用这种方式可在温度接近室温时制取清洁燃料气，但产气率低。制取的燃料气大多数用于燃气轮机发电，其气电转换效率低，约为25%，且去除焦油的效果也较差，产生的废水难以正常回收。

在生物质气化过程中，高温气体净化和催化技术是促进生物质高效气化的关键。该技术在较高的温度范围内进行生物质转换与气体处理，以保持生物质气体的热能。

在利用高温水蒸气气化时，为避免气体冷凝而损失大量水蒸气，需要重整 CH_4，将其转变为 CO 和 H_2，防止碳沉积在催化剂表面。为此，欧洲多家研究机构联合研发了UNIQUE气化工艺，其集生物质气化、热产气净化和调节系统于一体，实现了现有的生物质气化设施的技术创新。

④多级气化工艺。气化是通过使用气化剂转换生物质中含碳材料，包括加热、干燥、热解、氧化和还原几个重叠的过程。这些过程使得生物质气化难以在单级气化炉中进行控制和优化。此外，热解气和焦炭之间的相互作用可能对气化产生负面影响。因此，焦炭气化反应应在无挥发分的条件下进行，以提高气化效率。目前，热解和气化可以独立控制，也可以在一个多级气化过程中联合控制。与单级气化相比，多级气化过程可以降低焦油含量和提高产气纯度，并且整个气化过程的效率和产气的质量和数量均得到增强。目前研发的分离热解和气化区的气化工艺设备有：哈尔滨工业大学研发的两段式生物质旋风高温热解气化炉和西班牙 Sevilla 大学研发的三级 FLETGAS 气化炉。

两段式生物质旋风高温热解气化炉由上段旋风高温热解气化室、下段水蒸气喷淋热解气化室、气体燃料高速燃烧器、螺旋给料机和灰渣箱等组成。运行时，高速燃烧器燃烧燃气后，所产生的高温低氧烟气喷入热解室与生物质混合，析出生物质中的挥发分，然后将水蒸气喷入气化室，通过水蒸气的催化重整，碳氢化合物和大多数的焦油被转化成 H_2和 CO，这样在不降低产气效率的前提下，提高了燃气的品质，降低了焦油含量。获得的产气经换热器把水加热为水蒸气，通入气化室用于生物质焦的气化反应，实现热量的自给，提高了生物质的利用率和产气热值。

三级 FLETGAS 气化炉原理：第一级，加入适当的空气或水蒸气，保持挥发分刚开始析出的温度，产生的焦油含量较高；第二级，在 1200℃高温条件下，用水蒸气重整焦油；第三级，在移动床下吸式气化炉中将第一级产生的焦炭气化。流过炭床的第二级气体用作催化剂，以进一步减少焦油。

在第一级中产生的焦炭经由气体密封固体传输部分直接从第一级输送到第三级。相比于单级流化床气化炉，FLETGAS 气化工艺焦油含量显著降低，三级 FLETGAS 气化炉在标准状态下焦油质量浓度为 $10mg/m^3$，炭转化率为 98%，气化效率为 81%，热值为 $6.4MJ/m^3$。用干燥基计算产气体积分数为：N_2 55%；CO13%；CO_2 15%；CH_4 4%；H_2 8%；C_2H_6 2%。

⑤多联产生物质气化工艺。多联产是指至少两种产品的联合生产。多联产生物质气化的合成气可转化成电、热、气体或液体燃料和化学品，考虑市场需求的变化，多联产生物质气化工艺路线具有较高的灵活性。

南京林业大学成功开发了生物质气化多联产技术，不仅可以得到清洁的可燃气用于发电或供热，还可利用炭制备活性炭或高效炭基复合肥；液体产物可制成液体肥，或与炭一起制备炭基复合肥；循环冷却水经发电机尾气加热成蒸汽可作热源使用。目前，500kW 生物质气化发电多联产生产线已经稳定运行 5 年多。

其技术路线包括：

下吸式固定床气化集中供气、制热、发电系统。原料需要均匀性好（粒度、形状、流动性、水分等，如稻壳）；气化强度较低；操作简便；燃气中焦油含量低；运行稳定。该系统包括三部分：气化系统、净化系统和燃气利用系统。

上吸式固定床气化多联产综合利用系统。原料适应性广，可以使用木块、木屑、谷壳等作为原料；气化强度较下吸式固定床高；操作简便；燃气中的焦油含量较高；运行稳定。

流化床气化多联产综合利用系统。原料适应性广，可以使用木屑、秸秆、谷壳等作为原料；气化强度高；设备投资小；容易实现自动化；运行稳定。

生物质循环流化床气化利用系统。原料适应性广，可以使用木片、木屑、秸秆、谷壳等作为原料；气化强度高；容易实现自动化；设备投资较高；运行稳定。

（2）厌氧发酵制沼气。沼气是一种可燃的混合气体，是有机物（碳水化合物、脂肪、蛋白质等）在一定的温度、湿度、pH 值和厌氧条件下经沼气菌群分解发酵而生成的。沼气因最初在沼泽内被发现而得名。沼气的主要成分为甲烷（CH_4）和二氧化碳（CO_2），还有少量氢气（H_2）、氮气（N_2）、一氧化碳（CO）、硫化氢（H_2S）和氨（NH_3）等。

人类对沼气的研究已经有上百年的历史。在我国，20 世纪二三十年代起开始出现沼气生产装置。由于利用沼气技术可以将农林废弃物、生活垃圾和工业有机废水转化为生物质能源，同时得到有机肥料，在为人类提供丰富的生物质能源的同时，也解决了生产生活废弃物的处理问题，因此，沼气技术被广泛应用。

沼气是一种清洁的可再生能源，可用于炊事和照明，还可以烧锅炉、驱动内燃机、发电和沼气燃料电池。随着科学技术的发展，沼气的新用途不断被开发，从沼气中将其主要可燃气体甲烷分类处理，经过纯化后，可作为新型燃料用于航空、交通、航天领域。

①沼气生产的基本原理

沼气是有机物质在隔绝空气和保持一定水分、温度、酸碱度等条件下，经过多种微生物（统称沼气细菌）的分解而产生的。沼气细菌分解有机物质产生沼气的过程，叫沼气发酵。这是沼气产生的基本原理，即厌氧机理，其发酵的生物化学过程，大致可以分为 3 个阶段。

第一阶段（液化阶段）：发酵性细菌利用它所分泌的胞外酶，把畜禽粪便、作物秸秆、豆制品加工后的废水等大分子有机物分解成能溶于水的单糖、氨基酸、甘油和脂肪等小分子化合物。

第二阶段（产酸阶段）：这个阶段是发酵性细菌将小分子化合物将其分解为乙酸、丙酸、丁酸、氢和二氧化碳等，再由产氢产乙酸菌把其转化为可利用的乙酸、氢、二氧化碳。

第三阶段（产甲烷阶段）：产甲烷细菌利用以上不产甲烷的 3 种菌落所分解转化的甲酸、乙酸、氢和二氧化碳小分子化合物等生成甲烷。

沼气发酵的 3 个阶段是相互依赖和连续进行的，并保持动态平衡。在沼气发酵初期，以第一、第二阶段的作用为主，也有第三阶段的作用。在沼气发酵后期，则是 3 个阶段的作用同时进行，经过一定时间后，保持一定的动态平衡、持续正常的产气。

沼气产生的条件。人工制取沼气必须具备两个条件：第一，必须具备严格的厌氧环境；第二，具备充足的发酵原料和足够的沼气接种物，而且具有适宜的发酵浓度、温度和酸碱度等。

②国际沼气技术发展情况

自20世纪50年代起，发达国家开始进行大规模的集约化养殖，在城镇郊区建立集约化畜禽养殖场。由于每天有大量粪便及污水产生，难以处理利用，造成了严重的环境污染。与此同时，许多发达国家迅速采取措施加以干预和限制，并通过立法进行规范化管理。比如：规定每个生产点允许饲养的畜禽数；建场时必须有粪便和污水的储存、处理和利用设施；未经许可不得将污水排入河流和自己挖的粪池；粪便未经无害化处理不得施入耕地。同时，还制定了相应的处罚条例。由于畜禽养殖业污染重、影响范围广，而且存在安全卫生和流行疫病隐患，因此一直是各国政府重点管控的领域。从政策法律、技术手段、预防管理等多个层面进行了综合整治，并取得了显著成效。

③我国农村沼气

我国农村沼气发展始于20世纪20年代。50年代至80年代初期，农村户用沼气建设经历了两起两落的曲折发展过程。80年代中期到21世纪初期，户用沼气技术模式日趋成熟完善，并从2003年起在中央投资的支持下开展了大规模建设。“十一五”末期和“十二五”时期，中央投资在继续支持户用沼气建设的同时，扩大了支持范围，开展了养殖小区和联户沼气、大中型沼气工程、沼气服务体系建设。自2017年以来，根据农村沼气发展面临的新形势，中央进一步优化投资结构，重点支持规模化大型沼气工程和生物天然气工程试点项目建设，农村沼气迈出了转型升级的新步伐。

经过近年来大中型沼气工程的实践和探索，证明比较成功的技术有上流式厌氧污泥床（UASB）、全混式厌氧工艺（CSTR）、上流式污泥床（USR）和塞流式反应器（HCF）等工艺。

UASB工艺是20世纪70年代开发的一种适用于低SS工业有机废水的厌氧处理工艺，并被应用于畜禽养殖场的污水处理，其原理是先对养殖场的污水进行固液分离，污水进入UASB反应器进行厌氧反应，产生沼气，出水往往需进一步好氧处理达标排放，是一种以环保治理为主、生产能源为辅的能源环保型沼气工程工艺；USR工艺采用上流式污泥床原理，无内部机械搅拌，在中温条件下，视原料不同产气率在0.8～1.2m^3/m^3之间；HCF工艺是一种全混式工艺，20世纪80年代从欧洲引进，其原理是将粪污按照TS浓度8%～12%调配，直接进入带搅拌器的HCF反应器进行厌氧反应，在中温条件下，视原料不同产气率在0.8～1.2m^3/m^3之间，产生的沼渣、沼液直接用于农田施肥，也是典型的能源生态型沼气工程工艺。CSTR工艺的进料TS浓度在6%～12%调配，原料泵入带有机械搅拌的CSTR反应器，其容积产气率视原料和温度不同，通常在1.0～5.0m^3/m^3之间，运行稳定性好，产气率较高。

对于农产品深加工高浓度有机废水处理工艺的核心技术而言，主要有上流式厌氧污泥床（UASB）、厌氧颗粒污泥膨胀床（EGSB）、厌氧内循环反应器（IC）、厌氧过滤器（AF）和厌氧复合床（UFB）等工艺，受进料中的悬浮物（SS）浓度的限制，这些工艺只适用于单纯的废水处理，不适宜用于养殖粪污的处理和综合利用。

据统计，截至2017年年底，全国户用沼气达到4193万户，受益人口达2亿人；各类沼气工程超过11万处，生物天然气工程开始试点建设，在集中供气、发电上网及并入城镇天然气管网等方面取得了积极成效；乡村服务网点达到11万个，覆盖沼气用户74%以上。农村沼气的大发展带来了显著的经济效益、社会效益和生态效益，全国沼气年生产能力达到158亿 m^3，约为天然气消费量的5%，每年可替代化石能源约1100万t标准煤；年可生产沼肥7100万t，按氮素折算可减施310万t化肥，可为农民增收节支近500亿元；年处理畜禽养殖粪便、秸秆、有机生活垃圾近20亿t，减排二氧化碳6300多万t。可见，农村沼气在增强国家能源安全保障能力、推动农业发展方式转变、促进农村生态文明发展等方面发挥了积极作用。

《全国农村沼气发展“十三五”规划》提出的发展目标是：到2020年，初步形成一定规模的绿色低碳生物天然气产业，年产量达到80亿 m^3（比2015年增长60%），建设160个生物天然气示范县和循环农业示范县。

④我国农村沼气工程重点任务

《全国农村沼气发展“十三五”规划》明确了四个方面的重点任务：a. 优化农村沼气发展结构；b. 提升三沼产品利用水平；c. 提高科技创新支撑水平；d. 加强服务保障能力建设。

⑤我国农村沼气重大工程

我国农村沼气工程重大工程包括：规模化生物天然气工程、规模化大型沼气工程、户用沼气和中小型沼气工程、支撑服务能力建设工程。

（3）生物质发酵制氢

生物质发酵制氢主要有两种方法：方法一是微生物法制氢，分为厌氧发酵制氢和光合生物制氢；方法二是热化学转化法制氢，分为热解制氢、气化制氢、超零界制氢。本节主要介绍生物质发酵制氢技术。

光解水制氢是微藻及蓝细菌以太阳能为能源，以水为原料，通过光合作用及其特有的产氢酶系，将水分解为氢气和氧气。此制氢过程不产生 CO_2。蓝细菌和绿藻均可光裂解水产生氢气，但它们的产氢机制却不相同。蓝细菌的产氢分为两类：一类是固氮酶催化产氢和氢酶催化产氢；另一类是绿藻在光照和厌氧条件下产氢，由氢酶催化。

暗发酵制氢是异养型厌氧细菌利用碳水化合物等有机物，通过暗发酵作用产生氢气。产生的工农业废弃物若不经过处理直接排放，会对环境造成污染。以造纸工业废水、发酵工业废水、农业废料（秸秆、牲畜粪便等）、食品工业废液等为原料进行生物制氢，既可获得洁净的氢气，又不另外消耗大量能源。在大多数的工业废水和农业废弃物中存在大量的葡萄糖、淀粉、纤维素等碳水化合物，淀粉等高分子化合物可降解为葡萄糖等单糖。葡萄糖是一种容易被利用的碳源。

光发酵制氢是光合细菌利用有机物通过光发酵作用产生氢气。有机废水中含有大量可被光合细菌利用的有机物成分。利用牛粪废水、精制糖废水、豆制品废水、乳制品废水、淀粉废水、酿酒废水等作底物进行光合细菌产氢的研究较多。光合细菌利用光能，催化有机物厌氧酵解产生的小分子有机酸、醇类物质为底物的正向自由能反应而产氢。利用有机废水生产氢气要解决污水的颜色（颜色深的污水减少光的穿透性）、污水中的铵盐浓度（铵盐能够抑制固氮酶的活性从而减少氢气的产生）等问题。若污水中COD值较高或含有一些有毒物质（如重金属、多酚、PAH），在制氢时必须经过预处理。

（4）中国发展生物质天然气的驱动因素

一是生态文明建设要求加快农村沼气事业发展；二是人们生活水平的提高要求加快农村沼气事业发展；三是农业供给侧改革要求加快农村沼气事业发展；四是中国能源革命要求加快农村沼气事业发展；五是新型城镇化建设要求加快农村沼气事业发展。

中国发展生物天然气事业是满足自身可持续发展的内在需要，涉及生态、民生、能源、经济等多方面，综合带动效应巨大。这也是中国生物天然气事业发展的内在逻辑。

9.1.4 生物质液体燃料

生物质通过直接和间接的方法生成液体燃料，如燃料乙醇、生物柴油、甲醇、二甲醚等，可以作为清洁燃料直接替代汽油、柴油等化石燃料，因此，受到人们的高度关注。

针对不同的生物质原料及其不同的生物质液体燃料产品，技术工艺路线是不同的。采用混合生物质废弃物作为原料，通过热解液化，可以制得生物质液体燃料，因其产品成分复杂，通常作为工业锅炉、船舶动力燃料使用。而作为机动车的替代燃料，如燃料乙醇、生物柴油、甲醇、二甲醚等，通常采用单一的生物质原料，通过特定工艺制备得到产品成分单一的生物质液体燃料。

（1）生物质热解液化制液体燃料。作为生物炼制的重要手段之一，生物质快速热解由于具有工艺过程短、原料适应性强、反应迅速、转化率高、转化强度高等诸多优点，获得了世界各国的广泛关注。我国同样十分重视生物质热解技术的研发。《生物质能发展“十三五”规划》明确“加快生物液体燃料示范和推广”：在玉米、水稻等主产区，结合陈次和重金属污染粮消纳，稳步扩大燃料乙醇生产和消费；根据资源条件，因地制宜开发建设以木薯为原料，以及利用荒地、盐碱地种植甜高粱等能源作物，建设燃料乙醇项目。加快推进先进生物质液体燃料技术进步和产业化示范。到2020年，生物液体燃料年利用量达到600万t以上。

根据热解条件的不同，可分为碳化（慢速热解）、快速热解和高温快速热解。生物质经快速热解主要得到液体产物（生物油），同时得到一部分固体产物（炭粉）和气体产物（燃气）。以秸秆为热解原料时，生物油的产率和热值分别为50%～55%和15～16MJ/kg，炭粉的产率和热值分别为28%～33%和18～20MJ/kg；若以林业废弃物为热解原料时，生物油的产率和热值分别为60%～70%和16～17MJ/kg，炭粉的产率和热值分别为20%～25%和20～22MJ/kg。

生物质转化为生物油后，体积能量密度能够提高8～10倍，较易运输和储存，用途也变得更加广泛。它可以直接作为锅炉和窑炉燃料燃烧使用，精制提炼后可以作为车用燃料使用，还可以作为化工原料使用。在我国石油消费构成中，发动机燃料所占比例最大，其次是锅炉和窑炉等热力设备所消耗的燃料油。近年来，燃料油的价格随着原油价格上涨而上涨，导致工业燃烧用油油源趋紧、成本加大。因此，生物质快速热解获得的生物油作为工业窑炉和燃油锅炉燃料使用的市场前景非常看好。从中长期角度来看，生物油经过分离和精制后作为车用燃料使用或作为化工原料生产基础化学品，其市场前景将更加广阔。同时，生物质快速热解获得的焦炭也是一种很有应用潜力的产品，它不仅是一种优良的燃料，而且还可以进一步加工成活性炭、多孔二氧化硅或电极材料等高附加值产品。同时，热解过程中产生的不凝气则可为生物质热解提供热源，实现能量自给。目前，生物质热解稳定制备生物油及提质新技术是生物质热解利用的重点发展方向。

(2) 燃料乙醇。乙醇的某些理化性质与汽油非常接近，可直接作为液体燃料或与汽油混合使用，减少对石油的消耗。乙醇的辛烷值高，抗爆性能好。通常车用汽油的辛烷值为90或93，而乙醇的辛烷值可达100～112，与汽油混合后，可提高汽油的辛烷值。乙醇的氧含量高达34.7%，如添加10%乙醇，油品的氧含量可以达到3.5%，有助于汽油完全燃烧。使用燃料乙醇取代四乙基铅作为汽油添加剂，可消除空气中铅的污染；取代MTBE，可避免对地下水和空气的污染。当汽油中乙醇的添加量不超过15%时，对车辆没有明显影响，但尾气中碳氢化合物、NO_x 和CO的含量明显降低。

燃料乙醇，一般是指体积浓度达到99.5%以上的无水乙醇。燃料乙醇是燃烧清洁的高辛烷值燃料，是可再生能源。乙醇不仅是优良的燃料，还是优良的燃油品改善剂。

车用乙醇汽油按研究法辛烷值分为90号、93号、95号3个牌号。

标志方法是在汽油标号前加注字母E，作为车用乙醇汽油的统一标识，三种牌号的汽油标志分别为“E90乙醇汽油90号”“E90乙醇汽油93号”“E90乙醇汽油95号”。对应我国最新的普通汽油牌号，乙醇汽油也分为89号、92号、95号和98号4个牌号。目前，我国推广使用的是E10车用乙醇汽油，也就是在汽油中添加10%的乙醇。车用乙醇汽油适用于装配点燃式发动机的各类车辆，无论是化油器或电喷供油方式的大、中、小型车辆。

燃料乙醇是以一定比例的乙醇与汽油混配，用作车用燃料，受20世纪70年代中期“石油危机”等因素影响，燃料乙醇工业在许多国家得以大力发展，特别是在巴西、欧美等国发展迅速。中国车用乙醇汽油的使用最初的考虑是转化过多的“陈化粮”，解决农民“卖粮难”问题，但随着油价不断走高，燃料乙醇作为“替代能源”的战略意义愈发显现，扩大燃料乙醇的生产和试点使用成为趋势。从2001年开始，我国开始燃料乙醇的试点及推广工作，随着政府推进力度的加大，燃料乙醇的市场化进程明显加快，到2015年推广使用燃料乙醇的省份已扩大到11个，而我国也成为世界上继巴西、美国之后第三大生物燃料乙醇生产国。

(3) 生物柴油。柴油是许多大型车辆，如卡车、内燃机车及发电机等主要动力燃料，其具有动力大、价格便宜的优点。中国柴油需求量很大，柴油应用的主要问题是“冒黑烟”。我们经常在马路上看到冒黑烟的卡车。冒黑烟的主要原因是燃烧不完全，对空气污染严重，如产生大量的颗粒粉尘、CO_2 排放量高等。

发动机燃料燃烧产生的空气污染已成为空气污染的主要问题，如氮氧化物为其他工业部门排放的一半，CO为其他工业排放量的2/3，有毒碳氢化合物为其他工业排放的一半。尾气中排出的氮氧化物和硫化物与空气中的水可以结合形成酸雨，尾气中的

CO_2和CO太多会使大气温度升高，也就是“温室效应”。为解决燃油的尾气污染问题及日益恶化的环境压力，人们开始研究采用其他燃料，如燃料酒精代替汽油。目前，燃料酒精在北美洲如美国及加拿大等和南美洲国家如巴西、阿根廷等已占有相当比例，装备有燃料酒精发动机的汽车已投放市场。对大多数需要柴油为燃料的大动力车辆如公共汽车、内燃机车及农用汽车如拖拉机等，主要以柴油为燃料的发动机而言，燃料酒精并不适合。而且柴油造成的尾气污染比汽油大得多，因此人们开发了柴油的代用品生物柴油。

生物柴油是清洁的可再生能源，它是以大豆和油菜籽等油料作物、油棕和黄连木等油料林木果实、工程微藻等油料水生植物以及动物油脂、废餐饮油等为原料制成的液体燃料，是优质的石油柴油代用品。生物柴油是典型“绿色能源”，大力发展生物柴油对经济可持续发展，推进能源替代，减轻环境压力，控制城市大气污染具有重要的战略意义。

9.1.5 生物质固体成型燃料

“生物质成型燃料”是以农林剩余物为主原料，经切片—粉碎—除杂—精粉—筛选—混合—软化—调质—挤压—烘干—冷却—质检—包装等工艺，最后制成成型环保燃料，热值高、燃烧充分。

生物质成型燃料可用于纺织、印染、造纸、食品、橡胶、塑料、化工、医药等工业产品加工工艺过程所需高温热水，并可供企业、机关、宾馆、学校、餐饮、服务性行业的取暖、洗浴、空调与生活用所需热水。

生物质固体成型燃料技术的研究始于20世纪30年代，日本、美国开始研究应用机械驱动活塞式成型技术和螺旋式成型技术。

20世纪70年代，欧洲一些国家如意大利、丹麦、法国、德国、瑞士等国家也开始重视生物质固体成型燃料技术的研究，并研制生产出机械冲压式成型机、颗粒成型机等，并相继建成了生物质颗粒成型生产厂家30个，机械驱动活塞式成型燃料生产厂家40多个。

20世纪80年代，泰国、印度、菲律宾等亚洲国家也研制出了加胶粘剂的生物质压缩成型机，并建立了生物质固化、炭化专业生产厂。

历经80年的发展，现今这项技术已逐步成熟，进入大范围规模化、产业化应用阶段。

生物质固体成型燃料技术是生物质能开发利用的一项重要技术，具有广阔的发展前景。

生物质燃料成型技术是指在一定温度与压力条件下，将各类原本松散细碎的生物质废弃物压制成具有形状规则的棒状、块状、颗粒状成型燃料的高新技术，以解决生物质运输、储存、防火等问题。根据生物质成型燃料制造工艺，可分为湿压成型、热压成型和碳化成型3种主要形式，其成型机理为在外部加热、加压或常温下原料颗粒先后经历位置重新排列、颗粒机械变形和塑性流变等阶段形成致密团聚物，如图9-1所示。目前市场上生物质成型机的种类大致分为3类：（1）螺旋挤压式成型机；（2）活塞冲压式成型机；(3) 辊模碾压式成型机。

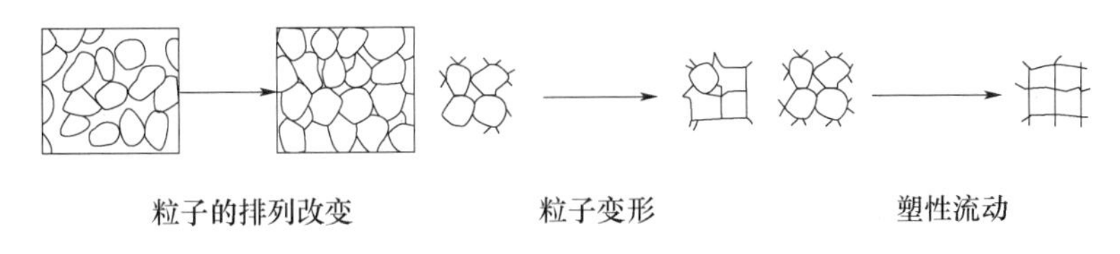

图 9-1 生物质燃料成型过程

在 2017 年发布的《高污染燃料目录》中，规范燃用的生物质固体成型燃料不再纳入高污染范畴。因此，不少企业用生物质成型燃料替代煤炭，其使用量正快速扩增。近期调查发现，生物质成型燃料质量不过关问题日益凸显，急需引起重视，并进行严管。

生物质能源生产的行业门槛相对较低，当前生物质成型燃料的生产加工商还有不少小企业、小作坊。它们为了追求更高的经济效益，原料往往并不全是玉米秆、水稻秆、小麦秆等农作物秸秆，或者花生壳、稻谷壳、甘蔗渣等农产品加工剩余物，以及林业抚育剩余物、采伐剩余物、加工剩余物等，而是掺入了基本没有费用投入的废旧家具、各种生活垃圾。生物质原料来源把控不严格，已成为生物质成型燃料质量良莠不齐的主要原因。此外，生物质成型燃料生产企业使用的成型设备及生产工艺不同，也会造成生物质成型燃料质量不高。

《生物质能发展"十三五"规划》提出，生物质成型燃料年利用量到 2020 年达到 3000 万 t。随着生物质成型燃料使用量越来越大，更要强化生物质成型燃料质量的监管，严防生物质成型燃料成为高污染的"垃圾成型燃料"，影响大气环境质量。

9.1.6 城市固体废弃物能源化处理

城市固体废物是指在生产、生活和其他活动过程中产生的丧失原有的利用价值，或者虽未丧失利用价值但被抛弃或者放弃的固体、半固体和置于容器中的气态物品、物质以及法律、行政法规规定纳入废物管理的物品、物质。不能排入水体的液态废物和不能排入大气的置于容器中的气态物质。由于多具有较大的危害性，一般归入固体废物管理体系。

(1) 城市固体废弃物的种类与特点

城市生活垃圾。它是指人们生活活动中所产生的固体废物，主要有居民生活垃圾、商业垃圾和清扫垃圾，另外还有粪便和污水厂污泥。城市生活垃圾中除了易腐烂的有机物和炉灰、灰土外，各种废品基本上都可以回收利用。

城市建筑垃圾。它是指城市建设工地上拆建和新建过程中产生的固体废弃物，主要有砖瓦块、渣土、碎石、混凝土块、废管道等。

一般工业固体废弃物。它是指工业生产过程中和工业加工过程中产生的废渣、粉尘、碎屑、污泥等，主要有尾矿、煤干石、粉煤灰、炉渣、冶炼废油、化工废物、废品工业废物等。一般工业固体废物对环境产生的毒害比较小，基本上可以综合利用。

危险固体废弃物。它是指具有腐蚀性、急性毒性、浸出毒性及反应性、传染性、放射性等一种或一种以上危害特性的固体废物，主要来源于冶炼、化工、制药等行业，以及医院、科研机构等。城市固体废弃物带来的危害主要在土壤、大气、水体和市容市貌等几个方面。

大量的城市固体废弃物的堆放和填埋不仅占用了耕地及建筑面积，而且垃圾中的有害物质会流入土壤，杀死土壤中的微生物，导致土壤酸化、硬化、碱化，给农作物的生长带来不利影响，而且农作物中的重金属在人体中富集。固体废弃物随着降雨或者直接排入河流中，给居民用水带来危害。城市固体废弃物在堆放、焚烧的过程中会产生大量的恶臭气体，这些恶臭气体不仅会污染环境，并且会对人体呼吸系统、眼睛、皮肤等造成危害，除此之外，小颗粒的废渣会在风的作用下进行迁移，影响市容卫生。

（2）固体废弃物现状。联合国环境署于 2015 年发布的《全球固体废物治理展望》报告称，固体废弃物治理不足已经成为公共卫生、经济发展和生活环境领域的重大问题。在全球，每年有 70 亿～100 亿 t 固体废弃物产生，30 亿人缺乏有效的废弃物处理设施。

据原国家环保部发布的《2017 年全国大、中城市固体废物污染环境防治年报》称，全国 214 个大、中城市 2016 年一般工业固体废物产生量为 14.8 亿 t，工业危险废物产生量为 3344.6 万 t，医疗废物产生量约为 72.1 万 t，生活垃圾产生量约为 18850.5 万 t。

据不完全统计，我国每年产生的包装废弃物约占城市固体废弃物的 33%，并以超过 12%的速度逐年递增。其中，有 50%以上的包装垃圾属于过度豪华包装。

在电商时代，快递业的兴起直接造就包装行业的繁荣，但随之而来的是过度包装和巨量包装废弃物垃圾以及日益增加的环保压力。据国家邮政总局数据统计，2017 年全国快递包裹数量约达 401 亿件，较上一年度增长近 30%，约占世界包裹总量的 50%，2018 年全国快递包裹数量预计将达到 490 亿件，如此规模的快递包裹数量对应的是海量的快递包装材料的消耗和拆解。

据有关资料，近 10 年来，我国平均每年进口固体废物规模超过 5 亿 t，成为世界上最大的固体废物进口国。

2017 年 7 月 18 日，国务院办公厅发布《关于印发禁止洋垃圾入境推进固体废物进口管理制度改革实施方案的通知》，要求 2017 年年底前，全面禁止进口环境危害大、群众反映强烈的固体废物；2019 年年底前，逐步停止进口国内资源可以替代的固体废物。决定禁止进口的“洋垃圾”有 4 大类共 24 种，分别是来自生活源的废塑料（8 种）、未经分拣的废纸（1 种）、废纺织品原料（11 种）和钒渣（4 种）。

（3）城市固体废弃物处理工艺。城市固体废弃物的资源化利用有建材利用、农业利用、化工利用和能源化利用，相应的处理工艺是水泥回转窑协同处理工艺、堆肥处理工艺、焚烧发电、分选回收利用工艺以及卫生填埋处理处置。

城市生活垃圾常见的处理技术是堆肥、焚烧和填埋。

填埋处理分为直接填埋和卫生填埋 2 种，直接填埋是将固体废弃物直接填入已挖好的坑中盖上压实，使其含有的有机物通过各种反应得以分解，其优点是处理费用低、方法简单，但是容易造成地下水源的污染；卫生填埋法就是将固体废弃物倒入具有一定地形特征的场地中，通过采取防渗、覆土和气体导排设施，消除对地下水源和大气的污染，其具有投资少、容量大和见效快等优点。

9.1.7　微生物能源

随着可再生能源的迅速发展，人们对能源微生物的重视程度日益增加。微生物作为生物能的主要参与者，其最大特点就是清洁、高效、可再生，与石油、煤炭等传统能源相比，有利于环境保护，与太阳能、核能、风能、水能、海洋能等新能源相比，其来源广、成本低，受地理因素影响小。

2017—2022 年微生物制剂市场行情监测及投资可行性研究报告表明，能源微生物主要包括甲烷产生菌、乙醇产生菌、氢气产生菌、生物柴油产生菌和生物电池微生物 5 大类。这些微生物分别与沼气、生物乙醇、生物氢气、生物柴油和生物燃料电池等能源的转化有直接的关系。能源微生物以农业、林业废弃物和城市垃圾为原料产生绿色、可再生能源，对社会和环境的和谐发展具有重要意义。

当前，化石能源日益枯竭问题正在严重地困扰着世界各国。微生物在能源生产上有其独特的优点：

①把自然界蕴藏量极其丰富的纤维素转化成乙醇。据估计，我国年产植物秸秆多达 5 亿～6 亿 t，如将其中 10％进行水解和发酵，就可生产燃料酒精 700 万～800 万 t，余下的糟粕仍可作饲料和肥料，以保证土壤中钾、磷元素的正常供应。目前已发现有高温厌氧菌，例如热纤梭菌等能直接分解纤维素产生乙醇。

②利用产甲烷菌把自然界蕴藏量最丰富的可再生资源——生物量转化成甲烷。这是一项利国、利民、利生态、利子孙，具有重大战略意义的措施。

③利用光合细菌、蓝细菌或厌氧梭菌类等微生物生产清洁能源——氢气。

④通过微生物发酵产气或其代谢产物来提高石油采收率。

⑤研究微生物电池并使之实用化。

2016 年 5 月 13 日，美国白宫科学和技术政策办公室（OSTP）与联邦机构、私营基金管理机构等共同宣布启动一项旨在推进微生物组研究及相关技术创新的“国家微生物组计划”。美国“国家微生物组计划”的一个重要方面，就是聚焦平台技术开发。它是指在通过不断研究，如何操纵、观察和分析微生物世界的过程中所进行的技术创新。一个具有颠覆性的平台技术的成功例子是高通量 DNA 测序技术。“人类基因组工程”为提高基因组测序的速度、精度和成本效益作出显著贡献，而这一贡献无疑也将有助于快速推进微生物组科学发展，使得我们能够观察到几乎无形的微生物世界的基因多样性。

微生物组研究的产业和临床应用前景十分光明。在能源产业内，微生物组研究能够通过减少化石燃料的成本来切实产生一定的经济效益。更重要的是，该研究使得能源产业在微生物识别和基因工程研究基础上，产生更大量的石油产品，为替代现有石油储备而贡献新的来源。

9.2 海洋能

9.2.1 海洋及海洋能

（1）海洋概述。海洋（sea）是地球上最广阔的水体的总称，海洋的中心部分称作洋，边缘部分称作海，彼此沟通组成统一的水体。

地球表面被各大陆地分隔为彼此相通的广大水域称为海洋，其总面积约为3.6亿km^2，约占地球表面积的71%，平均水深约3795m。海洋中含有13.5亿km^2的水，约占地球上总水量的97%，而可用于人类饮用的只占2%。地球四个主要的大洋为太平洋、大西洋、印度洋、北冰洋，大部分以陆地和海底地形线为界。目前为止，人类已探索大海的海底只有5%，还有95%的海底是未知的。

洋，是海洋的中心部分，是海洋的主体。世界大洋的总面积约占海洋面积的89%。洋的水深一般在3000m以上，最深处可达1万多米。大洋离陆地遥远，不受陆地的影响。它的水温和盐度的变化不大。每个大洋都有自己独特的洋流和潮汐系统。大洋的水色蔚蓝，透明度很大，水中的杂质很少。世界共有5个，即太平洋、印度洋、大西洋、北冰洋、南冰洋。

海的面积约占海洋的11%，海的水深比较浅，平均深度从几米到2000～3000m。海临近大陆，受大陆、河流、气候和季节的影响，海水的温度、盐度、颜色和透明度都受陆地的影响，有明显的变化。夏季，海水变暖，冬季水温降低；有的海域，海水还要结冰。在大河入海的地方或多雨的季节，海水会变淡。由于受陆地的影响，河流夹带着泥沙入海，近岸海水混浊不清，海水的透明度差。海没有自己独立的潮汐与海流。海可以分为边缘海、内陆海和地中海。边缘海既是海洋的边缘，又是临近大陆前沿；这类海与大洋联系广泛，一般由一群海岛把它与大洋分开。中国的东海、南海就是太平洋的边缘海。内陆海，即位于大陆内部的海，如欧洲的波罗的海等。地中海是几个大陆之间的海，水深一般比内陆海深些。世界主要的大海接近50个。太平洋最多，大西洋次之，印度洋和北冰洋差不多，南冰洋最少。

（2）海洋能。海洋能是一种蕴藏在海洋中的可再生能源，包括潮汐能、波浪引起的机械能和热能。海洋能同时也涉及一个更广的范畴，包括海面上空的风能、海水表面的太阳能和海里的生物质能。

海洋能具有以下特点：

①海洋能在海洋总水体中的蕴藏量巨大，而单位体积、单位面积、单位长度所拥有的能量较小。这就是说，要想得到大能量，就得从大量的海水中获得。

②海洋能具有可再生性。海洋能来源于太阳辐射能与天体间的万有引力，只要太阳、月球等天体与地球共存，这种能源就会再生，就会取之不尽、用之不竭。

③海洋能有较稳定与不稳定能源之分。较稳定的为温度差能、盐度差能和海流能。不稳定能源分为变化有规律与变化无规律两种，属于不稳定但变化有规律的有潮汐能

与潮流能。人们根据潮汐潮流变化规律，编制出各地逐日逐时的潮汐与潮流预报，预测未来各个时间的潮汐大小与潮流强弱。潮汐电站与潮流电站可根据预报表安排发电运行。既不稳定又无规律的是波浪能。

④海洋能属于清洁能源，也就是海洋能一旦开发后，其本身对环境污染影响很小。

海洋能的缺点是获取能量的最佳手段尚无共识，大型项目可能会破坏自然水流、潮汐和生态系统。

海洋能的优点是取之不竭的可再生资源，潮汐能源有规律可循，开发规模大小均可。

(3) 我国海洋可再生能源状况。为应对全球化石能源日趋短缺的危机及全球气候变暖的挑战，海洋可再生能源作为战略性资源已得到国内外的普遍关注，许多国家早在 20 世纪初就通过国家立法或制定相关政策，从确立发展目标、提供资金支持、实施激励政策、支持行业发展等方面，引导和激励海洋能技术发展，并将其作为新兴战略产业加以培育和推进。2014 年 6 月，国务院办公厅发布的《能源发展战略行动计划(2014—2020 年)》强调要坚持统筹兼顾、因地制宜、多元发展的方针，积极推进海洋能示范工程建设，并将海洋能发电作为推进能源科技创新重点战略方向之一。

我国在 1958 年、1978 年、1986 年和 2004 年分别开展了 4 次较大规模的全国海洋能资源调查。2004 年，由国家海洋局组织的"我国近海海洋综合调查与评价"专项首次对我国近岸海域的潮汐能、波浪能、潮流能、温差能、盐差能、海洋风能资源进行全面普查。

评估结果显示，我国近海的潮汐能、潮流能、波浪能、温差能、盐差能的理论潜在量约 6.97 亿 kW，技术可开发量约 0.76 亿 kW。其中，温差能资源所占比重最大，约占海洋能总量的 52.6%，开发利用技术成熟度较高的潮汐能、潮流能和波浪能共占 31.1%。

总体上看，我国海洋能资源总量丰富，种类齐全，分布范围较广但不均匀，其中潮汐能和潮流能富集区域主要分布于浙江、福建、山东近海，波浪能富集区域主要分布于福建、广东近海，温差能富集区域主要位于我国南海海域，盐差能主要位于各河流入海口。

9.2.2 潮汐能

(1) 资源分布概况。海水涨落潮运动携带的能量称作潮汐能。潮汐能总储量 E 表示为：

$$E=E_k+E_n \tag{9-3}$$

式中　E_k——动能；

　　E_n——势能。

$$E_k=\frac{1}{2}\rho\int_{F_{总}}\int h(u^2+v^2)\mathrm{d}F \tag{9-4}$$

$$E_n=\frac{1}{2}\rho g\int_{F_{总}}\int \zeta^2\mathrm{d}F \tag{9-5}$$

式中　u、v——潮流速度沿水平和垂直坐标轴的平均分量；

ρ——海水密度，kg/m^3；

ζ——潮位的升高高度，m；

g——重力加速度，$g=9.8m/s^2$；

h——海水深度，km；

$F_{总}$——全球海洋总面积，km^2。

目前，中国潮汐能理论蕴藏量为192.9GW，近海可开发装机容量大于500kW的坝址共171个，总计22.8GW。中国潮汐能资源丰富的地区主要集中在福建、浙江等地，仅福建可开发装机容量即可达到12GW，占全国总储量的52.6%。

（2）发电技术分类。潮汐能的利用方式主要是发电。潮汐发电是利用海湾、河口等有利地形，建筑水堤，形成水库，以便于大量蓄积海水，并在坝中或坝旁建造水利发电厂房，通过水轮发电机组进行发电。只有出现大潮，能量集中时，并且在地理条件适于建造潮汐电站的地方，从潮汐中提取能量才有可能。虽然这样的场所并不是到处都有，但世界各国都已选定了相当数量的适宜开发潮汐电站的站址。潮汐能发电是利用潮水涨落的水位差来发电，目前常规的潮汐电站类型分为单库单向型、单库双向型、双库型。

（3）发展现状。在多种海洋能发电类型中，潮汐能发电技术成熟度最高，投入商业化运行项目最多，法国朗斯潮汐电站是其中的代表之一。朗斯潮汐电站为单库双向型，共装设24台水轮机，单机功率10MW，总装机容量为240MW，年均发电量为544GW·h。除此之外，加拿大芬迪湾安娜波利斯潮汐试验电站、韩国始娃湖潮汐电站、英国斯旺西湾潮汐电站等也在运行或建设中。中国在潮汐能电站建设过程中积累了许多宝贵经验。

随着煤、石油、天然气等传统化石能源日益减少，能源短缺现象日益加重，人们纷纷将能源发展的重点转向面积更加辽阔的大海。潮汐发电具有资源丰富、储备量大、可再生等特点，而且环保、无污染，成为开发“蓝色能源”的重点。在大力发展海洋经济的背景下，潮汐发电已经被我国列为“十二五”战略新兴产业规划中新能源的重要组成部分，更是为装备制造业进军战略性新兴产业提供了巨大商机，发展潜力巨大。潮汐发电对自然条件和设备条件要求都比较高。潮汐发电是利用有潮汐的海湾、河口等有利地形，通过建筑拦水堤坝形成水库，在坝中或坝旁放置水轮发电机组，利用潮汐涨落时潮位的落差推动水轮机旋转，将海水的势能和动能转化为电能。此外，由于潮汐发电是以海水为介质，发电设备常年泡在海水中，因此对设备的防腐蚀、防海生物附着等方面有严格要求。另外，潮汐发电存在着间歇性和造价高的问题。但随着现代技术水平的不断提高，是可以得到改善的。如采用双向或多水库发电、利用抽水蓄能、纳入电网调节等措施，可以弥补间歇性的缺点；采用现代化浮运沉箱进行施工，可以节约土建投资；应用不锈钢制作机组，选用乙烯树脂系列涂料，再采用阴极保护，可克服海水的腐蚀及海生物的黏附。

9.2.3 潮流能

潮流能是指海水流动的动能，主要指海底水道和海峡中较为稳定的流动以及由于潮汐导致的有规律的海水流动。中国潮流能资源理论蕴藏量为 8.3GW，技术可开发量 1.7GW，空间分布较为集中，主要在浙江杭州湾口和舟山群岛海域，约为 5.2GW，占中国潮流能资源总量的 62%，技术开发量约为 1GW。

潮流涡轮机在退潮和涨潮周期内往复流动，一般设计为双向发电。依据转换装置运行原理不同，可分为轴流式涡轮机、横流式涡轮机和往复式装置。潮流能发电装置的结构较为简单，但涡轮机通常位于海水中，存在易受海水腐蚀、投资成本高、安装维护困难等问题。

大型潮流发电设备的商业化和产业化逐渐成为海洋能利用发展新思路，英国、加拿大、韩国、新西兰等国家都在着手兴建大型潮流发电站。世界上首个实现商业化并网试验运行的潮流能发电系统为北爱尔兰的“SeaGen”，位于斯特兰福特湾，装机容量 1.2MW，通过第一代产品“Seaflow”演化而来。中国潮流能发电装置研究以哈尔滨工程大学等科研高校为代表，已研制成功中国首座自行研制并长期示范运行的水平轴潮流能发电系统“海明Ⅰ”及首座 70kW 漂浮式垂直轴潮流试验电站“万向Ⅰ”等。

9.2.4　波浪能

波能即海洋波浪能。这是一种取之不尽、用之不竭的无污染可再生能源。据推测，地球上海洋波浪蕴藏的电能高达 9×10^4 TW。近年来，在各国的新能源开发计划中，波能的利用已占有一席之地。尽管波能的发电成本较高，需要进一步完善，但目前的进展已表明这种新能源潜在的商业价值。日本的一座海洋波能发电厂已运行 8 年，电厂的发电成本虽高于其他发电方式，但对于边远岛屿来说，可节省电力传输等投资费用。目前，美、英、印度等国家已建成几十座波能发电站，且均运行良好。

海浪是由风对海水的摩擦和推压引起的，因此，海浪发电实际上也是风能的另一种形式。波浪能的利用被称为“发明家的乐园”，现在全世界波浪能利用的机械设计数以千计，获得专利证书的也达数百件。英国把波浪发电研究放在新能源开发的首位，以投资多、技术领先而著称。

波浪发电的装置主要有漂浮式和固定式两种。漂浮式酷似一条海蛇，其工作原理是将金属海蛇的嘴垂直于海浪方向，其关节依靠海浪推动相互铰接的金属圆筒，像海蛇一样随着海浪上下起伏；铰接处的上下运动与侧向运动的势能将推动金属圆筒内的液压活塞做往复运动，从而使高压油驱动发电机发电。

20 世纪 70 年代初，受石油危机影响，英国、日本、挪威等波浪能丰富的国家开始了波浪发电的开发研究。目前，一些实用性的波浪发电装置往往应用于航标灯和灯塔。

我国波浪能技术获得突破性进展，已具备远海岛礁应用能力。2015 年，中国科学院广州能源所研建的 100kW 鹰式波浪能发电装置“万山号”在珠海万山海域成功投放，并在 0.5m 的微小波况下实现了蓄能发电，输出电力质量达到了市电标准。

该装置在 1.5m 的波高条件下日发电量可达 1087kW·h，日发电小时数超过 10h，能量转换效率达到世界先进水平。鹰式波浪能发电装置实现了我国大型波浪能转换技术由岸式向漂浮式的成功转变，为我国波浪能装备走向深远海域奠定了坚实基础。

著名的机器人创业公司 Liquid Robotics 就发布了第一款海洋机器人，它可以利用波浪能量推动前进，这种机器人可以实现零排放，不需要加油和任何动力牵引，不过航行速度较慢。

这种水上机器人不但可以用波浪航行，还可以通过太阳能来实现船上的设备供电。由于它的长时间续航特性，这种机器可被用来监测污染、漏油、盐度水平甚至浮游生物的活动状况。

太阳能和波浪能发电是一种新的技术，目的很简单，就是解决未来几年内可能加剧的能源危机，提供急需的解决方案。

这种装置一个个漂浮在海面上，相互连接，一套系统可以是几百个单位共同发电。漂浮在海面部分是太阳能发电，而在水下是波浪能发电，几乎是不停地在产生电能，重要的是这种发电装置的维护成本非常低，产出却非常大。

在日本，30%海岸线都放置大量消波块和防波堤用四脚锥体块来抵挡海浪侵蚀，OIST（日本冲绳科学研究院）团队玩转巧思，选择将涡轮机放置在这些关键海岸线前方当作另一道墙，一方面可为日本生产额外电力送入电网，一方面也可以削减海浪直接冲击沿岸的力量。OIST 教授 Tsumoru Shintake 称："在 1%海岸线安装涡轮机就能产生约 10GW 能源，相当于 10 座核电厂。"

苏格兰海浪电力公司 Aquamarine Power 花费数月时间在 Orkney 测试其 Oyster 800 波机。这是世界上最大的使用波浪能发电的水力发电机。它通过将高压水泵入其水力发电涡轮机来工作，该涡轮机然后为在其附近用于电力消耗的电网供电。该装置即使在浅水处也可使用，并且易于维护。该公司预计，它可以使用 20 个波浪发电机为 9000 个房屋供电。

9.2.5 温差能

海洋温差能是指以表、深层海水温度差的形式所储存的海洋热能，能量主要来源于蕴藏在海洋中的太阳辐射能。中国温差能储量丰富，达到 367GW，但技术成熟度不高，可开发量仅为 25GW，不足理论储量的 7%，分布非常密集，90%以上的温差能集中在南海海域。

温差能发电是利用表层温海水加热低沸点工质使之汽化，驱动汽轮机发电；同时利用深层冷海水将做功后的乏汽冷凝为液体，形成系统循环。温差能发电在生产电能的同时可生成淡水，但工作效率较低，施工维护困难，工程造价较高。

世界上第一座海水温差发电站于 1930 年在古巴海滨建造，发电容量为 10kW。但目前，海洋温差能技术仍处于初期样机培育阶段，美国夏威夷州立自然资源实验室正在研发开放式温差能电站，日本、印度等国家重点开展封闭式温差能电站研究，美国等则专注于混合式温差能电站研究。

新型的海水温差发电装置，是把海水引入太阳能加温池，把海水加热到 45～60℃，有时可高达 90℃，然后把温水引进保持真空的汽锅蒸发进行发电。

用海水温差发电，还可以得到副产品——淡水，所以说它还具有海水淡化功能。一座 10 万 kW 的海水温差发电站，每天可产生 378m^3 的淡水，可以用来解决工业用水和饮用水的需要。另外，由于电站抽取的深层冷海水中含有丰富的营养盐类，因而发电站周围就会成为浮游生物和鱼类群集的场所，可以增加近海捕鱼量。

9.2.6　盐差能

盐差能是指海水和淡水之间或两种含盐浓度不同的海水之间以化学形态贮存的电位差能，是海洋能中能量密度最大的一种可再生能源，主要存在与河海交接处。同时，淡水丰富地区的盐湖和地下盐矿也可以利用盐差能。它被称为蓝色能源，已被视为最有待开发的清洁能源之一。中国盐差能理论蕴藏量为113.1GW，约有10%可用于发电，主要分布在上海、广东等河流入海口处，技术可开发量约为9.8GW。

盐差能也被称为“渗透能量”，因为它因渗透现象而产生了能量。在淡水与海水之间有着很大的渗透压力差，一般海水含盐度为3.5%时，其和河水之间的化学电位差有相当于240m水头差的能量密度。从理论上讲，如果这个压力差能利用起来，从河流流入海中的每立方英尺的淡水可发0.65kW·h的电。

假设海水和淡水是两瓶浓度不同的盐溶液，如果这两瓶溶液间有一层薄薄的让水通过但不让盐离子通过的“半透膜”隔开，那么水自然会从淡的一侧通过薄膜向咸的一侧流动，如果在这一过程中盐度不降低的话，产生的渗透压力会将盐水水面提高，利用这一水位差就可以直接用来推动涡轮机发电。

海水盐差能发电主要有渗透压法、反电渗析电池法和蒸汽压法3种。渗透压法、反电渗析电池法成本居高不下，渗透膜是制约发展的关键技术；蒸汽压法最大的优势在于不需使用渗透膜，但发电装置庞大昂贵，运行中需消耗大量淡水。

盐差能发电是近年来新兴的课题，相关技术尚处于初级研发阶段。2009年世界上第一台盐差能装置样机由挪威的Statkraft公司研制，采用渗透压技术，装机容量为4kW。2014年11月底，荷兰首家盐差能试验电厂已试验发电。

9.2.7　海流能

海流，亦称洋流，指的是海洋中海水沿着一定方向，速度稳定的大规模运动。它是在风、海水的热对流、盐度差、地球自转的偏转力等许多因素在特定的时间与空间内的综合作用下形成的。

海流发电是利用海洋中部分海水沿一定方向流动的海流和潮流的动能发电。海流发电装置的基本形式与风力发电装置类似，故又称为“水下风车”。

浮筒水下风车转轮由几片桨叶组成，工作原理与水平轴风力机相似，利用水流对桨叶产生的升力推动转轮旋转，类似于顺风式风力机。

浮筒水下风车转轮通过增速齿轮箱与发电机连接，一同安装在机舱内，机舱通过支柱与上方浮筒固定连接，浮筒与机舱共同产生浮力，使浮筒略浮出海面即可。浮筒水下风车通过钢缆牵向海底的固定锚桩，可随水流飘向水流下方，保持转轮面与水流方向垂直。钢缆与发电机输出电缆合为一体，通过海底电网向陆地送电。

水下发电风筝是一种带翅膀的涡轮机，涡轮机采用带导管的转轮，功率为500kW，风筝翅膀长为12m，放在水面下20m处，用一根约1000m长的缆绳拴到海底，缆绳包含电缆，通过海底电网向陆地送电。

水下发电风筝通过对翅膀的控制，使风筝左右摆动飞行，犹如我们看到的风筝在空中画“8”字飞一样。使涡轮机得到10倍洋流的水速，高速旋转的涡轮可直接驱动发电机，并获得更大的功率。

浮动水车发电设备的转轮与传统水车很相似，是利用转轮叶片对水的阻力推动转轮旋转，是一个浮动的大水车。浮动水车漂浮在海面上，用的缆绳拴到海底固定锚桩，缆绳包含电缆，通过海底电网向陆地送电。浮动水车只有下方的叶片浸在水中，上方不受水力作用，水流推动转轮旋转，浮动水车的体积一般较大，以保证在风浪中的稳定性。

由于海流距离海岸较远，海流发电存在一系列的关键技术问题难以解决，因此全世界均无大规模海流发电的成效。加拿大于1979年首先研制成由4个对称翼型直叶片构成的立轴水轮机，通过海流带动发电机旋转发电。直到今天，这方面的技术发展仍十分有限。

目前，中国在海流能的研究中已取得巨大的成功，世界装机功率最大、总装机容量达3.4MW的LHD-L-1000林东模块化大型海洋能发电机组项目便位于中国浙江舟山。中国成为世界上继英国、美国之后，第三个实现海流能发电并网的国家。

9.2.8 海洋发电技术路线图

（1）海洋能发电技术发展的阻碍。近年来，越来越多海洋能资源丰富的国家持续开展海洋能利用研究，注重开发研制性能高、可靠性强的海洋能转换装置，海洋能发电技术取得了长足进步，陆续有试验电站进入商业化运行，但由于海洋能发电系统运行环境恶劣，规模化发展进程中仍存在诸多技术及政策难题。

（2）美国海洋能技术发展路线图。为减轻经济、环境、社会压力，美国计划到2030年海洋能发电装机达到23GW。为达到上述目标，美国制定了海洋能技术路线图，从总体部署与关键任务不同维度规划发展进程。总体思路为逐步过渡到开放水域样机测试，掌握和模拟实际水域环境设备的响应情况；有计划地建设示范工程获取实际运行条件下机械设备对复杂环境适应度的数据；在小型商业化阶段，海洋能发电应达到可盈利的水平；随着设备生产效率提升、电价趋于合理水平、可靠性提高、维修成本降低以及环境效应等综合发挥效应，促进大规模商业化工程启动运营。

（3）中国海洋能发电技术路线图。在《我国海洋能可再生能源发展纲要（2013—2016年）》及《国家海洋事业发展“十二五”规划》指导下，结合中国海洋能资源和技术现状，以强化海洋能技术实用化为原则，制定中国中长期海洋能发电技术路线图。中国未来海洋开发重点在于突破关键技术、提升技术原始创新能力，尤其在重要设备、操作维护平台、监控设备系统和操作方法中的关键技术创新。

海洋能发电总体思路为重点开发潮汐能发电技术，积极进行波浪和潮流能发电技术实用化研究，适当兼顾温差能和盐差能发电技术的试验研究。其中，潮汐能发电探索性地迈向大中规模电站发展，建设近岸万千瓦级潮汐能示范电站，实现潮汐能电站的并网规模化应用，建立并充分利用基础设施，积极推动技术和经验的发展和推广；波浪能发电在示范电站实现应用的基础上，逐步推进小规模电站的商业化试运营，建设百千瓦级波浪能发电等示范项目；建设兆瓦级潮流能发电等示范项目；探索开展温差能利用研究，鼓励开发温差能综合海上生存空间系统；开展盐差能发电原理及试验样机研究。

(4)《海洋可再生能源发展“十三五”规划》(以下简称《规划》)要点。《规划》提出了我国“十三五”海洋能发展的主要目标。到2020年，海洋能开发利用水平显著提升，科技创新能力大幅提高，核心技术装备实现稳定发电，形成一批高效、稳定、可靠的技术装备产品，工程化应用初具规模，一批骨干企业逐步壮大，产业链条基本形成。标准体系初步建立，适时建设国家海洋能试验场，建设兆瓦级潮流能并网示范基地及500kW级波浪能示范基地，启动万千瓦级潮汐能示范工程建设。全国海洋能总装机规模超过5万kW，建设5个以上海岛海洋能与风能、太阳能等可再生能源多能互补独立电力系统，拓展海洋能应用领域，扩大各类海洋能装置生产规模，海洋能开发利用水平步入国际先进行列。

《规划》提出了5大重点任务：一是推进海洋能工程化应用，重点扩大装备示范规模，拓展应用领域。二是积极利用海岛可再生能源，通过开展海岛可再生能源评估、发展适应海岛环境的技术及装备，建设海岛可再生能源多能互补示范工程。三是实施海洋能科技创新，强化研究基础、推动关键技术创新、构建技术创新体系。四是夯实海洋能发展基础，重点推进南海及海岛区域资源评估、公共服务平台建设、标准体系建立健全。五是加强海洋能开放合作，结合“一带一路”建设，构建国际合作新机制，引入全球创新资源、拓展技术发展新空间。

9.3 地热

9.3.1 地热及地热能

(1) 基本概念概述。可再生能源有两个来源：一个来自天上的太阳，太阳能、风能、生物质能和海洋能都源于太阳活动；另一个来自地球，而地热能就是来自地球深部不断向外散发的热，即引爆火山及地震的能量。

地热是指地球内部的热能。地热存在于地球内部，使得地温随深度而增加，同时地热也会经由地球内部传送至地表散失。地温梯度约每加深1km，温度上升300℃。

常规的高温地热资源分布有局限性，主要分布在环太平洋火山地震地热带(如美国、新西兰、印尼、菲律宾、日本)；大西洋中脊地热带(如冰岛)、地中海喜马拉雅地热带(如意大利、中国西藏)；东非裂谷地热带(如肯尼亚)。

地热能的优势体现在两个方面：

能量巨大：来自地球的能量极其稳定，世界能源理事会WEC的报告称地热发电在所有可再生能源发电中具有最高的发电利用率，即每年的可工作时间最长(高于73%)。因此，拿同样的1kW装机容量来比较，地热能一年能发电6395kW·h，而风能发电1840kW·h，太阳能只发电1226kW·h，地热能的发电量是太阳能的5倍多，是风能的3.5倍。

潜力巨大：高温地热资源利用常规技术发电超过目前全球年发电总量，采用常规加双工质技术则能翻一番，中低温地热水每年产能相当于478亿t标煤。而我国地热资源量的官方资料，浅层地热能相当于95亿t标煤，常规地热资源相当于8530亿t标煤，干热岩资源相当于全国一次性能源年消耗量的4000多倍。

地热能按照地层深度分为三个层次：

①地面以下至200m深度内储存的是浅层地热能，温度低于25℃，依靠地源热泵技术提取或释放热量，冬季可以供暖，夏季可以制冷。

②200～3000m深度内，称常规地热能，不同地区的钻井可以产出高温地热蒸汽或中低温的地热水。高温地热资源可以发电，中低温地热水可用于房屋冬季供暖、地热温室种植和水产养殖、温泉洗浴医疗和休闲度假，以及工业洗染和农业干燥等利用。

③3000～10000m深度内，称干热岩地热能，那里通常没有流体的水或汽，只有高热，是干的。开采这样的资源需要钻两眼井，用石油钻井的压裂技术在两井间造成裂隙连通，然后从一眼井灌入冷水，从另一眼井就会喷出蒸汽和热水，现在世界上已有法国和德国的干热岩电厂成功发电，美国和澳大利亚等还在继续试验。

地热可以用作发电和供热。地热装机容量占再生能源装机容量的比率很小，一般在1%左右。高温地热资源主要用于发电；中温和低温地热资源则以直接利用为主；对于25℃以下的浅层地热能，可利用地源热泵进行供暖和制冷。

地热发电量以美国居多，2016年占全球总量的26.8%，其次是菲律宾、印度尼西亚、新西兰等。中国占有的份额是弱项，可以忽略不计。

（2）我国地热能资源与利用情况。我国《地热能开发“十三五”规划》将地热能分为三大类，即浅层地热资源、水热型地热资源和干热岩资源。

水热型地热资源一般是指4000m以内、温度大于25℃的热水和蒸汽，可用于供暖、旅游疗养、种植养殖、发电和工业利用等方面。其中，150℃以上的高温地热主要用于发电，发电后的热水可进行梯级利用；90～150℃的中温和25～90℃的低温地热以直接利用为主，多用于工业、种植、养殖、供暖制冷、旅游疗养等方面。水热型地热资源有时简称为温泉。

浅层地热能 Shallow geothermal energy 是指地表以下一定深度范围内（一般为恒温带至200m埋深），温度低于25℃，在当前技术经济条件下具备开发利用价值的地球内部的热能资源。

浅层地热能是地热资源的一部分。其能量主要来源于太阳辐射与地球梯度增温。浅层地热能通过热泵技术进行采集利用后，可以为建筑物供暖，较常规供暖技术节能50%～60%，运行费用降低30%～40%。

浅层地热能是绿色清洁能源，具有绿色低碳、环保清洁、可再生、分布广、开发利用成本低、潜力大等特点。我国地热资源分布广，可利用范围大。

干热岩（HDR），也称增强型地热系统（EGS），或称工程型地热系统，是一般温度大于200℃，埋深数千米，内部不存在流体或仅有少量地下流体的高温岩体。这种岩体的成分可以变化很大，绝大部分为中生代以来的中酸性侵入岩，但也可以是中新生代的变质岩，甚至是厚度巨大的块状沉积岩。干热岩主要被用来提取其内部的热量，因此其主要的工业指标是岩体内部的温度。

《中国地热能发展报告 2018》报告显示，我国浅层地热能利用快速发展。截至2017年年底，中国地源热泵装机容量达2万MW，位居世界第一，年利用浅层地热能折合1900万t标准煤，实现供暖（制冷）建筑面积超过5亿m^2，主要分布在北京、天津、河北、辽宁、山东、湖北、江苏、上海等省市的城区，京津冀开发利用规模最大。

我国地热能直接利用以供暖为主，其次为康养、种养殖等。近10年来，我国水热型地热能直接利用以年均10%的速度增长。据不完全统计，截至2017年年底，全国水热型地热能供暖建筑面积超过1.5亿m^2。与此同时，干热岩型地热能资源勘查开发处于起步阶段，地热能勘探开发利用装备发展较快。

但我国地热能产业发展仍存在不充分、不协调的问题。在地热能资源的精细勘查评价和科学研究方面仍十分欠缺，对地热能产业发展初期扶持的政策不充分、地热能资源管理制度仍不健全等。

浅层地热能供暖/制冷。20世纪90年代引入地源热泵技术，虽然起步晚，但发展很快。目前应用范围扩展至全国31个省、市、自治区。到2015年年底，全国浅层地热能供暖/制冷面积达到3.92亿m^2，实现年替代标煤1160万t，年减排$CO_2$3000万t。

中深层地热能直接利用。20世纪90年代以来，地热资源开发利用得到了蓬勃的发展，形成了以天津、陕西、河北为代表的地热供暖，以北京、东南沿海为代表的温泉旅游与疗养等中深层地热资源直接利用方式。到2015年年底，全国中深层地热供暖面积达到1.02亿m^2，实现年替代标煤290万t，减排二氧化碳750万t。

地热发电。我国20世纪70年代，先后在广东丰顺、河北怀来、江西宜春、湖南灰汤、辽宁熊岳、广西象州和山东招远等7个地区，建设了中低温地热发电站，在西藏羊八井建设了中高温地热发电站。因发电效率、经济效益等原因，目前仅广东丰顺和西藏羊八井尚在发电。2014年年底，我国地热发电总装机容量仅为27.88MW。

9.3.2 地热能的利用

（1）浅层地热资源利用——地源热泵。地源热泵已成功利用地下水、江河湖水、水库水、海水、城市中水、工业尾水、坑道水等各类水资源以及土壤源作为地源热泵的冷、热源。

地源热泵供暖空调系统主要分为三部分：室外地源换热系统、地源热泵主机系统和室内末端系统。

根据地热能交换系统形式的不同，地源热泵系统分为地埋管地源热泵系统、地下水地源热泵系统和地表水地源热泵系统。

水源/地源热泵有开式和闭式两种。开式系统是指地表水在循环泵的驱动下，经过处理直接流经水源热泵机组或者通过中间换热器进行热交换的系统。

闭式系统是在深埋于地下的封闭塑料管内，注入防冻液，通过换热器与水或土壤交换能量的封闭系统。闭式系统不受地下水位、水质等因素的影响。

地下埋管有垂直埋管和水平埋管之分。垂直埋管可获取地下深层土壤的热量。垂直埋管通常安装在地下50～150m深处，一组或多组管与热泵机组相连，封闭的塑料管内的防冻液（塑料管中是水，水中的防冻液根据当地气候条件决定加多少）将热能传送给热泵，然后由热泵转化为建筑物所需的暖气和热水。垂直埋管是地源热泵系统的主要方式，得到各个国家的政府部门大力支持。

水平埋管获取大地表层的热量。在地下2m深处水平放置塑料管，塑料管内注满防冻的液体，并与热泵相连。水平埋管占地面积大，土方开挖量大，而且地下换热器受地表气候变化的影响。

浅层地热的可再生性。地源热泵是一种利用土壤所储藏的太阳能资源作为冷热源，进行能量转换的供暖制冷空调系统。地源热泵利用的是清洁的可再生能源的一种技术。地表土壤和水体是一个巨大的太阳能集热器，收集了47%的太阳辐射能量，比人类每年利用的500倍还多（地下的水体是通过土壤间接地接受太阳辐射能量）；它又是一个巨大的动态能量平衡系统，地表的土壤和水体自然地保持能量接受和发散的相对平衡，地源热泵技术的成功使得利用储存于其中的近乎无限的太阳能或地能成为现实。如果实行冬夏连用，地源热泵的系统将具有更高的稳定性（土壤越深中间存在的空气含量越低，受地面温度的影响越小），能够实现理论上的可再生。

高效节能。地源热泵机组利用土壤或水体温度冬季为12～22℃，温度比环境空气温度高，热泵循环的蒸发温度提高，能效比也提高；土壤或水体温度夏季为18～32℃，温度比环境空气温度低，制冷系统冷凝温度降低，使得冷却效果好于风冷式和冷却塔式，机组效率大大提高，可以节约30%～40%的供热制冷空调的运行费用，1kW的电能可以得到4kW以上的热量或5kW以上的冷量。

与锅炉（电、燃料）供热系统相比，锅炉供热只能将90%以上的电能或70%～90%的燃料内能转换为热量，供用户使用，因此地源热泵要比电锅炉加热节省2/3以上的电能，比燃料锅炉节省约1/2的能量；由于地源热泵的热源温度全年较为稳定，一般为10～25℃，其制冷、制热系数可达3.5～4.4，与传统的空气源热泵相比，要高出40%左右，其运行费用为普通中央空调的50%～60%。因此，近十几年来，地源热泵空调系统在北美如美国、加拿大及中、北欧如瑞士、瑞典等国家取得了较快的发展。中国的地源热泵市场也日趋活跃，可以预计，该项技术将会成为21世纪最有效的供热和供冷空调技术。

热泵工作原理。在自然界中，水总是由高处流向低处，热量也总是从高温传向低温。人们可以用水泵把水从低处抽到高处，实现水由低处向高处流动，热泵同样可以把热量从低温传递到高温。

所以热泵实质上是一种热量提升装置，工作时它本身消耗很少一部分电能，却能从环境介质（水、空气、土壤等）中提取4～7倍于电能的装置，提升温度进行利用，这也是热泵节能的原因。

地源热泵是热泵的一种，是以大地或水为冷热源对建筑物进行冬暖夏凉的空调技术，地源热泵只是在大地和室内之间“转移”能量。利用极小的电力来维持室内所需要的温度。

在冬天，1kW的电力，将土壤或水源中4～5kW的热量送入室内。在夏天，过程相反，室内的热量被热泵转移到土壤或水中，使室内得到凉爽的空气。而地下获得的能量将在冬季得到利用。如此周而复始，将建筑空间和大自然联成一体。以最小的低价获取了最舒适的生活环境。

地源热泵则是利用水与地能（地下水、土壤或地表水）进行冷热交换来作为地源热泵的冷热源，冬季把地能中的热量“取”出来，供给室内采暖，此时地能为“热源”；夏季把室内热量取出来，释放到地下水、土壤或地表水中，此时地能为“冷源”。

热泵机组装置主要由压缩机、冷凝器、蒸发器和膨胀阀四部分组成，通过让液态工质（制冷剂或冷媒）不断完成蒸发（吸取环境中的热量）→压缩→冷凝（放出热量）→节流→再蒸发的热力循环过程，从而将环境里的热量转移到水中。压缩机（Compressor）：起着压缩和输送循环工质从低温低压处到高温高压处的作用，是热泵（制冷）系统的心脏；蒸发器（Evaporator）：是输出冷量的设备，它的作用是使经节流阀流入的制冷剂液体蒸发，以吸收被冷却物体的热量，达到制冷的目的；冷凝器（Condenser）：是输出热量的设备，从蒸发器中吸收的热量连同压缩机消耗功所转化的热量在冷凝器中被冷却介质带走，达到制热的目的；膨胀阀（Expansion Valve）或节流阀（Throttle）：对循环工质起到节流降压作用，并调节进入蒸发器的循环工质流量。根据热力学第二定律，压缩机所消耗的功（电能）起到补偿作用，使循环工质不断地从低温环境中吸热，并向高温环境放热，周而往复地进行循环。

地源热泵系统按其循环形式可分为：闭式循环系统、开式循环系统和混合循环系统。对于闭式循环系统，大部分地下换热器是封闭循环，所用的管道为高密度聚乙烯管。管道可以通过垂直井埋入地下150～200ft（1ft=0.3048m）深，或水平埋入地下4～6ft处，也可以置于池塘的底部。在冬天，管中的流体从地下抽取热量，带入建筑物中，而在夏天则将建筑物内的热能通过管道送入地下储存；对于开式循环系统，其管道中的水来自湖泊、河流或者竖井之中的水源，在以与闭式循环相同的方式与建筑物交换热量之后，水流回到原来的地方或者排放到其他合适的地点；对于混合循环系统，地下换热器一般按热负荷来计算，夏天所需的额外的冷负荷由常规的冷却塔来提供。

地源热泵系统类型分为4类：

水平式地源热泵。通过水平埋置于地表面2～4m以下的闭合换热系统，它与土壤进行冷热交换。此种系统适合于制冷供暖面积较小的建筑物，如别墅和小型单体楼。该系统初投资和施工难度相对较小，但占地面积较大。

垂直式地源热泵。通过垂直钻孔将闭合换热系统埋置在50～400m深的岩土体与土壤进行冷热交换。此种系统适合于制冷供暖面积较大的建筑物，周围有一定的空地，如别墅和写字楼等。该系统初投资较高，施工难度相对较大，但占地面积较小。

地表水式地源热泵。地源热泵机组通过布置在水底的闭合换热系统与江河、湖泊、海水等进行冷热交换。此种系统适合于中小制冷供暖面积，临近水边的建筑物。它利用池水或湖水下稳定的温度和显著的散热性，不需钻井挖沟，初投资最小。但需要建筑物周围有较深、较大的河流或水域。

地下水式地源热泵。地源热泵机组通过机组内闭式循环系统经过换热器与由水泵抽取的深层地下水进行冷热交换。地下水排回或通过加压式泵注入地下水层中。此系统适合建筑面积大、周围空地面积有限的大型单体建筑和小型建筑群落。

另外，还有一种污水源热泵，主要是以城市污水作为提取和储存能量的冷热源，借助热泵机组系统内部制冷剂的物态循环变化，消耗少量的电能，从而达到制冷制暖效果的一种创新技术。与其他热源相比，污水源热泵的技术关键和难点在于防堵塞、防污染与防腐蚀。

地源热泵的应用方式从应用的建筑物对象可分为家用和商用两大类，从输送冷热量方式可分为家用系统、集中系统、分散系统和混合系统。

家用系统。用户使用自己的热泵、地源和水路或风管输送系统进行冷热供应，多用于小型住宅、别墅等户式空调。

集中系统。热泵布置在机房内，冷热量集中通过风道或水路分配系统送到各房间。

分散系统。用中央水泵，采用水环路方式将水送到各用户作为冷热源，用户单独使用自己的热泵机组调节空气。一般用于办公楼、学校、商用建筑等。此系统可将用户使用的冷热量完全反应在用电上，便于计量，适用于独立热计量要求。

混合系统。将地源和冷却塔或加热锅炉联合使用作为冷热源的系统，混合系统与分散系统非常类似，只是冷热源系统增加了冷却塔或锅炉。

（2）水热型地热资源利用。水热型地热能的利用可分为地热发电和直接利用两大类。对于不同温度的地热流体可能利用的范围如下：

200～400℃直接发电及综合利用；150～200℃双循环发电，制冷，工业干燥，工业热加工；100～150℃双循环发电，供暖，制冷，工业干燥，脱水加工，回收盐类，罐头食品；50～100℃供暖，温室，家庭用热水，工业干燥；20～50℃沐浴，水产养殖，饲养牲畜，土壤加温，脱水加工。现在许多国家为了提高地热利用率，而采用梯级开发和综合利用的办法，如热电联产联供、热电冷三联产、先供暖后养殖等。

①地热发电。地热发电是地热利用的最重要方式。高温地热流体应首先应用于发电。地热发电和火力发电的原理是一样的，都是利用蒸汽的热能在汽轮机中转变为机械能，然后带动发电机发电。所不同的是，地热发电不像火力发电那样要备有庞大的锅炉，也不需要消耗燃料，它所用的能源就是地热能。地热发电的过程，就是把地下热能首先转变为机械能，然后把机械能转变为电能的过程。要利用地下热能，首先需要有“载热体”把地下的热能带到地面上来。目前能够被地热电站利用的载热体，主要是地下的天然蒸汽和热水。地热发电技术经过近百年的发展，种类多种多样，主要包括干蒸汽发电、扩容式蒸汽发电、双工质循环发电和卡琳娜循环发电等。

干蒸汽发电技术：干蒸汽就是从地下喷出的具有一定过热度的蒸汽。干蒸汽发电技术就是将干蒸汽从井下引出，除去固体杂质后直接传输到汽轮发电机组进行发电。

扩容式发电技术：在扩容式发电技术中，井下带有一定压力的汽水混合物或热水被引至地面后，首先进入一级扩容器，地热水中携带的蒸汽及少部分由第一级减压产生的蒸汽直接进入汽轮机做功，其余的地热水进入二级扩容器。在二级扩容器中，由于减压作用，扩容器内的压力小于此时地热水温度所对应的饱和压力，部分地热水将汽化形成蒸汽，再引入汽轮机做功。

双工质循环发电：其特点是地热水与发电系统不直接接触，而是将地热水的热量传递给某种低沸点介质（如丁烷、氟利昂等），这些工质蒸发后形成具有一定压力的蒸汽，由低沸点介质推动汽轮机来发电。这种发电方式由地热水系统和低沸点工质系统组成。

双工质循环发电技术的循环方式依然是朗肯循环，与蒸汽朗肯循环的区别在于它采用低沸点工质作为热能载体，可以充分利用地热水的热能进行发电，使得地热资源得到充分利用。整个系统的循环效率较扩容式蒸汽发电技术提高，但地热水系统和低沸点工质系统并行的方式增加了发电系统的复杂性，也增加了投资和运行成本，同时，低沸点工质多数属易燃易爆品。工质的储存和安全使用也是发电过程中需要重点关注的内容。

卡琳娜循环发电技术：卡琳娜循环是区别于常规朗肯循环的一种新的热力循环，采用氨和水的混合物作为工质。这种混合工质的沸点是变化的，随着氨与水比例的变化而变化。当热源参数发生变化时，只需要调整氨和水的比例即可达到最佳的循环效果。工质的升温曲线更接近于热源的降温曲线，尽可能地降低传热温差减少传热过程中系统的熵增，提高循环效率。由于卡琳娜循环的这个显著特点使它在中低温地热发电领域得到了广泛应用。目前的工业化应用表明，卡琳娜循环发电技术的循环效率比朗肯循环的效率高 20%～50%。

对于具体的地热资源，需要从地热温度、地热总储量、地热水品质等方面，结合发电效率、运行维护、设备投资、环境保护等因素综合考虑，进而确定适合该地热资源的具体的发电技术路线。

②地热供暖。将地热能直接用于采暖、供热和供热水，是仅次于地热发电的地热利用方式。因为这种利用方式简单、经济性好，备受各国重视，特别是位于高寒地区的西方国家，其中冰岛开发利用得最好。该国早在 1928 年就在首都雷克雅未克建成了世界上第一个地热供热系统，现今这一供热系统已发展得非常完善，每小时可从地下抽取 7740t 80℃的热水，供全市 11 万居民使用。由于没有高耸的烟囱，冰岛首都已被誉为“世界上最清洁无烟的城市”。此外，利用地热给工厂供热，如用作干燥谷物和食品的热源，用作硅藻土生产、木材、造纸、制革、纺织、酿酒、制糖等生产过程的热源也是大有前途的。目前，世界上最大的两家地热应用工厂就是冰岛的硅藻土厂和新西兰的纸浆加工厂。我国利用地热供暖和供热水发展也非常迅速，在京津地区已成为地热利用中最普遍的方式。

③地热务农。地热在农业中的应用范围十分广阔。如利用温度适宜的地热水灌溉农田，可使农作物早熟增产；利用地热水养鱼，在 28℃水温下可加速鱼的育肥，提高鱼的出产率；利用地热建造温室，育秧、种菜和养花；利用地热给沼气池加温，提高沼气的产量等。将地热能直接用于农业在我国日益广泛，北京、天津、西藏和云南等地都建有面积大小不等的地热温室。各地还利用地热大力发展养殖业，如培养菌种、养殖非洲鲫鱼、鳗鱼、罗非鱼、罗氏沼虾等。

④地热医疗。地热在医疗领域的应用有诱人的前景，目前热矿水就被视为一种宝

贵的资源，世界各国都很珍惜。由于地热水从很深的地下提取到地面，除温度较高外，常含有一些特殊的化学元素，从而使它具有一定的医疗效果。如合碳酸的矿泉水供饮用，可调节胃酸、平衡人体酸碱度；含铁矿泉水饮用后，可治疗缺铁贫血症；氢泉、硫水氢泉洗浴可治疗神经衰弱和关节炎、皮肤病等。由于温泉的医疗作用及伴随温泉出现的特殊的地质、地貌条件，使温泉常常成为旅游胜地，吸引大批疗养者和旅游者。在日本就有1500多个温泉疗养院，每年吸引1亿人到这些疗养院休养。我国利用地热治疗疾病历史悠久，含有各种矿物元素的温泉众多，因此充分发挥地热的行医作用，发展温泉疗养行业是大有可为的。

（3）干热岩地热利用

众所周知，人们脚下的地球内部蕴含着巨大的能量，地心温度高达6000℃。地球通过火山、地震、地热等方式源源不断地释放着内部能量。干热岩（Hot Dry Rock，HDR）是地球内部热能的一种赋存介质，自20世纪70年代美国Los Alamos国家实验室提出干热岩地热能的概念以来，干热岩的定义也在不断发展，最新的《地热能术语》中对干热岩的定义为：内部不存在或仅存在少量流体，温度高于180℃的异常高温岩体。

考虑其客观性、科学性、可行性和经济型，干热岩的基本含义可分为广义干热岩和狭义干热岩两类。广义干热岩认为是流体含量很少、温度为150～400℃的储热岩石。狭义干热岩必须考虑地热能发电的经济性和可行性，主要指流体含量少、埋深为3～8km、温度为200～350℃的储热岩石。其岩性主要是各种变质岩或结晶岩体，较常见的干热岩体有黑云母片麻岩、花岗岩、花岗闪长岩等。

通俗来讲，干热岩资源就是存在于岩石中的热量，人们通常通过温度对干热岩体中的资源量进行评估，那么岩石中赋存的热量究竟有多大？以一个边长为1km、温度为200℃的高温岩体为例，其温度下降10℃所释放的热量可实现发电约为1000万MW·h，可满足2000万m^2/年的建筑供暖需求。

据保守估计，地壳中干热岩（通常指3～10km深处）所蕴含的能量相当于全球所有石油、天然气和煤炭所蕴藏能量的30倍。中国地质调查局的评价数据显示，中国大陆3～10km深处的干热岩资源总量为2.5×10^{25}J（合856万亿t标准煤），若能开采出2%，就相当于我国2015年全国一次性能耗总量的4400倍。

干热岩资源的开发主要利用增强型地热系统（Enhanced Geothermal System，EGS）来提取其内部的热量。增强型地热系统通过水力压裂等工程手段，在地下深部低渗透性高温岩体中形成人工地热储层，从而长期经济地采出相当数量热能的人工地热系统。其原理是从地表往深埋地下的干热岩体中打一眼井（回灌井），封闭井孔后向井中高压注入温度较低的水产生高的压力，在岩体致密无裂隙的情况下，高压水会使岩体大致垂直最小地应力的方向产生许多裂缝。

若岩体中本来就有少量的天然节理，这些高压水会使之扩充成为更大的裂缝。随着低温水的不断注入，裂缝不断增加、扩大、相互连通，最终形成一个大致呈面状的人工地热储层。在距回灌井合理的位置处钻几口井并贯通人工地热储层，这些井用来回收高温水、汽，称之为生产井。

注入的水沿着裂隙运动并与周边的岩石发生热交换，产生了高温高压水或水汽混合物。从贯通人工地热储层的生产井中提取高温蒸汽到地面后，通过热交换及地面循环装置用于发电和综合利用。利用之后的温水又通过回灌井注入到地下干热岩体中，从而达到循环利用的目的。

干热岩是地热能的未来。在目前的节能减排和能源结构调整中，对于干热岩地热资源的开发极有可能成为“黑马”，发挥意想不到的作用。干热岩相对于其他能源具备以下优势：

①资源量巨大、分布广泛（初步估算，我国陆区 3.0～10.0km 深处干热岩资源为 860 万亿 t 标准煤燃烧所释放的能量）；

②几乎为零排放（无废气和其他流体或固体废弃物，可维持对环境最低水平的影响）；

③开发系统安全（没有爆炸危险，更不会引起灾难性事故或伤害性污染）；

④热能连续性好（在可再生能源中，只有 EGS 可以提供不间断的电力供应，不受季节、气候、昼夜等自然条件的影响）。

我国干热岩储量很大，但目前的开发条件和开发技术还受到诸多因素的制约，随着干热岩开发技术的不断成熟以及深部地热开采成本的不断下降，相信在不久的将来，这种无处不在的能源可被人们大量利用，造福人类。

（4）地热发电的发展方向

①联合循环地热发电技术。单一的蒸汽朗肯循环发电技术循环效率较低，仅为 20%以下；尾水排放温度较高，一般在 100°C 以上，地热能利用不够充分。双工质循环和卡琳娜循环发电技术系统较为复杂，涉及两套工质系统，但循环效率高，尾水排放温度可以降至 60°C 以下。在未来的地热发电技术中，可以采用联合循环的方式。在地热水的高温阶段，采用扩容式蒸汽发电系统，利用地热能的高温部分；在地热水温度不能满足扩容发电方式运行条件时，采用双工质循环或卡琳娜循环技术，充分利用地热能的低温部分，最大限度地提高地热发电循环的效率。土耳其 Kizildere 地热电站在采用扩容系统的基础上，联合使用双工质循环技术进行试验机组的研究，最大功率达到 18.238kW，循环效率达到 38.58%，联合循环发电系统性能稳定。

另外，还可以将地热发电与太阳能热利用相结合。在双工质循环或卡琳娜循环中，在低温地热水的热交换阶段引入太阳能热利用方式，克服地热水温度较低、能源品位较差的弱点，提高循环效率。目前，这种技术已经在美国、智利等国家开展了实验室研究。

②低温地热资源发电技术。在已探明的地热资源中，存在着大量的低温地热资源（温度一般在 90°C 左右），目前主要的利用方式为温泉和部分供暖。卡琳娜循环在低温地热资源应用领域中有其独特的优越性，通过调整氨和水的比例，可以适应低温地热水的发电特性。卡琳娜循环已经成功应用于日本 Sumitomo 炼钢厂的冷却水余热发电，水温 95°C，装机容量 3.5MW。另外，在上海世博会工业馆中，建有一台卡琳娜循环发电试验机组，利用流量为 1t/h、温度为 98℃的热水，每小时可发电 3kW。卡琳娜循环为低温地热资源发电开辟了一个新的天地。

③干热岩地热发电技术。干热岩是指埋藏于地面1km以下、温度大于200℃、内部不存在流体或仅有少量地下流体的岩体。干热岩地热发电技术就是开发利用干热岩来抽取地下热能，其原理是从地表由注入井往干热岩中注入温度较低的水，注入的水沿着裂隙运动并与周边的岩石发生热交换，产生高温高压超临界水或水蒸气混合物，然后从生产井提取高温蒸汽，用于地热发电。干热岩的热能是通过人工注水的方式加以利用，几乎完全摆脱了外界的干扰。作为一种新型地热资源，干热岩具有很高的开发利用价值。

据《中国科技信息》2012年年初报道，首座使用干热岩技术发电的商用地热发电站于2011年在瑞士城市巴塞尔建成。该电站能为周边的5000个家庭提供30000kW热能和3000kW电能。

④利用中深层地热资源发电。地壳内蕴含着大量的现代岩浆，这部分岩浆在向上运动过程中，与中深层地下水耦合形成优良的中深层地热资源，主要存在于距地面3～10km范围内，地热温度可达到200°C。与目前开发的浅层地热能相比，中深层地热能的储量要大很多。同时，中深层地热能与中深层地下水耦合，地热水来源丰富，回灌要求较低。中深层地下水矿化度较低，为地热资源的利用提供了便利条件。目前，我国已在松辽盆地——长白山沿线勘探出大量的中深层地热资源。

延伸阅读

（提取码 jccb）

第 10 章　先进核能技术与能源互联网技术

10.1　先进核能技术

10.1.1　我国核能科技发展成就

核能具有清洁、低碳、稳定、高能量密度的特点，作为战略新兴产业的重要组成部分，是非化石能源中增加能源供给的重要支柱，也是治理雾霾，保证能源安全的重要手段。

改革开放以来，核工业逐步实现军民结合，重点转向为国民经济服务，通过 30 多年的发展，中国核电产业已经初具规模，取得了令世人瞩目的成就。至 2015 年年底，在运核电机组 29 台，总装机容量 28.46GW，世界排名第五；在建机组 20 台，总装机容量 23.17GW，占世界在建总装机容量的 36%，居世界第一。

截止到 2017 年年底，我国已投运核电机组 37 台，装机容量 3581 万 kW；在建 19 台，规模 2200.4 万 kW。根据“十三五”能源规划，到 2020 年我国将实现 5800 万 kW 投运、3000 万 kW 在建的目标，但目前尚有 3018 万 kW 的缺口。

核工业不断转型升级，坚持创新驱动战略，走出了一条在引进、消化、吸收基础上进行自主研发、再创新的技术发展路线。“十二五”期间，研制出具有自主知识产权的三代百万千瓦核电技术“华龙一号”，具有第四代特征的中国实验快堆实现满功率运行，高温气冷堆开工建设，航天核动力取得阶段性成果，航海核动力创新升级。

中国核能技术研究百花齐放，科技成果得到实际应用，聚焦于核能发电技术，推出了自主三代压水堆核电技术并落地国内示范工程，成功走向国际并进入大规模应用阶段，可满足当前和今后一段时期核电发展的基本需要；在快堆、高温气冷堆、熔盐堆、超临界水堆等第四代核电技术方面全面开展研究工作，其中钠冷实验快堆已经实现并网发电，目前处于技术储备和前期工业示范阶段；高温气冷堆正在建造示范工程；全超导托卡马克核聚变实验装置 EAST 成功实现了 5000 万℃持续时间最长的等离子体放电，成为国际上稳态磁约束聚变研究的重要实验平台，作为核心成员参加国际 ITER 计划并顺利推进采购包计划。可以说，本阶段核能科技领域取得的突破，为未来核能技术的发展与实现“热堆—快堆—聚变堆”三步走奠定了坚实的基础。

10.1.2　我国核能科技“三步走”战略与先进核能技术

（1）核能科技“三步走”战略。1983 年 6 月，国务院科技领导小组主持召开专家论证会，提出了中国核能发展“三步（压水堆—快堆—聚变堆）走”的战略，以及“坚持核燃料闭式循环”的方针；在《国家能源发展“十二五”规划》中，提出了安全高效发展核电的主要任务，继续明确了坚持热堆—快堆—聚变堆“三步走”的技术路线。从核能所使用的资源角度来看，中国核能发展的第一步，发展以压水堆为代表的热中子反应堆，即利用加压轻水慢化后的热中子产生裂变的能量来发电的反应堆技术，利用铀资源中0.7%的$_{235}$U，解决“百年”的核能发展问题；第二步，发展以快堆为代表的增殖与嬗变堆，即由快中子引起裂变反应，可以利用铀资源中99.3%的$_{235}$U，解决“千年”的核能发展问题；第三步，发展可控聚变堆技术，希望是人类能源终极解决方案，“永远”地解决能源问题。

（2）自主先进三代压水堆技术跻身世界第一阵营。中国目前在运核电技术多样，但主要以压水堆为主，在未来一定发展时期内，仍将以压水堆堆型为主开发不同的机型以满足绿色、低碳能源发展的需求。

在中国30年核电站设计、建造、运营经验的基础上，充分借鉴AP1000、EPR等先进核电技术并考虑福岛事故的经验反馈，研发了中国自主知识产权的第三代核电机型“华龙一号”HPR1000，其示范工程已开工建设。

“华龙一号”提出并实现了“能动+非能动”的安全设计理念，采用“177堆芯”设计和自主核燃料组件，相比国内在运核电机组，发电功率提高了5%～10%，不仅提高了反应堆的安全性和运行性能，同时降低了堆芯内的功率密度，提高了核电站的安全性；拥有双层安全壳，可以抵御商用大飞机的撞击；设计寿期达60年，堆芯采用18个月换料，电厂可用率高达90%。从型号研发到示范工程落地，“华龙一号”很好地解决了安全性、先进性、成熟性和经济性等一系列难题，安全指标和性能指标完全满足国际上对于第三代核电技术的要求。“华龙一号”的成功落地，标志着中国步入世界先进核电技术国家的第一阵营。中国核电“走出去”已上升为国家战略，结合“一带一路”规划，“华龙一号”正推向国际市场，已与巴基斯坦、阿根廷等国家达成合作协议。

CAP1400的研发也基于AP1000技术，采用非能动以及简化的设计理念，遵循国内外最新有效的核电法规导则和标准，满足URD等第三代核电技术文件要求，充分反映了国内外目前AP1000工程化过程中的设计变更及改进。CAP1400的总体设计思路是：提高电厂容量等级、优化电厂总体参数、平衡电厂设计、重新进行全厂安全系统设计和关键设备设计、全面推进设计自主化与设备国产化、积极应对福岛事件后的国内外技术政策、实现当前最高安全目标、满足最严环境排放要求，进一步提高经济性，从而使综合性能优于三代核电AP1000。

CAP1400综合HPR1000和CAP系列安全设计特点，以及确定论分析和PSA评价结果，分析满足国际原子能机构（IAEA）和美国电站用户要求文件URD和欧洲用户要求文件EUR的相关要求，核电设计能够满足“设计上实际消除大量放射性物质释放”的要求，具备规模化建设的条件。

中国政府积极支持自主的模块式小型堆研发，并将模块式小型堆列入《国家能源科技“十二五”规划》和《能源技术创新“十三五”规划》。目前，中核集团在国家资助下开展模块式小型堆的研发，已完成初步设计，正在积极推动示范工程建设，合作开展浮动核电站研究；中广核集团、国家核电技术公司及清华大学也在开展模块式小型堆的研发工作。

（3）具备第四代特征的核电技术发展。自第四代核能系统国际论坛（GIF）成立以来，论坛的成员国已经提出了 100 多种备选的反应堆系统。根据各项标准，GIF 遴选出了 6 种最具前景的反应堆系统，分别是钠冷快堆（SFR）、超高温反应堆（VHTR）、气冷快堆（GFR）、铅冷或铅-铋共熔物冷却的快堆（LFR）、熔盐堆（MSR）和超临界水堆（SCWR）。

我国具备第四代特征的核电技术发展的主要体现为：一是中国实验快堆成功并网，示范快堆开始兴建；二是高温气冷堆技术实现发展的第一步——发电；三是钍基熔盐堆核能专项取得显著进展；四是 ADS 系统研究取得多项突破；五是正在开展超临界水冷堆基础技术研究；六是核聚变研究水平大幅提高。

10.1.3　先进核能技术发展路线图

发展改革委、国家能源局制定出台的《能源技术革命创新行动计划（2016—2030年）》（以下简称《行动计划》）明确了先进核能技术的主要任务、技术路线图等。

①重点任务。开展深部及非常规铀资源勘探开发利用技术研究，实现深度 1000m 以内的可地浸砂岩开发利用，开展黑色岩系、盐湖、海水等低品位铀资源综合回收技术研究。实现自主先进核燃料元件的示范应用，推进事故容错燃料元件（ATF）、环形燃料元件的辐照考验和商业运行，具备国际领先核燃料研发设计能力。在第三代压水堆技术全面处于国际领先水平的基础上，推进快堆及先进模块化小型堆示范工程建设，实现超高温气冷堆、熔盐堆等新一代先进堆型关键技术设备材料研发的重大突破。开展聚变堆芯燃烧等离子体的试验、控制技术和聚变示范堆 DEMO 的设计研究。

②战略方向。核能资源勘探开发利用。重点在深部铀资源勘探开发理论、新一代高效智能化地浸采铀，以及非常规铀资源（主要包括黑色岩系型及海水中的铀资源等）开发利用等方面开展研发与攻关。

先进核燃料元件。重点在自主先进压水堆核燃料元件示范及推广应用、更高安全性及可靠性和经济性的压水堆燃料元件自主开发、先进燃料技术体系完善，以及智能制造在核燃料设计制造领域应用等方面开展研发与攻关。

新一代反应堆。重点在快堆及先进模块化小型堆示范工程建设、先进核燃料循环系统构建、超高温气冷堆关键技术装备及配套用热工艺，以及新一代反应堆的基础理论和关键技术等方面开展研发与攻关。

聚变堆。重点在 ITER 的设计和建造、堆芯物理和聚变堆工程技术、聚变工程技术试验平台（FETP）自主设计建造，以及大型托卡马克聚变堆装置设计、建造和运行等方面开展研发与攻关。

③创新行动。包括深部铀成矿理论创新与一体化铀资源探测技术与装备，地浸采铀高效钻进与成井技术，黑色岩系型、磷块岩型的低品位铀资源开发技术及盐湖、海水提铀技术，先进自主压水堆元件，快堆及燃料元件设计与工程化技术，超高温气冷

堆关键技术及高温热工程应用技术，先进小型堆关键技术及工程化，钍基熔盐堆基础理论与关键技术和聚变物理研究。

10.2 乏燃料后处理与高放废物安全处理处置

10.2.1 乏燃料及其后处理

在核电站发电过程中，当核燃料裂变不能维持一定功率时，被换下来的未燃烬的核燃料称为乏燃料，又称辐照核燃料，属高放废料。

在乏燃料中，大量元素是强放射性的。随着冷却（放置）时间的延长，放射性也会逐渐降低。即便如此，放置10年之后，乏燃料仍有日常放射性本底强度的百亿倍之高。

来自世界核学会的数据显示，占比3%的高放废料贡献了95%的放射性。来自环境保护部核与辐射安全中心2016年6月发布的《全球乏燃料后处理现状与分析》报告显示，核电站卸出的乏燃料数量在全球范围内增长，大部分核电站的在堆贮存水池容量已经超负荷，全球正面临如何解决乏燃料去向的问题。

在核电大发展的背景下，我国核电站卸出的乏燃料数量在不断增长，大部分核电站的在堆贮存水池容量已经超负荷（在送至后处理厂前，乏燃料通常先暂存在核电站内自建的硼水池内，即在堆贮存水池内，中国目前是按其可以存储乏燃料10年设计的）。

而对于乏燃料，国际上通行的有两种处理方法：一种是不进行乏燃料后处理，燃料棒在核电站反应堆内燃烧完后将其长期暂存、永久贮存、直接处置，被称为“开式核燃料循环”；另一种是对乏燃料进行后处理，回收其中的铀和钚，再加工成燃料组件进行重复利用，称为“闭式核燃料循环”。

据悉，法国、英国、日本、印度等采用的是“闭式核燃料循环”；美国、加拿大、西班牙、瑞典、芬兰等则采用“开式核燃料循环”。

我国从20世纪80年代核电发展之初就确定了“闭式核燃料循环”的战略，并坚定提出核能发展“三步走”，即“热堆—快堆—聚变堆”的可持续发展道路。

目前，世界上大多数乏燃料并没有及时进行后处理或深地质处置，而是处于长期贮存的状态。为保障核电站的持续安全运行，同时为乏燃料后处理或深地质处置提供有效缓冲，乏燃料的中间贮存问题成为当前研究和关注的焦点和热点。

乏燃料后处理是核燃料循环的关键技术，具有典型的军民两用性，在核能事业和国防建设中占有十分重要的地位。目前，中国、法国、印度、日本、俄罗斯和英国进行乏燃料后处理；加拿大、芬兰、瑞典将乏燃料存储起来将来进行后处理；美国没有明确其乏燃料处理战略。

20世纪40年代以来，出现了多种乏燃料后处理技术，如共沉淀法、溶剂萃取法和高温化学法等。目前，乏燃料主要后处理技术包括水法、干法和超临界流体萃取等3种。

目前，国际上的乏燃料后处理/分离一体化流程有：日本 PARC 概念流程、日本 PUREX-TRUEX 一体化流程、俄罗斯 Super PUREX 流程、中国 PUREX-TRPO 一体化流程等。PARC 流程对传统的 PUREX 流程进行改进，简化了 U、Pu 纯化循环，形成了一个单循环流程。最终 PARC 流程回收的 U、Pu 可制成 MOX 元件，在热堆或者快堆中再次利用，Np、Am、Cm、Tc 等可进行嬗变处理，流程产生的废液中不含有 MA 和 LLFP，废物的处置和管理得以简化。PUREX-YRUEX 一体化流程采用了多种电化学方法来实现流程的无盐化，后处理流程在一个溶剂萃取循环中实现了 U、Pu 分离，产生的高放废液采用先进的 TRUEX 流程进行处理。Super PUREX 流程除了回收 U、Pu 等元素，还分离 MA、Tc-99、Zr-93 等长寿命裂变产物。PUREX-TRPO 一体化流程使用稀硝酸洗涤代替铀线纯化循环，只用了 1 个溶剂萃取循环得到了 U、Pu 产品，使 PUREX 流程得到简化，TRPO 流程反萃段，由于不需要对 U、Pu 进行分离和纯化，所以反萃工序也得到了简化。

综上所述，水法后处理技术所追求的目标是尽量减少待处置废物总体积和活度；回收长寿命的放射性核素供特殊的处置或嬗变；提高防扩散能力；无盐流程开发和减少循环数。

先进核燃料循环中，需对高燃耗的热堆乏燃料、快堆乏燃料或者嬗变系统辐照后靶件中的 U、Pu 和 MA 进行分离，传统的以 TBP 为萃取剂的水法后处理流程难以满足分离需要。干法后处理具有耐辐照、低临界风险、放射性废物少等优点，适宜处理高燃耗、短冷却期乏燃料，有希望满足先进核燃料循环中对乏燃料或者嬗变靶件的分离需要。因此，世界上核能大国（美国、俄罗斯、日本）都加大了快堆乏燃料的干法后处理技术研究。目前，研究比较活跃的干法后处理技术是熔盐电精制法、氧化物电沉积法、氟化挥发法等。

10. 2. 2　高放废物安全处理处置

高放废物是一种放射性强、毒性大、半衰期长并且发热的特殊废物，对其进行安全处置的难度极大，面临一系列科学、技术、工程、人文和社会学的挑战。针对这一难题，大多数有核国家通过制定法律法规、建立管理体制、成立实施机构、建立筹资机制、制订长远规划、建立地下实验室等研发平台，开展了大量卓有成效的研究开发，以确保高放废物的安全处置。

自 20 世纪 60 年代开始高放废物地质处置研究开发以来，各国在地质处置选址和场址评价、工程屏障、处置库设计和建造技术、地下实验室建设和实验、安全评价研究等方面取得了非常扎实的进展。在处置库工程的实施方面，表现最为突出的是芬兰、法国和瑞典，尤其以 2015 年 11 月 12 日芬兰政府宣布批准建设高放废物处置库的消息最为引人注目。

芬兰有 2 个核电站（4 台核电机组），核电占总发电量的 32%。预计需处置的乏燃料为 6500t。由 2 个核电站共同出资成立的 Posiva 公司为乏燃料最终处置的实施机构。芬兰采用的是乏燃料直接进行深地质处置的技术路线，处置库为 KBS-3 型多重屏障系统，拟建在深 500m 左右的花岗岩基岩之中，为竖井—斜井—巷道型。据估算，最终处置芬兰乏燃料的总费用为46亿芬兰马克（不包括研究开发费用）。处置费用来自电费，收费标准为0.012芬兰马克/（kW·h）。到目前为止，所需的46亿马克处置费用已筹集完毕。2001年5月芬兰政府批准Olkiluoto核电站附近的乏燃料最终处置库场址，2015年11月12日芬兰政府批准处置库的建造。处置库预计将于2023年建成，并开始处置乏燃料。在建设处置库之前，芬兰在Olkiluoto建设了名为ONKALO的地下实验室。

瑞典的情况与芬兰类似，有4个核电站（12台核电机组，其中2台已经退役），核电占总发电量的51.6%，需处置的乏燃料为7960t。由核电站共同出资成立的瑞典核燃料和废物管理公司（SKB）为乏燃料最终处置的实施机构。采用的是乏燃料直接进行深地质处置的技术路线，处置库为KBS-3型多重屏障系统，拟建在深500m左右的花岗岩基岩之中。瑞典高放废物管理的基金来自各核电站电费的提成。早在1972年第一座核电站建设发电时，政府就已要求上缴资金预留用于废物管理。瑞典核电站每发一度电要交0.01克朗（约1.3分钱人民币）的废物管理基金。目前已收集450亿克朗的基金。2009年6月，瑞典政府批准了乏燃料处置库的最终场址——位于Fors-mark核电站附近的场址。2011年，SKB已经向瑞典政府递交处置库建造申请。瑞典从1976年开始进行处置技术研发，1995年建设了世界著名的Aspo大型地下实验室。

法国有59个核电机组，核电占总发电量的77%。预计到2040年将有$5.0\times10^3m^3$的高放废物玻璃固化体和$8.3\times10^4m^3$的超铀废物需要处置。法国国家放射性废物处置机构（ANDRA）负责高放废物处置工作。采用深部地质处置技术路线，选择的围岩为黏土岩。选址工作始于20世纪80年代，至目前已经确定Meuse/Haute Marne场址（黏土岩），并于2004年建成了地下实验室。法国于2010年启动了地质处置库计划，即Cigeo—地质处置工业中心计划。

据欧洲核协会核新闻网（NucNet）2016年7月21日报道，法国国家放射性废物管理机构（Andra）表示，法国国会已通过一部有关高放废物最终处置库的法律，详细规定了拟建最终处置库即工业地质处置中心（Cigeo）的建设程序。

根据这部国民议会2016年7月11日通过的法律，处置中心必须“可回取”。这部法律将可回取能力定义为使后代能够在下述两种方案间做出选择的能力：继续建设和运营处置库的后续工程，或者对以前的选择进行再评估并研发新的管理方案。

放废管理机构表示，这一规定在处置库建设和运行的超过100年时间里为后代提供了广泛的技术和管理选择。

我国高放废物地质处置研究工作于20世纪80年代中起步。2000年以前，开展了跟踪性研究。进入21世纪，我国高放废物深地质处置进入了一个稳步发展的全新阶段，在法律法规、技术标准、战略规划、选址和场址评价、工程屏障研究、处置库和地下实验室概念设计、核素迁移和安全评价研究等方面等取得了显著进展。其主要亮点包括，2003年颁布了《放射性污染防治法》，2006年原国防科工委、原环境保护总局和科技部联合制定了《高放废物地质处置研究开发指南》，2013年国家核安全局颁布了《高放废物地质处置设施选址》核安全导则。

在国际合作方面，继续与IAEA开展技术合作项目，还与瑞典、芬兰和法国签订了合作备忘录，重点开展地下实验室选址和设计方面的合作。这一系列工作进展和取得的成绩为我国 2020 年建成地下实验室、掌握高放废物地质处置技术奠定了坚实的基础。

10.2.3　我国乏燃料后处理与高放废物安全处理处置技术创新

《行动计划》明确了未来我国乏燃料后处理与高放废物处理处置技术创新路线图，包括重点任务、战略方向、创新目标和创新行动。

①重点任务。推进大型商用水法后处理厂建设，加强先进燃料循环的干法后处理研发与攻关。开展高放废物处置地下实验室建设、地质处置及安全技术研究，完善高放废物地质处置理论和技术体系。围绕高放废液、高放石墨、α 废物处理，以及冷坩埚玻璃固化高放废物处理等加强研发攻关，争取实现放射性废物处理水平进入先进国家行列。研究长寿命次锕系核素总量控制等放射性废物嬗变技术，掌握次临界系统设计和关键设备制造技术，建成外源次临界系统工程性实验装置。

②战略方向。乏燃料后处理。重点在大型商用水法后处理厂建设、全分离的无盐二循环流程研究、后处理流程经济性和环保性的提高，以及适用于快堆等的先进燃料循环的干法后处理等方面开展研发与攻关。

高放废物地质处置。重点在高放废物地质处置研发体系创新、高放废物处置地下实验室建设、地质处置及安全技术，以及高放废物地质处置理论和技术体系完善等方面开展研发与攻关。

高放废物处理。重点在高放废液处理、高放石墨处理、α 废物处理，以及冷坩埚玻璃固化高放废物处理等方面开展研发与攻关。

放射性废物嬗变技术。重点在长寿命次锕系核素总量控制、次临界系统设计和关键设备研究、外中子源驱动次临界高效嬗变系统（含加速器驱动和聚变驱动）技术体系完善，以及降低高放废物安全处理（置）难度等方面开展研发与攻关。

③创新行动。包括先进乏燃料后处理工艺及关键技术设备、高放废物地质处置库技术、先进废物处理技术和快堆嬗变技术。

10.3　现代电网关键技术

10.3.1　先进电网技术概述

人们对电力的应用和认识以及电力科学技术的发展都是首先从直流电开始的。早期直流输电存在电压变换、功率提升困难，电机有刷换相、串联运行可靠性低等问题。1895 年，美国尼亚加拉复合电力系统建成，确立了交流输电的主导地位。

由于交流输电技术具有电压变换容易、易于实现多落点受电、电流存在自然过零点、大电流开断易于实现等优势。20 世纪初，交流系统开始迅速发展。100 多年来，交流输电电压由最初的 13.8kV 逐步发展到 35kV、66kV、110kV、220kV、330kV、

400kV、500kV、750kV、1000kV 等水平。

但是，随着广域交流大电网的形成，交流电网的技术问题也不断涌现，世界范围内大电网事故不断发生：同步问题、稳定性问题、输电距离问题、输电效率问题、输电走廊问题。

由于交流输电技术存在着一些无法克服的固有缺陷，而现代直流输电技术则克服了交流输电技术的一些固有缺陷。随着换流器技术的发展，柔性直流输电工程的电压等级和容量迅速增大。另外，不断降低的系统损耗和造价极大地促进了柔性直流工程的应用。

随着电力电子等技术的发展，制约现代直流输电发展的主要技术难题，有望在未来 3～10 年内得到解决。未来直流输电技术构想有两种方式，即交-直-交和直-直-直。

我国能源与负荷逆向分布决定了远距离、大容量输电是我国电网发展的长期战略。跨区输电需求的增加和环境承载能力的下降，对输电效率和资源利用水平提出了更高的要求。

我国已建成世界上规模最大、最复杂的电网，可再生能源的大规模开发利用将进一步加剧电网的复杂性和控制难度，亟须提高电网的安全性、灵活性和可控性。

开展先进输电技术研究，即在传统输电技术的基础上，发展输电理论，创新输电方式，通过提高电压等级、转换电能形式等手段，实现电能的高效、环保、智能、远距离传输。

以电力电子技术为代表的先进输电技术，主要开展以下 4 个方面研究：

1）超特高压灵活交流输电技术，提高交流线路输送容量、提升电网的运行灵活性和安全稳定水平；

2）特高压直流输电技术，可将万兆瓦级电能高效输送至 2000km 以外；

3）柔性直流输电技术，可控度最高、最灵活的新型输电方式；

4）直流电网技术，新一代电网架构方式，提高可再生能源利用效率。

10.3.2 基础设施与装备

①超特高压灵活交流输电技术。灵活交流输电（FACTS）采用电力电子装置和控制技术对系统主要参数，如电压、电流、相位、功率和阻抗等进行灵活控制，增强系统的稳定性和安全性。

可控串补装置（TCSC）是用于提高交流输电线路输送能力和增强系统稳定性的电力电子装置。该装置串联于交流输电线路中，通过调节两组反向并联晶闸管阀的触发角使 TCSC 提供连续平滑的等效电容补偿。TCSC 中晶闸管阀采用多级串联压接技术，需要准确触发晶闸管，要求晶闸管不仅耐压高，耐受 dV/dT 能力强，还要触发延迟小，串联一致性高。

静止同步无功补偿器（STATCOM）是利用全控器件变流器产生与电网频率相同的交流电压，通过调控变流器输出电压的大小，向电网输出或从电网输入可控的无功，应用中通过变压器并联于系统。STATCOM 需要通过控制全控器件调节电压大小、频率及相位，要求器件的开通关断速度快，损耗低。装置采用多级模块式 IGBT 连接，在高电压等级下体积大，未来若采用耐压等级高的器件或压接式 IGBT，能够大幅减小体积。

统一潮流控制器（UPFC）能够同时统一控制或有选择地控制影响线路有功和无功潮流的所有参数（电压、阻抗和相位角），是解决电力传输诸多问题的灵活、快捷、多功能的控制装置。UPFC 是利用全控器件实现对 VSC 阀组改进行控制，改变两个变流器的运行状态，要求构成的 VSC 阀组器件的耐压等级高，器件损耗低，可靠性高。

经过我国科研人员持续 20 余年的研发积累，现在中国已经引领了灵活交流输电技术的发展。

2004 年前，我国灵活交流输电装备全部依赖进口，应用不足 10 套；目前，我们已解决了大容量阀组件串联同步触发、高电位取能、多状态脉冲编码等难题；提出了多目标协调控制、过电压与主动绝缘配合等方法，建立了灵活交流输电系统分析、成套设计、核心装置研制等完整技术体系；突破 500kV 等级 SVC、TCSC、STATACOM、CSR、FCL 等灵活交流输电装置共性技术。

②特高压直流输电技术。与交流输电技术相比，在进行大规模远距离功率传输时，直流输电的输送容量更大、输送距离更远、单位容量造价和损耗更低，但技术水平要求也更高。特高压直流输电是实现未来“西电东送”和大规模远距离“洲际联网”的有效手段。目前，特高压直流输电主要包括±800kV/5000A、±800kV/6250A 和±1100kV/5000A 几个等级。

特高压直流输电现状与挑战。特高压直流输电中的核心装备包括直流换流阀、换流变压器、直流场设备等，大都为国外跨国公司所垄断。尤其是其中实现交、直流电能转换的最核心的换流阀装备，此前只有 ABB、SIMENSE 和 Alstom 三家跨国公司具备自主研发能力。

特高压换流阀研发关键技术包括：换流阀系统宽频建模及分布参数提取、换流阀非线性组件协调配合及其优化设计技术、特高压直流换流阀多物理场建模及其数值分析技术、晶闸管智能化触发与监控技术、换流阀系统绝缘配合与过电压保护策略、特高压换流阀均压与屏蔽设计技术、换流阀多源复合等效试验方法等。

大功率等效试验技术是先进输电装备研究开发的核心手段，被跨国公司长期封锁。我国经过努力，打破了直流换流阀 20 年“国内组装，国外试验”的被动局面，提出基于相似理论的试验评价方法和多源复合试验方法，研制出成套试验装备，建成了大功率电力电子北京市重点实验室，获得省部级科技进步一等奖（2007 年）和发明二等奖（2014 年）各 1 项。

③柔性直流输电技术。柔性直流输电是继交流输电、常规直流输电后的一种新型直流输电方式，是目前世界上可控性最高、适应性最好的输电技术，为电网升级提供了一种有效的技术手段。

柔性直流在欧洲电网升级中发挥巨大作用。欧洲正大力推进能源结构转型，实现高比率可再生能源的开发利用。计划将北海和大西洋的远海风电、芬兰和挪威的水电、非洲北部的太阳能接入电网，迫切需要新型的输电技术。为此，欧洲规划了一个基于柔性直流的全新输电网，用来实现可再生能源的大范围接纳和配置。

我国电网发展迫切需要柔性直流技术。我国西部和东部沿海地区风力资源丰富，未来局部地区可再生能源发电比率将超过50%，需要更加灵活的并网技术。东部和南部沿海岛屿众多，供电可靠性和质量无法满足人民生活水平提升的要求，需要更加高效、可控的输电技术。华东和广东两大负荷中心，直流输电较为集中，连锁换相失败故障导致的停电隐患始终存在。

柔性直流输电技术具有以下特点：

a. 新型输电技术内在规律复杂，运行机理分析与描述困难。现有直流、交流两种输电方式，交流传输功率为自然分配，常规直流仅能控制有功功率。柔性直流这种新型输电方式要首次实现有功和无功功率同时控制。

b. 组件规模最大、结构最复杂输电设备，设计面临全新挑战。柔性直流首次将全控器件IGBT用到数十至数百千伏高压场合，设备中功率开关器件可达5000个以上，长期运行可用率要求高（99.5%以上），多物理场相互作用关系复杂。

c. 换流器采用全新的换流方式，高速协同调控困难。模块化多电平技术首次突破了“开关式”换流方式，通过数千个功率单元的独立控制，在换流器内部进行能量“重构”来实现交直流变换。

d. 试验与常规电气设备有显著差异，等效机理复杂。柔性直流换流器的运行工况复杂且与电网存在更强耦合关系，试验要同时实现多种应力（高压、大电流、陡波、冲击电压、速变电流等）的综合考核，试验方法与常规电气设备有显著差异。

e. 多换流单元无法直接简化等效，动态模拟方法需再造。此前直流输电均采用串联开关器件，模拟系统可以通过开关器件直接简化等效。模块化多电平换流器中包含数千个状态和控制均独立的功率单元，运行状态多、随机性强，无法简化等效。

④直流电网技术。与交流电网100多年的发展相比，直流电网技术刚刚提出数年，尚处于起步阶段。大量理论、技术及装备的基础性问题，需要进行全面、深入探索。

直流电网技术与装置包括电网规划与网架构建、仿真与建模方法、能量转化及失效机理、能量传递及调控规律、新型换流器拓扑技术、系统容量提升技术、广域测量及故障检测技术、安全可靠性评估技术、电压源换流器、柔性直流电缆、高压直流断路器、高压DC/DC变换器等。

⑤大数据与智能电网技术。大数据是近年来受到广泛关注的新概念，通常是指无法在可容忍的时间内用传统的IT技术、软硬件工具和数学分析方法，对其进行感知、获取、管理、处理和分析的数据集合。智能电网被看作大数据应用的重要技术领域之一。目前许多学者正在进行智能电网大数据研究，包括发展战略研究、大数据技术研究、应用研究等。

智能电网是以物理电网为基础，将现代先进的传感测量技术、通信技术、信息技术、计算机技术和控制技术与物理电网高度集成而形成的新型电网。它涵盖发电、输电、变电、配电、用电和调度等各个环节，对电力市场中各利益方的需求和功能进行协调，在保证系统各部分高效运行、降低运营成本和环境影响的同时，尽可能提高系统的可靠性、自愈性和稳定性。随着智能电网的发展，电网在电力系统运行、设备状态监测、用电信息采集、营销业务系统等各个方面产生和沉淀了大量数据，充分挖掘这些数据的价值具有重要意义。

智能电网大数据应用众多，涉及电网安全稳定运行、节能经济调度、供电可靠性、经济社会发展分析等诸多方面，进行智能电网大数据分析需要统一智能电网大数据，并且由于应用众多，对计算、存储、网络等性能提出了较高要求，因此需要构建面向智能电网应用的统一大数据处理平台。

⑥电动汽车无线充电。电动汽车无线充电技术通过埋于地面下的供电导轨以高频交变磁场的形式将电能传输给运行在地面上一定范围内的车辆接收端电能拾取机构，进而给车载储能设备供电，可使电动汽车搭载少量电池组，延长其续航里程，同时电能补给变得更加安全、便捷。动态无线供电技术的主要参数指标有电能传输距离、功率、效率、耦合机构侧移适应能力、电磁兼容性等。因而，开发大功率、高效率、强侧移适应能力、低电磁辐射、成本适中的动态无线供电系统，成为国内外各大研究机构当前的主要研究热点。

无线充电的历史要追溯到1901年。尼古拉·特斯拉在纽约长岛建立了无线充电塔——沃登克里夫塔进行无线输电试验，该项目以失败告终。

一个世纪之后，无线充电的研究迎来了新的源动力，应用范围也非常广泛——小到电动牙刷、遥控器、智能手机，大到电动汽车、石油钻塔。行业巨头丰田、日产、沃尔沃、英特尔和三星等，都纷纷加入到了研发行列。在国内，北京正在研究在部分微循环公交车上采用无线充电系统。郑州、云南等地也即将引入无线充电技术，成都、襄阳等地已开通无线充电运营线路。

无线充电的优点在于：充电设备占地小、充电便利性高；充电设施可无人值守、后期维护成本低等；在相同的占地面积下，相比于传统的充电桩充电，使用无线充电可以充电的电动车数量有所提升，增大了空间利用率。

无线充电技术路线主要包括四大类：电场耦合式、电磁感应式、磁场共振式、无线电波式。

⑦新型大容量高压电力电子。电力电子技术是利用电力电子器件对电能进行变换及控制的一种现代技术，节能效果可达10%～40%，可以减少机电设备的体积并能够实现最佳工作效率。目前，半导体功率元器件向高压化、大容量化发展，电力电子产业出现了以SVC为代表的柔性交流输电技术，以高压直流输电为代表的新型超高压输电技术，以高压变频为代表的电气传动技术，以智能开关为代表的同步开断技术，以及以静止无功发生器，动态电压恢复器为代表的用户电力技术等。

柔性交流输电技术是新能源、清洁能源的大规模接入电网系统的关键技术之一，将电力电子技术与现代控制技术相结合，通过对电力系统参数的连续调节控制，从而大幅降低输电损耗，提高输电线路输送能力和保证电力系统稳定水平。

高压直流输电技术对于远距离输电、高压直流输电拥有独特的优势。其中，轻型直流输电系统采用GTO、IGBT等可关断的器件组成换流器，使中型的直流输电工程在较短输送距离也具有竞争力。此外，可关断器件组成的换流器，还可用于向海上石油平台、海岛等孤立小系统供电，未来还可用于城市配电系统，接入燃料电池、光伏发电等分布式电源。轻型直流输电系统更有助于解决清洁能源上网的稳定性问题。

高压变频技术最大的优点是节电率一般可达30%左右，缺点是成本高，并产生高次谐波污染电网。同步开断（智能开关）技术是在电压或电流的指定相位完成电路的断开或闭合。目前，高压开关大都是机械开关，开断时间长、分散性大，难以实现准确的定相开断。实现同步开断的根本出路在于用电子开关取代机械开关。

功率半导体是指在电子设备中用于电源转换或者电源管理的半导体。随着对节能减排的迫切需求，功率半导体的应用领域已从工业控制和4C领域，进入新能源、轨道交通、智能电网、变频家电等诸多市场。

数据显示，2017年全球功率半导体市场中，工业应用市场占比为34%，汽车应用市场占比为23%，消费电子应用占比为20%，无线通信应用占比为23%。

1958年，美国通用电气（GE）公司研发出世界上第一个工业用晶闸管，标志着电力电子技术的诞生。从此半导体功率器件的研制及应用得到了飞速发展。

半导体功率器件根据功能，可以分为三类：不可控、半控型、全控型。

大尺寸功率半导体器件（晶闸管、IGBT、IGCT均属于大尺寸功率半导体器件）是变流器的关键元件，被誉为电力电子产品的“CPU”。其广泛用于轨道交通、电力（高压直流输电、风力发电）、化工、冶炼等领域。长期以来，高端半导体器件技术和市场一直被国外垄断，进口价格十分昂贵，严重制约民族工业的快速发展。

近年来，随着国民经济的快速发展，高压直流输电（HVDC）、高压无功功率补偿（SVC）、轨道交通、风力发电、工业变流等市场对大尺寸晶闸管、IGBT模块以及IGCT的需求越来越旺盛和紧迫，为了满足国民经济发展对这些核心部件的急切需求，打破国外公司的市场垄断，推动大功率半导体产业上水平、上规模，中国中车株洲所下属的株洲中车时代电气股份有限公司（中车时代电气）依托公司良好的技术基础，建成我国最大的，也是我国铁路机车大功率半导体器件研制造基地。

目前，该公司开发的6500V系列高压晶闸管、5ft 7200V晶闸管等高端产品多次中标国家实施的“西电东送”和“大区联网”等高压直流输电项目和国内正在蓬勃发展的高压无功功率补偿（SVC）项目。

⑧高温超导材料。超导是20世纪最重大的科学发现之一，指的是某些材料在温度降低到某一临界温度电阻突然消失的现象，具备这种特性的材料称为超导体。

高温超导材料是具有高临界转变温度（Tc），能在液氮温度条件下工作的超导材料。因主要是氧化物材料，故又称高温氧化物超导材料。高温超导材料不但超导转变温度高，而且成分多是以铜为主要元素的多元金属氧化物，氧含量不确定，具有陶瓷性质。氧化物中的金属元素（如铜）可能存在多种化合价，化合物中的大多数金属元素在一定范围内可以全部或部分被其他金属元素所取代，但仍不失其超导电性。除此之外，高温超导材料具有明显的层状二维结构，超导性能具有很强的各向异性。高温超导体并不是大多数人认为的几百、几千的高温，只是相对原来超导所需的超低温高许多的温度，通常是指在液氮温度（77K）以上超导的材料。

超导应用产品是超导行业的载体。超导应用产品有超导电缆、超导限流器、超导滤波器、超导储能、风力超导发电机和超导变压器等，应用产品负载着超导材料，体现材料的核心价值，是超导行业的载体。

10.3.3　信息通信

1. 信息通信安全技术

随着当前社会的快速发展和人们生活方式的变化，信息技术越来越多地被应用，在给人们的生活和生产带来巨大方便的同时，也带来安全隐患和威胁，要想发挥并实现其最大作用，保证使用过程中的安全是重要前提。

影响信息通信安全的主要因素包括：计算机硬件设备问题、计算机软件问题，以及使用中的人为因素。

信息通信安全技术体系包括 3 个层面：使用前的身份验证与识别体系、使用中的恶意入侵检测技术分析和网络本身协议运行安全技术分析。

2. 高效电力线载波通信技术

电力线载波（PLC）是电力系统特有的、基本的通信方式，电力线载波通信是指利用现有电力线，通过载波方式将模拟或数字信号进行高速传输的技术。由于使用坚固可靠的电力线作为载波信号的传输媒介，因此具有信息传输稳定可靠，路由合理、可同时复用远动信号等特点，是唯一不需要线路投资的有线通信方式。

配电线载波通信系统性价比很高，被广泛应用于配电网监控、远程读表和负荷控制系统。配电载波有两种变形，即脉动控制技术和工频控制技术。脉动控制技术主要适用于单相通信的场合。工频控制技术是一种双向通信方式，与脉动控制技术相比，工频控制设施更简单，投资更节省，而且不存在由于驻波带来的盲点问题。同事配电线载波通信也存在着一些不足，由于我国配电网复杂，载波通信环境恶劣，噪声和信号衰减，很难保证传输的质量。此外，PLC 还须解决故障时的通信问题。

电力线载波通信的关键就是设计出一个功能强大的电力线载波专用 Modem 芯片。

目前比较认同的芯片方案是：采用 BPSK 调制解调技术、多阶的模拟和数字滤波、AGC 自动控制、DSP 算法或者 DSP 降噪算法。但国际远传电表市场的发展，也对国内相关产业提出了更高的要求。

10.3.4　智能调控

1. 可再生能源并网技术

目前，电力系统主要以集中大型电站为主，电力的流向也是固定的，即发电厂发电经升压后送往用电地区，再逐级降压至用户需要的电压等级，以满足用户的电力需要。电力系统的特点是发电站数量较少，电力用户数量很多，电力系统管理者根据用电负荷的需要调度发电站，要求发电站增加发电容量或减少发电容量，以保持电力系统的供需平衡，确保电力系统的安全可靠运行。

可再生能源的特点是资源分布广，能源密度低，更适宜于小规模分散开发和利用。比如，太阳能资源到处都有，都可建太阳能发电设施，装机规模可大可小；生物质资源也很分散，也适宜建设小型发电设施，如目前的沼气发电和气化发电。从发展趋势来看，只要资源和条件允许，电力用户未来都有可能安装小型发电系统，在城市的建筑屋面和空闲场地、农村的荒山荒坡和农民的房前屋后等地方，都可以建设光伏发电站。

可以设想，今后的电力系统会像今天的互联网络，电力用户都会安装必要的发电设施，电力用户同时也是发电商，既可以从电网得到电力，也可以向电网输送电力，形成以分布式发电为特征的新型电力系统。

从目前能源技术和管理来看，要推动可再生能源发展，必须解决好可再生能源发电与现代电力系统的融合问题，要根据可再生能源的特点，构建适应可再生能源发展的新的电力系统，既要保障电力系统的安全可靠运行，又要充分发挥可再生能源清洁环保的作用，积极推动能源体系由以化石能源为主向以可再生能源为主的转变。

可再生能源发电的关键在于并网消纳，涉及发电、输电、运行、调度等电力生产的多个环节，并网技术包括并网方式、控制技术、输电技术和调度技术。

2. 现代复杂大电网安全稳定技术

目前，电网安全稳定控制技术的主要手段，是通过科学安排调度系统运行方式、切机、切负荷来维持电网稳定，这是电网的预防控制和紧急控制。未来的发展趋势是，在电网发生极端突发事件，如战争、雪灾等情况下，系统和装置的配合可以实现电网的快速恢复供电，目前我国南瑞集团已在该领域规划专利布局。

从未来适应高比例清洁能源消纳的电网发展形态以及电网安全稳定协调控制的需求分析，未来电网需要发展满足安全控制大范围信息交换、捆状多换流站间协调控制方面的技术，发展基于控制保护专网的跨区大容量输电交直流电网协调控制技术，核心是实现原有安全稳定控制专网、调度自动化网、站域网等信通网的安全稳定控制保护业务数据融合，特征是具备信息传输和信息流的“调度”管控能力、管控多厂家信通和安控以及监测设备的标准化接入，适应我国电力市场化复杂运行条件、大范围和高比例间歇式清洁能源消纳等背景下的安全稳定分析与控制业务发展需要。

10.3.5 先进电网技术创新路线图

1. 重点任务

掌握柔性直流输配电技术、新型大容量高压电力电子元器件技术；开展直流电网技术、未来电网电力传输技术的研究和试验示范；突破电动汽车无线充电技术、高压海底电力电缆关键技术，并推广应用；研究高温超导材料等能源装备部件关键技术和工艺。掌握适合电网运行要求的低成本、量子级的通信安全工程应用技术，实现规模化应用。研究现代电网智能调控技术，开展大规模可再生能源和分布式发电并网关键技术研究示范；突破电力系统全局协调调控技术，并示范应用；研究能源大数据条件下的现代复杂大电网的仿真技术；实现微电网/局域网与大电网相互协调技术、源-网-荷协调智能调控技术的充分应用。

2. 战略方向

基础设施和装备：重点在柔性直流输配电、无线电能传输、大容量高压电力电子元器件和高压海底电力电缆等先进输变电装备技术，以及用于电力设备的新型绝缘介质与传感材料、高温超导材料等方面开展研发与攻关。

信息通信：重点在电力系统量子通信技术应用、电力设备在线监测先进传感技术、高效电力线载波通信、推动电力系统与信息系统深度融合等方面开展研发与攻关。

智能调控：重点在可再生能源并网、主动配电网技术、大电网自适应/自恢复安全稳定技术、适应可再生能源接入的智能调度运行、电力市场运营、复杂大电网系统安全稳定等方面开展研发与攻关。

3. 创新行动

创新行动主要包括先进输变电装备技术、直流电网技术、电动汽车无线充电技术、新型大容量高压电力电子元器件及系统集成、高温超导材料、信息通信安全技术、高效电力线载波通信技术、可再生能源并网与消纳技术、现代复杂大电网安全稳定技术、全局协调调控技术等 10 个方面。

10.4　能源互联网技术

10.4.1　能源互联网概述

全球能源互联网技术领军企业远景能源率先提出了“能源互联网”这一概念。远景能源认为，能源的市场化、民主化、去中心化、智能化、物联化等趋势注定要颠覆现有的能源行业。新的能源体系特征需要“能源互联网”，同时“能源互联网”将具备“智慧、能自学习、能进化”的生命体特征。眼下，远景能源进入硅谷，与谷歌为邻，探索新能源与互联网结合所产生的巨大创新与商业机会。

能源互联网可理解为综合运用先进的电力电子技术、信息技术和智能管理技术，将大量由分布式能量采集装置、分布式能量储存装置和各种类型负载构成的新型电力网络节点互联起来，以实现能量双向流动的能量对等交换与共享网络。从政府管理者的视角来看，能源互联网是兼容传统电网的，可以充分、广泛和有效地利用分布式可再生能源的、满足用户多样化电力需求的一种新型能源体系结构；从运营者的视角来看，能源互联网是能够与消费者互动的、存在竞争的一个能源消费市场，只有提高能源服务质量，才能赢得市场竞争；从消费者的视角来看，能源互联网不仅具备传统电网所具备的供电功能，还为各类消费者提供了一个公共的能源交换与共享平台。能源互联网具备如下五大特征：可再生、分布式、互联性、开放性和智能化。

从价值链分析，传统能源从能源生产至最终用户，构建的是只有能源流的线性的价值链，而能源互联网价值链包含能源流、信息流和业务流的互联网模式价值链。

能源互联网的本质特征体现在六个方面：能源协同化、高效化、商品化、信息化、虚拟化、众在华。

能源互联网是以互联网理念构建的新型信息—能源融合“广域网”。它以大电网为“主干网”，以微网、分布式能源、智能小区等为“局域网”，以开放对等的信息——能源一体化架构真正实现能源的双向按需传输和动态平衡使用，因此可以最大限度地适应新能源的接入。

能源互联网典型构架包括：分布式能源/智能发电、通信组网层、数据层和智能终端用户。

2015年2月，国家电网公司董事长、党组书记刘振亚出版了《全球能源互联网》一书。该书首次提出建设“全球能源互联网”的理论构想。全球能源互联网是以特高压电网为骨干网架（通道），以输送清洁能源为主导，全球互联泛在的坚强智能电网。将由跨国跨洲骨干网架和涵盖各国各电压等级电网的国家泛在智能电网构成，连接“一极一道”和各洲大型能源基地，适应各种分布式电源接入需要，能够将风能、太阳能、海洋能等清洁能源输送到各类用户，是服务范围广、配置能力强、安全可靠性高、绿色低碳的全球能源配置平台。

2016年3月29日，全球能源互联网发展合作组织在北京宣告成立，该组织将联合世界上致力于能源可持续发展的企业、团体、科研机构、个人，搭建跨国界、跨领域、跨专业的国际交流平台，共同推进全球能源互联网规划研究、技术创新、项目开发、投融资活动。制订规划，有序推进。按照2020年清洁能源占主导目标，先易后难、循序渐进的原则，制订发展规划与行动计划，稳步推进全球能源互联网建设。

全球能源互联网项目被分为三个阶段。从现在到2020年，将关注促进清洁能源发展、中国国内电网互联及全球各国智能电网建设；到2030年，规划者希望互联各国电网并建设大型能源基地；2050年，重点将转向创建极地和赤道能源基地，把新能源发电技术集中在最有利的地区。

10.4.2 能源互联网对未来产业发展的影响

能源互联网的发展将颠覆现有的能源格局与能源体系，也催生新兴商业模式和机遇的不断涌现。随着资本市场的深入介入，未来能源互联网的机会将会形成一个“三个层面”的产业机会。

在实体网层面，以电力网络为主体骨架，融合气、热等网络，覆盖包含能源生产、传输、消费、储存和转换的整个能源链。商业机遇包括了分布式能源发电、微电网建设、增量配网、售电、电动汽车等。

在数据信息层面，物联网、大数据、移动互联网等信息技术的飞速发展，为能源生产、传输、消费、储存和消费的整个产业链提供信息支撑。商业机会包括大数据分析、信息数据交换、数据安全、智能交易体系（碳交易、电力交易）等。

在运营平台层面，则要充分运用互联网思维，以用户为中心，实现业务价值。在整个能源链上提供运营增值业务，提供解决方案。商业机会包括了运维服务、需求侧管理、综合能源服务等。

不同商业机会的发展阶段以及市场吸引力有所差别，可以筛选出未来有机会的十大产业机遇。近期最有条件快速发展的产业包括燃气分布式、光伏分布式、增量配电网、电动汽车及需求侧管理。燃气分布式的装机容量将会以17.5%年均增长率在2035年达到2500亿W。中国的光伏市场目前是全球最大，并且新增装机容量将维持在全球增量的20%～30%。我们预计到2035年，分布式光伏装机容量将达到30000亿W，其中大中型分布式（≥1MW）的将占到60%左右。

10.4.3　能源互联网中国发展路线图

《能源革命创新行动计划（2016—2030 年）》明确了能源互联网发展的重点任务、战略方向、创新行动，对能源互联网技术创新进行了全面部署。

1. 重点任务

能源互联网是一种互联网与能源生产、传输、存储、消费以及能源市场深度融合的能源产业发展新业态。推动能源智能生产技术创新，重点研究可再生能源、化石能源智能化生产，以及多能源智能协同生产等技术。加强能源智能传输技术创新，重点研究多能协同综合能源网络、智能网络的协同控制等技术，以及能源路由器、能源交换机等核心装备。促进能源智能消费技术创新，重点研究智能用能终端、智能监测与调控等技术及核心装备。推动智慧能源管理与监管手段创新，重点研究基于能源大数据的智慧能源精准需求管理技术、基于能源互联网的智慧能源监管技术。加强能源互联网综合集成技术创新，重点研究信息系统与物理系统的高效集成与智能化调控、能源大数据集成和安全共享、储能和电动汽车应用与管理以及需求侧响应等技术，形成较为完备的技术及标准体系，引领世界能源互联网技术创新。

2. 战略方向

能源互联网架构设计。重点在能源互联网全局顶层规划、功能结构设计、多能协同规划、面向多能流的能源交换与路由等方面开展研发与攻关。

能源与信息深度融合。重点在能量信息化与信息物理融合、能源互联网信息通信等方面开展研发与攻关。

能源互联网衍生应用。重点在能源大数据、能量虚拟化、储能及电动汽车应用与管理、需求侧响应以及能源交易服务平台、智慧能源管理与监管支撑平台等方面开展研发与攻关。

3. 创新行动

能源互联网创新行动包括能源互联网生产消费智能化技术、多能流能源交换与路由技术、能量信息化与信息物理融合技术、能源互联网信息通信技术、能源大数据及其应用技术、能源虚拟化技术、能源互联网储能应用与管理技术、需求侧响应互动技术、能源交易服务平台技术和智慧能源管理监管平台技术等 10 个方面。

延伸阅读
（提取码 jccb）

第11章　氢能与燃料电池

氢能被认为是最理想的新能源，最有希望成为能源的终极解决方案。氢能相比于其他能源方案有显著的优势：储量大、比能量高（单位质量所蕴含的能量高）、污染小、效率高、可贮存、可运输、安全性高等优点。日本一直将氢能视作能源的终极解决方案，在固定领域、运输领域和便携式领域都进行了积极研发，车企在燃料电池汽车方面的开发更是走在前列，并已经树立了相当坚固的技术壁垒。

氢燃料电池上游包含电池组件和氢能两大类，氢燃料电池的开发离不开制氢和氢的储运，从燃料电池的“基础材料”——氢能的获得角度来看，其产业链可分为三大环节，每个环节都有很高的技术壁垒和技术难点，目前上游的电解水制氢技术、中游的化学储氢技术和下游的燃料电池在车辆和分布式发电中的应用被广泛看好。

氢能产业基础设施是发展氢能的先决条件。众所周知，加氢站是为燃料电池车辆及其他氢能利用装置提供氢源的重要设施。氢能源、氢经济正被广泛认同和积极推进。随着氢能源化的发展，全世界掀起一股兴建加氢站的风潮。

按不同的分类方法，加氢站可分成多种类型。如按制氢地点，加氢站可分为站外制氢加氢站和站内制氢加氢站；按制氢方式，加氢站可分为电解水制氢加氢站、工业副产氢加氢站、天然气重整制氢加氢站、甲醇重整制氢加氢站等。

H2stations.org 数据显示，2017 年，全球总共新增了 64 座加氢站。截至 2017 年年底，全球共有 328 座正在运营的加氢站：139 座位于欧洲，118 座位于亚洲，北美拥有 68 座（其中 39 座位于美国），南美拥有 1 座，澳大利亚拥有 1 座，阿拉伯联合酋长国拥有 1 座。

2016 年 10 月，中国汽车工程学会《节能与新能源汽车技术路线图》发布，指出到 2020 年、2025 年、2030 年，中国加氢站数量将分别超过 100 座、300 座和 1000 座。

11.1　氢的制备与纯化

制氢方法是将存在于天然或合成的化合物中的氢元素，通过化学过程转化为氢气的方法。根据氢气的原料不同，氢气的制备方法可以分为非再生制氢和可再生制氢，前者的原料是化石燃料，后者的原料是水或可再生物质。

制备氢气的方法目前较为成熟，从多种能源来源中都可以制备氢气，每种技术的成本及环保属性都不相同。主要分为 5 种技术路线：

（1）电解水制氢：在由电极、电解质与隔膜组成的电解槽中，在电解质水溶液中通入电流，水电解后，在阴极产生氢气，在阳极产生氧气。

（2）化石原料制氢：化石原料目前主要指天然气、石油和煤，其他还有页岩气和可燃冰等。天然气、页岩气和可燃冰的主要成分是甲烷。甲烷水蒸气重整制氢是目前采用最多的制氢技术。煤气化制氢是以煤在蒸汽条件下气化产生含氢和一氧化碳的合成气，合成气经变换和分离制得氢。由于石油量少，现在很少用石油重整制氢。

（3）化合物高温热分解制氢：甲醇裂解制氢、氨分解制氢等都属于含氢化合物高温热分解制氢，含氢化合物由一次能源制得。

（4）工业尾气制氢：合成氨生产尾气制氢、石油炼厂回收富氢气体制氢、氯碱厂回收副产氢制氢、焦炉煤气中氢的回收利用等。

（5）新型制氢：包括生物质制氢、光化学制氢、热化学制氢等技术。生物质制氢指生物质通过气化和微生物催化脱氢方法制氢，在生理代谢过程中产生分子氢的过程的统称。光化学制氢是将太阳辐射能转化为氢的化学自由能，通称太阳能制氢。热化学制氢指在水系统中，在不同温度下，经历一系列化学反应，将水分解成氢气和氧气，不消耗制氢过程中添加的元素或化合物，可与高温核反应堆或太阳能提供的温度水平匹配。

主流制氢源自传统能源的化学重整。从全球来看，目前主要的制氢原料96％以上来源于传统能源的化学重整（48％来自天然气重整、30％来自醇类重整，18％来自焦炉煤气），4％左右来源于电解水。日本盐水电解的产能占所有制氢产能的63％，此外产能占比较高的还包括天然气改质（8％）、乙烯制氢（7％）、焦炉煤气制氢（6％）和甲醇改质（6％）等。

煤制氢加碳捕捉将成为主流制氢路线。中国煤炭资源丰富且相对廉价，故将来煤制氢很有可能成为中国规模化制氢的主要途径。但煤制氢工艺过程中二氧化碳排放水平高，所以需要引入二氧化碳捕捉技术（CCS），以降低碳排放。目前二氧化碳捕捉技术主要应用于火电和化工生产中，其工艺过程涉及三个步骤：二氧化碳的捕捉和分离，二氧化碳的输送，以及二氧化碳的封存。

对比几种主要制氢技术的成本，煤气化制氢的成本最低为1.67美元/kg，其次是天然气制氢为2.00美元/kg，甲醇裂解为3.99美元/kg，成本最高的是水电解，达到5.20美元/kg。相对于石油售价，煤气化和天然气重整已有利润空间，而电解水制氢的成本仍高高在上。

我国可再生能源丰富，每年弃水弃风的电量都可以用于电解水。我国拥有水电资源3.78亿kW，年发电量达到2800亿kW·h。水电由于丰水器和调峰需要，产生了大量的弃水电能。我国风力资源也非常丰富，可利用风能约2.53亿kW·h，相当于水力资源的2/3。但风力发电由于其不稳定的特性，较难上网，因此每年弃风限电的电量规模庞大。如果将这部分能源充分利用起来，有利于电解水制氢的发展。

制氢的过程也要消耗能源，这也是氢能受到一些诟病的根源所在。破解此难题的一个重要方法是用可再生能源制氢，尤其是将本来弃掉的风电、太阳能发电转化为氢最为经济。《BP世界能源展望（2017年版）》预计，到2035年可再生能源的增长将翻两番，发电量增量的1/3将源自可再生能源。利用可再生能源制取氢气开始备受关注，可再生能源制氢研究成果及示范项目也在不断涌现。可再生能源的间歇性导致弃风、弃水、弃光现象十分严重，通过将风光电转化为氢气，不仅可解决弃电问题，还能反过来利用氢气再发电增强电网的协调性和可靠性。

日本东北电力公司和东芝公司合作，从 2016 年 3 月份开始实验利用太阳能电解水制氢，再由获得的氢进行发电。实验设备由约 50kW 的太阳能发电设备、约 60kW 的蓄电池、约 $5Nm^3/h$ 的水电解制氢装置、约 $200Nm^3$ 的氢吸附合金式储氢罐和 10kW 的燃料电池构成。

丰田提出了从生物和农业废料中制氢的技术路线。丰田将在美国长滩港建造兆瓦级可再生能源加氢站“Tri-Gen”，该设施从生物和农业废料中制氢，可提供约 2350kW 的电力和每天 1200kg 氢气，可满足 2350 个家庭和 1500 辆燃料电池汽车的日常使用。

德国推出的 power to gas 项目即收集用电低谷时可再生能源的剩余电力，通过电解水的方式制造氢气，再将生成的氢气注入当地的天然气管道中进行能源的储存。随着此类项目的增多，电网的协同效应逐步得到验证。

在现阶段，选择成本较低、氢气产物纯度较高的氯碱工业副产氢充分回收利用的路线，已经可以满足大量的下游燃料电池车运营的氢气需求，是现阶段最适合的制氢方式。

除与氯碱行业联手做好氢气的充分利用外，煤化工、烷制烯烃等企业的大量驰放氢气回收提纯具备更大的潜力和空间。有些氢气使用单位，如果使用效率低，就可以考虑采用氢气回收带纯化装置来实现回收二次利用，达到节能增效的目的。比如，把钢板加工过程中没有用完的剩余氢气进行收集，再集中回收，通过回收压缩机，进行储存，再到提纯装置进行二次纯化提纯、二次利用，这个是很关键的环节。

在工业生产中，目前应用的氢气提纯工艺主要有膜法提纯工艺和变压吸附提纯工艺。

膜分离法以选择性透过膜为介质，在电位差、压力差、浓度差等推动力下，有选择地透过膜，从而达到分离提纯的目的。

GENERONR 膜气体分离技术可经济地从富氢气体中净化或回收氢气，根据客户要求提供氢气回收提纯装置，并使氢气之损失量最小减至 1%～10%，而提纯后的 H_2 产品气纯度可达 90%～99.9%。

中空纤维膜技术源于美国陶氏（DOW）化学，美国 GENERONR 持续研发，于 20 世纪中叶开发出世界上第一种工业应用的气体分离膜，经过多年应用积累与持续研发，相继开发出包含氢气提纯在内的多种工艺气体分离膜。目前，美国 GENERONR 已拥有 50 多项专利技术，成为世界上膜分离技术的推动者与领导者，以及膜件与膜系统的最大供应商。

典型的 GENERONR 膜分离氢气净化及提纯技术是将原料气体经冷却去除重烃冷凝物，再经过滤、加热到最佳运行温度后进入 GENERONR 膜件。氢气作为“快气”，从膜纤维中渗透出来，而非渗透气体在原有压力下输出。为提高回收率，也可以采用两级膜回收技术。

GENERONR 膜氢气纯化系统优点：

分离效率高，寿命长；撬装设计单元，安装对接方便；远程控制作业；人性化设计，完全满足您的需求；负载自动调节；从概念到产品，完善的技术支持；分离部分无运行部件，维护成本低；与 PSA 工艺相比，更易于安装及维护，价格低。

变压吸附（PSA）技术是以特定的吸附剂（多孔固体物质）内部表面对气体分子的物理吸附为基础，利用吸附剂在相同压力下易吸附高沸点组分、不易吸附低沸点组分和高压下吸附量增加、低压下吸附量减少的特性，将原料气在一定压力下通过吸附床，相对于氢的高沸点杂质组分被选择性吸附，低沸点的氢气不易被吸附而穿过吸附床，达到氢和杂质组分的分离。氢气提纯采用四塔二均工艺。

其他氢气提纯方法有：低温分离法、金属氢化物法、催化脱氧法和分子筛法。

低温冷疑基于氢与其他气体沸点差异大的原理，在操作温度下，使除氢以外所有高沸点组分冷凝为液体的分离方法，适合氢含量 30％～80％的原料气回收氢，产氢纯度 90％～98％。

低温吸附从电解氢或纯度为 99.9％的工业原料氢气，可以制取纯度为 99.999％～99.9999％的高纯氢和超纯氢，一般用两塔流，一塔吸附，另一塔再生、周期定时切换，连续工作。

金属氢化物法。生产纯度 99.999％高纯氢，利用贮氢合金对氢的选择性，生成金属氢化物，氢中的其他杂质浓缩于氢化物之外，随着废气排出，金属氢化物分离放出氢气，从而使氢气纯化，常用两个工艺联合起来连续工作。工艺上包括吸氢和放氢、低温高压吸氢、高温低压放氢。

催化脱氧法。用钯或铂作催化剂，氧和氢反应生成水，用分子筛干燥脱水，特别适用于电解氢的脱氧纯化，可制得纯度为 99.999％的高纯氢。

在半导体生产中，分子筛是氢气等气体净化过程中最常用的一种净化剂，它不仅能有效地除去氢气中的水分，而且还能除去氧及其他有害的杂质。分子筛是一种人工合成的泡沸石，它是一种具有微孔结构的晶体，泡沸石的内部含有大量水，当加热到一定温度时水分脱去，脱水后的泡沸石产生许多肉眼看不见的大小相同的孔洞，它具有很强的吸附能力，能把小于孔洞的分子吸进孔内，把大于孔洞的分子挡在孔外，从而使某些大小不同的分子分开，即把大小不同的分子过了筛。由于有这种筛分分子的作用，所以叫作分子筛。当然分子筛和一般的筛子不同，它本身是粉末状的物质用黏合剂使它塑成小球或小圆柱体等各种形状，当气体通过它时，可使不同大小的气体分子得到分离。

11.2　氢的储存与运输

1）氢的储存

氢的高密度储存一直是一个世界级难题。其存储有以下方式：低温液态储氢、高压气态储氢、固态储氢和有机液态储氢等，这几种储氢方式有各自的优点和缺点。氢输运又分为气氢输送、液氢输送和固氢输送。

①低温液态储氢不经济。液态氢的密度是气体氢的845倍。液态氢的体积能量密度比压缩状态下的氢气高出数倍，如果氢气能以液态形式存在，那它替换传统能源将水到渠成，储运简单、安全、体积占比小。但事实上，要把气态的氢变成液态的并不容易，液化1kg的氢气需要耗电4～10kW·h，液氢的存储也需要耐超低温和保持超低温的特殊容器，储存容器需要抗冻、抗压以及必须严格绝热。所以这种方法极不经济，仅适用于不太计较成本问题且短时间内需迅速耗氢的航天航空领域。

②高压气态储氢产业应用最为成熟，致命缺点是体积比容量小。高压气态储氢是目前最常用并且发展比较成熟的储氢技术，其储存方式是采用高压将氢气压缩到一个耐高压的容器里。目前所使用的容器是钢瓶，它的优点是结构简单、压缩氢气制备能耗低、充装和排放速度快。但是存在泄漏爆炸隐患，安全性能较差。

该技术还有一个致命的弱点就是体积比容量低，DOE的目标体积储氢容量为70g/L，而钢瓶目前所能达到最高的体积比容量仅有25g/L。而且要达能耐受高压并保证安全性，现在国际上主要采用碳纤维钢瓶，碳纤维材料价格非常昂贵，所以它并非理想的选择，可以作为过渡阶段使用。

③固态储氢，储氢密度大，极具发展潜力。固态储氢方式能有效克服高压气态和低温液态两种储氢方式的不足，且储氢体积密度大、操作容易、运输方便、成本低、安全等，特别适合对体积要求较严格的场合，如在燃料电池汽车上的使用，是最具发展潜力的一种储氢方式。固态储氢就是利用氢气与储氢材料之间发生物理或者化学变化从而转化为固溶体或者氢化物的形式来进行氢气储存的一种储氢方式。

储氢材料种类非常多，主要可分为物理吸附储氢和化学氢化物储氢。其中，物理吸附储氢又可分为金属有机框架（MOFs）和纳米结构碳材料，化学氢化物储氢又可分为金属氢化物（包括简单金属氢化物和简单金属氢化物）和非金属氢化物（包括硼氢化物和有机氢化物）。

物理吸附储氢材料是借助气体分子与储氢材料间的较弱的范德华力来进行储氢的一种材料。纳米结构碳材料包括碳纳米管、富勒稀、纳米碳纤维等，在77K下最大可以吸附约4%（质量分数）氢气。金属有机框架材料（MOFs）具有较碳纳米材料更高的储氢量，可以达到4.5%（质量分数），并且MOFs的储氢容量与其比表面积大致呈正比关系。但是，这些物理吸附储氢材料是借助气体分子与储氢材料间的较弱的范德华力来进行储氢，根据热力学推算其只能在低温下大量吸氢。

化学氢化物储氢的最大特点是储氢量大，目前所知的就有至少16种材料理论储氢量超过DOE最终目标7.5%（质量分数），有不下6种理论储氢量大于12%（质量分数）。并且在这种储氢材料中，氢是以原子状态储存于合金中，受热效应和速度的制约，运输更加安全。但同时由于这类材料的氢化物过于稳定，热交换比较困难，加/脱氢只能在较高温度下进行，这是制约氢化物储氢实际应用的主要因素。

目前各种材料基本都处于研究阶段，均存在不同的问题。金属有机框架（MOFs）体系可逆，但操作温度低；纳米结构材料操作温度低，储氢温度低；金属氢化物体系可逆，但多含重物质元素，储氢容量低；二元金属氢化物体系可逆，但热力学和热力学性质差；复杂金属氢化物储氢容量高，局部可逆，种类多样；非金属氢化物储存容量高，温度适宜，但体系不可逆。实现“高效储氢”的技术路线主要是克服吸放氢温度的限制。

④有机液体储氢近年来备受关注。有机液体储氢技术是通过不饱和液体有机物的可逆加氢和脱氢反应来实现储氢。理论上，烯烃、炔烃以及某些不饱和芳香烃与其相应氢化物，如苯-环己烷、甲基苯-甲基环己烷等可在不破坏碳环主体结构下进行加氢和脱氢，并且反应可逆。

有机液体具有高的质量和体积储氢密度，现常用材料（如环己烷、甲基环己烷、十氢化萘等）均可达到规定标准；环己烷和甲基环己烷等在常温常压下呈液态，与汽油类似，可用现有管道设备进行储存和运输，安全方便，并且可以长距离运输；催化加氢和脱氢反应可逆，储氢介质可循环使用；可长期储存，在一定程度上解决了能源短缺问题。

有机液体储氢也存在很多不足：技术操作条件较为苛刻，要求催化加氢和脱氢的装置配置较高，导致费用较高；脱氢反应需在低压高温非均相条件下，受传热传质和反应平衡极限的限制，脱氢反应效率较低，且容易发生副反应，使得释放的氢气不纯，而且在高温条件下容易破坏脱氢催化剂的孔结构，导致结焦失活。

2）氢的运输

运输——气态和液态运输最为常见。按照氢在输运时所处状态的不同，可以分为气氢输送、液氢输送和固氢输送。其中，前两者是目前正在大规模使用的两种方式。根据氢的输送距离、用氢要求及用户的分布情况，气氢可以用管道网络，或通过高压容器装在车、船等运输工具上进行输送。管道输送一般适用于用量大的场合，而车、船运输则适合于量小、用户比较分散的场合。液氢、固氢运输方法一般是采用车船输送。

11.3　燃料电池

11.3.1　燃料电池原理

1. 定义及特点

燃料电池是将燃料具有的化学能直接变为电能的发电装置。

燃料电池涉及化学热力学、电化学、电催化、材料科学、电力系统及自动控制等学科的有关理论，具有发电效率高、环境污染少等优点。总的来说，燃料电池具有以下特点：能量转化效率高，它直接将燃料的化学能转化为电能，中间不经过燃烧过程，因而不受卡诺循环的限制。燃料电池系统的燃料-电能转换效率在 45%～60%，而火力发电和核电的效率在 30%～40%。安装地点灵活，燃料电池电站占地面积小，建设周期短，电站功率可根据需要由电池堆组装，十分方便。燃料电池无论作为集中式电站还是分布式电站，或是作为小区、工厂、大型建筑的独立电站都非常合适。负荷响应快，运行质量高，燃料电池在数秒钟内就可以从最低功率变换到额定功率。

2. 燃料电池的主要构成组件

燃料电池的主要构成组件为：电极（Electrode）、电解质隔膜（Electrolyte Membrane）与集电器（Current Collector）等。

（1）电极。燃料电池的电极是燃料发生氧化反应与还原剂发生还原反应的电化学反应场所，其性能的好坏关键在于触媒的性能、电极的材料与电极的制程等。

电极主要分为两部分：其一为阳极（Anode）；其二为阴极（Cathode），厚度一般为200～500mm；其结构与一般电池之平板电极不同之处，在于燃料电池的电极为多孔结构，所以设计成多孔结构的主要原因是燃料电池所使用的燃料及氧化剂大多为气体（例如氧气、氢气等），而气体在电解质中的溶解度并不高，为了提高燃料电池的实际工作电流密度与降低极化作用，故发展出多孔结构的电极，以增加参与反应的电极表面积，而这也是燃料电池当初所以能从理论研究阶段步入实用化阶段的重要关键原因之一。高温燃料电池之电极主要是以触媒材料制成，例如固态氧化物燃料电池（简称SOFC）的Y_2O_3-stabilized-ZrO_2（简称YSZ）及熔融碳酸盐燃料电池（简称MCFC）的氧化镍电极等，而低温燃料电池则主要是由气体扩散层支撑一薄层触媒材料构成，例如磷酸燃料电池（简称PAFC）与质子交换膜燃料电池（简称PEMFC）的白金电极等。

（2）电解质隔膜。电解质隔膜的主要功能在于分隔氧化剂与还原剂，并传导离子，故电解质隔膜越薄越好，但亦需顾及强度。就现阶段的技术而言，其一般厚度在数十毫米至数百毫米；至于材质，目前主要朝两个发展方向：其一是先以石棉（Asbestos）膜、碳化硅（SiC）膜、铝酸锂（$LiAlO_3$）膜等绝缘材料制成多孔隔膜，再浸入熔融锂-钾碳酸盐、氢氧化钾与磷酸等中，使其附着在隔膜孔内；其二是采用全氟磺酸树脂（例如PEMFC）及YSZ（例如SOFC）。

（3）集电器。又称作双极板（Bipolar Plate），具有收集电流、分隔氧化剂与还原剂、疏导反应气体等之功用，集电器的性能主要取决于其材料特性、流场设计及其加工技术。

3. 燃料电池发电原理

燃料电池其原理是一种电化学装置，其组成与一般电池相同。其单体电池是由正负两个电极（负极即燃料电极，正极即氧化剂电极）以及电解质组成。不同的是一般电池的活性物质贮存在电池内部，因此，限制了电池容量。而燃料电池的正、负极本身不包含活性物质，只是个催化转换元件。因此，燃料电池是名副其实地把化学能转化为电能的能量转换机器。在电池工作时，燃料和氧化剂由外部供给，进行反应。原则上只要反应物不断输入，反应产物不断排除，燃料电池就能连续发电。

氢-氧燃料电池反应原理这个反应是电解水的逆过程。电极应为：

负极：$$H_2+2OH^- \longrightarrow 2H_2O+2e^- \tag{11-1}$$

正极：$$1/2O_2+H_2O+2e^- \longrightarrow 2OH^- \tag{11-2}$$

电池反应：$$H_2+1/2O_2 = H_2O \tag{11-3}$$

另外，只有燃料电池本体还不能工作，必须有一套相应的辅助系统，包括反应剂供给系统、排热系统、排水系统、电性能控制系统及安全装置等。

燃料电池通常由形成离子导电体的电解质板和其两侧配置的燃料极（阳极）和空气极（阴极）及两侧气体流路构成，气体流路的作用是使燃料气体和空气（氧化剂气体）能在流路中通过。

在实用的燃料电池中，因工作的电解质不同，经过电解质与反应相关的离子种类也不同。PAFC和PEMFC反应中与氢离子（H^+）相关，发生的反应为：

燃料极：$$H_2 = 2H^+ + 2e^- \tag{11-4}$$

空气极：$$2H^+ + 1/2O_2 + 2e^- = H_2O \tag{11-5}$$

全体：$$H_2 + 1/2O_2 = H_2O \tag{11-6}$$

在燃料极中，供给的燃料气体中的H_2分解成H^+和e^-，H^+移动到电解质中与空气极侧供给的O_2发生反应。e^-经由外部的负荷回路，再返回到空气极侧，参与空气极侧的反应。一系列的反应促成了e^-不间断地经由外部回路，因而就构成了发电。并且从上式中的反应式（11-6）可以看出，由H_2和O_2生成的H_2O，除此以外没有其他的反应，H_2所具有的化学能转变成了电能。但实际上，伴随着电极的反应存在一定的电阻，会引起了部分热能产生，由此减少了转换成电能的比例。引起这些反应的一组电池称为组件，产生的电压通常低于一伏。因此，为了获得大的出力需采用组件多层叠加的办法获得高电压堆。组件间的电气连接以及燃料气体和空气之间的分离，采用了称之为隔板的、上下两面中备有气体流路的部件，PAFC和PEMFC的隔板均由碳材料组成。堆的出力由总的电压和电流的乘积决定，电流与电池中的反应面积成比。

PAFC的电解质为浓磷酸水溶液，而PEMFC的电解质为质子导电性聚合物系的膜。电极均采用碳的多孔体，为了促进反应，以Pt作为触媒，燃料气体中的CO将造成中毒，降低电极性能。为此，在PAFC和PEMFC应用中必须限制燃料气体中含有的CO量，特别是对于低温工作的PEMFC更应严格地加以限制。

磷酸燃料电池的基本组成和反应原理是：燃料气体或城市煤气添加水蒸气后送到改质器，把燃料转化成H_2、CO和水蒸气的混合物，CO和水进一步在移位反应器中经触媒剂转化成H_2和CO_2。经过如此处理后的燃料气体进入燃料堆的负极（燃料极），同时将氧输送到燃料堆的正极（空气极）进行化学反应，借助触媒剂的作用迅速产生电能和热能。

相对PAFC和PEMFC，高温型燃料电池MCFC和SOFC则不要触媒，以CO为主要成分的煤气化气体可以直接作为燃料应用，而且还具有易于利用其高质量排气构成联合循环发电等特点。

MCFC主构成部件。含有电极反应相关的电解质（通常为Li与K混合的碳酸盐）和上下与其相接的2块电极板（燃料极与空气极），以及两电极各自外侧流通燃料气体和氧化剂气体的气室、电极夹等，电解质在MCFC 600～700℃的工作温度下呈现熔融状态的液体，形成了离子导电体。电极为镍系的多孔质体，气室的形成采用抗蚀金属。

MCFC工作原理。空气极的O_2（空气）和CO_2与电相结合，生成CO_3^{2-}（碳酸根离子），电解质将CO_3^{2-}移到燃料极侧，与作为燃料供给的H相结合，放出e^-，同时生成H_2O和CO_2。化学反应式如下：

燃料极：　$H_2+CO_3^{2-}=H_2O+2e^-+CO_2$　(11-7)

空气极：　$CO_2+1/2O_2+2e^-=CO_3^{2-}$　(11-8)

全体：　$H_2+1/2O_2=H_2O$　(11-9)

在这一反应中，e^-同在PAFC中的情况一样，它从燃料极被放出，通过外部的回路返回到空气极，由e^-在外部回路中不间断地流动实现了燃料电池发电。另外，MCFC的最大特点是，必须要有有助于反应的CO_3^{2-}离子，因此，供给的氧化剂气体中必须含有碳酸气体。并且，在电池内部充填触媒，从而将作为天然气主成分的CH_4在电池内部改质，在电池内部直接生成H_2的方法也已开发出来了。而在燃料是煤气的情况下，其主成分CO和H_2O反应生成H_2，因此，可以等价地将CO作为燃料来利用。为了获得更大的出力，隔板通常采用Ni和不锈钢来制作。

SOFC是以陶瓷材料为主构成的，电解质通常采用ZrO_2（氧化锆），它构成了O^{2-}的导电体Y_2O_3（氧化钇）作为稳定化的YSZ（稳定化氧化锆）而采用。电极中燃料极采用Ni与YSZ复合多孔体构成金属陶瓷，空气极采用$LaMnO_3$（氧化镧锰）。隔板采用$LaCrO_3$（氧化镧铬）。为了避免因电池的形状不同，电解质之间热膨胀差造成裂纹产生等，开发了在较低温度下工作的SOFC。电池形状除了有同其他燃料电池一样的平板型外，还有开发出了为避免应力集中的圆筒型。SOFC的反应式如下：

燃料极：　$H_2+O^{2-}=H_2O+2e^-$　(11-10)

空气极：　$1/2O_2+2e^-=O^{2-}$　(11-11)

全体：　$H_2+1/2O_2=H_2O$　(11-12)

燃料极，H_2经电解质而移动，与O^{2-}反应生成H_2O和e^-。空气极由O_2和e^-生成O^{2-}。全体同其他燃料电池一样由H_2和O_2生成H_2O。在SOFC中，因其属于高温工作型，因此，在无其他触媒作用的情况下即可直接在内部将天然气主成分CH_4改质成H_2加以利用，并且煤气的主要成分CO可以直接作为燃料利用。

11.3.2　燃料电池分类

按其工作温度的不同，把碱性燃料电池（AFC，工作温度为100℃）、固体高分子型质子膜燃料电池（PEMFC，也称为质子膜燃料电池，工作温度为100℃以内）和磷酸型燃料电池（PAFC，工作温度为200℃）称为低温燃料电池；把熔融碳酸盐型燃料电池（MCFC，工作温度为650℃）和固体氧化型燃料电池（SOFC，工作温度为1000℃）称为高温燃料电池，并且高温燃料电池又被称为面向高质量排气而进行联合开发的燃料电池。

另一种分类是按其开发早晚顺序进行的，把PAFC称为第一代燃料电池，把MCFC称为第二代燃料电池，把SOFC称为第三代燃料电池。这些电池均需用可燃气体作为其发电用的燃料。

按燃料的处理方式的不同，可分为直接式、间接式和再生式。直接式燃料电池按温度的不同又可分为低温、中温和高温三种类型。间接式燃烧电池包括重整式燃料电池和生物燃料电池。再生式燃料电池中有光、电、热、放射化学燃料电池等。按照电解质类型的不同，可分为碱型、磷酸型、聚合物型、熔融碳酸盐型、固体电解质型燃料电池。

11.3.3　燃料电池应用领域

燃料电池用途广泛，既可应用于军事、空间、发电厂领域，也可应用于机动车、移动设备、居民家庭等领域。早期燃料电池发展焦点集中在军事空间等专业应用以及千瓦级以上分散式发电上。电动车领域成为燃料电池应用的主要方向，市场已有多种采用燃料电池发电的自动车。另外，透过小型化的技术将燃料电池运用于一般消费型电子产品也是应用的发展方向之一，随着技术的进步，未来小型化的燃料电池将可用以取代现有的锂电池或镍氢电池等高价值产品，作为用于笔记本电脑、无线电话、录像机、照相机等携带型电子产品的电源。近 20 年来，燃料电池经历了碱性、磷酸、熔融碳酸盐和固体氧化物等几种类型的发展阶段，燃料电池的研究和应用正以极快的速度发展。在所有燃料电池中，碱性燃料电池（AFC）发展速度最快，主要为空间任务，包括航天飞机提供动力和饮用水；质子交换膜燃料电池（PEMFC）已广泛作为交通动力和小型电源装置来应用；磷酸燃料电池（PAFC）作为中型电源应用进入了商业化阶段，是民用燃料电池的首选；熔融碳酸盐型燃料电池（MCFC）也已完成工业试验阶段；起步较晚的固态氧化物燃料电池（SOFC）作为发电领域最有应用前景的燃料电池，是未来大规模清洁发电站的优选对象。

燃料电池可以分为 3 个引用应用领域：便携领域、固定领域与运输领域。现今的氢燃料电池研究主要集中在电动汽车领域及其相关设备的研究上。

（1）便携领域。携式设备定义是那些为移动设备充电的设备。比如，军用应用（便携士兵电源、撬装式燃料电池发电机等），辅助装置系统（APU）（如休闲和运输产业），便携产品（手电、割草机），小型个人电子（MP3 播放器、照相机等），大型个人电子产品（笔记本电脑、打印机、收音机等），教育工具和玩具等。便携式设备通常应用直接甲醇燃料电池（DMFC）技术或者质子交换膜（PEM）技术。具有离网运行、比普通电池更耐久、快速充电、显著减轻（尤其是军事领域更为显著）、方便可靠低运营成本等优点。

在消费电子市场燃料电池的应用更为广泛，户外零售企业 REI 与 Brunton 专注于销售能给独立运营的设备充电的产品，目前燃料电池正在其产品栏目之内。军工携带产品，不论是车载还是士兵携带功能系统，燃料电池都获得了广泛的认可与应用。虽然想要在这个严格管制的领域推广新的能源技术很难，但燃料电池的质量优势与其燃料节省优势为其打开了道路。虽然这个领域的订单还没形成规模，但预计未来便携式领域将由军工带动迎来转折点。

（2）固定领域。固定式燃料电池供电系统指的是那些不能移动的供电设备，通常包括热电联产设备（CHP）、不间断电源设备（UPS）与基础发电机设备。

CHP 系统主要有 4 种技术：内燃机、斯特林发动机、蒸汽机和燃料电池，其中燃料电池系统主要是 SOFC 和 PEMFC。

家电联产设备（CHP）大小在 0.5～10kW 之间，受益于燃料电池产生的热副产品，比如说热水器，家电联产系统的总体销量大大提高，可达到总效率的 80%～95%。家用 CHP 在日本已经得到了巨大的发展，在 2010 年年底有 10000 台的存量，它们都用于家用供电与供热。韩国也在大力发展CHP家用项目与日本一样，其购买主要依托于政府补贴。目前CHP燃料电池主要应用于亚洲，主要是日本，1台额定发电功率1kW的ENE-FARM大体可以满足普通日本家庭60％的电力需求及80％的热水需求。日本在2002年开始启动家庭燃料电池示范计划，2005年开始补助系统装置费用，在2009年年初以ENE-FARM名称正式宣布家用燃料电池进入商业化阶段。2009年，日本东京燃气、大阪燃气、东邦燃气、西部燃气、新日本石油以及ASTOMOS能源6家公司发表联合宣言，在全球率先在2009年度开始销售“ENE-FARM，目标到2015年年销50000台。

不间断电源设备（UPS）主要应用于应对停电，这个市场可以分为五类，其中为电信基站提供离网短时间运行电力；为关键通信基站，比如无线电网络提供额外离网运行时间；为数据系统提供额外离网运行时间，这三类系统为目前发货量最多的系统。

基础发电设施指的是那些提供兆瓦级电力的基础发电站等设施，主要用于为输电线路无法达到的地区提供电力，同时也能为电网扩建提供支撑。目前，SOFC、MCFC、PEMFC与PAFC这四类为流行技术，主要由美国、日本生产。这部分出货量近年来保持强劲增长势头，依靠大型应用设备与小型应用设备的双重增长，比2011年增长50％。出货设备发电量达到1249MW，占全年新产设备发电总量的75％。预计2013年的增长势头不变，依托电信企业的后备电源需求、微型热电电源的增长与兆瓦级大型发电站的支持。

（3）运输领域。世界各国都执行严格的温室气体排放标准，运输作为最大的碳排放源之一受到更多管制。

欧盟承诺在2050年减少80％的温室气体排放，有两种解决办法：一种是推广公共交通；另一种就是推广零排放车辆。

作为电动汽车的一种，燃料电池汽车被认为是人类解决汽车污染问题以及汽车对石油依赖的最佳和最终方案。这是由于燃料电池的化学反应过程不会产生有害物质，仅排放少量水蒸气，同时其能量转换效率比内燃机高2～3倍。装有这种电池的汽车只需像加油一样加注氢气，便可继续行驶。比起纯电动汽车，与目前市场主流的锂电池汽车相比，氢能源汽车具有的优点是：氢燃料电池能做到真正无污染；单次行驶里程数是锂电池车的3～5倍；成本更低，氢能源取之不尽；应用领域范围更广等。此外，由于氢燃料电池车的燃烧产物只有水，因此不但远远超越了以石油为动力的内燃机车型，还远远优于混合动力车、电动车。作为未来汽车的终极目标，氢燃料电池车得到了全世界的认可。实际上，现如今无论从整体量产成本上还是普及度上，纯电动还是具有着相当的优势，更何况相较于电动车，FCV所涉及的产业链更加庞大。因此，目前FCV技术大多还是掌握在为数不多的几家大型车企手中。

在交通运输中应用燃料电池的时代已经到来。虽然没有政府补贴，客户依旧在积极购买物料运输系统（叉车）的燃料电池解决方案。世界各地的燃料电池汽车数量在持续增长。燃料电池汽车走上了产业化。

交通运输（Transportation）用燃料电池细分市场包括了广泛的应用，如轻型和重型车辆、公交车、小型飞机，以及船只等。目前，全球几家大型汽车制造商仍在继续追求燃料电池轻型汽车的应用，并已实现商业化。伴随着在越来越多国家中的部署，燃料电池公共汽车的数量在不断增加。此外，军方也有特别成功的、使用燃料电池作为动力系统的无人飞行器（UAV）案例。

①燃料电池汽车。燃料电池在汽车领域的应用主要包括燃料电池乘用车、燃料电池轻型车辆（物流车）和燃料电池公交车以及其他公共领域、商业领域所用燃料电池专用车等。燃料电池电动汽车具有许多传统汽车所不具备的优点。比如，它们没有尾气排放，并且如果氢气是由可再生能源产生的，它们就可以提供真正的零排放。不同于现有的其他类型的电动汽车，燃料电池电动汽车的行驶里程可以与现有汽油车相媲美，并且可以在几分钟内加满燃料。燃料电池电动汽车数量的增加，以及持续的技术改进，预计将导致燃料电池电动汽车的大幅降价。

2017年工业和信息化部、发展改革委、科技部联合印发《汽车产业中长期发展规划》，将燃料电池汽车列为重点支持领域，同时燃料电池发展路线以2020年、2025年及2030年为三个关键时间节点：到2020年首先实现5000辆级规模在特定地区公共服务用车领域的示范应用，建成100座加氢站，氢燃料电池车进入成熟阶段；2025年实现5万辆规模的应用，建成300座加氢站，氢燃料电池车进入爆发式增长和规模化发展阶段；2030年实现百万辆燃料电池汽车的商业化应用，建成1000座加氢站，氢燃料电池车进入量产阶段。

a. 燃料电池乘用车。日本两大汽车企业巨头——丰田和本田已经推出了氢燃料电池汽车并已量产。丰田氢燃料电池汽车Mirai于2014年年底正式在日本量产发售，其燃料电池功率为114kW，功率密度为3.1kW/L，最大续航里程接近500km，加满燃料的时间仅为3min。Mirai价格为723.6万日元（人民币约37.5万元），享受补贴后，消费者实际负担的金额在520万日元左右（人民币约26.9万元），截至目前已经在日本、美国与欧洲地区累计销售了5000多辆，是真正得到市场认可的氢燃料电池汽车。本田燃料电池汽车Clarity，2016年3月开启租售业务，其燃料电池功率为103kW，功率密度为3.1kW/L，续航里程可以达到750km，其在美国的售价约为6万美元（人民币约37.9万元），目前售出约200辆。

韩国研发生产燃料电池汽车的代表企业是现代（Hyundai）。Hyundai从2002年开始研发燃料电池汽车，2005年采用巴拉德的电堆组装32辆SUV；2006年推出自主研发的第一代电堆，组装30台SUV、4辆大客车，并进行示范运行；2009—2012年间，开发出第2代电堆，装配100台SUV，开始在国内进行示范和测试，并对燃料电池的电堆性能进行改进；2012年，推出第3代燃料电池SUV和客车并开始全球示范；2013年，韩国现代宣布将提前2年开展千辆级别的燃料电池SUV（现代ix35）生产，在全球率先进入燃料电池千辆级别的小规模生产阶段。该SUV采用100kW燃料电池，100kW电机，70MPa的氢瓶，氢瓶可以储存5.6kg氢气，最新欧洲行驶循环工况续驶里程588km，最高车速160km/h。现代燃料电池汽车推广的策略之一就是汽车共享，在巴黎与STEP、林德公司合作，计划到2020年推广100辆燃料电池出租，车型主要为ix35 fuel cell。同时，计划在德国投入50辆ix35 fuel cell用作汽车共享。另外，韩国政府于2016年在蔚山市投放10辆ix35 fuel cell汽车用作出租车，并在2017年增加

5 辆，韩国当地的三大出租车公司负责实际运营，现代公司负责售后服务。现代在 2018 年消费电子展（CES）上推出了 Nexo 燃料电池汽车，续航里程达到 600km，具有与传统燃料汽车相同的续航能力。

b. 轻型车辆（Light Duty Vehicles）。物流领域氢燃料电池汽车的推广应用是氢燃料电池技术的突破口，目前北美地区大约有 2 万辆燃料电池叉车在运营，Plug Power 是叉车设备的主要供应商，占据了 95%以上的市场份额。北美地区运营的燃料电池乘用车约 3500 辆，主要分布在美国加利福尼亚州。

根据中国卡车网消息，2018 年 10 月 25 日，全球首辆基于甲醇重整氢燃料电池轻型卡车在昆山举行正式投入商业运营发布仪式。

该甲醇重整氢燃料电池轻卡是东风汽车公司的 T7 厢式货车，产品型号为 EQ5080XXYTFCEV2，载重量为 7.5t。

2018 年 9 月 30 日，工信息部发布 2018 年第 10 批《新能源汽车推广应用推荐车型目录》，本批共计 104 家企业的 212 款车型入选目录，其中燃料电池车型 11 款。

从车型来看，本次燃料电池车型主要分布在客车、运输车和冷藏车领域，其中客车车型数 8 款、运输车 2 款、冷藏车 1 款，客车的中心地位得到延续。

c. 燃料电池公共汽车。氢能作为清洁能源备受各国重视，而氢燃料电池客车一直被视为推广氢燃料电池技术的最佳途径之一。欧美国家早在 2000 年前就开始研发氢燃料电池客车。以美国为例，2014—2105 年间，运行的氢燃料电池公共汽车就有 24 辆，2014 年 8 月至 2015 年 7 月累计运行了 8.3 万 h、168 万 km。

在国际市场，加拿大巴拉德动力系统（Ballard Power Systems）公司是公交车用燃料电池的领先供应商。

早在 2008 年北京奥运会和 2010 年上海世博会上，氢燃料电池公交车就曾活跃在这两个城市的街道上。2010 年，我国研制的燃料电池城市客车走出国门，在新加坡完成了揭幕和试运行仪式，并作为首届青年奥运会官方新能源示范车服务青奥会。2016 年，在全球环境基金（GEF）和联合国开发计划署（UNDP）支持下，我国启动“促进中国燃料电池汽车商业化发展”项目三期示范运行，北京示范运行 15 辆燃料电池汽车（包括 10 辆客车和 5 辆物流卡车）。2017 年 1 月，北京市科委的 5 辆燃料电池公交车获得国内第一批正式上牌的燃料电池客车，并在公交 384 线路开始运行，运行期间经历了 1 月份的－15℃低温环境及 6 月份的 37℃高温环境考验。近期，搭载亿华通燃料电池动力系统的 60 辆氢燃料电池客车已交付终端客户，将用于北京市部分企事业单位班车及摆渡车；74 辆燃料电池客车将用于张家口公交批量示范运营，为 2022 年北京冬奥会的绿色交通做准备。近年来，国家大力发展新能源汽车，氢燃料电池车的商业化也随之大步迈进，广东佛山、云浮、深圳，江苏如皋、盐城、苏州，辽宁抚顺，四川成都，河南郑州，河北张家口，山西大同等多个城市纷纷试运行氢燃料电池公交线路。

全国首批量产的 28 辆氢燃料电池公交车 2017 年已在广东云浮、佛山两地投入试运营。

②轨道交通运输应用。从全球范围来看，氢燃料电池在轨道交通领域的应用研究

可以追溯到 2002 年。世界上第一辆氢燃料电池动力系统机车诞生于 2002 年。

2002 年，美国 Vehicle Projects 公司和加拿大 Placer 矿业公司联合开发了世界上首个用于地下金矿开采的氢燃料电池托运机车。

这台机车由纯质子交换膜燃料电池驱动，无动力电池。它是将原型机车上的铅酸电池替换为 PEMFC 作为动力源进行改造，并没有附加其他电能存储设备作为牵引电源。

该车采用两个燃料电池堆串联，提供 126V 电压和 135A 电流，净功率达 17kW。车辆采用金属氢化物储氢，并加装热交换机满足氢气吸附和去吸附过程中产生热量的热传递。储氢系统的容量可以维持该车在 17kW 的功率下连续运行 8h。

此外，该车还装有增湿器和热交换器等设备。该项目由美国能源部和加拿大政府联合资助，项目自 1999 年启动，历时 3 年。

随后在 2009 年，该公司与美国伯灵顿北方圣达菲铁路公司（BNSF）合作研制了氢燃料电池调车机车，该项目由美国国防部出资支持。该机车重约 130t，采用燃料电池与铅酸电池混合动力系统，该车采用燃料电池座位主动力源，全系统瞬时功率可超 1MW。

为了减缓温室效应，提高能源利用率，以削减列车运行能耗为目的，从 2000 年起，东日本铁路公司开始了新能源（New Energy，NE）列车的研发。该公司自 2003 年起进行柴油混合式列车的研发，确立了实用化目标。

2006 年，开始实施 NE 列车的第 2 步计划，试制了一辆混合动力新能源轻轨列车（NE 列车），该列车采用柴油-燃料电池混合动力系统。基于此项目，该公司于 2007 年加装了一组 360kWh 锂离子电池并去除柴油机系统，构成燃料电池——锂电池混合动力列车。

2010 年，中车永济电机有限公司（原属中国北车）与西南交通大学合作研制了中国首台新能源燃料电池轻轨机车。该车采用加拿大巴拉德公司生产的燃料电池电堆，总功率为 150kW，产生 400～800V 直流电。该车首次采用永磁同步电机及控制变频器承担主牵引驱动，持续速度为 21km/h，最高运行速度为 65km/h。

2011 年，西班牙窄轨铁路 FEVE 公司研制成功一辆燃料电池有轨电车样车。整车由 PEMFC 供电，氢气储存在 12 个储氢罐内。4 台交流异步电机作为牵引电机，每台电机的功率可达 30kW。再生制动能可由 3 个超级电容或锂离子电池储存。该车理论载客为 20～30 人，最高运行速度可达 20km/h。

2012 年，南非英美铂金公司（Amplats）和美国 Vehicle Projects 公司共同在南非制造了 5 辆矿用机车。车辆使用 PEMFC 作为动力源，实际应用效率可达 51%。

2014 年，德国下萨克森州等 3 个州和黑森州公共交通管理局联合起来，与法国阿尔斯通签署了一份合作意向书，同意阿尔斯通于 2018 年之前在该地区进行燃料电视列车的试验工作。2016 年 9 月，阿尔斯通公司研发的氢动力列车下线，并在下萨克森州的线路上进行相关测试和验证工作。

截至 2017 年 3 月，阿尔斯通表示，目前德国已有 4 个州与其签订了氢动力列车的订购意向书。

2015年，世界首列氢能源有轨电车在中车青岛四方机车车辆股份有限公司成功下线。该车采用燃料电池作为动力源，应用永磁同步电机直驱系统和铰接转向架技术。加氢时间控制在3min以内，单次充满氢气可运行100km，最高运行速度可达70km/h。整车采用三节编组，设置60多个座位，总载客量超过380人。

2017年3月，青岛四方与佛山高明现代轨道交通建设投资公司签订合同，在佛山市高明区建设的现代有轨电车示范线上，采用以氢能源为动力的现代有轨电车。

2017年10月，由中车唐山公司研制的世界首列商用型氢燃料混合动力100%低地板现代有轨电车，在唐山具有136年历史的唐胥铁路载客运营。这是全球范围内，氢燃料电池有轨电车首次商业运营，标志着我国在新能源轨道交通领域实现重大突破。

③氢燃料电池在无人机、船舶领域的应用

在超声速飞机和远程洲际客机上以氢作动力燃料的研究已进行多年，目前已进入样机和试飞阶段。据欧洲空客公司预测，到2004年，欧洲生产的飞机部分采用液氢为燃料。德国戴姆勒·奔驰航空航天公司以及俄罗斯航天公司从1996年开始试验，其进展证实，在配备有双发动机的喷气机中使用液态氢，其安全性有足够保证。

在2017年9月中旬的IntelDrone大会上，全球无人机制造商纷纷公布了许多创新的无人机产品。其中比较有趣的一项是FlightWave航空航天系统公司和英国智能能源（Interlligent Energy）公司合作开发了一款新型无人机Jupiter-H2。这款无人机最大的亮点是使用了氢燃料电池，据了解这种电池能大幅度提高无人机的续航能力，充电数分钟内就能让无人机持续飞行2个小时。

英国智能能源公司为FlightWave旗下无人机Jupiter-H2研发的氢燃料电池，利用电解水的逆反应原理，持续为无人机注入高密度能量。目前广泛应用于无人机的锂电池平均只有约20min续航能力，FlightWave声称氢燃料电池续航能力大幅提高到2h，这是一般电池的6倍，但充电只需要几分钟就可以完成，可以算是惊喜突破。

在外形上Jupite-H2拥有70cm宽的机身，靠配备了防护壳的四组旋翼驱动，本身质量为1250g，可自由加装相机和传感器，并以氢燃料电池供电。Jupite-H2并不是目前为止第一款使用氢动力的商用无人机，但它确实是一款体积非常小的产品，并可适用于大多数领域。

2017年深圳的一家工业用无人机制造厂商科比特航空突破氢燃料电池瓶颈，发布了全球首款产品化的氢燃料电池无人机——HYDrone-1800。

HYDrone-1800采用先进的氢燃料电池系统，缔造了该级别无人机270min续航的新世界纪录。续航时间根据气瓶容积的不同分为几个级别：5L气瓶大概90min，9L气瓶为180min，14L气瓶大概270min。

动力方面，HYDrone-1800采用6轴设计，轴距约1.8m，全碳纤维一体成型，可实现工业级三防（防火、防雨、防尘）即使单桨发生故障，也可以保险降落。

HYDrone-1800氢混合动力无人机的最大载重达25kg，最大飞行半径100km，同时具备超远距离图像传输、超视距遥控、精准定位导航等功能。可用于长时间的巡航检测和工业级勘察，更能够在消防、救援等领域发挥作用。

华盛顿州立大学（WSU）航空航天俱乐部的两名学生正与亚马逊合作设计一款氢

动力无人机，可以将飞行时间延长3～5倍，以期打破目前的飞行纪录。

2017年平安夜，Quaternium公司在西班牙的巴伦西亚创造了目前的无人机飞行纪录——4h40min。

据介绍，这款无人机使用了一个更小的燃料箱、燃料电池和无人机框架。为了让其在空中停留更长时间，WSU无人机还有一个更大的燃料箱，但由于其质量和尺寸限制，也将带来挑战。

华盛顿州立大学的氢特性能源研究实验室（HYPER）拥有氢燃料电池技术，并要求华盛顿州立大学航空航天俱乐部自行设计无人机并整合燃料电池。

目前，传统电池极大地限制了无人机的飞行时间。长程无人机已经有监视、调查、救援工作、消防、农业、媒体和教育目的等应用。

IHC Merwede和Bredenoord公司共同推进氢燃料电池应用于挖掘船。

冰岛借欧特克Inventor设计全球首款氢能商用船。

2002年3月22日上午，德国军事技术与采购办公室军备部负责人在HDW基尔船厂将世界上第一艘现代非核潜艇命名为U31。这艘非核潜艇属于212A级潜艇，隶属于德国海军，是当前正在建造的212A级4艘潜艇的第一艘。在经过复杂测试和实验之后，U31号计划在2004年3月30日加入现役。

HDW公司开发的212A级新式潜艇的主要特征在于无须空气推进系统，它使用的是氢燃料电池。这样，HDW公司将成为全球第一家批量生产燃料电池推进系统的造船厂。这种燃料电池使用氢气和氧气来发电，允许新式潜艇在水下巡游数周而不必升出水面，而常规柴电潜艇通常在水下巡游两天就会用尽电能。此外，燃料电池没有噪声，而且不会放出热量，这些因素有助于潜艇不被发现。

作为全球典型的高技术军队，美军非常重视新技术和新能源的应用。近年来，美国军方就非常重视燃料电池的研发，从为单兵装备供电，到驱动水下无人航潜器和无人机，再到电推动军用卡车等项目，都大量使用氢燃料电池来提供清洁、可靠和高效的供电能力。

11.4　氢能与燃料电池其他相关问题

11.4.1　氢能的地位和作用

1. *发展氢能源是国家清洁能源战略重要方向之一*

2012年年底，十八大报告首次提出“推动能源生产和消费革命”。习近平主席在2014年6月13日主持召开中央财经领导小组第六次会议，研究我国能源战略。在此次会议上，习近平提到推进能源革命的四个方面，包括能源消费革命、供给革命、技术革命和体制革命。国家发展改革委、国家能源局组织编制的《能源技术革命创新行动计划（2016—2030年）》，把“氢能与燃料电池技术创新”列为15项创新行动之一；科技部2018年启动“可再生能源与氢能技术”重点专项；《国家创新驱动发展战略纲要》

《“十三五”国家科技创新规划》《“十三五”国家战略性新兴产业发展规划》《中国制造2025》《汽车产业中长期发展规划》《“十三五”交通领域科技创新专项规划》等纷纷将发展氢能和燃料电池技术列为重点任务，将燃料电池汽车列为重点支持领域，并明确提出：2020年实现5000辆级规模在特定地区公共服务用车领域的示范应用，建成100座加氢站，行业工业总产值达到3000亿元；2025年实现5万辆规模的应用，建成300座加氢站；2030年实现百万辆燃料电池汽车的商业化应用，建成1000座加氢站，行业工业总产值达到10000亿元。

与此同时，三部委发布的《2016—2020新能源汽车推广应用财政支持政策通知》中指出，在2017—2020年除燃料电池汽车外，对其他新能源汽车的补助标准实行必要的退坡，而燃料电池汽车补助保持不变，甚至个别车种还有所提高。由此可见，国家在宏观层面，对氢能和燃料电池汽车越来越重视和支持。

2. 氢能源利用是我国节能与提高能效的重要技术支撑

氢能的主要利用方式是燃料电池，通过电化学反应直接将化学能转化为电能，能量转化过程不受“卡诺循环”限制，能量转换效率很高。一般汽油车从油井到最终车轮的总能效率仅为13%，而氢燃料电池汽车从油井到车轮的总效率可达30%，是汽油车的2倍多。另一方面，氢燃料电池的发电效率也高于常规发电技术，在较低的功率（0.01～1MW）情况下，普通往复式引擎的发电效率约为30%，燃料电池的效率可达40%；发电功率在1～100MW的范围内，蒸汽轮机的发电效率在30%左右，而燃料电池的效率则达到50%～60%；在较高的发电功率（100～1000MW）范围，IGCC的发电最高可达到60%，但如果以燃料电池结合蒸汽轮机，还将获得更高的效率。相对于传统能源，氢能的利用大大提高了能源利用效率，从而减少化石能源的使用，并最终实现CO_2的减排。

3. 可再生能源制氢将实现能源的清洁生产和最大限度消纳利用

行内专家指出，氢能源符合新工业革命所倡导的分布式能源生产与利用方式的各项特征，其在未来全球能源结构变革中的重要地位和作用已逐步为日本、美国、德国等发达国家所重视。我国在转变能源结构和开展节能减排过程中，需要充分发挥氢能源的作用。

据资料介绍，2015年国内副产氢（by-product production）的商用剩余量约为38万t/年，是190万辆燃料电池车一年的燃料使用量（按每辆车年行驶2万公里计算）。中国丙烷脱氢（PHD）将副产氢气37万t，可以支持20万辆燃料电池车运行。这将成为副产氢未来最大可能的工业应用，同时，也将成为中国环保升级的重要支柱。

国家能源局发布的《2015年度全国可再生能源电力发展监测评价报告》显示，2015年我国弃风电量为339亿kW·h，同比增加213亿kW·h，甘肃、新疆和吉林的弃风率均超过30%；西北地区出现了较为严重的弃光现象，甘肃弃光电量为26亿kW·h、弃光率达31%，新疆弃光电量为18亿kW·h、弃光率达26%。

西南地区弃水现象也同样严重，四川弃水电量达到102亿kW·h，云南弃水电量152.6亿kW·h。

据此推算，2015 年我国至少有 642 亿 kW・h 的可再生能源没有被利用。如果这些可再生能源用来电解制氢，则可以制备 160.5 亿 m^3 的氢气（按照制备每立方米氢气耗费 4kW・h 来计算）。

国家能源局发布的《2017 年度全国可再生能源电力发展监测评价报告》着重指出，到 2017 年，内蒙古、青海、黑龙江、吉林、山西Ⅱ类地区、河北Ⅱ类地区达到光伏发电最低保障收购年利用小时数要求，5 个省（区）未达到要求，其中，甘肃Ⅰ类和Ⅱ类地区实际利用小时数与最低保障收购年利用小时数偏差分别为－382h 和－271h，新疆Ⅰ类和Ⅱ类地区偏差分别－274h 和－270h，宁夏偏差－174h，陕西Ⅱ类地区偏差－13h,辽宁偏差－5h。

目前弃光、弃风和弃水发电的成本价格为 0.15 元/（kW・h），据此计算出的电解水制氢成本为 1.5 元/m^3，这已经远低于利用上网电解水制氢的成本，且与化石燃料（煤、焦炭和天然气）制氢的成本上限接近。

所以，未来氢能产业链下游储运等环节一旦取得突破，新能源支持的大规模电解水制氢的市场份额将出现增长，氢能成本也会进一步降低。

4. 煤制氢加碳捕捉技术将成为主流制氢路线

中国煤炭资源丰富且相对廉价，故将来煤制氢很有可能成为中国规模化制氢的主要途径。但煤制氢工艺过程中二氧化碳排放水平高，所以需要引入二氧化碳捕捉技术（Carbon Capture and Storage，CCS)，以降低碳排放。

目前二氧化碳捕捉技术（CCS）主要应用于火电和化工生产中，其工艺过程涉及三个步骤：二氧化碳的捕捉和分离、二氧化碳的输送，以及二氧化碳的封存。

据美国环境保护局的统计数据，二氧化碳捕捉技术（CCS）的应用可以减少火电厂 80％～90％的二氧化碳排放量。

二氧化碳捕捉技术（CCS）在国际上早已被深入研究和实践。2014 年加拿大建成了世界上首个商业化的二氧化碳捕捉项目——边界大坝火电厂。该项目在火电厂的基础上整合了二氧化碳捕捉装置，降低了发电过程中的碳排放量。

而国内的神华集团也早在 2009 年就在鄂尔多斯建设了二氧化碳捕集和封存项目。近期神华集团已经在鄂尔多斯成功示范 30 万 t 二氧化碳封存技术。

随着二氧化碳捕捉技术（CCS）的逐步成熟，煤制氢加二氧化碳捕捉技术的制氢工艺路线也会日益清晰，将为中国氢能经济中长期发展提供充足的氢气资源。

5. 氢燃料电池是动力电气化的最终解决方案

氢能源作为一种高效清洁的能源，被认为是人类能源问题的终极解决方案，而随着技术的进步，氢能源也已在越来越多的领域中得到了应用。氢能源的应用有两种方式：一是直接燃烧（氢内燃机）；二是采用燃料电池技术，燃料电池技术相比于氢内燃机效率更高，故更具发展潜力。氢能源应用以燃料电池为基础。

氢燃料电池的应用领域广泛，早在 20 世纪 60 年代就因其体积小、容量大的特点而成功应用于航天领域。进入 70 年代后，随着技术的不断进步，氢燃料电池也逐步被运用于发电和汽车领域。

巴拉德总裁麦凯文2018年6月28日在清华大学举办的“氢能产业创新发展论坛”演讲中指出，目前氢能产业发展正处在一个十字路口，要拥有天时、地利、人和，才能够在十字路口取得真正的成功。随着社会社交网络和技术发展日渐成熟，预测未来的10年交通行业的变化将会更大。交通领域、能源领域，相对其他领域会变化更快。全球范围有三大趋势：第一个是低碳化，第二个是空气质量，第三个就是驱动系统的电气化，这三大趋势将会融合在一点。要落实低碳化，就要首先在交通出行方面实现低碳化。驱动系统电气化是很好的解决方案，可以使用电动汽车、燃料电池车、混合动力汽车等。它们具有速度快、噪声比少、加氢快、续驶里程高等优点。我们可以看到，现在大巴车、商用卡车，还有10%的火车、邮轮，都开始实现了氢能的使用，特别是前两项，氢能使用的渗透率非常之高。展望未来，麦凯文认为，10年之后，交通运输场景将发生颠覆性的改变，更多的驱动系统会应用到氢能。

6. 氢能在能源市场的多种应用场景将降低氢能的整体使用成本

目前市场对氢能使用存在一个明显的误区，即将氢能的应用范围局限于传统化工生产领域这单一应用场景，由此而担忧氢能基础设施投入开销巨大，且使用成本高昂。

事实上，氢能作为储能介质能够横跨电力、供热和燃料三个领域，促使能源供应端融合，提升能源使用效率。其应用模式可以抽象为以下三个方面：

（1）电能到电能的转换。电解制氢实现电能向氢能的转化，必要时氢能可通过燃料电池再次转化为电能。

（2）电能到燃气的转换。电解制氢后，将氢气直接混入天然气管道，或者合成甲烷后混入天然气管道；混合天然气在终端作为燃料提供热能。

（3）电能到燃料的转换。电解制氢后，氢气作为燃料电池车的燃料，为汽车提供动力。而氢能作为能源载体的具体应用模式涉及新能源制氢补充发电、燃料电池汽车、分布式发电等领域。所以氢能的应用场景具有很强的多样性，若未来能够形成电力、供热和燃料相互交叉的应用网络，将大幅降低其使用成本。

7. 中国急需发展氢能源以应对环境质量与气候变化

全国40%的汽车集中于东部地区，高水平的汽车保有量造成城市拥堵，加剧空气污染。据OECD组织估算，中国大气污染造成的死亡人数将长期高于全球平均水平，中国环境压力已接近极限。

据统计数据显示，截至2017年年底全国机动车保有量达3.10亿辆，其中汽车2.17亿辆；2017年，全国汽车保有量达2.17亿辆，与2016年相比，全年增加2304万辆，增长11.85%。汽车占机动车的比率持续提高，近5年占比从54.93%提高至70.17%，已成为机动车的构成主体。从车辆类型看，载客汽车保有量达1.85亿，其中以个人名义登记的小型和微型载客汽车（私家车）达1.70亿辆，占载客汽车的91.89%；载货汽车保有量达2341万辆，新注册登记310万辆，为历史最高水平。从分布情况看，全国有53个城市的汽车保有量超过百万辆，24个城市超200万辆，7个城市超300万辆，分别是北京、成都、重庆、上海、苏州、深圳、郑州。

2015年中国汽车保有量超过200万辆的城市共有11个，其中东部沿海城市占7

个；2017 年 24 个城市超 200 万辆，7 个城市超 300 万辆，其中东部沿海城市占 11 个。

在二氧化碳排放方面，中国作为《巴黎气候变化协定》的缔约国，承诺在 2030 年使二氧化碳排放达到峰值，并且将非化石能源在一次能源中的比重提升到 20%。中国作为全球碳排放第一大国，加上以煤炭为主的能源结构，未来二氧化碳减排压力巨大。

虽然中国氢能是否成为像电力一样广泛适用的能源载体尚有很大的不确定性，但作为融合分布式能源供应转换、无污染和高效灵活的能源媒介，其市场潜力和未来贡献却是毋庸置疑的。

据国际环保组织绿色和平于 2018 年 1 月 10 日发布的《2017 年中国 365 个城市 $PM_{2.5}$ 浓度排名》数据显示，2017 年，京津冀、长三角、珠三角区域的 $PM_{2.5}$ 平均浓度分别为 64.6μg/m^3、44.7μg/m^3、34.8μg/m^3，相较 2013 年分别下降 39.2%、33.3%、26.0%，超额完成大气 10 条规定的具体指标。中国东部地区整体 $PM_{2.5}$ 水平远超国际标准（25μg/m^3）。

中国的环境压力远远大于其他国家，同时中国现行体制又适合高效的基础设施建设和政府推动的产业发展。在中国经济增速放缓，传统经济投资乏力的市场环境下，氢能经济在中国无疑具有天时、地利与人和的优势，不可错失良机。

11.4.2 氢能、燃料电池所属产业分类

《战略性新兴产业重点产品和服务指导目录》（2016 版）按照《“十三五”国家战略性新兴产业发展规划》明确的 5 大领域、8 个产业，进一步细化到 40 个重点方向下 174 个子方向，近 4000 项细分的产品和服务。

其中关于燃料电池和氢能的内容是：

（1）高温燃料电池催化剂等新型催化剂材料及助剂；

（2）燃料电池乘用车、燃料电池商用车等新能源汽车整车；

（3）燃料电池系统及核心零部件：燃料电池电堆、模块及系统，空压机系统、空压机电机和空压泵，燃料电池相关材料包括 MEA、双极板、碳纤维纸、质子交换膜、铂催化剂及其他新型催化剂等；燃料电池系统相关辅件包括高功率 DC/DC、氢喷射器、循环泵、空压机、背压阀、水分离器、节温器、散热器、调压阀、加湿器、水分离器、冷却泵、氢压力传感器、流量传感器、氢浓度传感器等；车载储氢系统包括储氢瓶塑料内胆、高强度碳纤维、高性能储氢合金及金属氢化物、高压阀及接口等；

（4）站用加氢及储氢设施：氢气制造设备、站用高压储氢罐、高压氢气运输车，高压氢气加注设备；

（5）燃料电池 MEA、双极板制备装备、燃料电池电堆测试平台等电池生产装备；

（6）燃料电池系统分组装设备等专用生产设备；

（7）燃料电池系统测试设备。

11.4.3 氢能与燃料电池技术创新

氢能与燃料电池技术创新进入“能源技术革命重点创新行动路线图”，明确了其战略方向、创新目标和创新行动。

1. 战略方向

（1）氢的制取、储运及加氢站。重点是在大规模制氢、分布式制氢、氢的储运材料与技术，以及加氢站等方面开展研发与攻关。

（2）先进燃料电池。重点是在氢气/空气聚合物电解质膜燃料电池（PEMFC）、甲醇/空气聚合物电解质膜燃料电池（MFC）等方面开展研发与攻关。

（3）燃料电池分布式发电。重点是在质子交换膜燃料电池（PEMFC）、固体氧化物燃料电池（SOFC）、金属空气燃料电池（MeAFC），以及分布式制氢与燃料电池（PEMFC 和 SOFC）的一体化设计和系统集成等方面开展研发与攻关。

2. 创新行动

氢能与燃料电池创新行动包括大规模制氢技术、分布式制氢技术、氢气储运技术、氢气/空气聚合物电解质膜燃料电池（PEMFC）技术、甲醇/空气聚合物电解质膜燃料电池（MFC）技术和燃料电池分布式发电技术等 7 个方面。

11.4.4 氢能的安全性和燃料电池汽车的安全问题

1. 氢能的安全性

与常规能源相比，氢有很多特性，其中既有不利于安全的属性，也有有利于安全的属性。不利于安全的属性有：更宽的着火范围，更低的着火能，更容易泄漏，更高的火焰传播速度，更容易爆炸；有利于安全的属性有：更大的扩散系数和浮力，单位体积或单位能量的爆炸能更低。

（1）泄漏性。氢是最轻的元素，比液体燃料和其他气体燃料更容易从小孔中泄漏。例如，对于透过薄膜的扩散，氢气的扩散速度是天然气的 3.8 倍。但是，通过对燃料输运系统的合理设计，可以不采用很薄的材料。所以，比较有意义的是，在燃料管线、阀门、高压储罐等上面实际出现的裂孔中，氢气泄漏的速度如何。

在层流情况下，氢气的泄漏率比天然气高 26%，丙烷泄漏得更快，比天然气快 38%。而在湍流的情况下，氢气的泄漏率是天然气的 2.8 倍。燃料电池汽车（FCV）气罐的压力一般是 34.5MPa，如果发生泄漏的话一定是以湍流的形式，靠近氢气罐的地方装有压力调节阀，可以将压力降到 6.7MPa；给燃料电池提供的氢的压力约为 200kPa，如果发生泄漏应该是以层流的形式。所以，根据 FCV 中氢气泄漏的大小和位置的不同，泄漏的状态是不同的。

从高压储气罐中大量泄漏，氢气和天然气都会达到声速。但是，氢气的声速（1308m/s）几乎是天然气声速（449m/s）的 3 倍，所以氢气的泄漏要比天然气快。由于天然气的容积能量密度是氢气的 3 倍多，所以泄漏的天然气包含的总能量要多。

（2）氢脆。锰钢、镍钢以及其他高强度钢容易发生氢脆。这些钢长期暴露在氢气中，尤其是在高温高压下，其强度会大大降低，导致失效。因此，如果与氢接触的材料选择不当，就会导致氢的泄漏和燃料管道失效。但是，通过选择合适的材料，就可以避免因氢脆产生的安全风险。如铝和一些合成材料，就不会发生氢脆。

另外，氢气中含有的极性杂质，会强烈地阻止氢化物的生成，如水蒸气、H_2S、

CO_2、醇、酮以及其他类似化合物都能阻止金属生成氢化物。只有金属十分洁净和高纯度，放置在不含这些杂质的极纯氢气中，才有利于生成氢化物，发生氢脆。所以，目前可以乐观地估计，现有的输送天然气的管道网，就可以安全可靠地用于输送氢气，而不必考虑氢脆的问题。

（3）氢的扩散。如果发生泄漏，氢气就会迅速扩散。与汽油、丙烷和天然气相比，氢气具有更大的浮力（快速上升）和更大的扩散性（横向移动）。

氢的密度仅为空气的 7%，而天然气的密度是空气的 55%。所以，即使在没有风或不通风的情况下，它们也会向上升，而且氢气会上升得更快一些。而丙烷和汽油气都比空气重，所以它们会停留在地面，扩散得很慢。氢的扩散系数是天然气的 3.8 倍，丙烷的 6.1 倍，汽油气的 12 倍。这么高的扩散系数表明，在发生泄漏的情况下，氢在空气中可以向各个方向快速扩散，迅速降低浓度。

在户外，氢的快速扩散对安全是有利的。在户内，氢的扩散可能有利也可能有害。如果泄漏很小，氢气会快速与空气混合，保持在着火下限之下；如果泄漏很大，快速扩散会使得混合气很容易达到着火点，不利于安全。

（4）可燃性。在空气中，氢的燃烧范围很宽，而且着火能很低。氢/空气混合物燃烧的范围是 4%～75%（体积比），着火能仅为 0.02MJ。而其他燃料的着火范围要窄得多，着火能也要高得多。

着火下限比着火范围更好地表示燃料空气混合物的着火趋势。氢气的着火下限是汽油的 4 倍，是丙烷的 1.9 倍，只是略低于天然气。而浓度为 4%的氢气火焰只是向前传播，如果火焰向后传播，氢气浓度至少为 9%。所以，如果着火源的浓度低于 9%，着火源之下的氢气就不会被点燃。而对于天然气，火焰向后传播的着火下限仅为 5.6%。氢是最安全的燃料，因为它的浮力和扩散性很好，而且着火下限第二高。

（5）爆炸性。在户外，燃烧速度很低，氢气爆炸的可能性很小，除非有闪电、化学爆炸等这样大的能量才能引爆氢气雾。但是在密闭的空间内，燃烧速度可能会快速增加，发生爆炸。

氢气的燃料空气比的爆炸下限是天然气的 2 倍，是汽油的 12 倍。如果氢气泄漏到一个离着火源很近的空间内，氢气发生爆炸的可能性很小。如果要氢气发生爆炸，氢气必须在没有点火的情况下累积到至少 13%的浓度，然后触发着火源发生爆炸。而在工程上，氢气的浓度要保持在 4%的着火下限以下，或者要安装探测器报警或启动排风扇来控制氢气浓度，所以如果氢气浓度累积到 13%～18%，那安全保护系统已经发生很大的问题了，而出现这种情况的概率是很小的。如果发生爆炸，氢的单位能量的最低爆炸能是最低的。而就单位体积而言，氢气爆炸仅为汽油气的 1/22。

氢气火焰几乎是看不到的，因为在可见光范围内，燃烧的氢放出的能量很少。因此，接近氢气火焰的人可能会不知道火焰的存在，因此增加了危险。但这也有有利的一面，由于氢火焰的辐射能力较低，所以附近的物体（包括人）不容易通过辐射热传递而被点燃。相反，汽油火焰的蔓延一方面通过液体汽油的流动，另一方面通过汽油火焰的辐射。因此，汽油比氢气更容易发生二次着火。另外，汽油燃烧产生的烟和灰会增加对人的伤害，而氢燃烧只产生水蒸气。

综合上述，氢气燃烧时容易快速喷发，但属直线式形态而逃逸，不像汽柴油那样燃烧后，不易疏散，滞留性大，停留散发在原地带，所以氢燃烧的危险不比汽柴油燃烧高。同时，近来人们对氢的制备整个过程的泄漏、静电、电气防爆、脆化等不安全因素，大力进行改进，在实用中已取得比较好的安全验证。

2. 燃料电池汽车的安全性问题

（1）燃料电池汽车的安全性问题。燃料电池汽车在正常运行时可能产生的安全性问题主要存在于压缩氢储存系统、氢气输送系统和燃料电池系统，可能的原因主要有设备灾难性的破裂、氢气的大量泄漏或氢气的缓慢泄漏。在燃料电池汽车的设计和运行中，应该首先考虑到这些问题。

（2）燃料电池汽车的相对安全性。驾驶汽油汽车行驶 3000mil（1mil = 1609.344m），由于汽油着火引起死伤的风险小于下列日常活动：滑雪 9min；攀岩 41s；在农场工作 9h；坐航班 33min。公众可以接受汽油的风险，所以，如果氢气的风险等于或小于汽油的风险，就是可以接受的。

在开放空间内碰撞，氢燃料电池汽车的安全性要好于天然气汽车或汽油汽车。这是因为：第一，由纤维缠绕的复合材料存储罐在不破裂的情况下能承受比汽车本身更高的压力，这样就降低了由于碰撞导致氢气大量泄漏的风险；第二，由于氢气扩散很快，浮力很大，一旦泄漏可以很快扩散，减少了碰撞后着火的风险；第三，由于燃料电池比内燃机的效率高，所以对于给定的车辆行驶里程，燃料电池汽车只需装载 40% 的燃料；第四，在 FCV 的设计中，每辆车推荐安装一个惯性开关，在发生碰撞的情况下，电磁阀会同时切断氢气供应和蓄电池的电流。

在隧道中发生碰撞时，氢燃料电池汽车和天然气汽车一样安全，比汽油和丙烷汽车更安全。这是根据计算机模拟实验得到的结果。氢气的浮力是汽油的 52 倍，扩散系数是汽油的 5.3 倍，这样氢气扩散得很快。同时，氢的着火下限是汽油的 4 倍；另一方面，氢气从破裂的高压储罐中逃逸的速度比天然气快，会形成比较大的可燃雾，增加了被隧道内的风扇、灯等点燃的可能性。对于隧道内氢气泄漏的主要风险，还需要进一步通过计算机进行分析。

最大的潜在风险是在密闭的车库内氢气发生缓慢泄漏，逐渐累积导致着火或爆炸。对于天然气、丙烷和汽油也有类似的燃料泄漏问题，而公众却可以接受。汽油的气味以及天然气和丙烷中的气味剂能在发生泄漏的时候提醒人们，并且在点燃的时候，汽油和丙烷的火焰是可见的，而氢气的火焰几乎是不可见的，所以关键的问题是开发一种有效的气味剂和火焰增强剂，而对燃料电池无害。

综上所述，在正常运行中，设计良好的燃料电池汽车具有与汽油汽车、天然气汽车及甲烷汽车同等的安全性。

11.4.5 氢燃料电池和氢燃料电池汽车比较优势

燃料电池早期主要应用于航天和军事目的，后来，鉴于其巨大的潜在优势和应对日趋严重的交通环境污染，人们又研究将之应用于汽车而作为动力装置。经过数十年，尤其是自 20 世纪 90 年代以来，科技人员扎扎实实的埋头探索和反复试验研究，如今，世界上氢燃料电池汽车的技术进步飞快，成果显著，大大超出国内许多人的预想，已经显露出光明的发展前景；在（纯）电动汽车关键技术障碍久攻不破的困扰下，的确给人们带来一种“眼前一亮”的感觉。

在世界汽车工业界多年艰难尝试了多种新能源汽车技术方案之后，依据氢燃料电池汽车表现出来的无与伦比的卓越环保性和很高的能效，再参照对全球正在酝酿兴起的第三次工业革命的预判，学界有人甚至断言，氢燃料电池汽车很可能是世界汽车的最终发展目标和新能源汽车的终极（解决）方案。该项革命性的技术成果对人类未来经济社会将产生的重大影响和广阔的发展前景，已被世界一些具有敏锐眼光的科学家所认识。据称，最近，由一个 18 位顶尖科学家组成的团队——世界经济论坛新兴技术跨界理事会，评选出全球未来最具发展潜力的、诸如无人机、新一代机器人、3D/4D 打印等的 10 大新兴科技。其中，氢燃料电池汽车位居榜首（见 2015 年第 6 期《中国经济报道》）。

燃料电池潜在的远大发展前景，不仅为汽车业界人士所认识，而且也受到航空界的青睐。意大利都灵理工学院成功研制出世界首架燃料电池飞机，并在柏林航展上展出。在此之前，该架飞机已在汉堡试飞成功（参见 2012 年 9 月 15 日《环球时报》）。2012 年，在汉诺威工业博览会上，德国航空航天中心也展示了其研发的燃料电池飞机（参见 2012 年 4 月 28 日《科技日报》）。同样，鉴于其巨大的优越性，燃料电池潜艇也是目前世界各军事大国研发的热点之一。

过去，在我国城乡许多人的代步工具都是燃油摩托车，后来被蓄电池（电动）自行车所取代。基于燃料电池的巨大优越性及清洁可再生能源的快速发展，未来，传统的蓄电池（电动）自行车也可能会被氢燃料电池（电动）自行车替代。据报道，最近法国普拉格马工业公司推出了世界首款被命名“阿尔法”的氢燃料电池（电动）自行车，法国邮政总局已表示有意订购之。

1. 氢燃料电池汽车的主要优势

（1）基本优点。装备以质子交换模式为代表的氢燃料电池汽车的主要优点，在很大程度上归功于燃料电池非常理想的工作原理（机理）。可以说，其在保持和扩大纯电动汽车优势的同时，又摒弃了后者固有的缺陷和不足。

①极好的环保性。就车辆本身而言，在行驶过程中，只排放纯净水而无其他任何有害物质；同时，这也很符合大自然的循环规律，汽车运行工作的副产品——水，虽然以目前的状况看，汽车使用者还不能直接回收利用，但排入到大自然中总归还是要被利用（例如再次电解水制氢等）的。从能源的全寿命周期看，如果汽车使用的氢燃料是来自工业废气等副产品以及通过可再生清洁能源而制取，那么车辆总的排放污染也是很低、很少的。在全球环境污染加剧、气候变化异常的严峻局面下，促使人们现在把发展新能源汽车的目光聚焦到氢燃料电池汽车上，说到底是更看重其卓越出众的环保性。

②能源效率特别高。从车辆的动力装置——氢燃料电池的工作原理上来审视，其产生的动力不经热机过程，不受热力循环限制，基本上没有热释放和热能损失。因此，能源转换效率高，为 60%～70%，甚至更高，是内燃机的 2～3 倍。从这个角度上来认

识问题，大力发展氢燃料电池汽车也是我国破解能源困局的有效之策和重要举措。

③氢能资源丰富。向燃料电池提供的燃料——氢，其来源和分布都十分广泛。理论上讲，在宇宙质量中，约有75%的氢元素。地球上的氢也几乎无处不在，无处不有，制取氢的资源丰富，途径多样，亦可谓取之不尽、用之不竭。从现实可采用的技术手段上讲，既可以用包括风、太阳能等清洁可再生能源电解水制氢，也可利用光直接解水制氢、阳光生物（例如仿照植物光合作用）制氢、废物利用制氢等。

④乘坐舒适度高。燃料电池汽车与传统汽车相比，动力系统不存在机械振动和热辐射等问题，不仅可保证汽车有关零部件有更长的使用寿命和更高的可靠性，而且汽车运行平稳，噪声小，汽车的舒适性极佳。

（2）与储能式纯电动汽车或BEV相比的独特优点。基于燃料电池工作原理的科学、合理性，氢燃料电池汽车就从根本上避免了储能式纯电动汽车的若干重大缺陷，例如续驶里程局限和易着火的安全隐患等。

①续驶里程的局限小，补充能量快。这也就是说，氢燃料电池汽车的续驶里程并不取决于“电池”，而取决于储能式纯电动汽车的续驶里程；之所以较短，在于其蓄电池存储的能量有限。而燃料电池汽车的所谓电池，只“发电”并不蓄电，装在氢罐（或容器）里的氢才是车辆存储的能量，只要将氢源源不断地提供给燃料电池，则驱动系统就能获得足够的电能而驱动汽车行驶。据有关科技资料显示，氢的能量密度很高(大致为1kW·h)，是汽柴油的2～3倍，约是车载锂离子电池的10倍（是100～200W·h)；5kg的氢储量可支持氢燃料电池汽车连续行驶400km以上，而要达到相同的里程数，储能式纯电动汽车则要搭载约半吨多重的锂离子电池（与之相比，氢燃料电池堆则要轻得多)。

由此可见，储能式纯电动车上的能量有很多都被电池的自重消耗掉了，很不经济，也不科学合理（参见2014年7月18日《中国工业报》)。氢燃料电池汽车除上述的独特优点外，其补充能量的速度也很快，几分钟之内，就能给氢罐充满至达到最大续驶里程（超过400km）的氢气量，与传统汽车加油一样方便快捷。而如前所述，储能式纯电动汽车“慢速充电”需要7～8h，“快充”也要超过0.5h，充一次电也只能连续行驶150～200km。通过这种对比，还使人们看出一个重要问题，就是在推广普及纯电动和氢燃料电池汽车时都需要建立基础设施的情况下，氢燃料加注站的设置密度要比储能式纯电动汽车充电站的密度低得多，这将会带来一系列的节省和产生积极的社会效应。

②燃料电池安全性高，对环境友好。氢燃料电池由极板夹着很薄的电解膜构成。在电解膜一侧的阳极上，氢被诸如铂一类的催化剂分解为电子与质子。质子可以穿过电解膜，与空气中的氧生成水蒸气排出，而电子则统统被电解膜拦下，集中起来生成电流。这一过程是在物质的原子水平上发生的，从理论上讲，基本上没有热辐射，就是在实际的应用工作过程中，电池的温度最高也不会超过100℃，如果再采取一些冷却措施，则温度会更低。由于燃料电池失能甚微，即使隔膜裂了也不会发生爆炸。加之电池组件是固态材料构成的，由此也就从根本上避免了类似于储能式纯电动汽车因电池热失控和溶液（剂）泄漏等而导致的安全隐患，可获得高的安全性。

要说氢燃料电池汽车在安全方面还有什么薄弱环节的话，储氢装置（或容器）可算得上是一个需要认真对待的东西，但因已经有比较成熟的技术可以应用，氢燃料电池汽车的安全性基本上与传统汽车相当，并无特别之隐忧。关于氢燃料电池在全寿命周期内对环境的影响，就整体而言，其构成材料基本上没有毒性，在制备、使用和回收处理环节，不存在对环境的污染问题。当然，这主要还是理论认识。在世界范围内，氢燃料电池汽车尚处在少量示范运用阶段，积累的实践经验少，若大量使用时，燃料电池究竟对环境是否会产生明显的负面影响，还要由实践来回答。

2. 氢燃料电池的比较优势

（1）燃料电池与热机动力对比。燃料电池对比传统动力机组具有非常大的能量利用优势，这是由工作原理决定的。燃料电池是通过电池组使化学能直接转化为电能，转换环节少，效率高，理论上可以达到100%；传统动力组是先使化学能转换为热能，再转换为机械能，然后可再转换为电能，转换环节多，效率低下。

①效率高。无论是热机还是机组，其效率都受到卡诺热机效率的限制。目前，汽轮机或柴油机的效率最大值仅为40%～50%，当用热机带动时，其效率仅为35%～40%；典型的燃料电池组，氢气转换为电能的效率目前可达到60%，而内燃机转换为机械能的效率只能达到28%，超临界发电机组发电效率可以达到50%，燃气轮发电机组发电效率可以达到38%，从效率上都远不如燃料电池。燃料电池比内燃机的能量效率高，以氢作燃料时效率可达到60%左右，以甲醇作燃料（通过改质）时达到38%～45%。

燃料电池在低负荷下效率高，在高负荷时随着负荷率增加有下降的倾向，但可短时达到200%负荷运行，负荷适应范围宽。与一般热力发电相比，燃料电池发电具有较高的理论转化效率。而在燃料电池中，燃料不是被燃烧变为热能，而是直接发电。在实际应用时，考虑到综合利用能量，其总效率可望在80%以上。比能量或比功率高，同样重的各种发电装置，燃料电池的发电功率大、污染小、噪声低、振动小。

②污染少。燃料电池作为大、中型发电装置使用时，与火力发电相比，突出的优点是可以减少大气污染。此外，燃料电池自身不需要蒸发水冷却，减少了火力发电热排水的污染。对于氢氧燃料电池而言，发电后产物只有水，所以在载人宇宙飞船等航天器中兼作宇航员的饮用水。火力发电则要排放大量残渣，并且热机引擎的机械传动部分所形成的噪声污染也十分严重。比较起来，燃料电池的操作环境要清洁、安静得多。

③可靠性高。燃料电池的发电装置是由单个电池堆叠成电池组，结构简单，没有复杂的转动设备，单个电池串联的电池组并联后再确定整个发电装置的规模。由于这些电池组合是模块结构，因而维修十分方便。燃料电池的可靠性还在于，即使处于额定功率以上过载运行时，都能承受而效率变化不大；当负载有变化时，响应速度也快。这种优良的性能使燃料电池在电高峰期可作为储能电池使用，保证火力发电站或核电站在额定功率下稳定运转，电力系统的总效率得以提高。

④适用能力强。燃料电池可以使用多种多样的初级燃料。既可用于固定地点的发电站，也可用作汽车、潜艇等交通工具的动力源。负荷应答速度快，启动或关闭时间短。设备占地面积小，建设工期短。燃料电池发电设备的构件小，可以全部积木化组装，制造和组装都可以在工厂进行，建设工期远远短于传统发电设备。机器的配置亦

可自由设计，使装置更加紧凑，大大减少占地面积，工程施工相当方便。

⑤结构简单。燃料电池无转动设备，而不论是内燃机组还是外燃机组，都需要复杂的机构和大量的转动部件，因此燃料电池具有结构简单、维护量小、安静无噪声和寿命长的优点。因此，理论上可以替代一切然油和燃气动力站发电站，比如替代船用发动机、车用发动机、发电站。如使用燃料电池发电的全电舰艇和潜艇，噪声更小，红外特征更少，有利于提高隐蔽性和战斗力。正是由于燃料电池具有上述优点，故被公认为继火力发电、水力发电和核能发电技术之后的第四代化学能发电技术。

燃料电池与热机相比的最大缺点是要用昂贵的催化剂，不能使用固体燃料和低质燃料；移动发电机组中气体燃料不易储存，比如氢燃料电池汽车，受到氢气的供应和储存制约，目前补充燃料基础设施也不健全。

（2）燃料电池与电池对比。从原理上看，燃料电池是发电装置，电池是蓄电装置，但对用电侧来讲，两者的功能一样，都可提供电力。燃料电池对比电池有许多优势。

①稳定提供电力。燃料电池可以不间断地提供稳定电力，直至燃料耗尽，并且在燃料耗尽之后，能够快速补充燃料，再次进行供电，能有效提升作业的效率，如果能连续提供燃料，可以不间断提供电力。而电池必须经过充电、储存、放电循环过程，储存电量与电池体积成正比。相对锂电池来说，氢燃料电池更能适应环境，在环境温度非常低的情况下不会出现锂电池那种断电的情况。

②寿命长。燃料电池性能衰减很慢，一般氢燃料电池都比锂电池的使用寿命长几十倍。

③环保。氢燃料电池非常环保，其消耗氢燃料产生的排放物只是水或二氧化碳等物质，并且待电池报废后，其中的膜和催化剂等材料都可回收再利用。

④比能量高。这是因为，对于封闭体系的电池与外界没有物质的交换，比能量不会随时间变化，但是燃料电池由于不断补充燃料，随着时间的延长，其输出能量也越多，这样就可以节省材料，使装置轻，结构紧凑，占用空间小。

3. 氢燃料电池汽车技术总体进步超出预期

最近几年，尤其是自全球爆发金融危机和世界汽车产业受到较大冲击以来，当我国采取各种措施旨在刺激传统（汽柴油）汽车恢复高增长态势之际，国际上有不少国家和跨国汽车公司，却埋头对氢燃料电池汽车的核心技术进行攻关，尽最大努力以创新而驱动汽车产业继续发展，从根本上化解前进道路上遭遇的困难与障碍。进步呈突飞猛进之势，其成果无论从质还是量上来看，均远远超过前 10 年。

总的来看，我们可以肯定地说，现今，氢燃料电池汽车的寿命已远超商业化预期，主要指标与传统汽车相接近，而远远超过纯电动汽车，整车成本成倍下降，售价已至市场所能接受的程度（考虑到政策优惠因素）。中国工程院院士衣宝廉认为，从世界范围看，现在燃料电池汽车存在的主要（技术）问题已基本解决。

决定氢燃料电池汽车“前途和命运”的关键所在，即核心部件燃料电池堆及燃料电池发动机，其技术近年取得革命性重大突破：电堆功率密度大幅提升，据有关资料称，现今国际先进水平已经达到 3kW/L（丰田新上市的燃料电池汽车该指标甚至比此还要高），超过美国能源部曾经制定的、可实现产业化和商业化的 2020 年规划指标要求；燃料电池发动机技术性能（包括可靠性和稳定性等）得到全面改善和提高，系统使用寿命普遍达到 5000h 免维护运行（个别企业甚至达到 8000h 和更多，美国联合技术公司氢燃料电池大客车的使用寿命为 1.2 万 h)，这也是美国能源部至 2020 年要达到的规划指标；燃料电池发动机的冷起动温度已经达到－30℃，一些企业的车型在极其寒冷的北极进行实地测试也没有出现什么问题，完全满足美国能源部 2020 年规划中的相关指标要求。这意味着，氢燃料电池汽车的特殊难题——冷起动技术瓶颈已经破除。

现今，国际上燃料电池产业链各个环节均已实现产业化，技术性能和质量都已达到实用化、商业化要求。同样，一直困扰氢燃料电池汽车发展的成本高昂问题也获得根本性解决。美国能源部的有关报告显示，国际上从事燃料电池汽车研发的主流企业，其燃料电池发动机系统的成本，现今与 21 世纪初相比下降了 80％～95％，比价格大致为 49 美元/kW（按年产 50 万台计算），这已非常接近内燃机的 30 美元/kW。车载储氢技术也获得重大突破，氢储罐压力由上一代车型的 35MPa 升级到 70MPa，由此大大提高了汽车的续驶里程。而氢的获取对燃料电池汽车来说，也并不是什么难事，已有多种成熟技术可供选择。

由于成本大幅度下降，国际主流企业即将推出最新一代的氢燃料电池汽车预定售价，已与同类型混合动力汽车的相近或相当，算是很有竞争力了。

延伸阅读
（提取码 jccb）

参考文献

[1] 陈砺，王红林，方利国．能源概论［M］．北京：化学工业出版社，2009.

[2] 邹才能，杨智，何东博，等．常规-非常规天然气理论、技术及前景［J］．石油勘探开发，2018，45（4）：1-13.

[3] 马新华，贾爱林，谭健．中国致密砂岩气开发工程技术与实践［J］．石油勘探与开发，2012，39（5）：572-579.

[4] 苏树辉，毛宗强，袁国林．国际氢能产业发展报告（2017）［M］．北京：世界知识出版社，2017.

[5] 周文军，欧阳勇，黄占盈，等．苏里格气田水平井快速钻井技术［J］．钻井工程，2013，33（8）：77-82.

[6] 杜海凤，闫超．生物质转化利用技术的研究进展［J］．能源化工，2016，37（2）：41-46.

[7] 李季，孙佳伟，郭利，等．生物质气化新技术研究进展［J］．热力发电，2016，45（4）：1-6.

[8] 周建斌，周秉亮，马欢欢，等．生物质气化多联产技术的集成创新与应用［J］．林业工程学报，2016，1（2）：1-8.

[9] 陈丽琴，章伟伟，谢君．多元原料混合发酵制备沼气技术研究进展［J］．新能源进展，2016，4（4）：312-319.

[10] 应浩，余维金，许玉，等．生物质热解与气化制氢研究进展［J］．现代化工，2015，35（1）：53-58.

[11] 刘学炉，王朝雄．利用新型干法水泥窑协同处置生活垃圾技术研究［J］．环境卫生工程，2016，24（5）：29-31.

[12] 卜广全，赵兵，胡涛，等．大电网安全稳定控制对信息通信技术需求分析研究［J］．电力信息与通信技术，2016，14（3）：7-12.

[13] 刘敏，白云生．主要核电国家乏燃料贮存现状分析［J］．中国核工业，2015（12）：31-35.

[14] 廖映华，云虹，王春．乏燃料后处理技术研究现状［J］．四川化工，2012，15（4）：12-15.

[15] 朱礼洋，文明芬，段五华，等．超临界流体萃取技术在乏燃料后处理中的应用［J］．化学进展，2011，23（7）：1308-1315.

[16] 夏芸，张晓，张徐璞．乏燃料后处理技术发展态势分析［J］．科学观察，2014，9（2）：53-62.

[17] 王驹．世界高放废物地质处置发展透析［J］．中国核工业，2015，12：36-39.

[18] 徐国庆．国际高放废物处置研发工作在花岗岩地区的进展［J］．世界核地质科学，2016，33（3）：178-186.

[19] 王驹．高水平放射性废物地质处置：关键科学问题和相关进展［J］．科技导报，2016，34（15）：51-55.

[20] 苏罡．中国核能科技“三步走”发展战略的思考［J］．科技导报，2016，34（15）：33-41.

[21] 高立本，石磊，上官子瑛，等．高温气冷堆核电技术产业化思考［J］．中国核电，2016，9（1）：25-30.

[22] 闵剑．全球温室气体减排进展及主要途径［J］．石油石化绿色低碳，2016，1（5）：6-12.

[23] 张文建．煤矿开采新技术的实际应用研究［J］．能源与节能，2017（4）：170-171.

[24] 包志远．矸石充填开采技术在煤矿应用与技术研究［J］．山东煤炭科技，2016（12）：35-37.

[25] 葛世荣．深部煤炭化学开采技术［J］．中国矿业大学学报，2017，46（4）：679-691.

[26] 胡振琪，肖武．矿山土地复垦的新理念与新技术——边采边复［J］．煤炭科学技术，2013，09.

[27] 张玉梅．北京市大气颗粒物污染防治技术和对策研究［D］．北京：北京化工大学，2015.

[28] 刘艳华．煤中氮硫的赋存形态及其变迁规律研究［D］．西安：西安交通大学，2002.

[29] 罗腾．低阶煤分质利用产业链和综合评价研究［J］．煤炭经济研究，2017，37（8）：42-46.

[30] 赵毅，杨硕．多污染物同时脱除技术研究进展［J］．广东化工，2017，44（16）：125-126.

[31] 胡和兵．氮氧化物的污染与防治方法［J］．环境保护科学，2006，8（4）：5-7.

[32] L D Wang，T Y Qi，S Y Wu，et al. A green and robust solid catalyst facilitating the magnesium sulfite oxidation in the magnesia desulfurization process［J］. J Mater Chem A，2017.

[33] R L Hao，Y Y Zhang，Z Y Wang，et al. An advanced wet method for simultaneous removal of SO_2 and NO from coal-fired flue gas by utilizing a complex absorbent［J］. Chem Eng J，2017（307）：562-571.

[34] Y Zhao，R L Hao，B Yuan，et al. An Integrative Process for Simultaneous Removal of SO_2，NO and HgO Utilizing a Vaporized Cost-Effective Complex Oxidant［J］. J Hazard Mater，2016（301）：74-83.

[35] Y Liu，P Ning，K Li，et al. Simultaneous removal of NO_x and SO_2 by low temperature selective catalytic reduction over modified activated carbon catalysts［J］. Russ J Phys Chem A+，2017（91）：490-499.

[36] C H Chiu，T H Kuo，T C Chang，et al. Multipollutant removal of HgO/SO_2/NO from simulated coal-combustion flue gases using metal oxide/mesoporous SiO_2 composites［J］. Int J Coal Geol，2017（170）：60-68.

[37] Y X Liu，Q Wang，J F Pan. Novel process of simultaneous removal of nitric oxide and sulfur dioxide using a vacuum ultraviolet（VUV）-activated O_2/H_2O/H_2O_2 system in a wet VUV-spraying reactor［J］. Environ Sci Technol，2016（50）：12966-12975.

[38] Q Zhang，S J Wang，G Zhang，et al. Effects of slurry properties on simultaneous removal of SO_2 and NO by ammonia-Fe（Ⅱ）EDTA absorption in sintering plants［J］. J Environ Manage，2016（183）：1072-1078.

[39] J Chen，S Y Gu，J Zheng，et al. Simultaneous removal of SO_2 and NO in a rotating drum biofilter coupled with complexing absorption by Fe-Ⅱ（EDTA）［J］. Biochem Eng J，2016（114）：90-96.

[40] Y Yamamoto，H Yamamoto，D Takada，et al. Simultaneous removal of NO_x and SO_x from flue gas of a glass melting furnace using a combined ozone injection and semi-dry chemical process［J］. Ozone-Sci-Eng，2016（38）：211-218.

[41] H J Yoon，H W Park，D W Park. Simultaneous oxidation and absorption of NO_x and SO_2 in an integrated O_3 oxidation/wet atomizing system［J］. Energy Fuel，2016（30）：3289-3297.

[42] Y R Li，Y Y Guo，T Y Zhu，et al. Adsorption and desorption of SO_2，NO and chlorobenzene on activated carbon［J］. J Environ Sci，2016（43）：128-135.

[43] D H Xia，L L Hu，C He，et al. Simultaneous photocatalytic elimination of gaseous NO and SO_2 in a BiOI/Al_2O_3-padded trickling scrubber under visible light［J］. Chem Eng J，2015（279）：929-938.

[44] 罗义文，等离子体裂解天然气制纳米炭黑和乙炔的机理研究［D］．成都：四川大学，2002.

[45] 谢和平，高峰，鞠杨，等．深部开采的定量界定与分析［J］．煤炭学报，2015，40（1）：1-10.
[46] 姚雨，郭占成，赵团．烟气脱硫脱硝技术的现状与发展［J］．钢铁，2003，(1)：59-63.
[47] 刘见中，谢和平，王金华，等．煤炭绿色开发利用的颠覆性技术发展对策研究［J］．煤炭经济研究，2017，37（12）：6-10.
[48] 谢和平，王金华，姜鹏飞，等．煤炭科学开采新理念与技术变革研究［J］．中国工程科学，2015，17（9）：36-41.
[49] 谢和平，高峰，鞠杨，等．深地煤炭资源流态化开采理论与技术构想［J］．煤炭学报，2017，42（3）：547-556.
[50] 谢和平，王金华，申宝宏，等．煤炭开采新理念——科学开采与科学产能［J］．煤炭学报，2012，37（7）：1069-1079.
[51] 谢和平，刘虹，吴刚．中国未来二氧化碳减排技术应向 CCU 方向发展［J］．中国能源，2012，34（10）：15-18.
[52] 谢和平．“负碳时代”能否提前到来［J］．中国科技奖励，2013（5）：8-9.
[53] 谢和平，刘虹，吴刚．我国 GDP 煤炭依赖指数概念的建立与评价分析［J］．四川大学学报（哲学社会科学版），2012（5）：89-94.
[54] 谢和平，高明忠，高峰，等．关停矿井转型升级战略构想与关键技术［J］．煤炭学报，2017，42（6）：1355-1365.
[55] 谢和平，高峰，鞠杨，等．深地科学领域的若干颠覆性技术构想和研究方向［J］．四川大学学报（工程科学版），2017，49（1）：1-8.
[56] 谢和平，高峰，鞠杨．深部岩体力学研究与探索［J］．岩石力学与工程学报，2015，34（11）：2161-2178.
[57] 谢和平．“深部岩体力学与开采理论”研究构想与预期成果展望［J］．四川大学学报（工程科学版），2017，49（2）：1-16.
[58] 任世华．煤炭资源开发利用效率分析评价模型研究［J］．中国能源，2015（2）：33-36.
[59] 张国荣．中国煤炭资源绿色开采技术的发展探讨［J］．能源与节能，2017（11）：161-163.
[60] 秦攀．煤燃烧生成重金属的规律研究［D］．杭州：浙江大学，2005.
[61] 刘建文，谢雨晴，陈楠．高效水煤浆制浆燃烧集成技术研制与应用［J］．洁净煤技术，2015，21（2）：35-39，44.
[62] 刘建文，陈楠，黄敦辉．生物质水煤浆制浆、燃烧方法及集成系统：中国，101639225B［P］．2010-02-03.
[63] 任世华，罗腾，赵路正．煤炭开发利用碳减排潜力分析［J］．能源与环境，2013，35（11）：24-28.
[64] 刘强，田川，李卓，等．煤炭总量控制的碳减排协同效应分析［J］．气候变化，2014，36（10）：17-23.
[65] 王春波，陈亮，任育杰，等．基于高温除尘的燃煤电站多污染物协同控制技术［J］．华北电力大学学报，2017，44（6）：82-92.
[66] 徐天平，王永忠．燃煤工业锅炉污染物协同治理与超低排放技术研究［J］．环境工程，2017，35（9）：71-73.
[67] 曹发海，范权，王升．由天然气制低碳烯烃的技术前景［J］．中氮肥，2011（6）：1-5.
[68] 胡徐腾，天然气制乙烯技术进展及经济性分析［J］．化工进展，2016，35（6）：1733-1738.